高等职业院校精品教材系列

混凝土结构计算

主 编 杨 勃 潘红伟
主 审 齐红军 樊 涛

电子工业出版社
Publishing House of Electronics Industry
北京·BEIJING

内 容 简 介

本书结合当前高等职业教育高端复合型技术/技能人才培养目标，深化三教改革探索，以钢筋混凝土常用结构及临时工程结构的计算为载体，以《混凝土结构设计规范》《公路钢筋混凝土及预应力混凝土桥涵设计规范》《建筑结构可靠度设计统一标准》和《建筑结构荷载规范》等规范条文为依据，按照工程结构/构件的设计要求编写而成。本书共十二个项目，内容主要涵盖了三个知识模块：构造措施、设计计算方法、混凝土构件的受力性能，可作为高职院校建筑类专业相关课程的教学用书。

未经许可，不得以任何方式复制或抄袭本书之部分或全部内容。
版权所有，侵权必究。

图书在版编目（CIP）数据

混凝土结构计算 / 杨勃，潘红伟主编．—北京：电子工业出版社，2021.9
ISBN 978-7-121-42099-3

Ⅰ．①混… Ⅱ．①杨… ②潘… Ⅲ．①混凝土结构－结构计算 Ⅳ．①TU370.1

中国版本图书馆 CIP 数据核字（2021）第 195421 号

责任编辑：郭乃明
印　　刷：北京天宇星印刷厂
装　　订：北京天宇星印刷厂
出版发行：电子工业出版社
　　　　　北京市海淀区万寿路 173 信箱　邮编　100036
开　　本：787×1 092　1/16　印张：21.25　字数：544 千字
版　　次：2021 年 9 月第 1 版
印　　次：2023 年 1 月第 2 次印刷
定　　价：55.00 元

凡所购买电子工业出版社图书有缺损问题，请向购买书店调换。若书店售缺，请与本社发行部联系，联系及邮购电话：（010）88254888，88258888。
质量投诉请发邮件至 zlts@phei.com.cn，盗版侵权举报请发邮件至 dbqq@phei.com.cn。
本书咨询联系方式：（010）88254561，guonm@phei.com.cn。

前　言

本书结合当前高等职业教育高端复合型技术/技能人才培养目标，深化三教改革探索，以钢筋混凝土常用结构及临时工程结构的计算为载体，以 GB 50010-2010（2019 版）《混凝土结构设计规范》、JTG D62-2018《公路钢筋混凝土及预应力混凝土桥涵设计规范》、GB 50068-2018《建筑结构可靠度设计统一标准》和 GB 50009-2019《建筑结构荷载规范》等规范条文为依据，按照工程结构构件的设计要求编写而成。

"混凝土结构计算"具有很强的理论性与实践性，是与现行国家工程建设标准及行业规范密切相关的课程，可直接应用于工程实践，其主要适用于道路桥梁工程技术、铁道工程技术、城市轨道交通工程技术、地下与隧道工程技术及建筑工程技术等专业教学。

本书内容主要涵盖了混凝土和钢结构的构造措施、设计计算方法、构件的受力性能及临时结构计算等方面的知识模块。本书有配套的在线开放课程，有相关教学课件和教学视频等教学资源，共分为十二个项目，其中项目一、项目八由陕西铁路工程职业技术学院杨勃（副教授）和中铁一局集团第二工程有限公司赵忠文（高工）共同编写，项目四由陕西铁路工程职业技术学院都志强（讲师）和中交第一公路勘察设计研究院有限公司樊涛（高工）共同编写，项目二、项目三、项目五由陕西铁路工程职业技术学院陈艳茹（副教授）和中铁一局集团第二工程有限公司张小琦（高工）共同编写；项目六由陕西铁路工程职业技术学院张裕超（副教授）和中铁一局集团第二工程有限公司赵忠文（高工）共同编写，项目七、项目十、项目十一、项目十二由陕西铁路工程职业技术学院刘继（讲师）和中铁北京局集团第一工程有限公司潘红伟（高工）共同编写，项目九由陕西铁路工程职业技术学院欧阳志（副教授）和咸阳职业技术学院雷海涛（副教授）共同编写。

全书由杨勃统稿，杨勃、潘红伟任主编，都志强和陈艳茹任副主编，陕西铁路工程职业技术学院齐红军教授和中交第一公路勘察设计研究院有限公司樊涛高级工程师任主审。由于编者水平有限，书中不可避免存在不足之处，敬请读者批评指正。

备注：为叙述简单，在不影响结论的前提下，本书中计算结果为约数的，均采用直等号。

目 录

项目一 绪论 ·· 1

    任务 1.1 混凝土结构的一般概念及特点 ··· 1
        1.1.1 混凝土结构（Concrete Structure）的一般概念 ·································· 1
        1.1.2 钢筋混凝土结构的特点 ··· 4
    任务 1.2 混凝土结构的发展概况与应用 ··· 4
        1.2.1 混凝土结构的发展概况 ··· 4
        1.2.2 混凝土结构的应用 ··· 5
    任务 1.3 本课程的主要内容、特点和学习方法 ·· 8
        1.3.1 本课程的主要内容 ··· 8
        1.3.2 本课程的特点和学习方法 ··· 8
    【小结】··· 9
    【操作与练习】 ··· 9
    【课程信息化教学资源】 ··· 9

项目二 混凝土结构材料的物理力学性能 ···10

    任务 2.1 钢筋 ··· 11
        2.1.1 钢筋的品种与级别 ··11
        2.1.2 钢筋的强度与变形 ··12
        2.1.3 钢筋的冷加工性能 ··13
        2.1.4 混凝土结构对钢筋性能的要求 ··14
    任务 2.2 混凝土 ···15
        2.2.1 单轴向应力状态下的混凝土的强度 ···15
        2.2.2 混凝土的变形 ··20
    任务 2.3 钢筋与混凝土的黏结 ···25
        2.3.1 黏结力的概念 ··25
        2.3.2 黏结的作用 ···26
        2.3.3 黏结力的组成 ··26
        2.3.4 黏结强度 ··27
        2.3.5 影响黏结强度的因素 ··28
        2.3.6 钢筋的锚固 ···29
        2.3.7 钢筋的连接 ···30
        2.3.8 混凝土保护层 ··32
    任务 2.4 高强度混凝土物理力学性能简介 ··33

  2.4.1 单轴抗压性能 ··· 33
  2.4.2 极限应变与泊桑比 ··· 34
  2.4.3 持久荷载作用下的性能与徐变 ·· 34
 任务 2.5 公路桥涵工程混凝土结构材料 ··· 34
  2.5.1 相关材料要求 ·· 34
  2.5.2 公路桥涵工程钢筋锚固长度 ·· 35
  2.5.3 钢筋锚固的其他要求 ·· 35
【小结】 ··· 36
【操作与练习】 ·· 37
【课程信息化教学资源】 ··· 37

项目三 混凝土结构设计的基本原则 ·· 38

 任务 3.1 结构的功能要求和极限状态 ·· 38
  3.1.1 结构上的作用、作用效应及结构抗力 ······························· 38
  3.1.2 结构的功能要求 ·· 39
  3.1.3 结构的极限状态 ·· 40
 任务 3.2 概率极限状态设计方法 ·· 42
  3.2.1 结构可靠度 ··· 42
  3.2.2 失效概率与可靠指标 ··· 42
  3.2.3 目标可靠指标 ·· 43
 任务 3.3 荷载的代表值 ·· 44
  3.3.1 荷载标准值 ··· 44
  3.3.2 荷载组合值 ··· 45
  3.3.3 荷载频遇值 ··· 45
  3.3.4 荷载准永久值 ·· 45
 任务 3.4 材料强度的标准值和设计值 ·· 46
  3.4.1 钢筋强度的标准值和设计值 ·· 46
  3.4.2 混凝土强度的标准值和设计值 ·· 46
 任务 3.5 实用设计表达式 ·· 47
  3.5.1 承载力极限状态设计表达式 ·· 47
  3.5.2 正常使用极限状态设计表达式 ·· 50
 任务 3.6 公路桥涵混凝土结构设计的基本原则 ································· 51
  3.6.1 两种结构的区别及其原因 ··· 51
  3.6.2 极限状态设计表达式 ··· 52
【小结】 ··· 53
【操作与练习】 ·· 54
【课程信息化教学资源】 ··· 55

项目四 受弯构件正截面承载力的计算 ·· 56

 任务 4.1 梁和板的构造 ·· 57
  4.1.1 截面形状及尺寸 ·· 57

  4.1.2 钢筋的布置 ·· 58
 任务 4.2 试验结果分析 ·· 60
  4.2.1 正截面工作的三个阶段 ··· 60
  4.2.2 梁（正截面）破坏的三种形态 ·· 62
 任务 4.3 受弯构件正截面承载力的计算原则 ··· 64
  4.3.1 基本假定 ·· 64
  4.3.2 基本方程 ·· 65
  4.3.3 适筋梁破坏和超筋梁破坏的界限条件 ·· 66
  4.3.4 适筋梁破坏和少筋梁破坏的界限条件 ·· 68
 任务 4.4 计算单筋矩形截面的承载力 ·· 68
  4.4.1 基本公式及适用条件 ·· 68
  4.4.2 截面设计 ·· 69
  4.4.3 截面复核 ·· 71
 任务 4.5 计算双筋矩形截面的承载力 ·· 72
  4.5.1 基本公式及适用条件 ·· 72
  4.5.2 截面设计 ·· 73
  4.5.3 截面复核 ·· 76
 任务 4.6 计算 T 形截面的承载力 ·· 77
  4.6.1 概述 ·· 77
  4.6.2 计算公式及适用条件 ·· 78
  4.6.3 截面设计 ·· 80
  4.6.4 截面复核 ·· 81
 任务 4.7 计算公路桥涵结构中受弯构件截面承载力 ······································ 82
  4.7.1 截面承载力计算的基本假设 ·· 82
  4.7.2 单筋矩形截面承载力的计算 ·· 83
  4.7.3 双筋矩形截面承载力的计算 ·· 85
  4.7.4 翼缘位于受压区的 T 形截面承载力的计算 ··· 85
 任务 4.8 分析影响受弯构件截面承载力的因素 ··· 87
  4.8.1 混凝土强度等级 ··· 87
  4.8.2 钢筋强度等级 ·· 87
  4.8.3 截面尺寸 ·· 87
 【小结】 ·· 88
 【操作与练习】 ··· 88
 【课程信息化教学资源】 ·· 90

项目五 受弯构件斜截面承载力的计算 ·· 92

 任务 5.1 斜截面开裂前的受力分析 ·· 93
 任务 5.2 无腹筋梁受剪性能 ·· 94
  5.2.1 斜截面开裂后梁的应力状态 ·· 94
  5.2.2 无腹筋梁剪切破坏形态 ··· 96
  5.2.3 影响无腹筋梁受剪承载力的因素 ·· 97

5.2.4　无腹筋梁受剪承载力的计算公式 ························· 98
　任务 5.3　有腹筋梁的受剪性能 ································· 99
　　5.3.1　箍筋的作用 ··· 99
　　5.3.2　有腹筋梁的受剪破坏形态 ······························ 99
　　5.3.3　仅配箍筋的梁的斜截面承载力计算公式 ··················· 100
　　5.3.4　弯起钢筋 ··· 103
　任务 5.4　计算斜截面承载力的方法和步骤 ························ 104
　　5.4.1　计算截面的位置 ····································· 104
　　5.4.2　截面的设计计算 ····································· 105
　　5.4.3　截面复核 ··· 107
　任务 5.5　保证斜截面受弯承载力的构造措施 ······················ 108
　　5.5.1　抵抗弯矩图及其绘制方法 ······························ 108
　　5.5.2　保证斜截面受弯承载力的构造措施 ······················· 110
　任务 5.6　梁内钢筋的构造要求 ································· 112
　　5.6.1　纵筋的弯起、截断、锚固的构造要求 ····················· 112
　　5.6.2　箍筋的构造要求 ····································· 114
　　5.6.3　架立钢筋及纵向构造钢筋 ······························ 115
　任务 5.7　连续梁受剪性能及其承载力计算 ························ 116
　任务 5.8　《公路桥规》受剪性能及其承载力计算 ··················· 120
　　5.8.1　计算位置的规定 ····································· 120
　　5.8.2　斜截面抗剪承载力计算的规定 ··························· 120
　　5.8.3　斜截面水平投影长度的计算 ····························· 121
　　5.8.4　抗剪截面应的要求 ··································· 122
【小结】 ··· 122
【操作与练习】 ·· 123
【课程信息化教学资源】 ·· 124

项目六　混凝土受压构件承载力的计算 ···························· 125
　任务 6.1　概述 ··· 126
　　6.1.1　受压构件的定义 ····································· 126
　　6.1.2　受压构件的分类 ····································· 126
　任务 6.2　受压构件的一般构造 ································· 127
　　6.2.1　截面形式和尺寸 ····································· 127
　　6.2.2　材料强度等级 ······································· 127
　　6.2.3　纵向钢筋 ··· 127
　　6.2.4　箍筋 ··· 128
　任务 6.3　轴心受压构件正截面的受力性能与承载力计算 ············· 128
　　6.3.1　配普通箍筋轴心受压构件正截面的受力性能与承载力计算 ····· 129
　　6.3.2　配螺旋箍筋轴心受压构件正截面的受力性能与承载力计算 ····· 132
　任务 6.4　偏心受压构件正截面的受力性能 ························ 135
　　6.4.1　偏心受压构件的破坏形态 ······························ 136

  6.4.2 附加偏心距 e_a 与初始偏心距 e_i ································ 138
  6.4.3 偏心受压长柱的受力性能 ································ 139
  6.4.4 偏心距增大系数 η ································ 140
 任务 6.5 不对称配筋矩形截面偏心受压构件正截面承载力的计算 ································ 140
  6.5.1 基本计算公式及其适用条件 ································ 140
  6.5.2 大、小偏心受压的判别条件 ································ 143
  6.5.3 大、小偏心受压构件的截面设计 ································ 144
  6.5.4 大、小偏心受压构件的截面复核 ································ 149
 任务 6.6 对称配筋矩形截面偏心受压构件正截面承载力的计算 ································ 154
  6.6.1 设计计算 ································ 154
  6.6.2 设计方案的复核 ································ 156
【小结】································ 159
【操作与练习】································ 159
【课程信息化教学资源】································ 160

项目七 钢筋混凝土构件的变形和裂缝验算 ································ 162

 任务 7.1 受弯构件挠度和裂缝宽度的验算 ································ 163
  7.1.1 受弯构件挠度的验算 ································ 163
  7.1.2 裂缝宽度计算 ································ 171
 任务 7.2 公路桥涵中受弯构件挠度和裂缝宽度的验算 ································ 176
  7.2.1 公路桥涵工程受弯构件变形验算 ································ 176
  7.2.2 钢筋混凝土构件裂缝宽度验算 ································ 178
【小结】································ 181
【操作与练习】································ 182
【课程信息化教学资源】································ 183

项目八 预应力混凝土结构 ································ 185

 任务 8.1 预应力混凝土总论 ································ 186
  8.1.1 预应力混凝土的基本原理 ································ 186
  8.1.2 钢筋混凝土的特点 ································ 187
  8.1.3 预应力混凝土的特点 ································ 188
 任务 8.2 预应力混凝土材料与施工 ································ 189
  8.2.1 对预应力钢筋性能的要求 ································ 189
  8.2.2 预应力钢筋的种类 ································ 189
  8.2.3 预应力钢筋的检验 ································ 190
  8.2.4 预应力混凝土构件中常用混凝土强度等级要求 ································ 190
  8.2.5 混凝土的收缩与徐变 ································ 191
  8.2.6 预应力锚具 ································ 191
  8.2.7 其他预应力设备 ································ 194
 任务 8.3 预应力混凝土构件的施工方法 ································ 196
  8.3.1 施工概述 ································ 196

8.3.2 先张法施工工艺 198
8.3.3 后张法施工工艺 202

任务 8.4 预应力混凝土受弯构件的设计计算 204
8.4.1 概述 204
8.4.2 各受力阶段的特点 204
8.4.3 预应力与预应力损失 205
8.4.4 预应力钢筋有效预应力的计算 211

任务 8.5 预应力混凝土受弯构件的应力计算 212
8.5.1 正应力的计算 212
8.5.2 施工阶段的正应力的计算 212
8.5.3 运输吊装阶段 213
8.5.4 施工阶段混凝土应力控制 214
8.5.5 使用阶段应力的计算 214
8.5.6 后张法构件锚下局部承载力的计算 216

任务 8.6 预应力混凝土施工应用实例 216
8.6.1 采用先张法制作预应力混凝土空心板 216
8.6.2 采用后张法制作预应力混凝土 T 形截面梁 224

任务 8.7 其他预应力混凝土结构简介 227
8.7.1 部分预应力混凝土 227
8.7.2 无黏结预应力混凝土 229
8.7.3 体外预应力混凝土构件 230

【小结】 231
【操作与练习】 232
【课程信息化教学资源】 232

项目九 钢结构的设计 233

任务 9.1 钢结构的特点和材料 234
9.1.1 钢结构的特点 234
9.1.2 钢结构的材料 234

任务 9.2 钢结构的焊接连接 237
9.2.1 焊缝的形式 237
9.2.2 直角角焊缝的构造与计算 239
9.2.3 斜角角焊缝的强度计算 246
9.2.4 对接焊缝的构造和计算 246

任务 9.3 钢结构的螺栓连接 248
9.3.1 螺栓连接排列的构造要求 248
9.3.2 普通螺栓连接的工作性能和相关计算 248
9.3.3 高强度螺栓连接的工作性能和计算 254

任务 9.4 轴心受力构件 257
9.4.1 轴心受力构件的强度和刚度 257
9.4.2 轴心受压构件的整体稳定 258

9.4.3 轴心受压构件的局部稳定 ·260
9.4.4 实腹式轴心受压构件的截面设计 ·261
9.4.5 格构式轴心受压构件的设计 ·262
9.4.6 轴心受压柱的柱头和柱脚 ·266
【小结】 ·268
【操作与练习】 ·268
【课程信息化教学资源】 ·269

项目十 桥梁常用支架设计 ·270

任务 10.1 支架概述 ·270
10.1.1 支架的作用 ·270
10.1.2 支架的分类及特点 ·271
任务 10.2 碗扣式支架的设计计算 ·272
10.2.1 碗扣式支架相关知识 ·272
10.2.2 碗扣式支架的设计计算 ·274
任务 10.3 工程检算案例 ·283
10.3.1 工程概况 ·283
10.3.2 相关计算 ·284
【小结】 ·288
【操作与练习】 ·288
【课程信息化教学资源】 ·289

项目十一 钢便桥的设计与验算 ·290

任务 11.1 钢便桥概述 ·290
11.1.1 钢便桥的特点 ·290
11.1.2 钢便桥的作用与安装要求 ·291
11.1.3 钢便桥的组成与构造 ·291
任务 11.2 钢便桥的设计及计算 ·294
11.2.1 钢便桥的设计 ·294
11.2.2 钢便桥的计算 ·294
11.2.3 计算实例 ·296
11.2.4 钢便桥的结构计算 ·296
【小结】 ·302
【操作与练习】 ·302
【课程信息化教学资源】 ·302

项目十二 钢板桩设计 ·303

任务 12.1 钢板桩概述 ·303
12.1.1 钢板桩的概念 ·303
12.1.2 钢板桩的分类 ·305
12.1.3 钢板桩支护结构 ·305

  任务 12.2　钢板桩支护结构设计 ···307
    12.2.1　钢板桩支护结构设计参考资料 ···307
    12.2.2　钢板桩支护结构的荷载作用 ··308
    12.2.3　钢板桩支护结构计算 ···310
  任务 12.3　钢板桩结构计算 ···313
    12.3.1　钢板桩设计资料 ··313
    12.3.2　相关计算 ···314
  【小结】··317
  【操作与练习】··318
  【课程信息化教学资源】··319
附表 ···320
参考文献 ···325

项目一 绪 论

项目描述

本项目包括三个部分,第一部分讲述了混凝土结构的一般概念及特点;第二部分简要介绍了混凝土结构的发展与应用概况;第三部分介绍了本课程的主要内容、特点及学习过程中应注意的问题。

学习要求

通过本项目的学习,学生应掌握混凝土结构的一般概念及特点,了解混凝土结构在国内外土木工程中的发展与应用概况,了解本课程的主要内容、要求和学习方法。

知识目标

掌握钢筋与混凝土各自的物理力学性能及其共同作用的原理;熟悉结构设计原则。

能力目标

能区分钢筋种类及各种强度的混凝土的特点,并能进行作用组合计算。

思政亮点

以西堠门大桥等典型的超级工程为例,介绍我国不断增强的综合国力和自主创新能力,不断涌现的新材料、新结构、新设计方法,不断提升的建设水平,以及创造的多项世界第一,为经济社会发展发挥的重要作用,增强学生对本专业的认知度,激发学生爱国热情。

任务 1.1 混凝土结构的一般概念及特点

1.1.1 混凝土结构(Concrete Structure)的一般概念

混凝土是由胶凝材料、粗骨料(石子)、细骨料(砂粒)和外加剂等其他材料,按适当比例配制,经搅拌、养护、硬化而成的具有一定强度的人工石材,也被工程人员称为"砼"(tóng)。胶凝材料包括水泥、石灰、水、粉煤灰和矿粉等。高性能混凝土(High Performance Concrete,HPC)是通过添加高效减水剂和活性细参合料来实现的,具有高抗渗性(高耐久性的关键性能)、高体积稳定性(低干缩、低徐变、低温度变形和高弹性模量)、适当的抗压强度、良好的施工性（高流动性、高黏聚性、自密实性），已经广泛用于高层建筑和桥梁的建设中，抗压强度可达 150MPa（C60）。通过在高性能混凝土中添加大量的粉煤灰、矿渣，可以制成低水胶比的自流平高性能混凝土。强度更高的超高性能混凝土（Ultra-High Performance Concrete，UHPC）的抗压强度可以达到 200MPa 以上。

混凝土结构是以混凝土为主要材料制成的结构，可根据需要配置钢筋、预应力钢筋、钢骨、钢管等共同受力的结构。它包括素混凝土结构、钢筋混凝土结构、预应力混凝土结构、钢管混凝土结构、钢骨混凝土结构、FRP 筋混凝土结构、纤维混凝土结构等。

素混凝土结构（Plain Concrete Structure）是指由无筋或不配制受力钢筋的混凝土制成的结构，主要用于承受压力而不承受拉力，如基础、支墩、挡土墙、堤坝、地坪、路面、机场跑道及一些非承重结构。

钢筋混凝土结构（Reinforced Concrete Structure）是由配制受力的普通钢筋、钢筋网或钢筋骨架的混凝土制成的结构。钢筋混凝土结构适用于各种受压、受拉、受弯和受扭的结构，如各种桁架、梁、板、柱、墙、拱、壳等。

预应力混凝土结构（Prestressed Concrete Structure）是由配制受力的预应力钢筋通过张拉或其他方法预加应力的混凝土制成的结构，预应力混凝土结构的应用范围和钢筋混凝土结构相似，但由于预应力混凝土结构具有抗裂性好、刚度大和强度高的特点，特别适宜用于一些跨度大、荷载重及有抗裂渗要求的结构。

钢管混凝土结构（Concrete-filled Steel Tube Structure）是指在钢管中填充混凝土而形成的构件，是在劲性钢筋混凝土结构、螺旋配筋混凝土结构及钢管结构的基础上演变和发展起来的一种新型结构。钢管混凝土结构利用钢管和混凝土两种材料在受力过程中的相互作用（即在轴向荷载作用下钢管对核心混凝土的径向约束作用）使混凝土处于复杂应力状态之下，从而使钢管中核心混凝土的强度得以提高，塑性和韧性大为改善；同时，由于混凝土的存在可以避免或延缓钢管发生局部屈曲，从而保证其材料性能的充分发挥。钢管混凝土结构相对于其他结构的优点是施工方便，工期短，有利于抗火和防火，在世界各地的多层、高层、超高层建筑，工业厂房，输/变电塔等特种结构中得到了广泛应用，目前广泛应用于桥墩、柱、拱桥等工程结构。

钢骨混凝土结构（Steel Reinforced Concrete）又称为型钢混凝土结构，是指用混凝土包裹型钢或用钢板焊成的钢骨架的混凝土结构。它充分发挥了钢与混凝土两种材料的特点，具有承载力高、抗震性能良好、施工安装方便的优点。钢骨混凝土结构在我国高层建筑及大跨度建筑中有着广阔的应用前景。

FRP 筋混凝土结构是指用 FRP（Fiber Reinforced Polymer/Plastic，纤维增强复合材料）筋替代钢筋作为筋材的混凝土结构。FRP 是近年在土木工程中应用日益广泛的一种新型的结构材料，具有高强度、轻质、耐腐蚀等显著优点。FRP 在土木工程中的应用分为两类，一类是用 FRP 筋代替钢筋及预应力筋用于新建结构（也可以代替钢筋网和钢筋笼），另一类是将 FRP 筋用于结构物的加固补强、围护防腐。

纤维混凝土（Fiber Reinforced Concrete，FRC）结构是纤维增强混凝土结构的简称，纤维混凝土是以水泥净浆、砂浆或者混凝土为基体，将短而细的分散性纤维掺入其中而形成的一种新型建筑材料。纤维有两类：一类是高弹性模量纤维，包括钢纤维、玻璃纤维、石绵纤维及碳纤维等，将其掺入混凝土后，可使混凝土获得较高的韧性，并提高抗拉强度、刚度和承受动荷载的能力；另一类是低弹性模量纤维，如聚丙烯纤维、聚乙烯纤维及尼龙纤维等，将其掺入混凝土中只能增加韧性，不能提高强度。此外，纤维混凝土还具有抗疲劳性，使用纤维混凝土结构的建筑物在耐久性、耐磨性、耐腐蚀性、耐冲刷性、抗冻融性和抗渗性方面都有不同程度的加强。

砖石混凝土结构俗称圬工结构，又称砌体结构，是用胶结材料与砖、石、混凝土等块材按一定规则砌筑而成的整体结构。这种结构易于就地取材，且有良好的耐久性，但自重大，施工机械化程度低，多用于中小跨度的拱桥、墩台、基础、挡土墙及防护工程中。

钢结构由型钢或钢板通过一定的连接方式构成，其可靠性高，基本构件可在工厂预制，故施工效率高，周期短。但相对于混凝土结构而言，钢结构造价较高，而且养护费用也高。

木结构指单纯由木材或主要由木材承受荷载的结构。木材易于取材、加工方便、质量轻且强度较高，缺点是各向异性，有木节、裂纹等天然缺陷，易腐、易蛀、易燃、易裂和翘曲。我国木材资源严重不足，因此，木结构主要应用于抢险急修的临时性工程及施工过程中的辅助性工程（支架、模板、工棚等）。

钢筋混凝土结构是目前土木工程中使用最为广泛的结构形式，由钢筋和混凝土两种力学性能极不相同的材料组成。钢筋的抗拉和抗压强度都很高，混凝土的抗压强度较高而抗拉强度却很低。钢筋混凝土结构就是把钢筋和混凝土通过合理的方式组合在一起，使钢筋主要承受拉力，混凝土主要承受压力，充分发挥两种材料的性能优势，从而使所设计的工程结构既安全可靠又经济合理。

图 1.1 所示为尺寸和混凝土强度均相同的两根梁及其 M-ϕ 关系曲线。区别是图 1.1（a）所示的梁内没有配筋；图 1.1（b）所示的梁下部配有纵向钢筋，即为钢筋混凝土梁。

图 1.1（a）所示的素混凝土梁在外荷载作用下，梁截面上部受压，下部受拉。当梁跨中截面下边缘的混凝土达到抗拉强度时，该部位开裂，梁就突然断裂，属没有预兆的脆性破坏。同时由于混凝土的抗拉强度很低，所以梁破坏时的变形和外荷载均很小。为改变这种情况，在梁的受拉区域配制适量的钢筋形成钢筋混凝土梁，如图 1.1（b）所示。在荷载作用下钢筋混凝土梁同样是跨中截面下边缘的混凝土首先开裂，但此时开裂截面原来由混凝土承担的拉力变成由钢筋承担。同时由于钢筋的强度和弹性模量均很大，因此梁还能继续承受外荷载，直到受拉钢筋屈服，受压区混凝土压碎，梁才破坏。可见钢筋混凝土梁不仅破坏时能承受较大的外荷载，而且钢筋的抗拉强度和混凝土的抗压强度都得到有效利用，破坏前的变形大，有明显的预兆，属延性破坏。

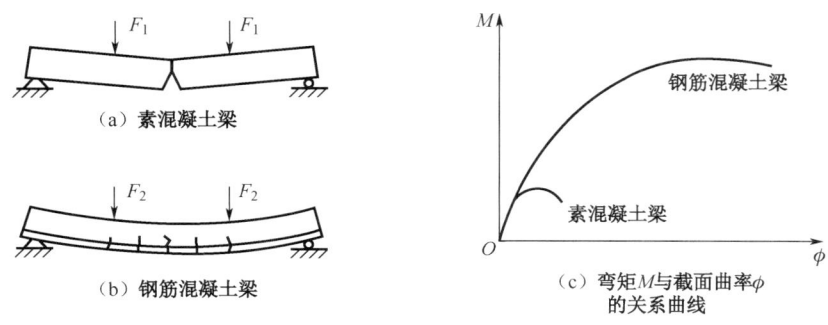

图 1.1 素混凝土梁与钢筋混凝土梁的受力破坏比较

由此可见，在混凝土结构中适当的位置配置适量的钢筋，使两种材料有机结合、协同工作，就能使结构的承载力和变形能力有很大的提高，同时钢筋与混凝土两种材料的强度也都得到较充分的利用并节约材料。

1.1.2 钢筋混凝土结构的特点

1. 优点

（1）易于就地取材。混凝土所用的砂、石均易于就地取材。另外，还可利用矿渣、粉煤灰等工业废料制成人造骨料作为浇筑混凝土的骨料。

（2）用材合理、造价低。钢筋混凝土结构合理地利用了钢筋和混凝土两种材料的性能优势，从而节约钢材（与钢结构相比）、降低造价。

（3）耐久性好。在钢筋混凝土结构中，钢筋由于受到混凝土的包裹而不易锈蚀，所以钢筋混凝土结构具有良好的耐久性。

（4）耐火性好。混凝土为不良导热体，且包裹在钢筋外面，所以发生火灾时钢筋不会很快被烧软而导致整体结构被破坏。因此，与木结构、钢结构相比，钢筋混凝土结构具有良好的耐火性。

（5）可塑性好。新拌和的混凝土是可塑的，可根据建筑造型的需要将其制作成各种形状和尺寸的结构。

（6）整体性好。现浇及装配整体式钢筋混凝土结构均具有良好的整体性，这有利于抗震、防爆和抗冲击波。

2．缺点

（1）自重大。若承受相同的外荷载，采用钢筋混凝土结构时的截面尺寸比采用钢结构时要大许多，导致其自重大。这对建造大跨度结构、高层建筑结构及结构抗震均是不利的。

（2）抗裂性差。由于混凝土的抗拉强度低，所以在正常使用阶段钢筋混凝土结构的受拉区通常存在裂缝。如果裂缝宽度过大，就会影响结构的耐久性和使用性能。因此，对一些不允许出现裂缝或对裂缝宽度有严格限制的结构，应采取施加预应力等措施。

此外，钢筋混凝土结构还存在施工周期长、施工工序复杂、费工、费模板、施工受季节气候影响、结构的隔热隔声性能较差及修复加固困难等缺点。

任务 1.2 混凝土结构的发展概况与应用

1.2.1 混凝土结构的发展概况

混凝土结构的发展大致分为以下三个阶段：

第一阶段：1850 年～1920 年。1824 年英国人 J.Aspdin 发明波特兰水泥，为钢筋混凝土的发明奠定了物质基础。从 1850 年法国人 L.Lambot 制造第一只钢筋混凝土小船（标志着混凝土结构的诞生）至 1920 年，该阶段钢筋与混凝土的强度都很低，只能用钢筋混凝土建造板、梁、柱和拱等简单的构件，此阶段采用材料力学中的容许应力法（即弹性理论）进行结构的内力计算和截面设计。

第二阶段：1920 年～1950 年。这一阶段钢筋和混凝土的强度得到提高，开始出现装配式钢筋混凝土结构、预应力混凝土结构和壳体空间结构等。1928 年法国工程师 Freyssinet 发明了预应力混凝土；1931 年在纽约建成了 102 层、高 381 米的帝国大厦（如图 1.2 所示），该楼保持建筑高度的世界纪录达 40 年之久；1933 年，法国和美国分别建成跨度达 60 米的圆壳和圆形悬索屋盖。此阶段计算理论开始考虑材料的塑性，开始按破损阶段进行构件的截面设计。

第三阶段：1950 年至现在。该阶段材料强度不断提高，高强度混凝土、高性能混凝土及高强度钢筋等相继出现。各种新的结构形式和施工技术相继得到应用。混凝土结构所能达到的跨度和高度不断刷新。混凝土结构不断向新的应用领域拓展。计算理论已发展至充分考虑混凝土和钢筋塑性的极限状态设计理论，设计计算方法也已发展到采用以概率论为基础的多系数表达的设计公式。

图 1.2　帝国大厦

1.2.2　混凝土结构的应用

混凝土结构已在房屋建筑、桥梁、隧道、矿井、水利设施及海洋平台等工程中得到广泛的应用。

在建筑工程中，住宅、学校等民用建筑及单层、多层工业厂房大量使用混凝土结构，其中，钢筋混凝土结构在一般工业与民用建筑中使用最为广泛。高层建筑中的框架结构、剪力墙结构、框架—剪力墙结构、筒体结构等也多采用混凝土结构。2008 年建成的"上海环球金融中心"，地上 101 层，地下 3 层，总高度为 492 米，采用由巨型框架外筒和钢筋混凝土核心内筒形成的混合结构。88 层的上海金茂大厦，高度为 420.5 米，采用钢筋混凝土核心内筒和外框架所组成的混合结构（如图 1.3 所示）。1997 年建成的马来西亚吉隆坡双子塔，共 88 层，高度为 452 米，为型钢混凝土结构（如图 1.4 所示）。

图 1.3　上海环球金融中心（左）和上海金茂大厦（右）

在桥梁工程中，通常跨度小于 15 米的桥梁多采用钢筋混凝土结构建造；跨度在 15～25 米的桥梁多采用预应力混凝土结构建造；跨度在 25～60 米的桥梁则采用钢—混凝土组合结构建造较为经济，更大跨度的桥梁则一般采用钢结构建造。即使在悬索桥、斜拉桥等大跨度桥梁中，其桥塔一般也采用混凝土结构，其桥面板也有采用混凝土结构的。现今，我国在桥梁工程的许多方面处于国际领先水平，取得了举世瞩目的建设成就。具有代表性的混凝土结构或钢—混凝土组合结构桥梁工程有：2002 年建成的上海卢浦大桥（拱桥），跨度为 550 米，建成时是世界上跨度最大的拱桥；2008 年建成的苏通长江大桥（斜拉桥），主跨度为 1088 米，主梁为钢箱梁（如图 1.5 所示）；2009 年建成的西堠门大桥（两跨连续钢箱梁悬索桥），主跨度为 1650 米，建成时为世界第二长的悬索桥。

图 1.4　马来西亚吉隆坡双子塔

图 1.5　上海卢浦大桥（左）和苏通长江大桥（右）

在水利水电工程中，坝、水工隧洞、溢洪道等一般都采用混凝土结构。同桥梁工程一样，我国的水利水电工程建设规模大、建设水平高。截至 2007 年，我国已建成 15 米以上的大坝 22000 多座，数量占世界总量的 44%，其中世界最高的大坝是我国雅砻江流域梯级开发龙头电站的锦屏一级拱坝，为混凝土双曲拱坝，高度为 305 米；我国清江梯级开发第一级电站的水布垭大坝，高度为 233 米，为世界第一高混凝土面板堆石坝，2007 年建成；我国红水河龙滩水电站大坝长度为 832 米、高度为 216.5 米，坝体混凝土用量达到 736 万立方米，为当时世界上最高的碾压混凝土重力坝。特别是三峡大坝的建设成功，标志着我国大坝建设跨入了世界先进行列。三峡大坝（如图 1.6 所示）是当时世界上最宏伟的混凝土重力坝，坝体混凝土用量达到 2794 万立方米，为当时世界之最。

图 1.6　三峡大坝

除上述工程外，还有隧道、地铁、地下停车场、水塔、储液池、核反应堆安全壳和海上石油平台等工程也采用混凝土结构建造。我国每年混凝土用量约 10 亿立方米，钢筋用量约 2500 万吨。可见，我国混凝土结构应用的规模、耗资均居世界前列。

任务 1.3　本课程的主要内容、特点和学习方法

1.3.1　本课程的主要内容

本课程分为钢筋混凝土材料的力学性能、混凝土结构设计的基本原则、混凝土结构的受弯承载力计算、受压构件承载力计算、裂缝和变形计算、预应力混凝土结构承载力计算及其他结构计算等部分。

1.3.2　本课程的特点和学习方法

1. 课程内容复杂

本课程是道桥、市政专业的一门专业基础课，要求学生具有材料力学和建筑力学的学习基础，通过构造学习，讲解混凝土常见构件的结构形式和构造要求，通过平衡条件、物理条件和几何条件来建立基本方程，解决混凝土结构和钢结构的受弯、受剪、轴向受力的计算问题。本书结合相关从业要求，对常用的临时结构构造要求和计算方法进行了阐述。本课程的主要研究对象是"钢筋混凝土构件"，这是由钢筋和混凝土两种力学性能极不相同的材料组成的，混凝土是非均匀、非连续、非弹性材料，钢筋与混凝土两种材料在强度和配比超过一定范围时，又会引起构件受力性能的改变，学习时应予以注意。

2. 试验性强

由于钢筋混凝土构件由钢筋和混凝土两种材料组成，且混凝土结构复杂，一般不能直接从理论上推导出设计计算公式，故揭示其受力性能、建立其计算公式均须借助试验研究，因此对试验的依赖性更强。所以，学习时应充分重视试验研究部分内容，从中总结规律，深刻理解公式建立时各种基本假定的试验依据和计算公式的限制条件。设计计算公式建立的一般步骤是：试验研究→提出基本假定→得到计算简图→建立平衡方程→提出计算公式限制条件。

3. 实践性强且与规范密切相关

学习本课程是为了解决实际工程中混凝土结构截面的配筋、节点的构造等问题，书中介绍的许多构造措施是长期工程实践经验的总结，因此具有较强的实践性；设计过程包括结构和构造的选型、截面尺寸的确定、荷载分析与内力分析、截面配筋的计算和确定构造措施等，因此又具有较强的综合性。课程内容及其设计计算等应符合现行规范的要求，主要涉及《混凝土结构设计规范》（以下简称《规范》）、《公路钢筋混凝土及预应力混凝土桥涵设计规范》（以下简称《公路桥规》）、《建筑结构可靠度设计统一标准》（以下简称《可靠度标准》）、《公路桥涵设计通用规范》（以下简称《公路桥通规》）和《建筑结构荷载规范》（以下简称《荷载规范》）等，同时应强调的是"**规范条文，特别是强制性条文，是设计中必须遵守的、具有法律性质的技术文件**"。因此，在学习本课程的过程中，不仅应同时学习与课程内容相关

的规范条文，而且应深刻理解规范条文的编制依据，只有这样才能正确地应用规范又不被规范所束缚，充分发挥设计者的主动性和创造性。

学习者应加强作业、课程设计、毕业设计等环节的训练，还应到现场进行参观学习，以增强感性认识、积累工程经验，进而促进对课程内容的理解。

【小结】

（1）以混凝土为主要材料的钢筋混凝土结构充分利用了钢筋和混凝土各自的特点。配置适量钢筋后，混凝土构件的承载力得到大大提高，受力性能得到显著改善。

（2）混凝土结构有许多优点，也有一些缺点。通过不断地研究和技术开发，可改善混凝土结构的缺点，采用高性能混凝土是今后应用发展的趋势。

（3）钢筋与混凝土能够共同作用的条件有三个：钢筋与混凝土之间存在良好的黏结力；钢筋与混凝土的温度线膨胀系数接近；混凝土对钢筋的保护作用。

（4）混凝土构件的力学性能分析和设计计算与材料力学的计算和分析既有共通之处，又有显著区别，且混凝土构件的力学性能分析和设计计算比材料力学的计算和分析复杂，学习时应注意。

【操作与练习】

 思考题

（1）什么是混凝土结构？混凝土结构有哪些特点？
（2）钢筋与混凝土共同作用的条件是什么？
（3）以受集中荷载作用的简支梁为例，说明素混凝土构件和钢筋混凝土构件在受力性能方面的差异。
（4）高性能混凝土的特点有哪些？
（5）本课程主要包括哪些内容？学习时应注意哪些问题？

【课程信息化教学资源】

1.1 混凝土结构的一般概念及特点

1.2 混凝土结构的发展概况与应用

1.3 学习本课程应注意的问题

项目二　混凝土结构材料的物理力学性能

项目描述

钢筋混凝土由混凝土和钢筋两种性能截然不同的材料组成，两种材料的力学性能及共同工作的特性是合理选择结构形式、正确进行结构设计和确定构造措施的基础，也是建立混凝土结构计算理论和设计方法的依据。本项目主要介绍混凝土和钢筋的力学性能，以及钢筋和混凝土之间的黏结性能。

学习要求

通过本项目的学习，学生应结合信息化教学手段，加强将力学知识应用于专业领域的能力，为后续的"桥梁施工"等核心专业课程的学习奠定良好的基础。

知识目标

- 熟悉混凝土的立方体强度、轴心抗压强度、轴心抗拉强度的概念。
- 了解重复荷载下混凝土的疲劳性能及复合应力状态下混凝土强度的概念。
- 熟悉混凝土徐变、收缩与膨胀的概念。
- 熟悉钢筋的品种和级别。
- 了解钢筋的冷加工性能、重复荷载下钢筋的疲劳性能及混凝土结构对钢筋性能的要求。

能力目标

- 掌握单轴向受压状态下混凝土的应力—应变曲线及其数学模型。
- 熟悉混凝土的弹性模量、变形模量的概念。
- 掌握钢筋的应力—应变曲线特性及其数学模型。
- 掌握钢筋与混凝土共同作用的原理及保证可靠黏结的构造要求。

思政亮点

通过对钢筋力学性能试验的学习，注重领会钢筋的屈服和柔韧性能。英国作家乔·欧文在他的著作《韧性思维》中提出：要培养逆商，在低谷反弹，持续成长，我们就需要韧性思维。所谓韧性思维，它蕴含了很多好的思维习惯，可以让人时刻保持乐观，善于管理情绪，培养自信等良好品质，提高精神集中的持久程度等。钢筋和混凝土之间的黏结是保证钢筋和混凝土这两种力学性能截然不同的材料在结构中共同发挥作用的基本前提，没有钢筋和混凝土良好的协作，材料抵抗外力的性能就不能得到充分发挥，这就像多人组成的团队，团队合作往往能激发出整体不可思议的潜力，团队协作做出的业绩往往能超过其成员个人业绩的总和。正所谓"同心山成玉，协力土变金"。通过学习，学生应深刻领会团队协作精神的的重要性，培养团结、协作的重要品质。

任务 2.1 钢筋

2.1.1 钢筋的品种与级别

目前我国用于混凝土结构的钢材主要有热轧钢筋、冷拉钢筋、冷轧带肋钢筋、碳素钢丝、刻痕钢丝、钢绞线和冷拔低碳钢丝。非热轧钢筋主要用于预应力混凝土结构。目前我国采用的热轧钢筋等级有 HPB235、HRB400、HRB500、HRB335、RRB400、HPB300 等，细晶粒热轧钢筋等级有 HRBF400、HRBF500 等，各类钢筋的主要力学性能如附表 4～附表 8 所示。HPB235 级钢筋属低碳钢筋，强度低，外形为光面钢筋，如图 2.1（a）所示。它与混凝土黏结强度较低，主要用作板的受力钢筋，梁、柱的箍筋及构造钢筋。HRB400、HRB500、HRBF400、HRBF500 级钢筋均为合金钢材质，外形为月牙纹钢筋，如图 2.1（b）、（c）及（d）所示，其表面凹凸不平，与混凝土有较好的机械咬合作用，具有较高的黏结强度。

箍筋宜采用 HRB400、HRBF400、HRB335、HPB300、HRB500、HRBF500 等级的钢筋。预应力筋宜采用预应力钢丝、钢绞线，HRB400、HRB335 等级的钢筋一般用作预应力混凝土结构中的非预应力筋。

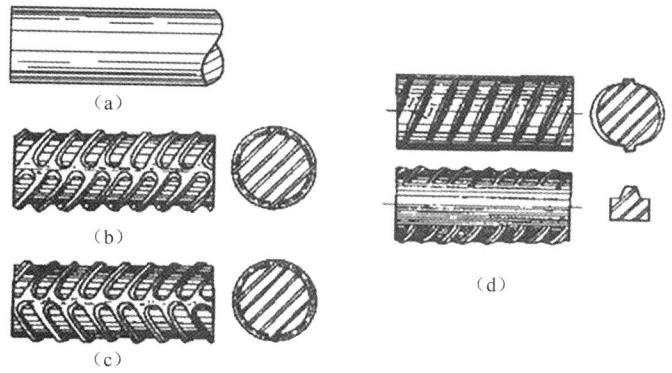

图 2.1 钢筋的外形

根据《公路桥规》规定：钢筋混凝土及预应力混凝土构件中的普通钢筋宜选用 HPB300、HRB400、HRB500、HRBF400 和 RRB400 等级的钢筋，预应力混凝土构件中的箍筋应选用上述钢筋中的带肋钢筋；按构造要求配置的钢筋网可采用冷轧带肋钢筋。预应力混凝土构件中的预应力钢筋应选用钢绞线、钢丝；中、小型构件或竖、横向预应力筋可选用预应力螺纹钢筋。

按照截面直径大小，可将钢材分为钢筋和钢丝。

钢筋常用的截面直径（mm）：6、8、10、12、14、16、18、20、22、25、28和32～50，光面钢筋的截面面积按截面直径计算，变形钢筋的截面面积根据标称截面直径计算确定。

钢丝的截面直径小于钢筋，预应力混凝土构件可采用由较细的钢丝组成的钢绞线。市面上供应的常用热轧钢筋有盘圆钢筋（截面直径为 6mm、8mm、10mm、12mm）和单根钢筋（截面直径为 10mm 或更粗）。

截面直径为 12～40mm 的钢筋，其成品一般是 6～12m 的直条。一般强度的钢筋普遍用作混凝土的受力钢筋或构造钢筋。

2.1.2 钢筋的强度与变形

钢筋的强度与变形可通过拉伸试验曲线（即 σ-ε 曲线）说明，有的钢筋有明显流幅（如图 2.2 所示）；有的钢筋没有明显的流幅（如图 2.3 所示）。一般的混凝土构件常用有明显流幅的钢筋，没有明显流幅的钢筋主要用在预应力混凝土构件上。

图 2.2 中 A 点以前 σ 与 ε 成线性关系，AB′段是弹塑性阶段，一般认为 B′点以前应力和应变接近为线性关系，B′点是不稳定的（称为屈服上限）。B′点以后曲线降到 B 点（称为屈服下限），这时相应的应力称为屈服强度 f_y。在 B 点以后应力不增加而应变急剧增加，钢筋经过较大的应变到达 C 点，一般 I 级钢的 C 点应变是 B 点应变的十几倍。过 C 点后钢筋应力又继续上升，但钢筋变形明显增大，钢筋进入强化阶段。钢筋应力达到最高，对应图中 D 点，相应的峰值应力称为钢筋的极限抗拉强度。D 点以后钢筋发生颈缩现象，应力开始下降，应变增加，到达 E 点时钢筋被拉断。E 点对应的钢筋平均应变 δ 称为钢筋的延伸率。

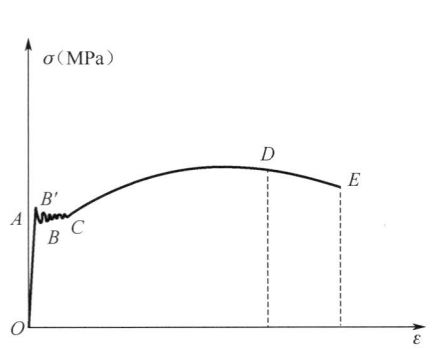

图 2.2　有明显流幅的钢筋的 σ-ε 曲线

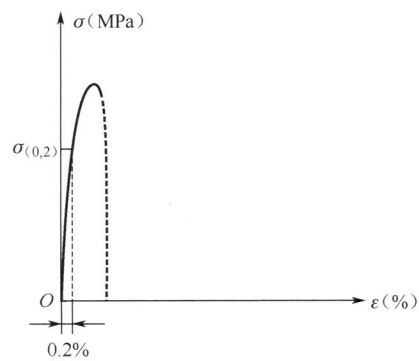

图 2.3　无明显流幅的钢筋的 σ-ε 曲线

有明显流幅的钢筋的受压性能通常是用短粗钢筋试件在试验机上测定的。应力未超过屈服强度以前的 σ-ε 曲线与受拉时的 σ-ε 曲线基本重合，屈服强度与受拉时基本相同。在达到屈服强度后，受压钢筋也将在压应力不增长的情况下产生明显的塑性压缩，然后进入强化阶段。这时试件将越压越短并产生明显的横向膨胀，试件被压得很扁也不会发生材料破坏，因此很难测得极限抗压强度，所以，对于钢筋，一般只做拉伸试验而不做压缩试验。

从图 2.2 的 σ-ε 曲线中可以得出三个重要参数：屈服强度 f_y、抗拉强度 f_u 和延伸率 δ。在钢筋混凝土结构计算中,对有明显流幅的钢筋,一般取屈服强度 f_y 作为钢筋强度的设计依据,这是因为钢筋应力达到屈服强度后将产生很大的塑性变形,卸载后塑性变形不可恢复,使钢筋混凝土构件产生很大变形和不可闭合的裂缝。设计上一般不用抗拉强度 f_u 这一指标,抗拉强度 f_u 可度量钢筋的强度储备。延伸率 δ 反映了钢筋拉断前的变形能力,它是衡量钢筋塑性的一个重要指标,延伸率 δ 大的钢筋在拉断前变形明显,构件破坏前有足够的预兆,属于延性破坏;延伸率 δ 小的钢筋拉断前没有预兆,具有脆性破坏的特征。

反映钢筋力学性能的基本指标有屈服强度、极限强度、伸长率和冷弯性能,前两个指标为强度指标,后两个指标为变形指标。钢筋的 f_y、f_u、δ_5(或 δ_{10})和冷弯性能是施工单位验收钢筋是否合格的四个主要指标。

屈服强度是设计时钢筋强度取值的依据,这是由于钢筋屈服后将产生很大的塑性变形,这会使钢筋混凝土构件产生很大的变形和过宽的裂缝。同时由于屈服上限不稳定,所以对于有明显流幅的钢筋,一般取屈服下限作为屈服强度。

强屈比是钢筋的极限抗拉强度与屈服强度的比值,反映了钢筋的强度储备。《规范》规定:对于抗震等级为一、二级的框架中的纵向受力钢筋,其强屈比不应小于 1.25。

伸长率按下式计算:

$$\delta_5（或 \delta_{10}） = (l-l_0)/l_0 \tag{2-1}$$

式中:l_0——试件拉伸前测量标距的长度,一般取 $l_0=5d$ 或 $l_0=10d$(d 为钢筋截面直径);

l——拉断时测量标距的长度。

伸长率是一个反映钢筋塑性性能的指标。伸长率越大,构件的破坏预兆越明显,其延性也越好。

冷弯性能是反映钢筋塑性性能的另一个指标,将钢筋绕一个特定直径的钢辊弯折一定的角度时,钢筋不发生裂纹、分层和鳞落等即为冷弯性能合格。钢辊直径越小,弯折角越大,则钢筋的塑性性能就越好。

无明显流幅的钢筋的 σ-ε 曲线如图 2.3 所示。当应力很小时,此类钢筋具有理想弹性性质;应力超过 $\sigma_{0.2}$ 之后,此类钢筋表现出明显的塑性性质,直到材料破坏时仍没有明显的流幅,破坏时它的塑性变形比有明显流幅的钢筋的塑性变形要小得多。对无明显流幅的钢筋,在设计时一般取 0.2%残余应变对应的应力 $\sigma_{0.2}$ 作为假定的屈服点,称为"条件屈服强度"。由于 $\sigma_{0.2}$ 不易测定,故极限抗拉强度就作为钢筋检验的唯一强度指标,$\sigma_{0.2}$ 为极限抗拉强度的 0.8 倍。

2.1.3 钢筋的冷加工性能

为了提高钢筋的强度,节约钢材,可对钢筋进行冷加工。冷拉和冷拔是钢筋冷加工的常用方法。

1. 冷拉

冷拉是让热轧钢筋的冷拉应力值先超过屈服强度,如图 2.4 所示的 K 点,然后卸掉荷载(卸载),在卸载过程中,σ-ε 曲线沿着直线 KO'($KO' \parallel BO$)回到 O' 点,这时钢筋产生残余变形 OO'。如果立即重新张拉,σ-ε 曲线将沿着 $O'KDE$ 变化。如果停留一段时间后再进行张

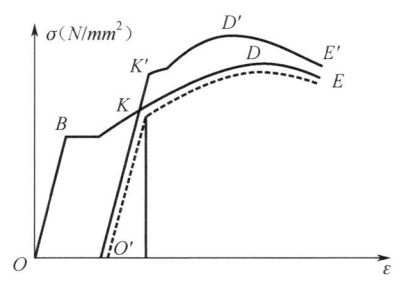

图 2.4 钢筋冷拉后的 σ-ε 曲线

拉，则 σ-ε 曲线沿着 O'KK'D'E'变化，屈服点从 K 点提高到 K' 点，这种现象称为时效硬化。温度对时效硬化影响很大，例如，HPB235 级钢筋在常温情况下需要 20 天才能完成时效硬化，若温度为 100℃则仅需 2 小时即可完成时效硬化，但如继续加温可能需要的时间更长。为了使钢筋冷拉后，既能显著提高强度，又具有一定的塑性，应合理选择张拉控制点 K，K 点对应的应力称为冷拉控制应力，K 点对应的应变称为冷拉率。冷拉工艺分为控制应力和控制应变（冷拉率）两种方法。

需要注意的是：对钢筋进行冷拉只能提高它的抗拉屈服强度，不能提高它的抗压屈服强度。

2．冷拔

冷拔是把热轧光面钢筋用强力拉过比钢筋直径还小的拔丝模，迫使钢筋截面减小、长度增大，使内部组织结构发生变化，强度大为提高，但脆性增加，如图 2.5（a）所示。钢筋一般需要经过多次冷拔，逐渐减小直径、提高强度，才能成为强度明显高于母材的钢丝。如图 2.5（b）所示为钢筋冷拔的 σ-ε 曲线，经冷拔后的钢丝没有明显的屈服点，它的屈服强度一般取条件屈服强度 $\sigma_{0.2}$。冷拔既可以提高钢筋的抗拉强度，也可以提高其抗压强度。

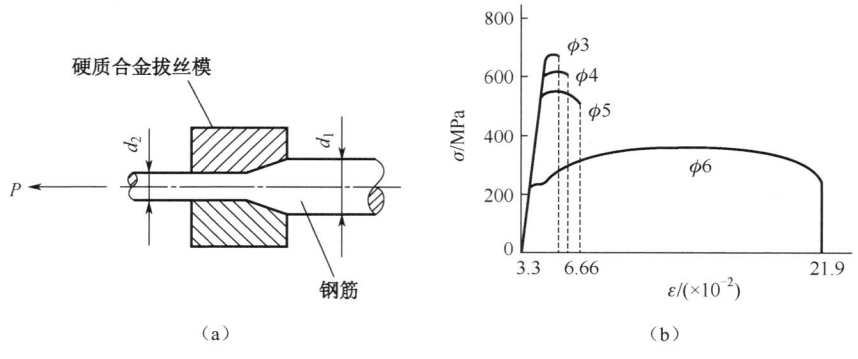

图 2.5 钢筋的冷拔

2.1.4 混凝土结构对钢筋性能的要求

1．强度

强度是指钢筋的屈服强度和抗拉强度。屈服强度 f_y 是设计计算的主要依据，对无明显屈服点的钢筋，其屈服强度取条件屈服强度 σ。采用高强度钢筋可以节约钢材，取得较好的经济效果。抗拉强度 f_u 不是设计强度依据，但它也是一项强度指标，抗拉强度越高，钢筋的强度储备越大，反之则强度储备越小。如要使用高强度钢筋，除直接购买较高强度钢筋外，还可以对钢筋进行冷加工，但应保证一定的强屈比（极限抗拉强度与屈服强度之比），使结构有一定的可靠性潜力。有抗震构造要求的结构构件或者承受动荷载的构件禁止采用经过冷加工的钢筋。

2．塑性

塑性是指钢筋在受力过程中的变形能力，混凝土结构要求钢筋在断裂前有足够的变形，使结构在将要破坏前有明显的预兆。通常用伸长率和冷弯性能两个指标来衡量钢筋的塑性。

3．可焊性

在一定的工艺条件下，我们要求钢筋焊接后不产生裂纹及过大的变形，以及钢筋焊接后的接头性能良好。对于冷拉钢筋的焊接，应先焊接好以后再进行冷拉，这样可以避免高温使冷拉钢筋软化，丧失冷拉作用。

4．耐火性

钢材本身的耐火性较差，相对而言，热轧钢筋的耐火性最好，冷拉钢筋次之，预应力钢筋最差。因此，进行结构设计时应设置必要的混凝土保护层，其厚度应满足构件耐火极限的要求。

5．钢筋与混凝土的黏结性

钢筋与混凝土的黏结是保证钢筋混凝土构件在使用过程中体现其优异性能的主要原因。钢筋的表面形状及粗糙程度对二者的黏结有重要的影响。

另外，在寒冷地区，为了避免钢筋发生低温冷脆破坏，对钢筋的低温性能也有一定要求。

任务2.2 混凝土

普通混凝土是将胶凝材料（水泥）、粗骨料（碎石或卵石）、细骨料（砂）和水按适当比例拌和，有时还加入少量添加剂，经过搅拌、注模、振捣、养护等工序后，逐渐凝固和硬化而成的一种人工石材，是一种多相复合材料。混凝土中的砂、石、胶凝材料中的晶体、未水化的水泥颗粒组成了错综复杂的弹性骨架，主要承受外力，并使混凝土具有弹性变形的特点。而混凝土中的孔隙、界面微裂缝等缺陷往往又是混凝土受力破坏的起源。在荷载作用下，微裂缝的扩展对混凝土的力学性能有着极为重要的影响。由于水泥胶体的硬化过程需要多年才能完成，所以混凝土的强度和变形特性也随时间逐渐变化。混凝土的浇筑主要划分为两个阶段与状态：凝结硬化前的塑性状态（新拌混凝土或混凝土拌合物）；硬化之后的坚硬状态（硬化混凝土或混凝土）。混凝土强度等级是以立方体抗压强度标准值划分的，中国普通混凝土强度等级共14级：C15、C20、C25、C30、C35、C40、C45、C50、C55、C60、C65、C70、C75及C80。

2.2.1 单轴向应力状态下的混凝土的强度

在实际工程中，单向受力构件是极少见的，大部分构件一般均处于复合应力状态，研究混凝土在复合应力作用下的强度必须以单向应力作用下的强度为基础，进行复合应力作用下混凝土强度的相关试验需要复杂的设备,理论分析也较难。因此,单向应力作用下混凝土的强度指标就很重要,它是分析构件结构、建立强度理论公式的重要依据。

混凝土的强度与水泥标号、水灰比、骨料品种、混凝土配合比、硬化条件和龄期等有很大关系。在实验室中,混凝土强度还因试件的尺寸及形状、试验方法和加载时间的不同而不同。

1. 混凝土的抗压强度

1）立方体抗压强度标准值 f_{cu}

我国采用边长为 150mm 的立方体作为混凝土抗压强度测试的标准尺寸试件,并以混凝土立方体抗压强度作为混凝土材料各种力学指标的代表值。《规范》规定:以标准方法制作的边长为 150mm 的立方体试件,在标准条件下（20±2℃,相对湿度不低于 95%）养护 28 天,按标准试验方法加载至破坏,测得的具有 95%以上保证率的抗压强度作为混凝土材料抗压强度的标准值,用符号 $f_{cu,k}$ 表示,单位为 MPa。

试验方法对试验结果有较大影响,试件在压力机上受压时,纵向要压缩,横向要膨胀,由于试件与压力机垫板在弹性模量与横向变形上的差异,压力机垫板的横向变形明显小于试件的横向变形。当试件承压面上不涂润滑剂时,试件的横向变形受到摩擦力的约束,形成"箍套"作用。在"箍套"作用下,试件承压面局部处于三向受压应力状态,试件破坏时形成两个对顶的角锥形破坏面,如图 2.6（a）所示。如果在试件承压面上涂一些润滑剂,这时试件与压力机垫板间的摩擦力大大减小,试件沿着力的作用方向平行地产生几条裂缝而破坏,所测得的抗压极限强度较低,如图 2.6（b）所示。《规范》规定的标准试验方法是不加润滑剂。

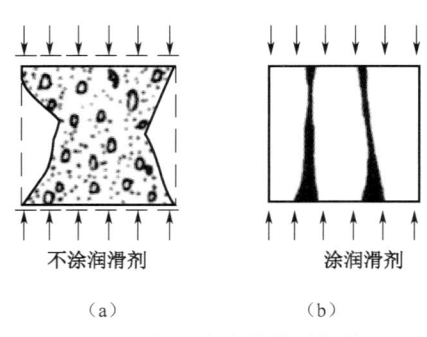

图 2.6 混凝土立方体的破坏情况

试件尺寸对测试结果也有影响。实验结果证明,试件尺寸越小则试验测出的抗压强度越高,这个现象称为尺寸效应。对此现象有多种不同的原因分析和理论解释,但还没有得出一致的结论。一种观点认为是材料自身的原因,即试验结果与试件内部缺陷（裂纹）的分布、粗粒径及细粒径颗粒的大小和分布、材料内摩擦角的不同,以及试件表面与内部硬化程度差异等因素有关。另一种观点认为是试验方法的原因,即试验结果与试件承压面与压力机之间摩擦力分布（四周较大,中央较小）、压力机垫板刚度有关。

过去我国曾长期以 200mm 或 100mm 边长的立方体作为标准试件。用这两种尺寸的试件测得的抗压强度与用 150mm 边长的试件测得的抗压强度有一定差距,这归结于尺寸效应的影响,所以非标准试件的抗压强度应乘以一个换算系数,变成标准试件抗压强度 $f_{cu,k}$。根据大量实测数据,《规范》规定,如采用边长为 200mm 或 100mm 的立方体试件时,其换算系数分别取 1.05 和 0.95。

进行混凝土抗压试验时加载速度对试验结果也有影响,加载速度越快,测得的抗压强度越高。通常对加载速度进行如下规定:混凝土的强度等级低于 C30 时,加载速度取每秒钟 0.3~0.5N/mm²;混凝土的强度等级高于或等于 C30 时;加载速度取每秒钟 0.5~0.8N/mm²。

随着试验时混凝土的龄期增长，混凝土的极限抗压强度逐渐增大，开始时抗压强度增长速度较快，然后逐渐减缓，这个增长的过程往往要延续几年，在潮湿环境中延续的增长时间更长，如图2.7所示。

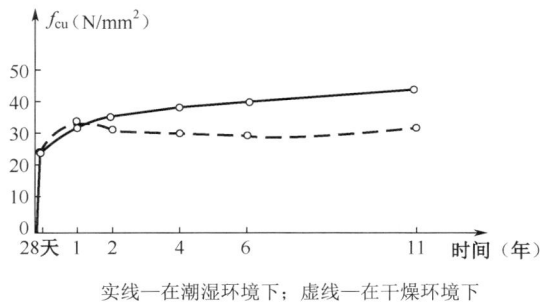

实线—在潮湿环境下；虚线—在干燥环境下

图2.7 混凝土抗压强度随龄期增长曲线

2）轴心抗压强度标准值f_{ck}

由于实际结构和构件往往不是立方体，而是棱柱体，所以用棱柱体试件比立方体试件能更好地反映混凝土的实际抗压能力。试验证实，轴心抗压钢筋混凝土短柱中的混凝土抗压强度基本上和棱柱体抗压强度相同。可以用棱柱体抗压试验测得的抗压强度作为轴心抗压强度，又称为棱柱体抗压强度。各级别混凝土轴心抗压强度标准值及设计值参见附表。棱柱体的抗压试验及试件破坏情况如图2.8所示。

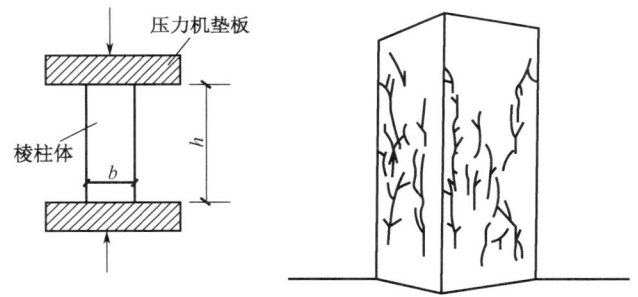

图2.8 棱柱体抗压试验和试件破坏情况

棱柱体试件是在与立方体试件相同的条件下制作的，棱柱体试件承压面不涂润滑剂且高度比立方体试件高，因而受压时棱柱体试件中部横向变形不受端部摩擦力的约束，混凝土处于单向全截面均匀受压的应力状态。棱柱体试件高宽比（即h/b）越大，其抗压强度越小。试验表明，当试件的高宽比$h/b<2$时，由于试件端部摩擦力对中部截面具有约束作用，测得的抗压强度比实际的高；当试件的高宽比$h/b>3$时，由于试件破坏前附加偏心的影响，测得的抗压强度比实际的低；而当高宽比$2 \leqslant h/b \leqslant 3$时，可基本消除上述两种因素的影响，测得的抗压强度接近实际情况。我国采用 150mm×150mm×300mm（长×宽×高）的棱柱体作为轴心抗压强度试验的标准试件，如确有必要，也可采用非标准试件，但要考虑换算系数的问题。

3）混凝土受压破坏机理

混凝土的抗压强度远低于砂浆和粗骨料中任意一单体材料的抗压强度，粗骨料的抗压强度为90N/mm²，砂浆抗压强度为48N/mm²，包含这两种材料的混凝土抗压强度只有24N/mm²，其原因可从混凝土受压破坏的机理来分析。由水泥、水、骨料组成的混凝土，在硬化过程中，水泥和水形成的水泥石与骨料黏结在一起。黏结初期由于水泥石收缩、骨料下沉等原因，在水泥石和骨料之间的交界面上形成微裂缝，它是混凝土中最薄弱的环节，加载前已存在这种微裂缝。在外力作用下（如图 2.9 所示），微裂缝将有一个发展过程，混凝土的破坏过程是微裂缝不断产生、扩展和失稳的过程，这些过程可通过超声波、X 光、电子显微镜直接或间接观测到。

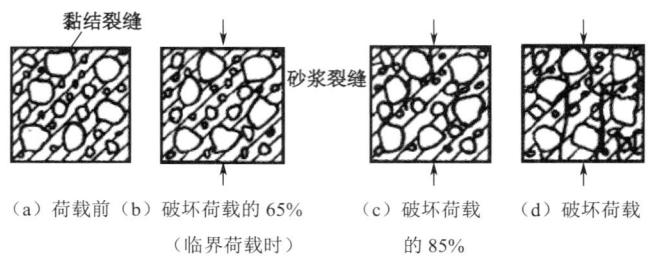

（a）荷载前　（b）破坏荷载的65%　（c）破坏荷载　（d）破坏荷载
　　　　　　　（临界荷载时）　　　的85%

图 2.9　X 光观测微裂缝发展示意图

研究结果表明：混凝土从加载到破坏的全过程可分为三个阶段，如图 2.10 所示。

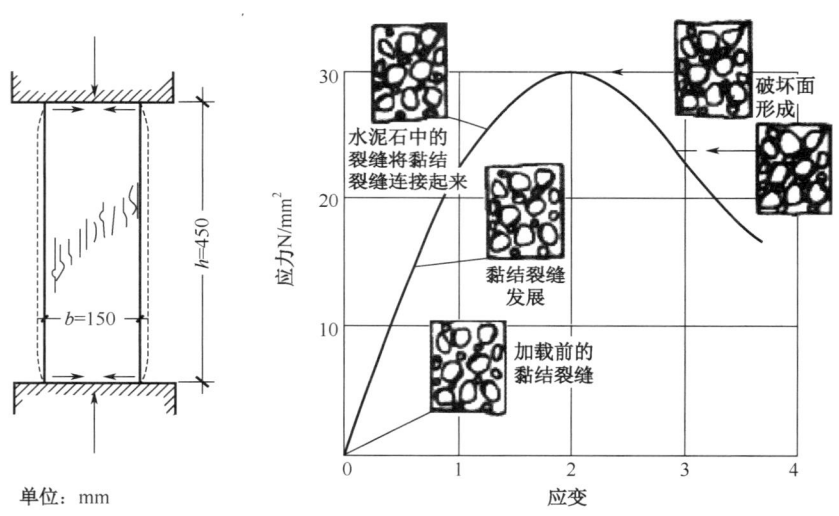

图 2.10　混凝土从加载到破坏的全过程

第一阶段，应力较小时，$\sigma \leq (0.3 \sim 0.4) f_c$，微裂缝没有明显的发展，在砂浆和骨料的结合面上的某些点产生拉应力集中，当拉应力超过了结合面的黏结强度时，这些点就开裂，从而缓和了应力集中并恢复平衡。当拉应力不增大时，不再出现新的裂缝，分散的微裂缝处于稳定状态。

第二阶段，$(0.3 \sim 0.4) f_c < \sigma \leq (0.7 \sim 0.9) f_c$，随着荷载的增大，水泥石中及水泥石与骨料结合面处的微裂缝不断产生、发展着。这些微裂缝仍然处于稳定状态，即荷载不增大则微裂缝不会持续发展。由于不可恢复的变形明显增加，图中曲线弯向应变轴，横向变形系数增大。

第三阶段，$(0.7 \sim 0.9) f_c < \sigma \leq f_c$，随着荷载的增大，微裂缝宽度和数量急剧增加，水泥石中及水泥石与骨料结合面处的微裂缝连接成通缝。即使应力不增加，裂缝也会因已进入非稳定状态而持续扩展，此时如果应力再增加，裂缝将大幅度传播、发展，骨料与水泥石之间

的黏结作用基本消失。当应力达到临界点后，混凝土内裂缝形成了破坏面，将混凝土分成若干个小柱体，但混凝土的强度并未完全丧失。随着破坏面的剪切滑移和裂缝的不断延伸扩大，应变急剧增大，混凝土承载力下降，试件表面出现不连续的纵向裂缝，图中曲线开始下降。最后骨料与水泥石的黏结完全被破坏，破坏面上的摩擦咬合力耗尽，试件被压酥破坏。

上述破坏过程可以分别从横向应变（ε_2 和 ε_3）、纵向应变（ε_1）、横向变形系数（μ）、平均体积应变 $\varepsilon=(\varepsilon_1+\varepsilon_2+\varepsilon_3)/3$ 与应力的关系得到反映，当 $\sigma\approx 0.8f_c$ 时，平均体积应变从压缩转向膨胀，横向变形系数增大，横向和纵向应变都有相应的突变。

以上破坏机理的分析，说明了混凝土受压破坏是由于混凝土内裂缝的扩展所致。如果对混凝土的横向变形加以约束，限制裂缝的扩展，可以提高混凝土的纵向抗压强度。

2．混凝土的抗拉强度 f_t

混凝土的抗拉强度比抗压强度低得多，一般只有抗压强度的 5%～10%，f_{cu} 越大，f_t/f_{cu} 越小，混凝土的抗拉强度取决于水泥石的强度和水泥石与骨料的黏结强度。采用表面粗糙的骨料及较好的养护条件可提高 f_t。

轴心抗拉强度是混凝土的基本力学性能，据此也可间接地衡量混凝土的其他力学性能，如混凝土的抗冲切强度。

测量轴心抗拉强度可采用如图 2.11 所示的试验方法，试件为 100mm×100mm×500mm 的柱体，两端埋有伸出长度为 150mm 的变形钢筋（$d=16$mm），钢筋位于试件轴线上。试验机夹紧两端伸出的钢筋，对试件施加拉力，破坏时裂缝产生在试件的中部，此段时间的平均破坏应力即为轴心抗拉强度 f_t。

在测量混凝土抗拉强度时，采用上述试验方法是相当困难的，故国内外多采用立方体或圆柱体劈拉试验代替，如图 2.12 所示。在立方体或圆柱体上的垫条施加一个线荷载，这样试件中间垂直截面除加力点附近很小的范围外，有均匀分布的水平拉应力。当拉应力达到混凝土的抗拉强度时，试件被劈成两半。

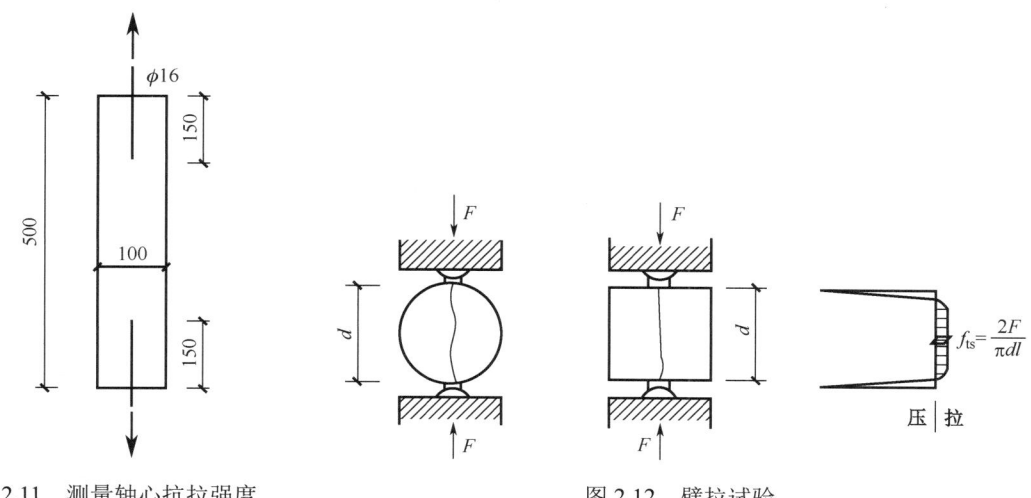

图 2.11　测量轴心抗拉强度　　　　图 2.12　劈拉试验
（单位：mm）

根据弹性理论，劈拉试验中试件的抗拉强度可按下式计算：

$$f_{t,s} = \frac{2F}{\pi l d} \quad (2\text{-}2)$$

式中：F——破坏荷载；

d——圆柱底面直径或立方体边长；

l——圆柱体高度或立方体边长。

根据我国近年来相关劈拉试验的试验结果，可得如下经验公式：

$$f_{t,s} = 0.19 f_{cu}^{3/4} \quad (2\text{-}3)$$

式中：f_{cu} 为抗压强度标准值。

2.2.2 混凝土的变形

混凝土的变形可以分为两类：一类为混凝土的受力变形；另一类为混凝土的体积变形。

1. 混凝土的受力变形

1）受压混凝土一次短期加载的 σ-ε 曲线

混凝土的 σ-ε 曲线是混凝土力学性能的一个重要指标，它是分析混凝土构件应力、建立强度和变形计算理论必不可少的依据。

图 2.13 所示是典型混凝土棱柱体的 σ-ε 曲线。在第一阶段，即从开始加载（O 点）至 A 点，$\sigma=(0.3\sim0.4)f_c$，由于试件所受应力较小，其变形主要是骨料和水泥石的弹性变形，σ-ε 曲线近似于直线，A 点称为比例极限点。AB 段为试件进入裂缝稳定扩展的第二阶段，临界点 B 相对应的应力可作为测定长期受压强度的依据（一般取 $0.8f_c$）。此后试件中所积蓄的弹性应变能始终保持大于裂缝发展所需的能量，形成裂缝快速发展的不稳定状态，直至曲线到达 C 点，即第三阶段，应力达到的最高点为 f_c，f_c 对应的应变称为峰值应变 ε_0，其取值范围为 $0.0015\sim0.0025$，平均取 $\varepsilon_0=0.002$。在曲线到达 f_c 以后，试件中裂缝迅速发展，内部结构的整体性受到越来越严重的破坏，试件的平均应力强度下降，当曲线下降到拐点 D 后，又凸向水平方向发展，在拐点 D 之后 σ-ε 曲线中曲率最大点 E 称为"收敛点"。曲线过 E 点以后，试件中的主裂缝已很宽，结构内聚力已几乎耗尽，对于无侧向约束的混凝土已无结构可言。

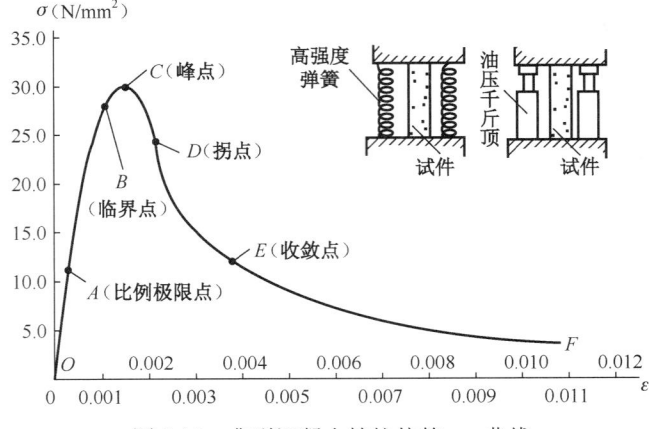

图 2.13 典型混凝土棱柱体的 σ-ε 曲线

不同强度混凝土的 σ-ε 曲线如图 2.14 所示。

2）受压混凝土的 σ-ε 曲线模型

为了理论分析的需要，许多学者对实测的受压混凝土的 σ-ε 曲线进行建模，并写出其数学表达式。国内外已经提出十多种不同的数学表达式，其目的是使分析计算尽量简单，又基本符合试验结果，上升段假定为抛物线、下降段假定为直线的居多。我国《规范》采用的是 Rüsch 建议模型，上升段为二次抛物线，下降段为直线，如图 2.15 所示。

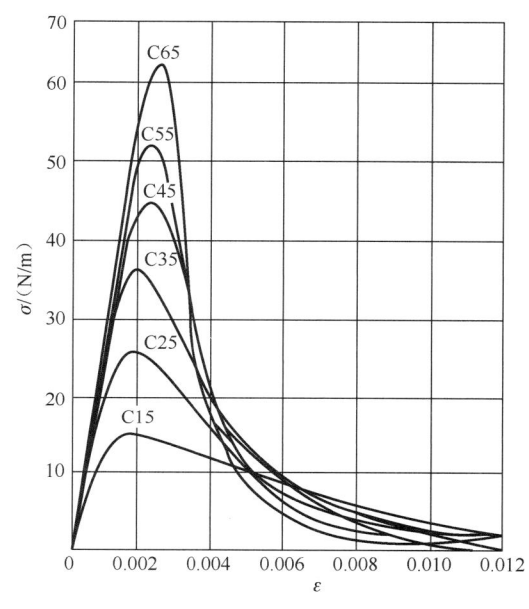

图 2.14　不同强度混凝土的 σ-ε 曲线

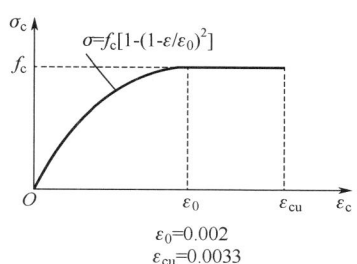

图 2.15　Rüsch 建议模型

由此得出：

$$\sigma = f_c [2(\frac{\varepsilon}{\varepsilon_0}) - (\frac{\varepsilon}{\varepsilon_0})^2]　（当 \varepsilon < \varepsilon_0 时）$$

$$\sigma = f_c　（当 \varepsilon_0 \leqslant \varepsilon \leqslant \varepsilon_{cu} 时）$$

式中：$\varepsilon_0 = 0.002$；$\varepsilon_{cu} = 0.0033$。

3）混凝土的弹性模量、变形模量

在计算混凝土构件的截面应力及变形，以及预应力混凝土构件的预压应力及由于温度变化、制作沉降产生的内力时，会用到混凝土的弹性模量。由于一般情况下受压混凝土的 σ-ε 曲线并非直线，即应力和应变的关系并不是线性的，这就产生了"模量"的取值问题。我们规定图 2.16 中通过原点的受压混凝土的 σ-ε 曲线的切线的斜率为混凝土的初始弹性模量 E_0，但是它的稳定数值不易从试验中测得。

目前我国《规范》中弹性模量 E_c 是用下列方法确定的：采用棱柱体试件，取应力上限为 $0.5f_c$，重复加载 5～10 次。由于混凝土的塑性性质，每次卸载至零时，存在残余变形。但随着加载的多次重复，残余变形逐渐减小，重复加载 5～10 次后，残余变形趋于稳定，混凝土的 σ-ε 曲线接近于直线（图 2.16），该直线的斜率即为混凝土的弹性模量。

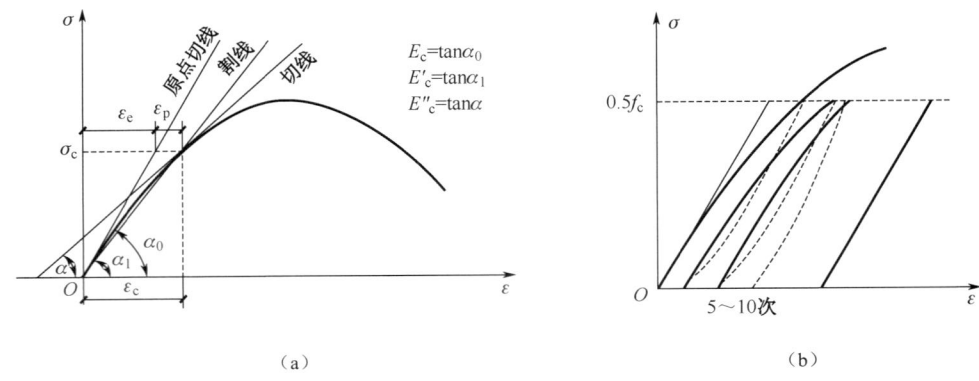

(a)　　　　　　　　　　　　　　(b)

图 2.16　混凝土弹性模量的测定方法

根据混凝土不同强度等级的弹性模量试验值的统计分析，可得到经验关系式：

$$E_c = \frac{10^5}{2.2 + \dfrac{34.7}{f_{cu}}} \tag{2-4}$$

4）受拉混凝土的变形

测绘混凝土的受拉 σ-ε 曲线比测绘其受压时的 σ-ε 曲线要难得多，图 2.17 为混凝土受拉 σ-ε 曲线，曲线形状与受压 σ-ε 曲线相似，也有上升段和下降段。受拉 σ-ε 曲线在坐标系原点处切线斜率与受压 σ-ε 曲线基本一致，因此讨论混凝土受拉和受压特性可采用相同的弹性模量。应力达峰值 f_t 时对应的应变 ε_0 为 $7.5\times10^{-6} \sim 1.15\times10^{-4}$，变形模量 E_c' 为（76%～86%）E_c。

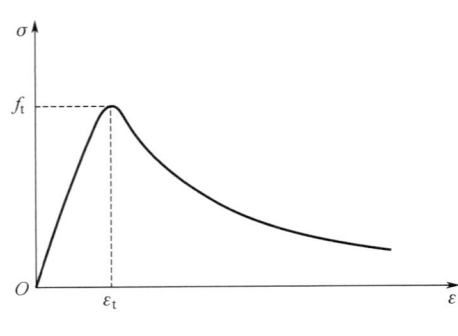

图 2.17　混凝土受拉 σ-ε 曲线

考虑到应力达到抗拉强度时的受拉极限应变与混凝土强度、配合比、养护条件有着密切的关系，变化范围大，取应力达抗拉强度时的变形模量 $E_t'=0.5E_c$，即应力达到 f_t 时的弹性系数为 0.5。

5）混凝土的徐变

试验表明，对混凝土棱柱体加载使其应力达到某个特定值之后维持荷载不变，则混凝土会在加载瞬时变形的基础上，产生随时间而增长的应变。这种在长期荷载作用下随时间而增长的变形称为徐变。徐变对于结构的变形和强度、预应力混凝土中的钢筋应力都将产生重要的影响。

接下来根据我国铁道科学研究院的试验结果，对典型的徐变与时间的关系（如图 2.18 所示）加以说明：从图中看出，某一组混凝土棱柱体试件，当加载至应力达到 $0.5f_c$ 时，其加载瞬间产生的应变为瞬时应变 ε_{ela}。若荷载保持不变，随着加载时间的增长，应变也将继续增长，这就使试件产生了徐变 ε_{cr}。徐变在发生后半年内增长较快，以后逐渐减慢，经过一定时间后，徐变趋于稳定。徐变应变值约为瞬时弹性应变的 1～4 倍。两年后卸载，试件瞬时恢复的应变 ε_{ela}' 略小于瞬时应变 ε_{ela}。卸载后经过一段时间后再测量，可发现试件并不处于静止状态，而是经历着逐渐恢复的过程，这种恢复变形称为弹性后效 ε_{ela}''。弹性后效的恢复时间为 20 天左右，其值约为徐变应变的 1/12。最后剩下的大部分不可恢复变形为 ε_{cr}'。

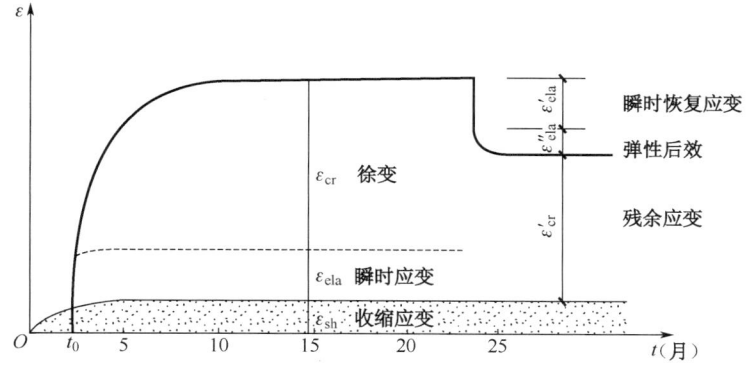

图 2.18　混凝土徐变（应变和时间的关系曲线）

试件结构体的组成和配比是影响徐变的内在因素。水泥用量越多，水灰比越高，徐变也越大；骨料越坚硬、弹性模量越高，徐变就越小；骨料的相对体积越大，徐变越小。另外，试件形状及尺寸、试件内钢筋的表面积和钢筋应力性质对徐变也有不同的影响。

养护及使用条件下的温/湿度是影响徐变的环境因素。养护时温度高、湿度大、水泥水化作用充分，徐变就小，采用蒸汽养护可使徐变比普通条件下减小约 20%～35%。加载后试件所处环境的温度越高、湿度越低，则徐变越大。如环境温度为 70℃，试件加载一年后的徐变高于温度为 20℃时的 2 倍，因此，高温干燥环境将使徐变显著增大。

应力条件是影响徐变的非常重要的因素。加载时试件所用混凝土的龄期越长，徐变越小。试件中混凝土的应力越大，徐变越大。随着应力的增加，徐变将发生不同的变化，如图 2.19 所示为不同应力水平下的徐变曲线。由图可见，当应力较小时（$\sigma \leqslant 0.5$），曲线接近等距离分布，说明徐变与初应力成正比，这种情况称为线性徐变，一般的解释是水泥胶体的黏性流动所致。当施加于试件的应力为 $0.5<\sigma<0.8$ 时，徐变与应力不成正比，徐变比应力增长快，这种情况称为非线性徐变，一般认为发生这种现象的原因是水泥胶体的黏性流动的增长速度已比较稳定，而应力集中引起的微裂缝则随应力的增大而扩展。

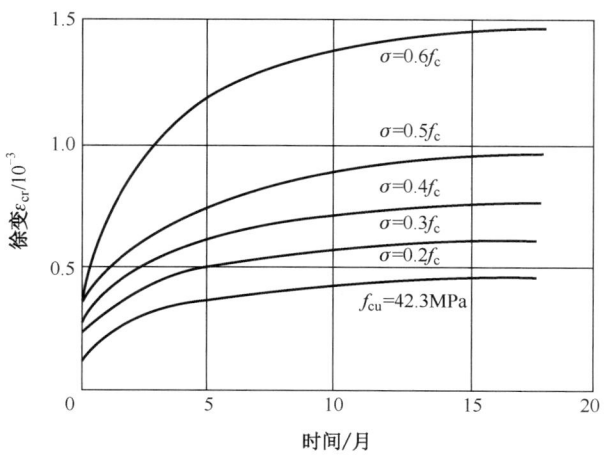

图 2.19　混凝土的徐变与应力的关系

2. 混凝土的体积变形

1) 混凝土的收缩和膨胀

混凝土在空气中结硬时体积减小的现象称为收缩；混凝土在水中或处于饱和湿度情况下结硬时体积增大的现象称为膨胀。一般情况下混凝土的收缩值比膨胀值大很多，所以分析收缩和膨胀的现象时以分析收缩为主。

我国铁道科学研究院的相关试验结果如图 2.20 所示。混凝土试件的收缩是随时间而增长的变形，结硬初期收缩较快，一个月大约可完成 1/2 的收缩，三个月后收缩缓慢，一般两年后趋于稳定，最终收缩值（应变）大约为 $(2\sim5)\times10^{-4}$，一般取 3×10^{-4}。

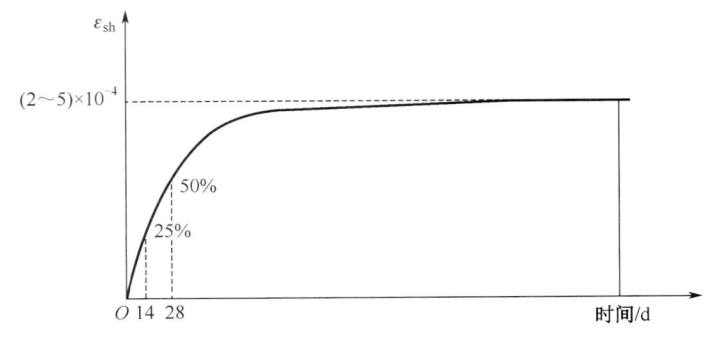

图 2.20 混凝土的收缩

干燥失水是引起收缩的重要因素，所以试件的养护条件、使用环境的温/湿度及影响试件水分保持的因素，都对收缩有影响。环境温度越高、湿度越低，收缩值越大。采用蒸汽养护时的收缩值要小于采用常温养护时的收缩值，这是因为高温高湿可促进水化作用，减少混凝土中的自由水分含量，加速了凝结与硬化。

试验还表明，水泥用量越多、水灰比越高，收缩值越大；骨料的弹性模量大，收缩值越小；试件的体积与表面积比值越大，收缩值越小。

对于养护不好的混凝土试件，表面在加载前可能产生收缩裂缝。需要说明，试件中混凝土的收缩对处于完全自由状态的试件，只会引起试件的缩短而不引起开裂。对于周边有约束而不能自由变形的试件，收缩会引起试件内产生拉应力，甚至会有裂缝产生。

在不受约束的钢筋混凝土试件中，钢筋和混凝土由于黏结力的作用，其变形是相互协调的。混凝土具有收缩的性质，而钢筋并没有这种性质，钢筋的存在限制了混凝土的自由收缩，使混凝土受拉、钢筋受压，如果截面的配筋率较高会导致试件开裂。

2) 混凝土的温度变形

当温度变化时，混凝土同样也有热胀冷缩的性质。混凝土的温度线膨胀系数一般为 $(1.2\sim1.5)\times10^{-5}/℃$，用这个值去度量混凝土的收缩，则最终收缩量大致为温度降低 15℃～30℃时的体积变化。

当温度变形受到外界的约束而不能自由发生时，试件内将产生温度应力。在大体积混凝土试件中，由于试件表面较内部的收缩量大，再加上水泥水化放热使试件的内部温度比表面温度高，如果把内部混凝土视为相对不变形体，它将对试图缩小体积的表面混凝土形成约束，在表面形成拉应力，如果内外变形差较大，将会造成表层混凝土开裂。

任务 2.3　钢筋与混凝土的黏结

钢筋和混凝土的黏结是保证钢筋和混凝土这两种力学性能截然不同的材料在结构中共同发挥作用的基本前提。黏结是包含了水泥胶体对钢筋的黏结力、钢筋与混凝土之间的摩擦力、钢筋凹凸不平的表面与混凝土的机械咬合作用、钢筋端部在混凝土内的锚固作用的一个综合概念。

2.3.1　黏结力的概念

通常把钢筋与混凝土接触面上的纵向剪应力称为黏结应力，简称黏结力。钢筋和混凝土能够结合在一起共同发挥作用，除了两者具有相近的温度线膨胀系数之外，更主要的是由于混凝土硬化后，钢筋和混凝土接触面上产生了良好的黏结力。同时为了保证钢筋不至于被轻易地从混凝土中拔出或压出，还要求钢筋具有良好的锚固作用。黏结和锚固是钢筋和混凝土形成整体、共同发挥作用的基础。如图 2.21（a）所示的梁虽配有钢筋，但通过在钢筋表面涂油等措施使得钢筋与混凝土之间无黏结，且钢筋端部也不锚固，则当梁承受荷载作用而产生弯曲变形时，虽然与钢筋处在同一高度的混凝土将受拉伸长，但钢筋仍保持原有长度不变，不能与混凝土共同承担拉力，此梁在很小的荷载作用下就发生脆性折断而破坏，受力性能与素混凝土梁相同。

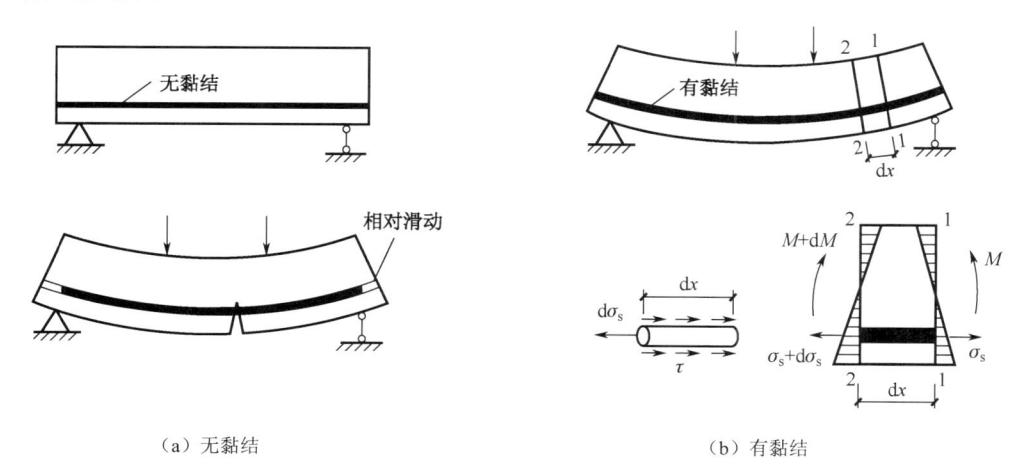

（a）无黏结　　　　　　　　　　　　　（b）有黏结

图 2.21　混凝土与钢筋的黏结作用

图 2.21（b）所示梁的钢筋与混凝土可靠地黏结在一起，在荷载作用下梁发生弯曲变形时，钢筋与混凝土一起变形，共同受力。从梁上取一微段 dx，分析微段内钢筋的受力状况。设钢筋截面直径为 d，钢筋的应力增量为 dσ_s，钢筋和混凝土接触面的黏结力为 τ，则由钢筋脱离体的平衡条件可得：

$$\tau = \frac{d}{4}\frac{d\sigma_s}{dx} \tag{2-5}$$

通过上述分析可知，如果微段 dx 左右截面的弯矩相等，则微段两端钢筋的应力相等，那么钢筋与混凝土接触面上就不存在黏结力。也就是说，只有黏结力不为零，钢筋应力才会发生变化。钢筋与混凝土接触面单位面积上所能承受的最大纵向剪应力称为黏结强度。

2.3.2 黏结的作用

根据构件中钢筋受力情况的不同，黏结的作用有锚固黏结和局部黏结两类。

1. 锚固黏结

图 2.22（a）所示的梁下部纵向钢筋在支座内的锚固、图 2.22（b）所示的梁支座负筋截断及纵向钢筋搭接等属于锚固黏结。锚固黏结的共性是钢筋端头的应力为零，经过一段锚固长度黏结力的积累，使钢筋应力达到其设计强度 f_y。由于该范围内钢筋的应力差大，接触面上的黏结力必然大，而且黏结破坏属于脆性破坏，所以必须保证有足够的锚固长度，以避免黏结破坏。

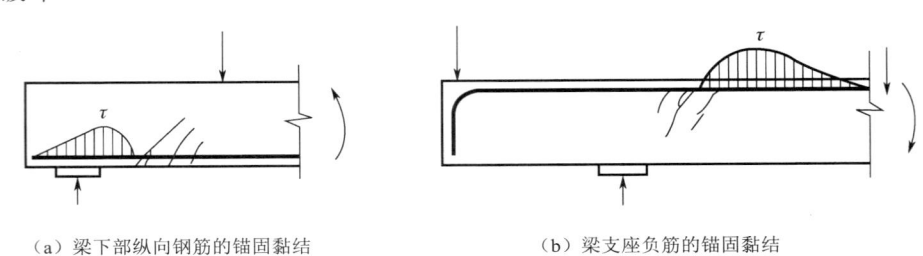

（a）梁下部纵向钢筋的锚固黏结　　　　（b）梁支座负筋的锚固黏结

图 2.22　锚固黏结

2. 局部黏结

图 2.23 所示的裂缝间，钢筋与混凝土接触面上的黏结属于局部黏结，这类黏结存在于钢筋的中部，而不是端头。裂缝间黏结力的大小及分布将影响裂缝间距、裂缝宽度及构件刚度。接触面上黏结力的积累使裂缝间的混凝土参与受拉。

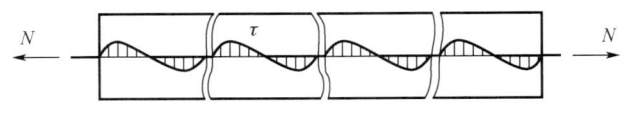

图 2.23　局部黏结

2.3.3 黏结力的组成

光面钢筋的黏结性能试验表明，钢筋和混凝土的黏结力构成如下。

（1）化学吸附作用力：钢筋与混凝土接触面上存在化学吸附作用力。这种力一般很小，当接触面发生相对滑移时就消失，仅在局部无滑移区内起作用。

（2）摩擦力：混凝土收缩后将钢筋紧紧地握裹住而产生的力。钢筋和混凝土之间的挤压力越大、接触面越粗糙，则摩擦力越大。通过光面钢筋压入试验测得的黏结强度比进行拉拔试验时测得的黏结强度大，这是因为钢筋受压变粗，增大对混凝土的挤压力，从而使摩擦力增大所致。

（3）机械咬合力：因凹凸不平的钢筋表面与混凝土的机械咬合作用而产生的力。变形钢筋的横肋会产生这种咬合力，它是变形钢筋黏结力的主要来源。

（4）钢筋端部的锚固力：一般在钢筋端部弯钩、弯折，在锚固区焊短钢筋、短角钢，以提供锚固力。

上述各种力在不同的情况下（钢筋的截面形式不同、受力阶段和构件部位不同）发挥各自的作用。机械咬合力可提供很强的黏结力，如布置不当，会产生较严重的滑移、开裂和局部混凝土破碎的现象。

变形钢筋与混凝土之间机械咬合作用的受力机理如图 2.24 所示。钢筋受力后，其凸出的肋对混凝土产生斜向挤压力，斜向挤压力的轴向分力使周围的混凝土产生轴向拉力和剪力，径向分力使周围混凝土产生环向拉力。轴向拉力和剪力使混凝土产生内部斜裂缝，环向拉力使混凝土产生内部径向裂缝。当混凝土保护层厚度较小，径向裂缝发展到构件表面而产生劈裂裂缝时，机械咬合作用将很快消失，产生劈裂型黏结破坏，如图 2.25（a）所示。若在纵向钢筋周围配置箍筋等横向钢筋来承担环向拉力，阻止径向裂缝的发展，或增加纵向钢筋的混凝土保护层厚度使得径向裂缝难于发展到构件表面，则最后肋前混凝土在斜向挤压力的轴向分力作用下被挤碎，发生沿肋外径圆柱面的剪切型黏结破坏，如图 2.25（b）所示，这种破坏是超越了变形钢筋与混凝土黏结强度的上限而导致的。光面钢筋与变形钢筋黏结机理的主要区别是：光面钢筋的黏结力主要来自化学吸附作用力和摩擦力，而变形钢筋的黏结力主要来自机械咬合力。

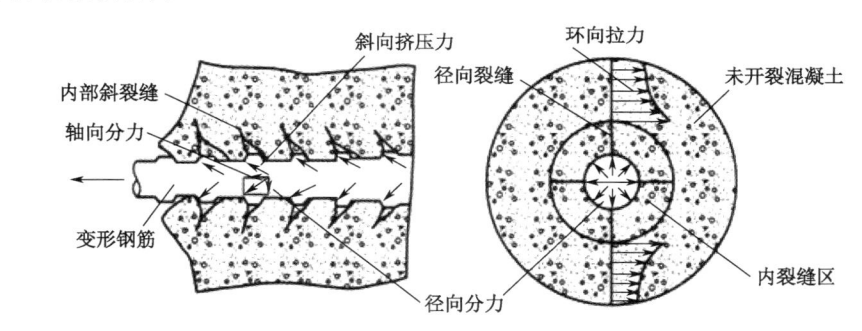

图 2.24 变形钢筋与混凝土之间机械咬合作用的受力机理

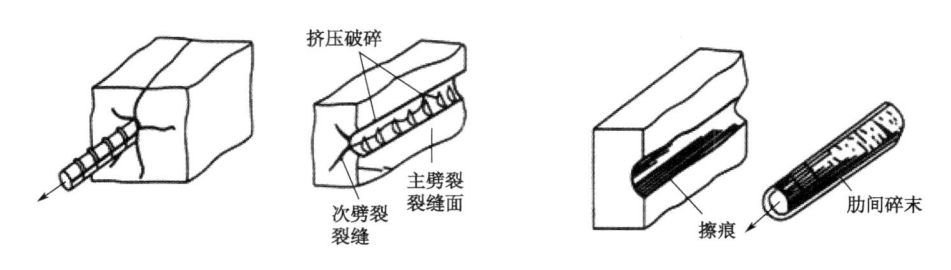

（a）劈裂型黏结破坏　　　　（b）剪切型黏结破坏

图 2.25 变形钢筋的黏结破坏

2.3.4 黏结强度

钢筋与混凝土接触面的黏结强度通常采用拔出试验来测定（如图 2.26 所示）。若黏结破

坏时的拔出力为 F，则黏结强度 τ_u 为：

$$\tau_u = \frac{F}{\pi d l} \tag{2-6}$$

式中：d——钢筋截面直径；
　　　l——钢筋的锚固长度或埋长。

可见，黏结强度 τ_u 就是黏结破坏时钢筋与混凝土接触面的最大平均黏结力。

图 2.26（a）所示的拔出试验主要用于测定锚固长度。钢筋拔出端的应力达到屈服强度时，钢筋没有被拔出的最小埋长称为锚固长度 l_a。由图 2.26（a）可知，这种拔出试验的黏结力状态有较大区别。因此，目前通常采用图 2.26（b）所示的拔出试验来测定黏结强度。为避免张拉端局部挤压的影响，在张拉端设置了长度为（2~3）d 的套管，钢筋的黏结长度为 $5d$，在此较小长度上可近似认为黏结力均匀分布。可见，由图 2.26（b）所示的拔出试验测得的黏结强度较为准确（d 为钢筋截面直径，后文如无特殊说明，均采用此表示方法）。

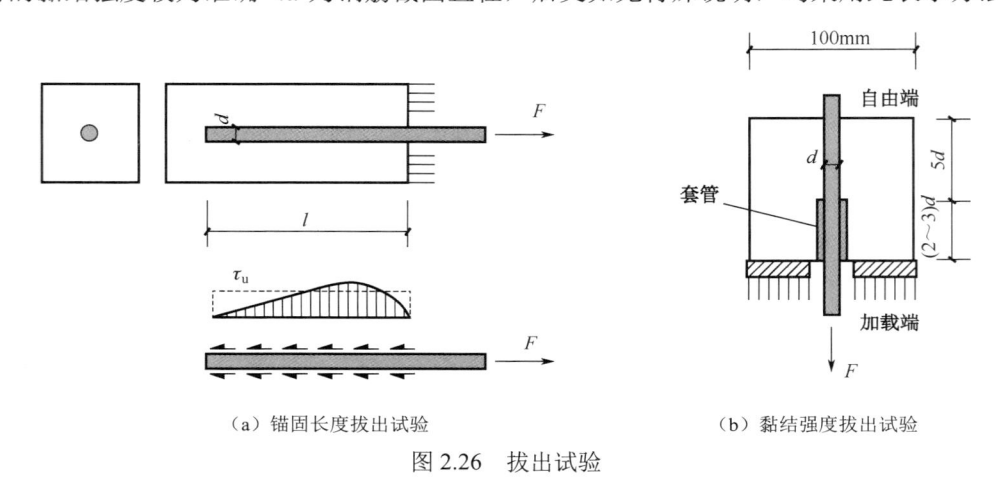

（a）锚固长度拔出试验　　　（b）黏结强度拔出试验

图 2.26　拔出试验

2.3.5　影响黏结强度的因素

钢筋与混凝土之间的黏结强度受许多因素的影响，主要有混凝土强度、钢筋外形、混凝土保护层厚度、钢筋间净距、横向钢筋、受力情况和浇筑混凝土时钢筋的位置等。

（1）混凝土强度。混凝土强度越高，黏结强度越大。试验表明，黏结强度与混凝土抗拉强度 f_t 成正比例。

（2）钢筋外形。钢筋外形对黏结强度的影响很大，变形钢筋的黏结强度远高于光面钢筋。

（3）混凝土保护层厚度和钢筋间净距。试验表明，混凝土保护层厚度对光面钢筋的黏结强度影响很小，而对变形钢筋的影响十分显著。适当增大混凝土保护层厚度和钢筋间净距可以提高黏结强度。

（4）横向钢筋。混凝土构件中配有横向钢筋可以有效地抑制混凝土内部裂缝的发展，提高黏结强度。

（5）受力情况。支座处的反力等侧向压力可增大钢筋与混凝土接触面的摩擦力，提高黏结强度。剪力产生的斜裂缝将使锚固钢筋受到销栓作用而降低黏结强度。在重荷载或反复加载的作用下，钢筋与混凝土之间的黏结强度将降低。

（6）浇筑混凝土时钢筋的位置。对于大厚度混凝土结构而言，当混凝土浇筑深度超过300mm 时，钢筋底面的混凝土由于离析、泌水、沉淀收缩和气泡溢出等原因，与其上部的水平钢筋之间产生空隙层，从而削弱了钢筋与混凝土之间的黏结作用。

2.3.6 钢筋的锚固

1．保证黏结的构造措施

由于黏结的破坏机理复杂，影响因素较多，《规范》提出采取不进行黏结强度计算，而用构造措施来保证钢筋与混凝土黏结效果的方法。

为了保证钢筋与混凝土之间黏结可靠，《规范》从以下四个方面进行了规定。

（1）对于不同强度等级的混凝土和钢筋，规定了钢筋的最小锚固长度和搭接长度。
（2）规定了钢筋的最小间距和混凝土保护层的最小厚度。
（3）对钢筋接头范围内的箍筋加密情况进行了规定。
（4）对钢筋端部弯钩设置或者机械锚固提出了明确要求。

2．钢筋的锚固长度

1）受拉钢筋的锚固长度

钢筋的锚固长度主要取决于钢筋强度、混凝土抗拉强度，并与钢筋的外形有关。当计算中充分利用钢筋的抗拉强度时，受拉钢筋的锚固长度应按下式计算：

$$l_a = \alpha \frac{f_y}{f_t} d \tag{2-6}$$

式中：l_a——受拉钢筋的锚固长度；
　　　f_y——普通钢筋的抗拉强度设计值；
　　　f_t——混凝土轴心抗拉强度设计值；
　　　d——钢筋的公称截面直径；
　　　α——钢筋的外形系数，按表 2.1 采用。

表 2.1　钢筋的外形系数

钢筋类型	光面钢筋	变形钢筋	刻痕钢丝	螺旋肋钢丝	3 股钢绞线	7 股钢绞线
α	0.16	0.14	0.19	0.13	0.16	0.17

2）受拉钢筋锚固长度的修正

当符合下列条件时，计算的锚固长度应进行修正：

（1）当 HRB335 级、HRB400 级及 RRB400 级钢筋的截面直径大于 25mm 时，其锚固长度应乘以修正系数 1.1。
（2）对于 HRB335 级、HRB400 级及 RRB400 级带环氧树脂涂层钢筋，其锚固长度应乘以修正系数 1.25。
（3）当钢筋在混凝土施工过程中易受扰动（如滑模施工）时，其锚固长度应乘以修正系数 1.1。

（4）当 HRB335 级、HRB400 级及 RRB400 级钢筋在锚固区的混凝土保护层厚度大于钢筋直径 3 倍且配有箍筋时，其锚固长度可乘以修正系数 0.8。

（5）除构造需要的锚固长度外，当配筋有富余时：若纵向受力钢筋的实际配筋面积大于其设计计算面积，如因构造要求而大于计算值，钢筋实际应力小于强度设计值，则确有把握时，其锚固长度应乘以设计计算面积与实际配筋面积的比值，但不得用于抗震设计及直接承受动荷载的构件中。

经上述修正后的锚固长度不应小于按式（2-6）计算得出的锚固长度的 70%，且不应小于 250mm。

3）机械锚固措施

当 HRB335 级、HRB400 级及 RRB400 级纵向受拉钢筋末端采用机械锚固措施时，包括附加锚固端头在内的锚固长度可取按式（2-6）计算得出的锚固长度的 70%。机械锚固的形式及构造要求宜按图 2.27 所示采用（D 为钢筋弯曲直径）。

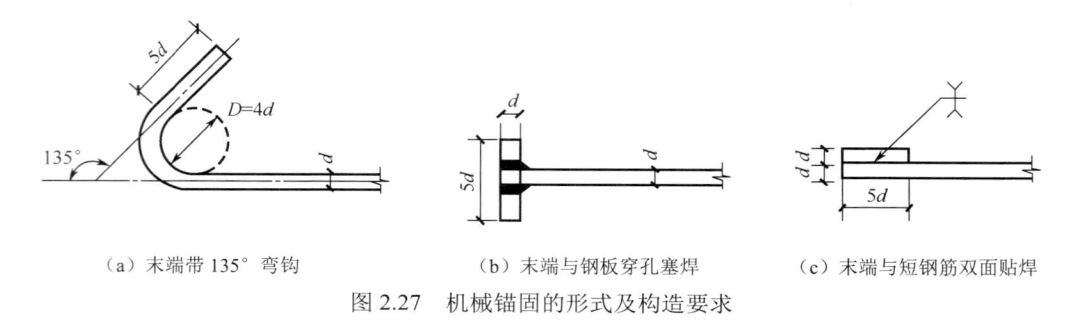

（a）末端带 135° 弯钩　　（b）末端与钢板穿孔塞焊　　（c）末端与短钢筋双面贴焊

图 2.27　机械锚固的形式及构造要求

采用机械锚固措施时，锚固长度范围内的箍筋不应少于 3 个，其直径不应小于纵向钢筋截面直径的 25%，其间距不应大于纵向钢筋截面直径的 5 倍。当纵向钢筋的混凝土保护层厚度不小于钢筋截面直径的 5 倍时，可不配置上述箍筋。

4）受压钢筋的锚固长度

当计算中充分利用纵向钢筋的抗压强度时，其锚固长度不应小于同条件受拉钢筋锚固长度的 70%。

2.3.7　钢筋的连接

钢筋长度不满足施工要求时，须把钢筋进行连接。连接钢筋的方式有三种：绑扎搭接、机械连接和焊接。由于连接接头区域受力复杂，所以钢筋的接头宜设置在受力较小处，在同一根钢筋上宜少设接头。

1．绑扎搭接

1）接头连接区段的长度与接头面积百分率

同一构件中相邻纵向受力钢筋的绑扎搭接接头宜相互错开。

钢筋绑扎搭接接头连接区段的长度为搭接长度的 1.3 倍，凡接头中点位于该连接区段长度内的绑扎搭接接头均属于同一连接区段。同一连接区段纵向钢筋绑扎搭接接头面积百分率为该区段内有接头的纵向受力钢筋截面面积与全部纵向受力钢筋截面面积的比值（如图 2.28

所示）。

位于同一连接区段内的受拉钢筋搭接接头面积百分率：对梁类、板类及墙类构件，不宜大于 25%；对柱类构件，不宜大于 50%。当工程中确有必要增大受拉钢筋绑扎搭接接头面积百分率时，对梁类构件，不应大于 50%；对板类、墙类及柱类构件，可根据实际情况放宽。

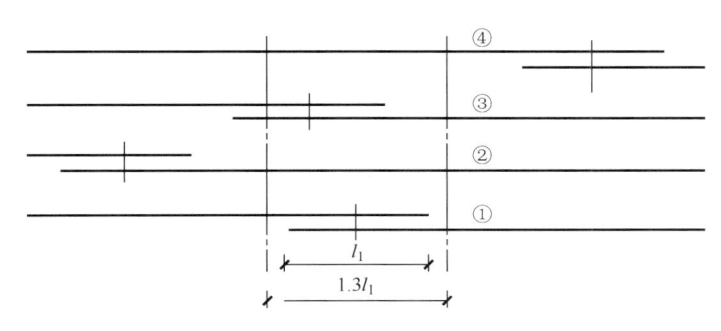

（若图中 4 根钢筋直径相同，则 l_1 区段钢筋绑扎搭接接头面积百分率为 50%）

图 2.28　同一连接区段纵向钢筋绑扎搭接接头面积百分率

2）纵向受拉钢筋的绑扎搭接长度

纵向受拉钢筋绑扎搭接长度应根据位于同一连接区段内的接头面积百分率按下式计算：

$$l_1 = \xi l_a \tag{2-7}$$

式中：l_1——纵向受拉钢筋的搭接长度；

l_a——纵向受拉钢筋的锚固长度；

ξ——纵向受拉钢筋搭接长度修正系数，按表 2.2 取用。

表 2.2　纵向受拉钢筋搭接长度修正系数

接头面积百分率/%	≤25	50	100
ξ	1.2	1.4	1.6

3）纵向受压钢筋的绑扎搭接长度

对于构件中的纵向受压钢筋，当采用绑扎搭接时，其绑扎搭接长度不应小于纵向受拉钢筋绑扎搭接长度的 70%，且在任何情况下不应小于 200mm。

4）绑扎搭接范围内的箍筋配置要求

在纵向受力钢筋绑扎搭接范围内应配置箍筋，其截面直径不应小于搭接钢筋较大截面直径的 25%。当钢筋受拉时，箍筋间距不应大于搭接钢筋较小截面直径的 5 倍，且不应大于 100mm；当钢筋受压时，箍筋间距不应大于搭接钢筋较小截面直径的 10 倍，且不应大于 200mm。当受压钢筋截面直径 $d>25$mm 时，还应在搭接接头两个端面外 100mm 范围内各设置两个箍筋。

须注意的是：需要进行疲劳验算的构件，其纵向受拉钢筋不得采用绑扎搭接。

2．机械连接

钢筋的机械连接是通过连接件的直接或间接的机械咬合作用或钢筋端面的承压作用，将一根钢筋中的力传递到另一根钢筋的连接方法。国内外常用的钢筋机械连接方法主要有套筒挤压连接、锥螺纹连接、直螺纹连接、熔融金属填充、水泥灌浆填充及受压钢筋端面平接。如图 2.29 所示为锥螺纹连接接头。

《规范》规定：纵向受力钢筋机械连接接头宜相互错开。钢筋机械连接接头连接区段的长度为 35d（d 为纵向受力钢筋截面的较大直径），凡接头中点位于该连接区段内的机械连接接头均属于同一连接区段。

在受力较大处设置机械连接接头时，位于同一连接区段内的纵向受拉钢筋机械接头面积百分率不宜大于 50%；纵向受压钢筋的机械接头面积百分率不受限制。

图 2.29　锥螺纹连接接头

直接承受动荷载的构件中的机械连接接头，除应满足设计要求的抗疲劳性能外，位于同一连接区段内的纵向受力钢筋机械连接接头面积百分率不应大于 50%。

机械连接接头（连接件）的混凝土保护层厚度宜满足纵向受力钢筋最小混凝土保护层厚度的要求。接头之间的横向净间距不宜小于 25mm。

3．焊接

常用的焊接方法有闪光焊、电弧焊、电渣焊、气焊和埋弧焊等。

《规范》规定：纵向受力钢筋的焊接接头应相互错开。钢筋焊接接头连接区段的长度为 35d（d 为纵向受力钢筋截面的较大直径），且不小于 500mm，凡接头中点位于该连接区段内的焊接接头均属于同一连接区段。

位于同一连接区段内，纵向受拉钢筋的焊接接头面积百分率不应大于 50%；纵向受压钢筋的接头面积百分率不受限制。

须注意的是：需要进行疲劳验算的构件，其纵向受拉钢筋不宜采用焊接接头。当直接承受吊车荷载的钢筋混凝土吊车梁、屋面梁及屋架下弦中的纵向受拉钢筋必须采用焊接接头时，应符合下列规定：

（1）必须采用闪光焊（接触对焊），并去掉接头的毛刺及卷边。

（2）同一连接区段内纵向受拉钢筋焊接接头面积百分率不应大于 25%，此时，焊接接头连接区段的长度应取 45d（d 为纵向受力钢筋截面的较大直径）。

（3）进行疲劳验算时，焊接接头处的疲劳应力限值应由普通钢筋疲劳应力限值表中对应数据乘以 0.8 的折减系数得出。

2.3.8　混凝土保护层

钢筋的外边缘至混凝土表面的最小距离称为混凝土保护层厚度，用 c 表示。混凝土保护层有下列作用：

（1）防止钢筋锈蚀，保证结构的耐久性。

（2）减缓火灾时钢筋温度的上升速度，保证结构的耐火性。

（3）保证钢筋与混凝土之间的可靠黏结。

《规范》从纵向受力钢筋、预制构件中钢筋、分布钢筋与箍筋等方面对混凝土保护层厚度进行了规定。

（1）纵向受力钢筋混凝土保护层厚度见附表 10 要求。

（2）预制构件中钢筋的混凝土保护层厚度：处于一类环境且由工厂生产的预制构件，当混凝土强度等级不低于 C20 时，混凝土保护层厚度可在规定的数值上减少 5mm，但预应力钢筋的混凝土保护层厚度不应小于 15mm；处于二类环境且由工厂生产的预制构件，当表面采取有效保护措施时，混凝土保护层厚度可按一类环境数值取用。

预制钢筋混凝土受弯构件钢筋端头的混凝土保护层厚度不应小于 10mm；预制肋形板主肋钢筋的混凝土保护层厚度应按梁的此类数值取用。

（3）分布钢筋与箍筋的混凝土保护层厚度：板、墙、壳中分布钢筋的混凝土保护层厚度不应小于相关规定中相应数值减 10mm，且不应小于 10mm；梁、柱中箍筋和构造钢筋的混凝土保护层厚度不应小于 15mm。

任务 2.4　高强度混凝土物理力学性能简介

2.4.1　单轴抗压性能

与低强度混凝土（以下简称低强混凝土）相比，高强度混凝土（以下简称高强混凝土）中的孔隙较小，水泥浆强度、水泥浆与骨料之间的界面强度及骨料强度这三者之间的差异也较小，所以相对来说其整体更接近匀质材料，使得高强混凝土的抗压 σ-ε 曲线与低强混凝土相比有相当大的差别。

1. 高强混凝土 σ-ε 曲线的特点

（1）在应力达到峰值（抗压强度）的 75%~90%以前，σ-ε 曲线近似于直线，即高强混凝土处于弹性工作状态。线性段的范围随强度的提高而增大；而在低强混凝土中，线性段的上限仅及峰值应力的 40%~50%。

（2）与峰值应力相应的应变值 ε_0 随混凝土强度的提高有增大趋势，可达 2.5×10^{-3} 甚至更大，而低强混凝土的此数值一般仅有（1.5~2.0）$\times 10^{-3}$；

（3）在应力达到峰值（抗压强度）的 65%以前，高强混凝土几乎不发生微裂缝；甚至在 90%的峰值应力下，多数的微裂缝也只是孤立的黏结面裂缝。应力到达峰值以后，高强混凝土的 σ-ε 曲线骤然下跌，表现出很显著的脆性，强度越高，下跌越陡。σ-ε 曲线中这一下降段或软化段的曲线形状与试验机的刚度有很大关系。高强混凝土的应力一旦达到峰值，混凝土即呈现剥落状态，所以下降段所反映的主要是一个破碎的过程，破碎通常只发生在某一个局部，因此下降段的应变值还受到应变测量时所用的标距长短及局部破碎区域大小的影响。低强混凝土的下降段比较平缓，即说明其相对高强混凝土来说有较好的延展性。

2. 从材料的内部结构分析

低强混凝土开始受力后大约在峰值应力的 30%时已出现微裂缝，微裂缝首先从水泥浆与骨料的接触面产生并沿着接触面发展，随后在水泥浆中也出现微裂缝，这些微裂缝在混凝土内部形成越来越多的间断并逐渐连接，最后导致材料的宏观破坏，破坏面穿过水泥浆及其与骨料的接触面，粗糙而凹凸不平。但高强混凝土则与此不同，在应力达峰值后产生的破坏面比较光滑，其通常穿过石子和水泥浆而不是绕着骨料表面出现。用 X 射线探测技术测定混凝土的开裂过程表明，低强混凝土在应力达峰值的 65%时已有不稳定裂缝，而高强混凝土直到应力达峰值的 90%时才出现界面破裂。

2.4.2 极限应变与泊桑比

混凝土 σ-ε 曲线中与峰值应力（抗压强度）相应的极限应变值 ε_0 随强度的提高而稍有增加；但对应峰值应力下降 15%时的下降段，极限应变值却随强度的提高而减少，后者在高强混凝土中约在 0.003~0.033 之间。许锦峰根据清华大学的几批试验数据，曾提出高强混凝土的极限应变值的经验算式为 ε_0=（10.3f_{cu}+1320）×10^{-6}。同 E_c 值一样，试验中 ε_0 受到加载时应变变化速度的影响较大。不同的配比和骨料品种显然会影响 ε_0 值，上式给出的数值一般被认为比真实值偏低。

高强混凝土在弹性工作状态下的泊桑比与低强混凝土没有明显差别。我国铁道科学研究院曾通过试验测定强度分别为 63.9MPa 和 102.0MPa 的两组高强混凝土的泊桑比分别为 0.22 和 0.23。美国高强混凝土委员会（ACI）公布的一项试验结果表明：强度为 55~80MPa 的高强混凝土的泊桑比在 0.20~0.28 之间。在非弹性工作状态下，由于高强混凝土中的微裂缝少，所以这时的"视泊桑比"或横向变形系数要小于低强混凝土。Ahmad 曾提出混凝土在峰值应力下的"视泊桑比"计算经验公式为（f_c'为轴心抗压强度设计值）：

$$v' = 6.58 (f_c')^{-0.77} \tag{2-8}$$

2.4.3 持久荷载作用下的性能与徐变

混凝土在持久荷载作用下的抗压强度要低于前面介绍的在暂时连续加载情况下的抗压强度。在较高应力水平的持久作用下，混凝土中的微裂缝变得不稳定并连续发展，经过一定时期后最终发生破坏。美国 Cornell 大学的试验表明，低强混凝土在超过 75% f_c' 的应力持久作用下，60 天内就会出现破坏，而高强混凝土在高达 85% f_c' 的应力持久作用下仍有可能经久不坏。中/低强度的混凝土的持久强度约为暂时强度的 75%~80%，而高强混凝土的持久强度约为暂时强度的 80%~85%。

任务 2.5 公路桥涵工程混凝土结构材料

2.5.1 相关材料要求

1. 混凝土

《公路桥规》规定的混凝土强度等级划分方式与《规范》相同。实际应用中，混凝土强度等级按下列规定采用：钢筋混凝土构件中混凝土强度不应低于 C20；当采用 HRB400 级、

KL400 级钢筋作为配筋时，混凝土强度不应低于 C25；预应力混凝土构件的混凝土强度不应低于 C40。

2．钢筋

根据《公路桥规》规定：钢筋混凝土及预应力混凝土构件中的普通钢筋宜选用 HPB300、HRB400、HRB500、HRBF400 和 RRB400 级钢筋，预应力混凝土构件中的箍筋应选用其中的带肋钢筋；按构造要求配置的钢筋网可采用冷轧带肋钢筋。

预应力混凝土构件中的预应力钢筋应选用钢绞线、钢丝；中/小型构件或竖/横向预应力钢筋也可选用精轧螺纹钢筋。

钢筋的锚固应符合《公路桥规》的有关规定。

2.5.2　公路桥涵工程钢筋锚固长度

当设计中充分利用钢筋的强度时，其最小锚固长度应符合表 2.3 的规定。

表 2.3　钢筋最小锚固长度

项目		钢筋种类								
		HPB300				HRB400、HRBF400、RRB400			HRB500		
混凝土强度		C25	C30	C35	≥C40	C30	C35	≥C40	C30	C35	≥C40
受压钢筋（直端）		45d	40d	38d	35d	30d	28d	25d	35d	33d	30d
受拉钢筋	直端	—	—	—	—	35d	33d	30d	45d	43d	40d
	弯钩端	40d	35d	33d	30d	30d	28d	25d	35d	33d	30d

注：（1）d 为钢筋截面直径。

（2）对于受压束筋和等代直径 d_e≤28mm 的受拉束筋的锚固长度，应按等代直径表中相应值确定，束筋的各单根钢筋可在同一锚固终点截断；对于等代直径 d_e>28mm 的受拉束筋，束筋内各单根钢筋应自锚固起点开始，以上表内规定的单根钢筋的锚固长度的 1.3 倍，呈阶梯形逐根延伸后截断，即自锚固起点开始，第一根延伸 1.3 倍单根钢筋的锚固长度，第二根延伸 2.6 倍单根钢筋的锚固长度，第三根延伸 3.9 倍单根钢筋的锚固长度，以此类推。

（3）采用环氧树脂涂层钢筋时，受拉钢筋最小锚固长度应增加 25%。

（4）当混凝土在凝固过程中易受扰动时，锚固长度应增加 25%。

（5）当受拉钢筋末端采用弯钩时，锚固长度为包括弯钩在内的投影长度。

2.5.3　钢筋锚固的其他要求

（1）箍筋的末端应做成弯钩，弯曲角度可取 135°。弯钩的弯曲直径应大于被箍的受力主钢筋的截面直径，且采用 HPB300 钢筋时其截面直径不应小于箍筋截面直径的 2.5 倍，采用 HRB400 钢筋时其截面直径不应小于箍筋截面直径的 5 倍。一般结构的弯钩平直段长度不应小于箍筋截面直径的 5 倍，抗震结构的弯钩平直段长度不应小于箍筋截面直径的 10 倍。

（2）钢筋连接宜设在受力较小区段，并宜错开布置。接头宜采用焊接接头和机械连接接头（套筒挤压接头、镦粗直螺纹接头），当施工或构造条件有困难时，除轴心受拉和小偏心受拉构件纵向受力钢筋外，也可采用绑扎搭接。接头钢筋截面直径不宜大于 28mm，对轴心受压和偏心受压构件中的受压钢筋，其截面直径可不大于32mm。

（3）钢筋焊接接头应符合下列要求。

钢筋焊接接头宜采用闪光接触对焊；当不具备闪光接触对焊条件时，也可采用电弧焊（帮条焊或搭接焊）、电渣压力焊或气压焊，并满足下列要求：

①电弧焊应采用双面焊缝，不得已时方可采用单面焊缝。接头的焊缝长度：双面焊缝不应小于钢筋截面直径的5倍，单面焊缝不应小于钢筋截面直径的10倍。

②帮条焊的帮条应采用与被焊接钢筋同强度等级的钢筋，其总截面面积不应小于被焊接钢筋的截面面积。

③采用搭接焊时，两钢筋端部应预先折向一侧，两钢筋轴线应保持一致。

【小结】

（1）单轴应力状态下的混凝土强度分立方体抗压强度、轴心抗压强度和轴心抗拉强度。结构设计计算采用的是轴心抗压强度和轴心抗拉强度。立方体抗压强度是材料性能的基本代表值，轴心抗压强度、轴心抗拉强度可由其换算得到。

（2）混凝土的变形可分为两类：一类是荷载作用下的受力变形，包括一次短期加载、荷载长期作用和荷载重复作用下的变形；另一类是非荷载原因引起的体积变形，包括混凝土的收缩、膨胀及温度变形。

（3）混凝土力学性能的主要特征：抗拉强度远低于抗压强度，因此工程上主要用混凝土承担压应力；应力—应变（σ-ε）关系只有在应力很小时才可近似视为线性和弹性状态，其余情况为非线性和弹塑性。混凝土的强度与变形都随时间变化；混凝土易于开裂，裂缝对混凝土自身及结构性能都有很大的影响。

（4）普通钢筋宜优先采用HRB400级和HRB335级钢筋；预应力钢筋宜优先采用钢绞线和高强度钢丝。

（5）根据σ-ε曲线特征的不同，可将钢筋分为有明显流幅的钢筋（简称为软钢）和无明显流幅的钢筋（简称为硬钢）两类。

（6）屈服强度是钢筋设计强度取值的依据。反映钢筋力学性能的基本指标有屈服强度、屈强比、伸长率和冷弯性能。

（7）钢筋冷加工可提高钢材的强度，但会降低其塑性。冷加工的方法有冷拉、冷拔、冷轧和冷轧扭四种。

（8）钢筋和混凝土之间的黏结是两者共同工作的基础。黏结力由化学吸附作用力、摩擦力、钢筋端部的锚固力和机械咬合力组成。

（9）黏结破坏是脆性破坏。带肋钢筋的黏结破坏形态分劈裂型黏结破坏和剪切型黏结破坏两种。

（10）为了保证钢筋与混凝土之间的可靠黏结，《规范》对钢筋的锚固和搭接进行了相应的规定，其中钢筋的最小锚固长度和搭接长度是两个重要的概念。

【操作与练习】

思考题

（1）混凝土结构对钢筋性能有什么要求？各项指标要求的目的是什么？

（2）冷拉和冷拔都能提高抗拉、抗压强度吗？为什么？

（3）立方体试件的抗压强度是怎样确定的？为什么在试件承压面上抹涂润滑剂后测出的抗压强度比不涂润滑剂时高？

（4）影响混凝土抗压强度的因素有哪些？

（5）试述受压混凝土棱柱体一次加载的 σ-ε 曲线的特点。

（6）混凝土的弹性模量是怎样测定的？

（7）简述混凝土在三向受压情况下，其强度和变形的特点。

（8）混凝土的收缩和徐变有什么区别和联系？

（9）"钢筋混凝土构件内，钢筋和混凝土之间随时都有黏结力"这一论述正确吗？简要说明你的判断理由。

（10）伸入支座的锚固长度越长，黏结强度是否越高？为什么？

【课程信息化教学资源】

2.1 钢筋的类型和用途　　2.2 钢筋的力学性质　　2.3 混凝土的力学性质　　2.4 钢筋与混凝土的黏结

项目三　混凝土结构设计的基本原则

项目描述

建筑结构的设计原则应符合《可靠度标准》的规定，有关作用（荷载）及其效应组合应符合《荷载规范》的规定。桥涵结构的设计原则应符合《公路工程结构可靠度设计统一标准》的规定，有关作用（荷载）及其效应组合应符合《公路桥通规》的规定。由于建筑结构和桥涵结构都采用以概率论为基础的极限状态设计法，都依据分项系数的设计表达式进行设计，这两种结构设计原则总体相同。故本部分内容主要结合《可靠度标准》、《荷载规范》和《规范》的有关规定重点介绍建筑混凝土结构设计的基本原则，对于桥涵混凝土结构设计的基本原则，主要介绍其与建筑混凝土结构设计基本原则的区别之处。

知识目标

了解结构可靠度的基本概念；熟悉概率极限状态设计方法；掌握实用设计表达式。

能力目标

掌握工程结构极限状态的基本概念，包括结构上的作用与作用效应、对结构的功能要求、设计基准期、设计使用年限、结构的设计状况、两类极限状态等。

思政亮点

通过结构可靠度的学习，注重领会对结构可靠性的衡量和评价，在建筑领域，可靠度是判断一个结构是否安全和适用的关键指标，在生活中，可靠是一种优秀的品质，诚实守信是一个人安身立命的根本，越是可靠的人，越把诚信看得无比重要。

任务 3.1　结构的功能要求和极限状态

3.1.1　结构上的作用、作用效应及结构抗力

1. 结构上的作用、作用效应

结构上的作用分为直接作用和间接作用。

直接作用：施加在结构上的力，也称为荷载，如结构自重、汽车荷载、人群荷载、风荷载和雪荷载等。

间接作用：引起结构外加变形或约束变形的原因，如地基不均匀沉降、温度变化、混凝土收缩等。

按时间的变化，结构上的作用可分为三类：

（1）永久作用（Permanent load）：在设计基准期内其量值不随时间变化，或其变化与平均值相比可以忽略的作用，如结构自重、土压力和预应力等。

（2）可变作用（Variable load）：在设计基准期内其量值随时间变化，且其变化与平均值相比不可忽略的作用，如楼面可变荷载、汽车荷载、吊车荷载、风荷载和雪荷载等。

（3）偶然作用（Accidental load）：在设计基准期内不一定出现，而一旦出现其量值很大且持续时间很短的作用，如罕见地震、爆炸和撞击等。

作用效应是指作用在结构上引起的内力（如弯矩、剪力、轴向压力和扭矩）和变形（如挠度、裂缝和侧移）。当作用为直接作用时，其效应通常称为荷载效应，用 S 表示。

荷载和荷载效应为随机变量或随机过程。

2．抗力（Resistance）

抗力指结构或结构构件承受作用效应的能力，用 R 表示，如构件的承载力、刚度和抗裂度等。钢筋混凝土构件抗力的大小由构件的截面尺寸、材料性能，以及钢筋的配置方式和数量决定，可由相应的计算公式求得。由于影响抗力的主要因素（几何参数、材料性能和计算模式）都具有不确定性，都是随机变量，因而由这些因素综合而成的结构抗力也是随机变量。

3．设计基准期与设计使用年限（Design reference period）

设计基准期是在确定可变作用及与时间有关的材料性能等取值的基础上得出的时间参数。建筑结构的设计基准期为 50 年，公路桥涵结构的设计基准期为 100 年。设计使用年限是设计规定的结构或结构构件不需要进行大修即可按其预定目的使用的时期，建筑结构的设计使用年限按表 3.1 采用。

表 3.1　建筑结构的设计使用年限

类别	设计使用年限/年	示例
1	5	临时性结构
2	25	易于替换的结构构件
3	50	普通房屋和构筑物
4	100	标志性建筑和特别重要的建筑结构

设计基准期与设计使用年限既有联系，又有区别。设计基准期可根据设计使用年限的要求适当选定。结构的设计使用年限不等于结构的使用寿命，当结构的使用年限超过设计使用年限时，表明它的失效概率可能会增大，安全程度可能会有所降低，但不等于结构不能使用。

3.1.2　结构的功能要求

结构设计的基本目的是：在现有的经济条件和技术水平下，寻求合理的设计方法来解决工程结构的可靠性与经济性这对矛盾，从而使所建造的工程结构在规定的设计使用年限内满足相关要求。《可靠度标准》规定的结构可靠性可概括为以下方面的要求。

（1）安全性：在正常施工和正常使用的条件下，结构应能承受可能出现的各种荷载作用和变形而不发生破坏；在偶然事件发生后，结构仍能保持必要的整体稳定性。

（2）适用性：在正常使用时，结构应具有良好的工作性能，如吊车梁变形过大会使吊车无法正常运行。

（3）耐久性：在正常维护的条件下，结构应能在预计的使用年限内满足各项功能要求，即结构应具有足够的耐久性。例如，不致因混凝土的老化、腐蚀或钢筋的锈蚀等而影响结构的使用寿命。

3.1.3 结构的极限状态

结构满足预定功能的要求而良好地工作，称为结构"可靠"或"有效"；反之则称为"不可靠"或"失效"。区分结构是否"可靠"与"有效"的临界工作状态称为"极限状态"，即整个结构或结构的一部分超过某一特定状态就不能满足设计规定的某一功能要求，此特定状态称为该功能的极限状态。极限状态可分为承载力极限状态、正常使用极限状态和耐久性极限状态。

1. 承载力极限状态

承载力极限状态对应结构或构件达到最大承载力、出现疲劳破坏或变得不适于继续承载的变形。

承载力极限状态主要用于考量结构的安全性，其发生的概率应该被限制得很低，且所有结构或构件都应进行承载力极限状态设计。当结构或构件出现下列状态之一时，应认为其超过了承载力极限状态。

（1）结构或构件因其承载水平超过了材料强度而破坏（包括疲劳破坏），或因过度变形而不适于继续承载。

（2）整个结构或结构的一部分构件作为刚体失衡（如倾覆等）。

（3）结构转变为机动体系。

（4）结构或构件失稳（如压屈等）。

（5）地基丧失承载力而破坏（如失稳等）。

（6）结构因局部破坏而发生连续倒塌。

（7）结构或构件的疲劳破坏。

2. 正常使用极限状态

正常使用极限状态对应结构或构件达到正常使用或耐久性能的某项规定限值。

正常使用极限状态主要用于考量结构的适用性和耐久性，其发生时的危害较承载力极限状态小，因此发生的概率允许比承载力极限状态发生的概率高一些。设计构件一般先进行承载力极限状态的设计计算，然后根据计算结果选定的截面尺寸、材料强度和配筋，按照使用要求进行正常使用极限状态的变形和裂缝宽度等的验算。当结构或构件出现下列状态之一时，应认为其超过了正常作用极限状态。

（1）影响正常使用或外观变形。

（2）影响正常作用或耐久性能局部损坏（包括裂缝）。

（3）发生影响正常作用的震动。

（4）发生影响正常作用的其他特定状态。

3．耐久性极限状态

当结构或构件出现下列状态之一时，应认定其超过了耐久性极限状态。

（1）影响承载力和正常使用的材料性能劣化。

（2）影响耐久性的裂缝、变形、缺口、外观材料削弱等。

（3）影响耐久性的其他特定状态。

4．结构的设计状况

结构的设计状况指代表一定时段的一组物理条件，设计应做到结构在该时段内不超越有关极限状态。进行建筑结构设计时，应根据结构在施工和使用中的环境条件和影响，区分下列三种设计状况。

1）持久状况

持久状况指在结构使用过程中一定出现且持续很久的状况，其持续期一般与设计使用年限为同一数量级，如使用期间房屋结构承受家具和正常人员荷载的状况及桥梁结构承受车辆荷载的状况等。

2）短暂状况

短暂状况指在结构施工和使用过程中出现概率较大，而与设计使用年限相比，持续期很短的状况，如结构施工时承受堆料荷载的状况。

3）偶然状况

短暂状况指在结构施工和使用过程中出现概率较大，而与设计使用年限相比，持续期很短的状况，如结构施工时承受堆料荷载的状况。

对于上述三种设计状况，均应进行承载力极限状态设计，以保证结构的安全性。对于持久状况，还应进行正常作用极限状态设计，以保证结构的适用性和耐久性。对于短暂状况，可根据需要进行正常作用极限状态设计。对于偶然状况，允许主要承重结构因遭受设计规定的偶然作用而局部破坏，但应保证结构不发生连续倒塌且保持必需的整体稳定性，应按有关专门规范设计。

5．结构的功能函数和极限状态方程

结构上的各种作用、材料性能、几何参数等都具有随机性，这些因素若用基本变量 X_i （$i=1，2，\cdots，n$）表示，则结构的功能函数可表示为

$$Z=g(X_1, X_2, \cdots, X_n) \tag{3-1}$$

当式（3-1）等于零时，则称其为极限状态方程，即

$$Z=g(X_1, X_2, \cdots, X_n)=0 \tag{3-2}$$

当功能函数中仅有作用效应 S 和结构抗力 R 两个基本变量时，则结构的功能函数和极限

状态方程分别见式（3-3）和式（3-4）。

$$Z=g(R,S)=R-S \tag{3-3}$$
$$Z=g(R,S)=R-S=0 \tag{3-4}$$

由概率论可知，由于 R 和 S 都是随机变量，则 $Z=R-S$ 也是随机变量。由于 R 和 S 取值不同，Z 值有可能出现三种情况，如图 3.1 所示。

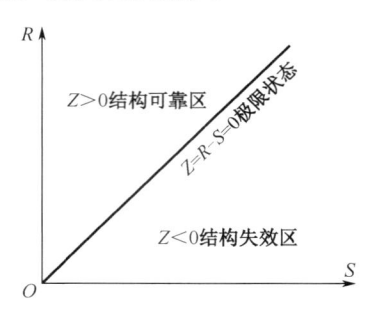

图 3.1 结构的三种状态

由图 3.1 或式（3-3）可以判别结构所处的状态。

当 $Z=R-S>0$ 时，结构处于可靠状态。

当 $Z=R-S=0$ 时，结构处于极限状态。

当 $Z=R-S<0$ 时，结构处于失效状态。

任务 3.2 概率极限状态设计方法

3.2.1 结构可靠度

结构可靠度指结构在规定的时间内及规定的条件下完成预定功能的能力，是结构安全性、适用性和耐久性的总称，是完成预定功能的概率。可见，结构可靠度是结构可靠性的概率度量。

上述定义中的"规定的时间"指"设计使用年限"，如表 3.1 所列；"规定的条件"指"正常设计、正常施工和正常使用"，即不包括人为过失等非正常因素。

3.2.2 失效概率与可靠指标

结构能够完成预定功能的概率称为可靠概率，用 P_s 表示；结构不能完成预定功能的概率称为失效概率，用 P_f 表示。再结合功能函数 $Z=R-S$ 的概念可得

$$P_s = P(Z \geqslant 0) = \int_0^{+\infty} f(Z)\mathrm{d}Z \tag{3-5}$$

$$P_f = P(Z<0) = \int_{-\infty}^0 f(Z)\mathrm{d}Z = 1-P_s \tag{3-6}$$

式中，$f(Z)$ 为功能函数 Z 的概率密度函数，其分布曲线如图 3.2 所示。由于假定 R 和 S 均服从正态分布且两者为线性关系，故图 3.2 中的功能函数 $Z=R-S$ 也服从正态分布，且有

平均值为： $$\mu_Z = \mu_R - \mu_S \tag{3-7}$$
标准差为： $$\sigma_Z = \sqrt{\sigma_R^2 + \sigma_S^2} \tag{3-8}$$

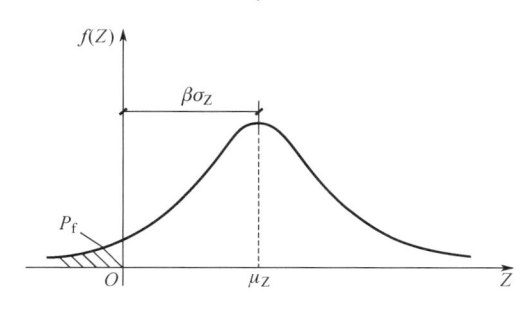

图 3.2　$f(Z)$ 的分布曲线

图 3.2 中的阴影部分面积表示 $Z<0$ 的概率，即失效概率 P_f。可见，结构的可靠度可用结构的失效概率 P_f 来度量，失效概率 P_f 越小，结构的可靠度越大。

由式（3-6）可知，求解失效概率 P_f 需要先求得功能函数 Z 的概率密度函数 $f(Z)$，再求式（3-6）的积分值。然而事实上，许多情况下根本不能求得 $f(Z)$，或虽能求得 $f(Z)$，但仍存在式（3-6）不可积或求解相当烦琐等情况。为此定义图 3.2 中的 $\mu_Z=\beta\sigma_Z$，并称 β 为可靠指标，则有

$$\beta = \frac{\mu_Z}{\sigma_Z} = \frac{\mu_R - \mu_S}{\sqrt{\sigma_R^2 + \sigma_S^2}} \tag{3-9}$$

可见，求得 R 和 S 的统计平均值 μ_R、μ_S 和标准差 σ_R、σ_S 后，即可由式（3-9）求得可靠指标 β。同时由图 3.2 可知，可靠指标 β 与失效概率 P_f 是一一对应的，失效概率 P_f 越小，可靠指标 β 越大，两者之间的数值对应关系如表 3.2 所示。因此，结构的可靠度可用可靠指标 β 来表示。

表 3.2　可靠指标 β 与失效概率 P_f 的对应关系

β	P_f	β	P_f	β	P_f	β	P_f
1.0	1.59×10^{-1}	2.5	6.21×10^{-3}	3.2	6.87×10^{-4}	4.0	3.17×10^{-5}
1.5	6.68×10^{-2}	2.7	3.47×10^{-3}	3.5	2.33×10^{-4}	4.2	1.33×10^{-5}
2.0	2.28×10^{-2}	3.0	1.35×10^{-3}	3.7	1.08×10^{-4}	4.5	3.40×10^{-6}

3.2.3　目标可靠指标

当结构功能函数的失效概率 P_f 小到某一值时，人们就会因结构失效的可能性很小而不再担心，该失效概率称容许失效概率 $[P_f]$，与容许失效概率 $[P_f]$ 相对应的可靠指标称目标可靠指标，用符号 $[\beta]$ 表示，即 $P_f \leqslant [P_f]$ 等价于 $\beta \geqslant [\beta]$，表示此时结构处于可靠状态。

《可靠度标准》根据结构的安全等级和破坏类型规定了结构/构件承载力极限状态的目标可靠指标 $[\beta]$，如表 3.3 所列。表中延性破坏是指结构/构件在破坏前有明显的变形或其他预兆；脆性破坏是指结构/构件在破坏前无明显的变形或其他预兆。可见，延性破坏的危害比脆性破坏的危害相对小些，故延性破坏的 $[\beta]$ 比脆性破坏的 $[\beta]$ 小 0.5。

表 3.3 结构/构件承载力极限状态的目标可靠指标[β]

破坏类型	安全等级		
	一级	二级	三级
延性破坏	3.7	3.2	2.7
脆性破坏	4.2	3.7	3.2

《可靠度标准》根据结构破坏可能产生的后果（危及人的生命、造成经济损失、产生社会影响等）的严重性，将建筑结构划分为三个安全等级，如表 3.4 所示。

表 3.4 建筑结构的安全等级

安全等级	破坏后果	建筑物类型
一级	很严重	重要的房屋
二级	严重	一般的房屋
三级	不严重	次要的房屋

对于结构/构件正常使用极限状态的目标可靠指标，根据其作用效应的可逆程度宜取 0～1.5。例如，某框架梁在某一荷载作用后，其挠度超过了《规范》的限值，卸去该荷载后，若梁的挠度小于《规范》的限值，则为可逆正常使用极限状态，否则为不可逆正常使用极限状态。对于可逆正常使用极限状态，其[β]取 0；对于不可逆正常使用极限状态，其[β]取 1.5。当可逆程度介于可逆与不可逆之间时，[β]取 0～1.5，且对于可逆程度较高的结构/构件宜取较低值。

任务 3.3　荷载的代表值

实际工程结构在使用期间所承受的荷载不是一个定值，即具有一定的不确定性，因此，进行结构设计时所取用的荷载代表值应采用概率统计的方法来确定。

荷载代表值指进行结构设计时用以验算极限状态所采用的荷载量值，可变荷载的荷载代表值有标准值、组合值、频遇值和准永久值四种，而永久荷载的荷载代表值只有标准值。

3.3.1　荷载标准值

荷载标准值是基本荷载代表值，是设计基准期内最大荷载统计分布的特征值（如均值、众值、中值或某个分位值）。原则上可由设计基准期内最大荷载概率分布的某一分位值确定。

假定图 3.3 中的荷载 P 符合正态分布，当取分位数为 0.05 的上限分位值为荷载标准值 P_K 时，则有

$$P_K = \mu_P + 1.645 \sigma_P \qquad (3-10)$$

截至目前，许多可变荷载尚未取得充分的统计资料，因此，《荷载规范》规定的荷载标准值实际上是根据已有的工程经验或参照传统的习惯上经常采用的数值确定的，且各荷载标准值的分位数并不统一。

永久荷载标准值对应结构的自重，可按结构的设计尺寸与材料单位体积的自重计算确定，相当于自重的统计平均值，即分位数为 0.5。对于自重差异较大的材料和结构（如现场制作的保温材料、防水材料、混凝土薄壁构件等），自重的标准应根据对结构不利的状态，取《荷载规范》给出的自重上限值或下限值。

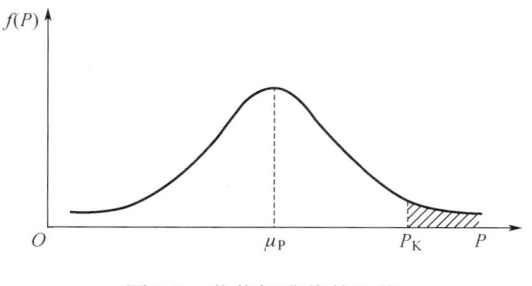

图 3.3　荷载标准值的取值

可变荷载标准值由《荷载规范》给出，进行结构设计时可直接查阅选取，如住宅、办公楼的楼面可变荷载标准值为 2kPa，商店、车站的楼面可变荷载标准值为 3.5kPa 等。

3.3.2　荷载组合值

对于可变荷载，荷载组合值是使组合后的荷载效应在设计基准期内的超越概率能够与该荷载单独出现时的相应概率趋于一致，或使组合后的结构具有统一规定的可靠指标的荷载值。

具体来讲，当某一可变荷载参与组合时，取该可变荷载的标准值与组合值系数 Ψ_c 的乘积作为该荷载的荷载组合值，且组合值系数 Ψ_c 是一个小于 1 的折减系数。这是因为当结构上有几个可变荷载同时起作用时，各可变荷载最大值同时出现的概率很小，故乘以一个小于 1 的组合值系数 Ψ_c。例如，某商店的楼面可变荷载参与组合，商店的楼面可变荷载标准值为 3.5kPa，组合值系数 Ψ_c 为 0.7，则该可变荷载组合值为 3.5kPa×0.7=2.45kPa。

3.3.3　荷载频遇值

对于可变荷载，荷载频遇值是在设计基准期内，其超越的总时间为规定的较小比率或超越频率为规定频率的荷载值。

具体来讲，取可变荷载的标准值与频遇值系数 Ψ_f 的乘积作为荷载频遇值，同样地，频遇值系数 Ψ_f 是一个小于 1 的折减系数，且 $\Psi_f \leqslant \Psi_c$，也就是说荷载频遇值被超越的概率不小于荷载组合值被超越的概率。

3.3.4　荷载准永久值

对于可变荷载，荷载准永久值是在设计基准期内，其超越的总时间约为设计基准期一半的荷载值。

具体来讲，取可变荷载的标准值与准永久值系数 Ψ_q 的乘积作为荷载准永久值，同样地，准永久值系数 Ψ_q 是一个小于 1 的折减系数，且 $\Psi_q < \Psi_f \leqslant \Psi_c$，也就是说荷载准永久值被超越的概率要大于荷载频遇值被超越的概率。

任务 3.4　材料强度的标准值和设计值

3.4.1　钢筋强度的标准值和设计值

1. 钢筋强度的标准值

相关国家标准规定钢材出厂前要按"废品限值"进行检验。对于有明显屈服点的热轧钢筋，其废品限值相当于屈服强度平均值减去 2 倍标准差，即保证率为 97.73%。

同时《规范》规定钢筋强度的标准值应具有不小于 95% 的保证率，即相当于屈服强度平均值减去 1.645 倍标准差。可见，国家标准规定的钢筋强度废品限值符合《规范》的要求，且偏于安全。因此，《规范》规定的钢筋强度标准值按上述与钢筋相关的国家标准的废品限值取值，具体如下。

（1）对于有明显屈服点的热轧钢筋（如 HRB335 级、HRB400 级、RRB400 级钢筋等），取相关国家标准规定的屈服点（即屈服强度的废品限值）作为强度标准值，用符号"f_{yk}"表示，按附表 4 取值。

（2）对于无明显屈服点的钢绞线、钢丝和热处理钢筋，取上述相关国家标准规定的极限抗拉强度 σ_b（即极限抗拉强度的废品限值）作为强度标准值，用符号 f_{ptk} 表示，按附表 6 取值。

2. 钢筋强度的设计值

为保证结构的安全性，在进行承载力极限状态设计计算时，对钢筋强度取一个比标准值小的强度值，即钢筋强度设计值，两者的关系如下。

（1）对于有明显屈服点的热轧钢筋（如 HRB335 级、HRB400 级、RRB400 级钢筋等），其强度设计值 f_y 按式（3-11）计算，计算时钢筋材料分项系数 γ_s 取 1.1。根据计算结果进行适当调整，最后 f_y 按附表 5 取值。

（2）对于无明显屈服点的钢绞线、钢丝和热处理钢筋，其强度设计值 f_{py} 按式（3-12）计算，计算时钢筋材料分项系数 γ_s 取 1.2。根据计算结果进行适当调整，最后 f_{py} 按附表 9 取值。

$$f_y = f_{yk} / \gamma_s \tag{3-11}$$
$$f_{py} = 0.85 f_{ptk} / \gamma_s \tag{3-12}$$

式中 γ_s——钢筋材料分项系数（通过多种分项系数方案比较，优选与目标可靠指标误差最小的一组方案得到）。

3.4.2　混凝土强度的标准值和设计值

1. 混凝土强度的标准值

混凝土轴心抗压强度标准值 f_{ck} 和轴心抗拉强度标准值 f_{tk} 的概念前文已经介绍了。在确定 f_{ck} 和 f_{tk} 时，假定其与立方体抗压强度具有相同的变异系数，f_{ck}、f_{tk} 按附表 1 取值。

2. 混凝土强度的设计值

为保证结构的安全性，在进行承载力极限状态设计计算时，采用混凝土强度的设计值，混凝土强度设计值等于混凝土强度标准值除以混凝土材料分项系数 γ_c，并取 $\gamma_c=1.4$，具体有：

轴心抗压强度设计值 f_c 为

$$f_c = f_{ck}/\gamma_c \tag{3-13}$$

轴心抗拉强度设计值 f_t 为

$$f_t = f_{tk}/\gamma_c \tag{3-14}$$

对式（3-13）和式（3-14）的计算结果进行适当调整，最后 f_c 和 f_t 按附表 2 取值。

任务 3.5　实用设计表达式

用可靠指标 β 进行设计，不仅需要大量的统计数据，而且计算可靠指标 β 比较烦琐，所以直接采用可靠指标 β 进行设计不太现实。为此，考虑到多年的设计习惯和实用上的方便，《规范》采用与荷载标准值、材料强度标准值及分项系数（包括荷载分项系数、材料强度分项系数和结构重要性系数）有关的设计表达式进行设计，习惯上称其为"实用设计表达式"。该表达式中的各个分项系数是通过可靠度分析经优选确定的，相当于目标可靠指标 $[\beta]$。

3.5.1　承载力极限状态设计表达式

1. 表达式说明

《规范》规定，对于承载力极限状态，结构构件应按荷载效应的基本组合或偶然组合，采用下列极限状态设计表达式

$$\gamma_0 S \leqslant R \tag{3-15}$$

$$R = R(f_c, f_s, a_k \cdots) = R(\frac{f_{ck}}{\gamma_c}, \frac{f_{sk}}{\gamma_s}, a_k \cdots) \tag{3-16}$$

式中：γ_0——结构重要性系数，按表 3.5 取值；

S——承载力极限状态的荷载效应组合的设计值，按式（3-17）～式（3-20）确定；$\gamma_0 S$ 表示内力设计值 N（轴向拉力或轴向压力）、M（弯矩）、V（剪力）和 T（扭矩）等；

R——承载力设计值；

$R(\cdot)$——承载力函数；

f_c、f_s——混凝土、钢筋的强度设计值；

a_k——几何参数的标准值；

f_{ck}、f_{sk}——混凝土、钢筋的强度标准值；

γ_c、γ_s——混凝土、钢筋的材料分项系数。

表 3.5　结构重要性系数 γ_0 的取值

结构的安全等级或设计使用年限	γ_0
结构的安全等级为一级或设计使用年限为 100 年及以上的结构	⩾1.1
结构的安全等级为一级或设计使用年限为 50 年及以上的结构	⩾1.0
结构的安全等级为一级或设计使用年限为 5 年及以上的结构	⩾0.9

2. 承载力极限状态的荷载效应组合的设计值 S

《规范》与《荷载规范》均规定，对于承载力极限状态，荷载组合值应采用荷载效应的基本组合或偶然组合。由于本书只涉及混凝土构件的非抗震设计，故以下仅介绍荷载效应的基本组合。

《荷载规范》规定：对于荷载效应的基本组合，荷载组合值应从下列组合中取不利值。

（1）由可变荷载效应控制的组合：

$$S = \sum_{j=1}^{m}\gamma_G S_{GjK} + \gamma_{Q1}\gamma_{L1}S_{Q1K} + \sum_{i=2}^{n}\gamma_{Qi}\gamma_{Li}\psi_{ci}S_{QiK} \tag{3-17}$$

（2）由永久荷载效应控制的组合：

$$S = \sum_{j=1}^{m}\gamma_{Gj}S_{GjK} + \sum_{i=1}^{n}\gamma_{Qi}\gamma_{Li}\psi_{ci}S_{QiK} \tag{3-18}$$

式中：γ_G——永久荷载的分项系数，当其效应对结构不利时式（3-17）中的 $\gamma_G=1.2$，式（3-18）中的 $\gamma_G=1.35$，当其效应对结构有利时均取 1.0；

γ_{Qi}——第 i 个可变荷载的分项系数，其中 γ_{Q1} 为主导可变荷载 Q_1 的分项系数，一般情况下 $\gamma_Q=1.4$，对于标准值大于 4kPa 的工业房屋楼面结构的可变荷载 $\gamma_Q=1.3$；

γ_{Li}——第 i 个可变荷载考虑设计使用年限的调整系数；其中 γ_{L1} 为主导可变荷载 Q_1 考虑设计使用年限的调整系数。

S_{GjK}——按第 j 个永久荷载标准值 G_{jK} 计算的荷载效应值；

S_{QiK}——按可变荷载标准值 Q_{iK} 计算的荷载效应值，其中 S_{Q1K} 为诸可变荷载效应中起控制作用者；

ψ_{ci}——可变荷载 Q_i 的组合值系数，按《荷载规范》等的规定选用；

m——参与组合的永久荷载数；

n——参与组合的可变荷载数。

需要说明的有以下几点。

（1）式（3-17）和式（3-18）仅适用于荷载与荷载效应为线性的情况。

（2）应用式（3-17）时，若 S_{Q1K} 无法明显判断，则应轮流以各可变荷载效应为 S_{Q1K}，最后选取其中最不利的荷载效应组合。

（3）出于简化的目的，在应用式（3-18）时，对于可变荷载可仅考虑与结构自重方向一致的竖向荷载，而忽略影响不大的横向荷载。

（4）通常将荷载分项系数与荷载标准值的乘积称为荷载设计值，如永久荷载设计值 $\gamma_G G_K$、可变荷载设计值 $\gamma_Q Q_K$ 等。其中的荷载分项系数 γ_G、γ_Q 与材料分项系数一样，是由规范编制人员比较多种分项系数方案，优选与目标可靠指标误差最小的一组方案得到的。

【例 3.1】某教室楼面简支梁如图 3.4 所示，安全等级为二级，跨度 $l=8$m，承受永久荷载（包括梁自重）标准值 g_K=10kN，G_K=16kN；承受楼面可变荷载标准值 q_K=10kN/m，楼面可变荷载的组合值系数 Ψ_c=0.7，频遇值系数 Ψ_f=0.7，准永久值系数 Ψ_q=0.5。求梁跨中截面 C 的荷载组合值 M 和支座截面 A 的荷载组合值 V。

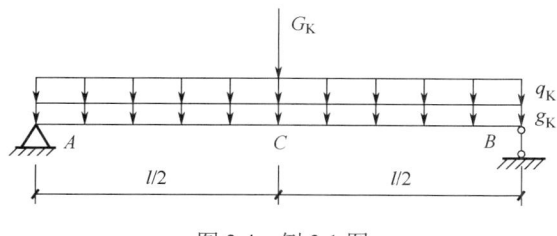

图 3.4　例 3.1 图

【解】：（1）求梁跨中截面 C 的荷载组合值 M。

由永久荷载在跨中截面 C 产生的弯矩标准值

$$M_{GK} = \frac{1}{8}g_K l^2 + \frac{1}{4}G_K l = 112(\text{kN}\cdot\text{m})$$

由楼面可变荷载在跨中截面 C 产生的弯矩标准值

$$M_{QK} = \frac{1}{8}q_K l^2 = 96(\text{kN}\cdot\text{m})$$

由可变荷载效应控制的弯矩设计值 M_1 可用式（3-17）计算

$$M_1 = \gamma_G M_{GK} + \gamma_{Q1} M_{Q1K} + \sum_{i=2}^{n}\gamma_{Qi}\psi_{ci}M_{QiK} = 1.2\times112+1.4\times96=268.8(\text{kN}\cdot\text{m})$$

由永久荷载效应控制的弯矩设计值 M_2 按式（3-18）计算

$$M_2 = \gamma_G M_{GK} + \sum_{i=1}^{n}\gamma_{Qi}\psi_{ci}M_{QiK} = 1.35\times112+1.4\times0.7\times96=245.28(\text{kN}\cdot\text{m})$$

梁跨中截面 C 的荷载效应基本组合设计值 M 为 M_1、M_2 两者中的较大值，即

$$M=\max\{M_1,\ M_2\}=268.8\ (\text{kN}\cdot\text{m})$$

（2）求支座截面 A 的荷载效应基本组合设计值 V。

由永久荷载在支座截面 A 产生的剪力标准值

$$V_{GK} = \frac{1}{2}g_K l + \frac{1}{2}G_K = 48(\text{kN})$$

由楼面可变荷载在支座截面 A 产生的剪力标准值

$$V_{QK} = \frac{1}{2}q_K l = 48(\text{kN})$$

由可变荷载效应控制的剪力设计值 V_1 按式（3-17）计算

$$V_1 = \gamma_G V_{GK} + \gamma_{Q1}V_{Q1K} + \sum_{i=2}^{n}\gamma_{Qi}\psi_{ci}V_{QiK}=1.2\times48+1.4\times48=124.8(\text{kN})$$

由永久荷载效应控制的剪力设计值 V_2 按式（3-18）计算

$$V_2 = \gamma_G V_{GK} + \sum_{i=1}^{n}\gamma_{Qi}\psi_{ci}V_{QiK}=1.35\times48+1.4\times0.7\times48=111.8(\text{kN})$$

支座截面 A 的荷载效应基本组合设计值 V 为 V_1、V_2 两者中的较大值，即

$$V=\max\{V_1,\ V_2\}=124.8\ (\text{kN})$$

为便于手算，《荷载规范》又规定：对于一般排架、框架结构，基本组合可采用简化规则，并应按下列组合中取最不利值确定。

（1）由可变荷载效应控制的组合：

$$S = \gamma_G S_{GK} + \gamma_{Q1} S_{Q1K} \tag{3-19}$$

$$S = \gamma_G S_{GK} + 0.9 \sum_{i=1}^{n} \gamma_{Qi} S_{QiK} \tag{3-20}$$

（2）由永久荷载效应控制的组合仍按式（3-18）计算。

3.5.2 正常使用极限状态设计表达式

1. 正常使用极限状态设计表达式

《规范》规定：对于正常使用极限状态，结构应分别按荷载效应的标准组合、准永久组合，考虑长期作用影响，采用下列极限状态设计表达式

$$S \leqslant C \tag{3-21}$$

式中：S——正常使用极限状态的荷载组合值，按式（3-19）和式（3-20）确定；

C——结构达到正常使用要求所规定的变形、裂缝宽度和应力等的限值。

2. 正常使用极限状态的荷载组合值 S

（1）对于标准组合，荷载组合值 S 应按下式采用：

$$S = S_{GK} + S_{Q1K} + \sum_{i=2}^{n} \psi_{ci} S_{QiK} \tag{3-22}$$

（2）对于准永久组合，荷载组合值 S 应按下式采用：

$$S = S_{GK} + \sum_{i=1}^{n} \psi_{qi} S_{QiK} \tag{3-23}$$

同样，式（3-22）和式（3-23）也仅用于荷载与荷载效应成线性关系的情况。式（3-23）中的 ψ_{qi} 为可变荷载 Q_i 的准永久值系数，按《规范》等的规定选用。

需要指出的是："正常使用极限状态的荷载效应组合值 S"具体指荷载作用下混凝土构件的变形、裂缝宽度和应力等。

【例3.2】条件同【例3.1】。求该梁跨中截面 C 的荷载标准组合设计值 M_K 和荷载准永久组合设计值 M_q。

【解】由【例3.1】已求得 M_{GK}，所以，梁跨中截面 C 的荷载标准组合弯矩 M_K 为

$$M_K = M_{GK} + M_{Q1K} + \sum_{i=2}^{n} \psi_{ci} M_{QiK} = 112 + 96 = 208 (\text{kN} \cdot \text{m})$$

梁跨中截面 C 的荷载准永久组合弯矩 M_q 为

$$M_q = M_{GK} + \sum_{i=1}^{n} \psi_{qi} M_{QiK} = 112 + 0.5 \times 96 = 160 (\text{kN} \cdot \text{m})$$

3. 正常使用极限状态的验算规定及其限值 C

（1）受弯构件的最大挠度应按荷载效应的标准组合并考虑长期作用的影响进行计算。

（2）《规范》规定，混凝土结构构件正截面的裂缝控制等级分为三级，并应符合下列规定。

一级：严格要求不出现裂缝的构件。要求按荷载效应标准组合计算时，构件受拉边缘混凝土不应产生拉应力。

二级：一般要求不出现裂缝的构件。要求按荷载效应标准组合计算时，构件受拉边缘混凝土拉应力不应大于混凝土轴心抗拉强度标准值；按荷载效应标准永久组合计算时，构件受拉边缘混凝土不宜产生拉应力。

三级：允许出现裂缝的构件。要求按荷载效应标准组合并考虑长期作用的影响进行计算时，构件的最大裂缝宽度不应超过表 7-2 规定的最大裂缝宽度限值（$\omega_{\lim}$）。

需要说明：一级、二级裂缝控制等级的验算通常称为抗裂（或抗裂度）验算，其实质是应力控制；三级裂缝控制等级的验算通常称为裂缝宽度验算，其实质是控制最大裂缝宽度。

任务 3.6 公路桥涵混凝土结构设计的基本原则

《公路桥规》与《规范》都采用以概率论为基础的极限状态设计方法，按分项系数的设计表达式进行设计。因此，公路桥涵混凝土结构（以下简称桥涵结构）与建筑混凝土结构（以下简称建筑结构）的设计原则及其规定基本相同，以下主要介绍两者的区别。

3.6.1 两种结构的区别及其原因

《公路工程结构可靠度设计统一标准》规定桥涵结构的设计基准期为 100 年，而《可靠度标准》规定建筑结构的设计基准期为 50 年。由 3.1.1 节设计基准期的概念可知，设计基准期是为了确定可变作用及与时间有关的材料性能等取值而选用的时间参数。设计基准期的取值不同是造成桥涵结构与建筑结构设计基本原则有所区别的主要原因，主要区别有以下几点。

（1）当荷载标准值采用相同的分位值时，对于同种荷载，由于桥涵结构的设计基准期比建筑结构的长，所以桥涵结构的荷载标准值比建筑结构的取值要大。

（2）对于相同的钢筋或混凝土的强度设计值，桥涵结构比建筑结构的取值要小。如 C30 级混凝土的轴心抗压强度设计值，设计桥涵结构时取 13.8MPa，设计建筑结构时则取 14.3MPa；又如 HRB335 级钢筋的抗拉强度设计值，设计桥涵结构时取 280MPa，设计建筑结构时则取 300MPa。

（3）对于安全等级相同结构的目标可靠指标，桥涵结构比建筑结构的取值要大。《公路工程结构可靠度设计统一标准》规定桥涵结构的设计安全等级与目标可靠指标分别如表 3.6 和表 3.7 所列。

表 3.6　桥涵结构的设计安全等级

安全等级	桥涵类型	安全等级	桥涵类型
一级	特大桥、重要大桥	三级	小桥、涵洞
二级	大桥、中桥、重要小桥		

表 3.7　桥涵结构的目标可靠指标

破坏类型	安全等级		
	一级	二级	三级
延性破坏	4.7	4.2	3.7
脆性破坏	5.2	4.7	4.2

比较表 3.3 与表 3.7 可知，在三个安全等级下，桥涵结构的目标可靠指标均比建筑结构的大 1.0。

3.6.2　极限状态设计表达式

1. 承载力极限状态设计表达式

《规范》规定，桥梁构件的承载力极限状态计算应采用下列表达式

$$\gamma_0 S_d \leqslant R \tag{3-24}$$
$$R = R(f_d, a_d) \tag{3-25}$$

式中：γ_0——桥涵结构的重要性系数，按桥涵结构的设计安全等级，一级、二级、三级分别取 1.1、1.0、0.9；桥涵结构的抗震设计不考虑结构的重要性系数；

S_d——作用（或荷载）效应（其中汽车荷载应计入冲击系数）的组合设计值，当进行预应力混凝土连续梁等超静定结构的承载力极限状态计算时，式（3-24）中的 $\gamma_0 S_d$ 应改为 $\gamma_0 S_d + \gamma_P S_P$，其中 S_P 为预应力（扣除全部预应力损失）引起的次效应，γ_P 为预应力分项系数，当预应力效应对结构有利时，取 $\gamma_P = 1.2$；

R——构件承载力设计值；

$R(\cdot)$——构件承载力函数；

f_d——材料强度设计值；

a_d——几何参数设计值，当无可靠数据时，可采用几何参数标准值 a_K，即设计文件规定值。

《公路桥通规》规定：按承载力极限状态进行设计时，应根据各自的情况选用基本组合和偶然组合的一种或两种作用效应组合。下面仅介绍荷载基本组合表达式。

基本组合是按承载力极限状态进行设计时，永久作用标准值和可变作用标准效应的组合，基本表达式为

$$\gamma_0 S_d = \gamma_0 \left(\sum_{i=1}^{m} \gamma_{Gi} S_{GiK} + \gamma_{Q1} S_{Q1K} + \psi_c \sum_{j=2}^{n} \gamma_{Qj} S_{QjK} \right) \tag{3-26}$$

式中：γ_0——桥涵结构的重要性系数，按桥涵结构的设计安全等级，一级、二级、三级分别取 1.1、1.0、0.9；桥涵结构的抗震设计不考虑结构的重要性系数；

γ_{Gi}——第 i 个永久作用效应的分项系数，按《公路桥通规》中相关规定选用；

S_{GiK}——第 i 个永久作用效应的标准值；

γ_{Q1}——汽车荷载效应（含汽车冲击力、离心力）的分项系数，取 $\gamma_{Q1}=1.4$；

S_{Q1K}——汽车荷载效应（含汽车冲击力、离心力）的标准值；

γ_{Qj}——在作用效应组合中除汽车荷载（含汽车冲击力、离心力）、风荷载以外的第 j 个可变作用效应的分项系数，一般取 $\gamma_{Qj}=1.4$，但风荷载的分项系数 $\gamma_{Qj}=1.1$；

S_{QjK}——在作用效应组合中除汽车荷载（含汽车冲击力、离心力）外的其他第 j 个可变作用效应的标准值；

Ψ_c——在作用效应组合中除汽车荷载（含汽车冲击力、离心力）外的其他可变作用效应的组合值系数。当永久作用与汽车荷载和人群荷载（或其他一种可变作用）组合，人群荷载（或其他一种可变作用）的组合值系数取 $\Psi_c=0.8$，当除汽车荷载（含汽车冲击力、离心力）外尚有两种其他可变作用参与组合时，其组合值系数取 $\Psi_c=0.7$，尚有三种可变作用参与组合时，其组合值系数取 $\Psi_c=0.6$，尚有四种及多于四种的可变作用参与组合时，取 $\Psi_c=0.5$。

2. 正常使用极限状态设计表达式

《公路桥通规》规定：按正常使用极限状态的抗裂、裂缝宽度和挠度验算时，应根据不同结构不同的设计要求，选用以下一种或两种效应组合。

1）作用短期效应组合

作用短期效应组合是指永久作用标准值效应与可变作用频遇值效应的组合，其效应组合表达式为

$$S_{sd} = \sum_{i=1}^{m} S_{GiK} + \sum_{j=1}^{n} \psi_{1j} S_{QjK}$$

式中：S_{sd}——作用短期效应组合设计值；

Ψ_{1j}——第 j 个可变作用效应的频遇值系数，对于汽车荷载（不计冲击力）$\Psi_1=0.7$，对于人群荷载 $\Psi_1=1$，对于风荷载 $\Psi_1=0.75$，对于温度梯度作用 $\Psi_1=0.8$，对于其他作用 $\Psi_1=1$。

2）作用长期效应组合

作用长期效应组合是指永久作用标准值效应与可变作用准永久值效应的组合，其效应组合表达式为

$$S_{ld} = \sum_{i=1}^{m} S_{GiK} + \sum_{j=1}^{n} \psi_{2j} S_{QjK}$$

式中：S_{ld}——作用长期效应组合设计值；

Ψ_{2j}——第 j 个可变作用效应的准永值系数，对于汽车荷载（不计冲击力）此变量取 0.4，对于人群荷载此变量取 0.4，对于风荷载此变量取 0.75，对于温度梯度作用此变量取 0.8，对于其他作用此变量取 1。

【小结】

（1）结构设计原则就是用于工程结构设计的既安全可靠又经济合理的方法。

（2）施加在结构上的作用可分为永久作用、可变作用和偶然作用，作用效应由作用引起。结构设计就是在作用效应和抗力之间寻求最佳的平衡。

（3）设计基准期与设计使用年限是两个不同的概念。

（4）结构的功能包括安全性、适用性和耐久性。结构可靠性是安全性、适用性和耐久性的总称。

（5）结构的极限状态分为承载力极限状态和正常使用极限状态两类。

（6）结构的设计状况有持久状况、短暂状况和偶然状况三种。

（7）结构可靠度是结构可靠性的概率度量。

（8）目标可靠指标的取值与结构的安全等级、破坏类型有关，同时桥涵结构的目标可靠指标比建筑结构的目标可靠指标大 1.0。

（9）荷载代表值是指结构设计时用以验算极限状态所采用的荷载量值，有标准值、组合值、频遇值和准永久值四种。

（10）混凝土与钢筋的材料强度指标有标准值和设计值之分。

（11）进行建筑结构设计时，荷载组合有基本组合、标准组合和准永久组合三种。

（12）进行桥涵结构设计时，荷载组合则有基本组合、短期效应组合和长期效应组合三种。

【操作与练习】

思考题

（1）什么是结构上的作用？作用分为哪几类？什么是作用效应？

（2）什么是设计基准期？建筑结构和桥涵结构的设计基准期分别是多少？

（3）什么是设计使用年限？建筑结构的设计使用年限是如何规定的？

（4）结构有哪些功能要求？结构可靠性的概念是什么？结构可靠性与可靠度的关系如何？

（5）什么是结构的极限状态？承载力极限状态与正常使用极限状态又如何定义？各有哪些标志？

（6）结构的设计状况有哪些？针对各设计状况分别应进行哪些极限状态的设计？

（7）什么是荷载的标准值、组合值、频遇值和准永久值？根据《荷载规范》，对于商店的楼面可变荷载，其标准值、组合值、频遇值和准永久值分别是多少？

（8）材料强度设计值与标准值是怎样的关系？对于同种材料，其桥涵结构的材料强度设计值为什么比建筑结构的材料强度设计值小？

（9）荷载设计值与标准值是怎样的关系？

（10）根据《荷载规范》，写出承载力极限状态的设计表达式和荷载效应基本组合的表达式，说明式中各符号的含义，并指出目标可靠指标体现在哪里。

（11）根据《荷载规范》，写出荷载效应标准组合和准永久组合的表达式，并说明式中各符号的含义。

【课程信息化教学资源】

| 3.1 基于概率理论的极限状态设计法 | 3.2 结构功能函数 | 3.3 荷载代表值 | 3.4 荷载组合 |

项目四　受弯构件正截面承载力的计算

项目描述

本项目以"试验—基本假定—应力图形—基本公式—适用条件"为主线，以适筋梁正截面试验为载体，引导学生分析受弯构件破坏现象和破坏机理，阐明基本假定；以基本假定为准则，绘出应力图形，突出问题的主要特性并使其简化；以应力图形为框架，推导基本公式和适用条件，并注重构造要求。

学习要求

（1）熟练掌握适筋梁正截面三个工作阶段（包括截面上应力与应变的分布、破坏形态、纵向受拉钢筋配筋率对破坏形态的影响）及三个工作阶段在混凝土结构设计中的应用等。

（2）掌握受弯构件正截面承载力计算的基本假定及其在受弯承载力计算中的应用。

（3）熟练掌握单筋矩形、双筋矩形与T形截面受弯构件正截面受弯承载力的计算方法、配置纵向受拉钢筋的主要构造要求，并能区别《规范》与《公路桥规》关于受弯构件正截面承载力计算的差异。

知识目标

熟悉钢筋构造的布置要求，掌握受弯构件正截面承载力计算的基本公式及其适用条件；熟悉截面设计过程及复核过程。

能力目标

能够进行简单的受弯构件的配筋计算及构造钢筋的布置。

思政亮点

梁正截面的破坏形式与配筋率和钢筋、混凝土的强度等级有关。以配筋率对构件破坏特征的影响最为明显。配筋率过高、过低，梁都会产生脆性破坏，正所谓"不奢不俭，多少合宜"，在工程建设中，不要铺张浪费，一点点的浪费都能造成巨大的成本损失，更不要偷工减料，造成工程质量安全事故。通过学习，学生应深刻领会"不勤不得，不俭不丰"的道理。

任务 4.1　梁和板的构造

受弯构件是指截面受力以弯矩和剪力为主,而轴向压力可以忽略不计的构件,它是土木工程中数量较多,使用较为广泛的一类构件。工程结构中的梁和板就是典型的受弯构件。它们存在着受弯破坏和受剪破坏两种可能性,其中由弯矩引起的破坏往往发生在弯矩最大且与梁和板轴线垂直的正截面上,所以称之为正截面受弯破坏。本部分内容主要介绍受弯构件正截面的受力特点和破坏形态、承载力计算方法及相应的构造措施。关于受弯构件的受剪承载力的计算将在后文中介绍。

4.1.1　截面形状及尺寸

1. 截面形状

工程结构中的梁和板的区别在于:梁的截面高度一般大于自身的宽度,而板的截面高度则远小于自身的宽度。

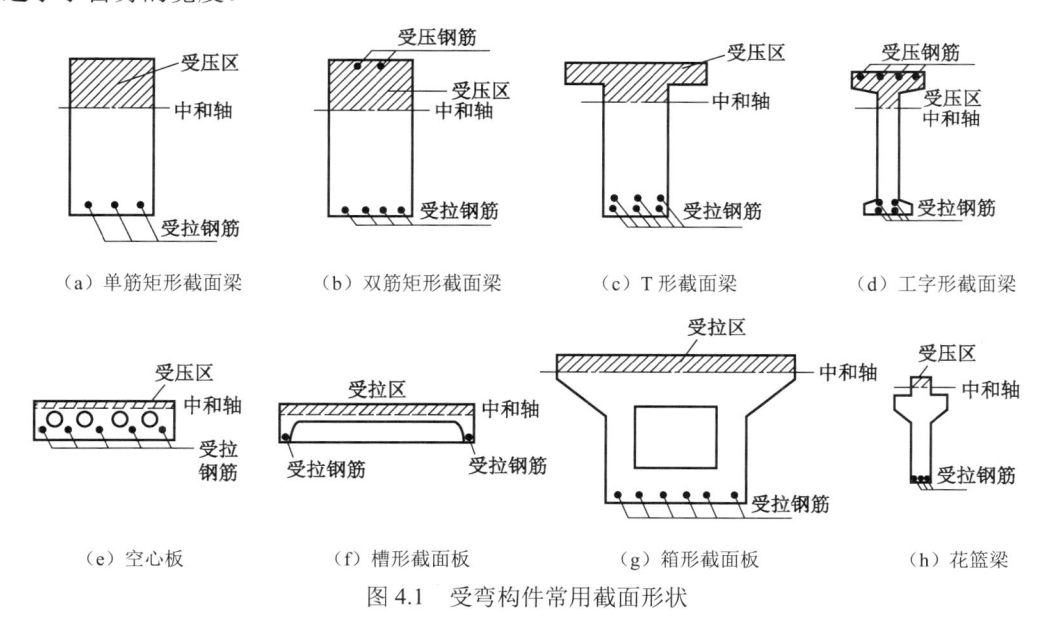

图 4.1　受弯构件常用截面形状

(a) 单筋矩形截面梁　(b) 双筋矩形截面梁　(c) T 形截面梁　(d) 工字形截面梁
(e) 空心板　(f) 槽形截面板　(g) 箱形截面板　(h) 花篮梁

常见的梁的截面形状有矩形、T 形、工字形、箱形、倒 L 形等;常见的板的截面形状有矩形、槽形及空心形等,如图 4.1 所示。

2. 截面尺寸

确定受弯构件的截面尺寸时,既要满足承载力的要求,也要满足正常使用的要求,同时还要满足便于施工的要求。也就是说,梁板的截面高度 h 与荷载的大小、梁的计算跨度(l_0)有关,一般根据刚度条件由设计经验确定。工程结构中梁的截面高度可参照表 4.1 选用。同时,考虑便于施工和利于模板的定型,构件截面尺寸宜统一规格,可按下述要求采用。

矩形截面梁的高宽比 h/b 一般取 2.0～3.5；T 形截面梁的 h/b 一般取 2.5～4.0。矩形截面梁的宽度或 T 形截面梁肋长 b 一般取 100mm、120mm、150mm（180mm）、200mm、（220mm）、250mm、300mm、350mm 等，300mm 以上每级级差为 50mm，括号中的数值仅用于木模板。

矩形截面梁和 T 形截面梁高度一般为 250mm、300mm、350mm、…、750mm、800mm、900mm、…，800mm 以下每级级差为 50mm，800mm 以上每级级差为 100mm。

表 4.1　不需要做变形验算的梁的最小截面高度

构件种类		简支	两端连续	悬臂
整体肋形梁	主梁	$l_0/12$	$l_0/15$	$l_0/6$
	次梁	$l_0/15$	$l_0/20$	$l_0/8$
独立梁		$l_0/12$	$l_0/15$	$l_0/6$

注：l_0 为梁的计算跨度；当 $l_0>9$m 时表中数值应乘以系数 1.2；悬臂梁的高度指其根部的高度。

板的宽度一般比较大，设计计算时可取单位宽度（$b=1000$mm）进行计算。其厚度应满足（如已满足则可不进行变形验算）：（1）单跨简支板的最小厚度不小于 $l_0/35$；（2）多跨连续板的最小厚度不小于 $l_0/40$；（3）悬臂板的最小厚度（指悬臂板的根部厚度）不小于 $l_0/12$。同时，应满足表 4.2 的规定。

表 4.2　现浇钢筋混凝土板的最小厚度

板的类别		厚度/mm
单向板	屋面板	60
	民用建筑楼板	60
	工业建筑楼板	70
	行车道下的楼板	80
双向板		80
密肋楼盖	面板	50
	肋高	250
悬臂板	板的悬臂长度≤500mm	60
	板的悬臂长度 1200mm	100
无梁楼板		150
现浇空心楼盖		200

注：悬臂板的厚度指悬臂根部的厚度；板厚度以 10mm 为模数。

4.1.2　钢筋的布置

1. 梁的钢筋布置要求

梁的纵向受力钢筋（受力纵筋）等级宜采用 HRB400 或 HRBF400（Ⅲ级钢筋）、HRB500 或 HRBF500（Ⅳ级钢筋），常用截面直径为 12mm、14mm、16mm、18mm、20mm、22mm 和 25mm，根数不得少于 2 根。设计中若需要使用两种不同截面直径的钢筋，钢筋截面直径应相差至少 2mm，以便在施工中能用肉眼识别，但钢筋截面直径相差也不宜超过 6mm。

为了便于混凝土的浇筑，保证钢筋能与混凝土黏结在一起，以保证钢筋周围混凝土的密实性，钢筋的净间距、混凝土保护层厚度及有效高度应满足图 4.2 所示的要求。如果钢筋必须排成两排，上下两排钢筋应对齐，若多于两排时，最下方两排钢筋以上的钢筋的水平方向中距应为最下方两排钢筋中距的 2 倍。

截面的有效高度 h_0 指梁截面受压区的外边缘至受力纵筋合力点的距离，$h_0=h-a_s$，a_s 为受力纵筋合力点至受拉区边缘的距离。当钢筋为一排时，$a_s=c+d/2$；当钢筋为两排时，$a_s=c+d+e/2$，此处 c 为受力纵筋外边缘至混凝土截面边缘的距离，称为混凝土保护层厚度，一般取 25mm，特殊情况依据相关规范选用；e 为上下两排钢筋的净间距，在计算时，一般取 e=25mm、d=20mm，所以钢筋为单排时，近似取 a_s=35mm；钢筋为两排时，近似取 a_s=60mm。为了固定箍筋并与受力纵筋形成骨架，在梁的受压区内应设置架立钢筋。架立钢筋的截面直径与梁的跨度 L 有关：当 L>6m 时，架立钢筋的截面直径不宜小于 10mm；当 4m<L<6m 时，架立钢筋的截面直径不宜小于 8mm；当 L<4m 时，架立钢筋的截面直径不宜小于 6mm。

简支梁架立钢筋一般伸至梁端，当考虑其受力时，架立钢筋两端在支座内应有足够的锚固长度。

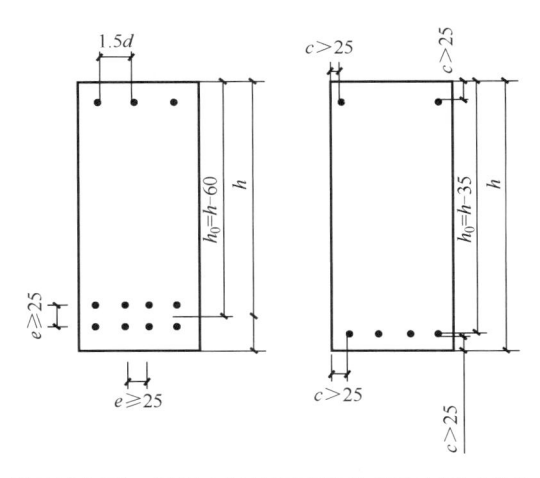

图 4.2　钢筋净间距、混凝土保护层厚度及有效高度（单位：mm）

2. 板的钢筋布置要求

1）板的受力纵筋

板的受力纵筋常采用 HPB300（Ⅰ级钢筋）、HRB335（Ⅱ级钢筋）级别钢筋，常用截面直径是 6mm、8mm、10mm 和 12mm。为了便于施工，设计时选用钢筋截面直径的种类越少越好。

为了便于浇筑混凝土，保证钢筋周围混凝土的密实性，板内钢筋间距不宜太密；为了正常承受弯矩，也不宜过稀。钢筋的间距一般为 70mm～200mm；当采用绑扎钢筋时，若板厚 h>150mm 时，钢筋的间距不应大于 1.5h，且不应大于 300mm。

板的截面有效高度 $h_0=h-a_s$，受力纵筋一般是一排钢筋。设计截面时，$a_s=c+d/2$，取 d=10mm、c=15mm，所以近似取 a_s=20mm，如图 4.3 所示。

2）板的分布钢筋

当设计单向板时，除沿受力方向布置受力纵筋外，还应在垂直受力纵筋的方向布置分布钢筋。其作用是将荷载更均匀地传递给受力纵筋，同时将分布钢筋与受力纵筋绑扎在一起，以在施工中固定受力纵筋的位置，并抵抗温度应力、收缩应力。

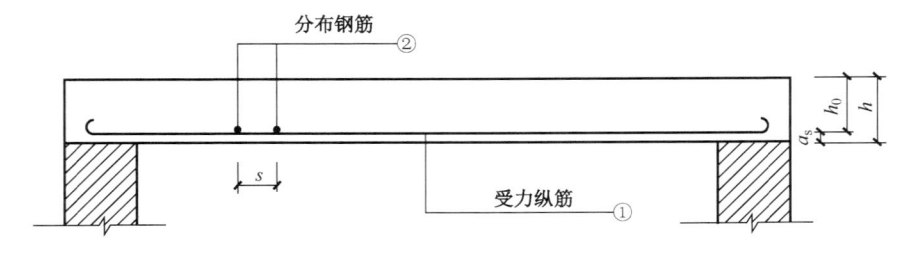

图 4.3　板的配筋

分布钢筋宜采用 HPB300（Ⅰ级钢筋）和 HRB335（Ⅱ级钢筋）级别的钢筋，常用截面直径是 6mm、8mm、10mm 和 14mm。其截面面积不应小于受力纵筋截面面积的 15%，其间距不宜大于 250mm；当集中荷载较大或温度应力过大时，分布钢筋的截面面积应适当增加，其间距不宜大于 200mm。

任务 4.2　试验结果分析

4.2.1　正截面工作的三个阶段

为了能消除剪力对正截面受弯的影响，使正截面只受到弯矩的作用，一般在试验中采取对简支梁施加两点对称集中荷载的方式（如图 4.4 所示），使两个对称集中荷载之间的截面在忽略自重的情况下只受纯弯矩而无剪力，称为纯弯区段。

在纯弯区段内，沿梁高两侧布置侧点，用仪表测量梁的纵向变形，并观察加载后梁的受力全过程。荷载由零开始逐级施加，直至梁正截面受弯破坏，对以上过程的分析如下。

图 4.5 所示为中国建筑科学研究院所做的钢筋混凝土试验梁的弯矩与截面曲率关系曲线实测结果。图中纵坐标为梁跨中截面的弯矩试验值 M^0，横坐标为梁跨中截面曲率试验值 ϕ^0。M^0-ϕ^0 关系曲线上有两个明显的转折点 c 和 y，则可把梁的截面受力和变形过程划分为三个阶段（如图 4.6 所示）。

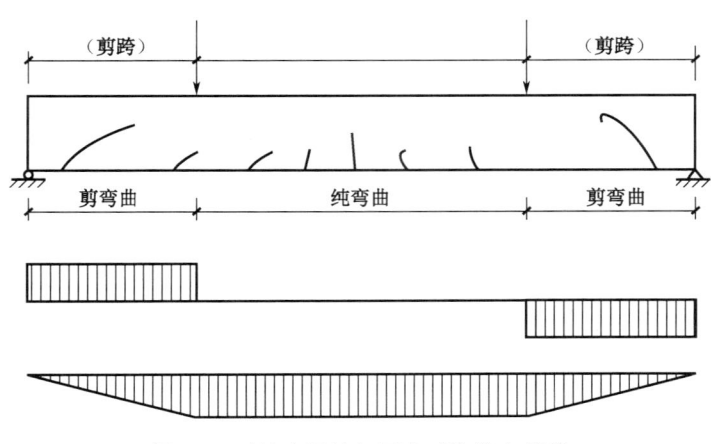

图 4.4　对简支梁施加两点对称集中荷载

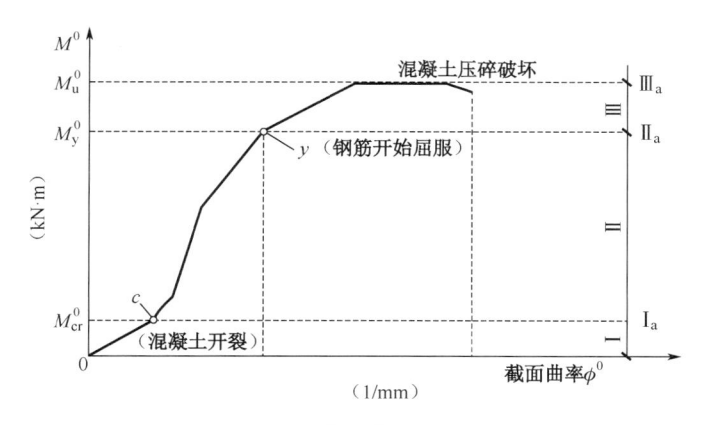

图 4.5 $M^0 - \phi^0$ 关系曲线

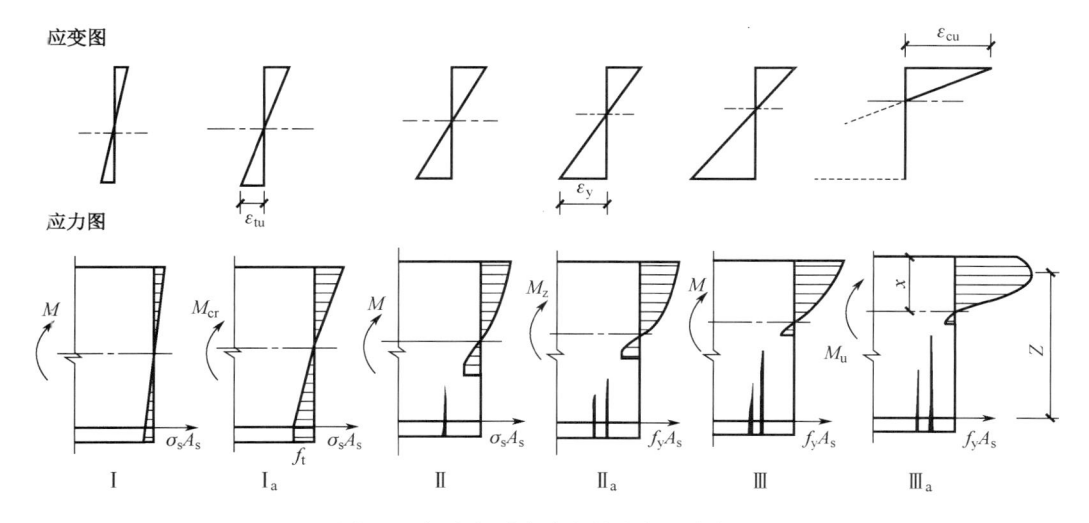

图 4.6 梁在各受力阶段的应力、应变图

1. Ⅰ阶段——混凝土开裂前的未裂阶段

当荷载较小时，截面上的应力非常小，此时梁的工作情况与匀质弹性体梁相似，混凝土基本上处于弹性工作状态，应力与应变成正比，截面的应力分布曲线基本成直线（如图 4.6 中Ⅰ所示），此受力阶段称为Ⅰ阶段。

当荷载逐渐增加，截面所受的弯矩增大，测量到的应变也随之增大，由于混凝土的抗拉能力远比抗压能力弱，故在受拉区边缘处混凝土首先表现出应变增长快于应力增长的塑性特征。受拉区应力分布曲线开始逐步变弯。弯矩继续增大，受拉区应力分布曲线中曲线部分的范围不断沿梁高向上发展。

当弯矩增加到 M_{cr} 时，受拉区边缘纤维的应变值将达到混凝土受弯时的极限拉应变 ε_{tu}，截面处于即将开裂状态，称为Ⅰ阶段末，用Ⅰ_a 表示（如图 4.6 中Ⅰ_a 所示）。这时，受压区边缘纤维应变测量值相对还很小，故受压区混凝土基本上处于弹性工作状态，受压区应力图形接近三角形，而受拉区应力图形则呈曲线分布。在Ⅰ_a 阶段，由于黏结力的存在，受力纵筋的应变与周围同一水平处混凝土拉应变处处相等，故这时钢筋应变接近 ε_{tu} 值，相应的应力较低，约为 20~30N/mm²。由于受拉区混凝土塑性的发展，截面受力达到Ⅰ_a 阶段时中性轴的位置比Ⅰ阶段初期略有上升。Ⅰₐ阶段可作为受弯构件抗裂度的计算依据。

2．Ⅱ阶段——混凝土开裂后至钢筋屈服前的裂缝阶段

截面受力达到Ⅱ阶段后，荷载只要稍许增加，混凝土就会开裂，把原先由混凝土承担的那一部分拉力转嫁给钢筋，使钢筋应力突然增大许多，故裂缝出现时梁的挠度和截面曲率都突然增大。截面上应力会发生重分布，裂缝处的混凝土不再承受拉应力，受压区混凝土出现明显的塑性变形。应力分布曲线呈曲线（如图4.6中Ⅱ所示）。此受力阶段称为Ⅱ阶段。

荷载继续增加，弯矩再增大，截面曲率加大，主裂缝越来越宽。当荷载增加到某一数值时，受拉区受力纵筋开始屈服，钢筋应力达到其屈服强度（如图4.6中Ⅱₐ所示）。这种特定的受力状态称为Ⅱₐ阶段。

Ⅱ阶段相当于梁在正常使用时的应力状态，可作为正常使用极限状态的变形和裂缝宽度计算依据。

3．Ⅲ阶段——钢筋开始屈服至截面破坏的破坏阶段

处于受拉区的受力纵筋屈服后，将继续变形而保持应力大小不变。截面曲率和梁的挠度也突然增大，裂缝随之扩展并沿梁高向上延伸。中性轴继续上移，受压区高度进一步减小。处于受拉区的混凝土压应力迅速增大，混凝土边缘应变也迅速增长，塑性特征将表现得更为充分，受压区压应变图形更趋丰满（如图4.6中Ⅲ所示）。

弯矩再增大至极限弯矩 M_u 时，称为Ⅲ阶段末，用Ⅲₐ表示。此时，在荷载几乎保持不变的情况下，裂缝进一步急剧扩展，混凝土出现纵向裂缝并被完全压碎，截面发生破坏（如图4.6中Ⅲₐ所示）。

在整个Ⅲ阶段，钢筋所承受的总拉力大致保持不变，但由于中性轴逐步上移，内力臂 Z 略有增加，故截面极限弯矩 M_u 略大于屈服弯矩 M_y，可见Ⅲ阶段是截面的破坏阶段，破坏始于受力纵筋的屈服，终结于受压区混凝土被压碎。Ⅲ阶段末（Ⅲₐ）可作为正截面受弯承载力计算的依据。

试验同时表明，从开始加载到构件破坏的整个受力过程中，变形前的平面在变形后仍保持为平面。

4.2.2 梁（正截面）破坏的三种形态

根据试验研究，梁的破坏形式与配筋率 ρ、钢筋级别和混凝土强度等级有关，以配筋率的影响最为明显。配筋率的计算公式为 $\rho = A_s/(bh_0)$，此处 A_s 为受拉钢筋截面面积，bh_0 为截面的有效面积。试验表明，在常用的钢筋级别和混凝土强度等级情况下，梁的破坏形式主要随配筋率 ρ 的大小而异，主要分为以下三种形态。

1．适筋梁的破坏

所谓适筋梁就是指配筋率比较适中，从开始加载至截面破坏，整个截面的受力过程符合前面所述的三个阶段的梁。这种梁的破坏特点是：受力纵筋首先达到屈服强度，维持应力不变而发生显著的塑性变形，直到受压区混凝土边缘应变达到混凝土弯曲受压的极限压应变

时，受压区混凝土被压碎，截面即告破坏，梁在完全破坏以前，由于钢筋要经历较大的塑性伸长，随之引起裂缝急剧扩展和梁挠度的激增，体现出明显的破坏预兆，习惯上把这种梁的破坏称为"塑性破坏"，如图 4.7（b）所示。

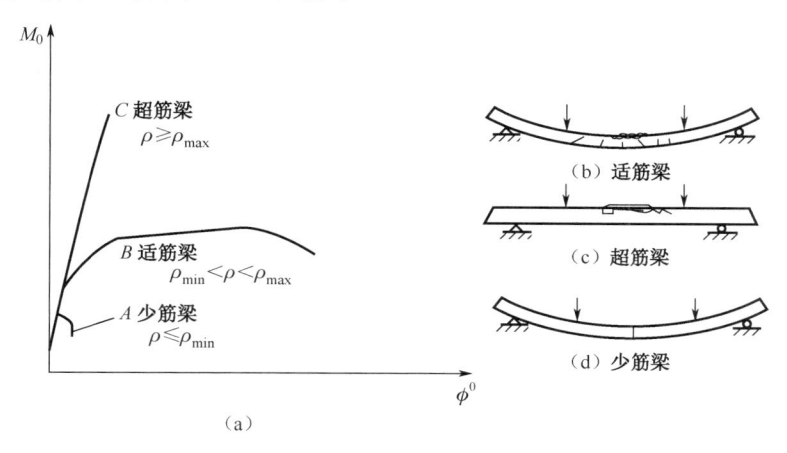

图 4.7 梁的三种破坏形式

2. 超筋梁的破坏

配筋率 ρ 过大的梁一般称为"超筋梁"，试验表明，由于这种梁内钢筋配置过多，抗拉能力过强，当荷载加到一定程度后，在钢筋拉应力尚未达到屈服条件之前，受压区混凝土已先被压碎，致使构件破坏。由于超筋梁在破坏前钢筋尚未屈服而仍处于弹性工作阶段，其延伸较小，因而梁的裂缝较细，挠度较小，破坏没有预兆，比较突然，习惯上称为"脆性破坏"，如图 4.7（c）所示。

超筋梁虽然在受拉区配置有很多受力纵筋，但其强度不能充分得到利用，这是不经济的，同时其破坏前又无明显预兆，所以在实际工程设计中应避免采用超筋梁。

3. 少筋梁的破坏

当梁的配筋率 ρ 很小时称为"少筋梁"。这种梁在开裂以前拉应力主要由混凝土承担，钢筋承担的拉应力占很少的一部分。在 I_a 阶段，受拉区一旦开裂，拉力就几乎全部转由钢筋承担。但由于受拉区钢筋数量配置太少，使裂缝截面的钢筋拉应力突然剧增直至超过屈服强度而进入强化阶段，此时受力纵筋的塑性伸长已很大，裂缝扩展过宽，梁将严重下垂，受压区混凝土不会压碎，但过大的变形及裂缝已经使其不适于继续承载，从而标志着梁的实质性破坏，如图 4.7（d）所示。

少筋梁的破坏一般是在梁出现第一条裂缝后突然发生，也属于"脆性破坏"，所以少筋梁也是不安全的。少筋梁虽然在受拉区配了钢筋，但不能起到提高混凝土梁承载力的作用，同时，混凝土的抗压强度也不能得到充分利用，因此在实际工程设计中也应避免采用少筋梁。

由此可见，当截面配筋率变化到一定程度时，将引起梁破坏性质的改变。因为在实际工程设计中不允许出现超筋梁或少筋梁，所以必须在设计中对适筋梁的配筋率做出规定，具体规定将在以后的计算中描述。

任务 4.3 受弯构件正截面承载力的计算原则

4.3.1 基本假定

为了能推导出受弯构件正截面（注意：下文中如无特殊说明，所述截面均为正截面）承载力的计算公式，根据试验研究，对钢筋混凝土受弯构件截面承载力计算采用了下列 4 个基本假定：

（1）截面发生应变后仍保持为平面（平截面假定）。

（2）不考虑混凝土的抗拉强度；对处于承载力极限状态下的截面，其受拉区混凝土的绝大部分因开裂已经退出工作，而中性轴以下可能残留很小的未开裂部分，作用相对很小，为简化计算，完全可以忽略其抗拉强度的影响。

（3）混凝土的 σ-ε 曲线采用理想化曲线，如图 4.8 所示，其数学表达式为：

第一段（上升段），当 $\varepsilon_c \leqslant \varepsilon_0$ 时

$$\sigma_c = f_c \left[1 - \left(1 - \frac{\varepsilon_c}{\varepsilon_0} \right)^n \right] \tag{4-1}$$

第二段（水平段），$\varepsilon_0 \leqslant \varepsilon_c \leqslant \varepsilon_{cu}$ 时

$$\sigma_c = f_c \tag{4-2}$$

$$n = 2 - \frac{1}{60}(f_{cu,k} - 50) \tag{4-3}$$

$$\varepsilon_0 = 0.002 + 0.5(f_{cu,k} - 50) \times 10^{-5} \tag{4-4}$$

$$\varepsilon_{cu} = 0.0033 - (f_{cu,k} - 50) \times 10^{-5} \tag{4-5}$$

式中：σ_c——混凝土应变为 ε_c 时的混凝土压应力；

ε_0——混凝土压应力刚达 f_c 时的混凝土压应变，当计算得到的 ε_0 小于 0.002 时，应取 0.002；

ε_{cu}——截面处于非均匀受压状态时的混凝土极限压应变，当计算得到的 ε_{cu} 值大于 0.0033 时，应取 0.0033；

f_{cu}——混凝土立方体抗压强度标准值；

n——系数，当计算值大于 2.0 时，应取 2.0。

n、ε_0、ε_{cu} 的取值如表 4.3 所示。

表 4.3　n、ε_0、ε_{cu} 的取值

混凝土强度等级	≤C50	C55	C60	C65	C70	C75	C80
n	2	1.917	1.833	1.750	1.667	1.583	1.500
ε_0	0.002000	0.002025	0.002050	0.002075	0.002100	0.002125	0.002150
ε_{cu}	0.00330	0.00325	0.00320	0.00310	0.00310	0.00305	0.00300

从表 4.3 中我们可以发现，当混凝土的强度等级大于 C50 时，随着混凝土强度等级的提高，ε_0 不断增大，而 ε_{cu} 却逐渐减小，即在图 4.8 中的水平区段逐渐缩短，材料的脆性加大。

（4）钢筋的 σ-ε 关系方程为 $\sigma_s = E_s \cdot \varepsilon_s \leqslant f_y$，受拉钢筋的极限拉应变取 0.01。

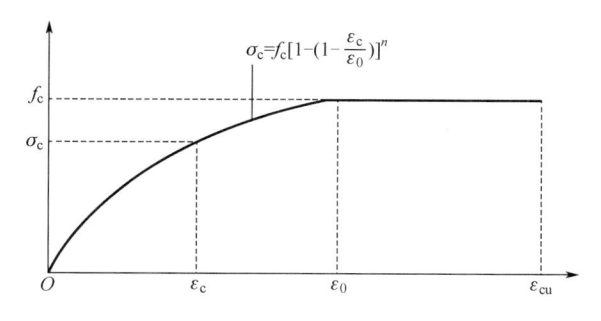

图 4.8 混凝土的 σ-ε 曲线

4.3.2 基本方程

根据基本假定和受弯构件截面受力三个阶段的 σ-ε 曲线，以单筋矩形截面为例，推导受弯构件截面受弯的基本方程。

图 4.9 所示是Ⅲ$_a$ 阶段的应力图形。从图中可知，截面在承载力极限状态下，受压边缘的应变达到了混凝土的极限压应变 ε_{cu}。若假定这时截面受压区高度为 x_c，y 为受压区任意一点距截面中性轴的距离，则混凝土受压区任意一点的压应变为：

$$\varepsilon_c = \varepsilon_{cu} \cdot \frac{y}{x_c} \tag{4-6}$$

将式（4-6）代入式（4-1）或式（4-2），可得截面受压区应力和压应力的合力 c：

$$c = \int_0^{x_c} \sigma_c b \mathrm{d}y \tag{4-7}$$

受拉钢筋应力已经达到屈服强度，钢筋承受的拉力 T 即为：

$$T = f_y A_s \tag{4-8}$$

根据力的平衡条件 $c=T$，可得：

$$\int_0^{x_c} \sigma_c b \mathrm{d}y = f_y A_s \tag{4-9}$$

此时截面所能承受的弯矩 M：

$$M = CZ = \int_0^{x_c} \sigma_c b \cdot (h_0 - x_c + y) \mathrm{d}y \tag{4-10}$$

式中，Z——凝土压应力作用点至钢筋合力点之间的距离，简称内力臂。

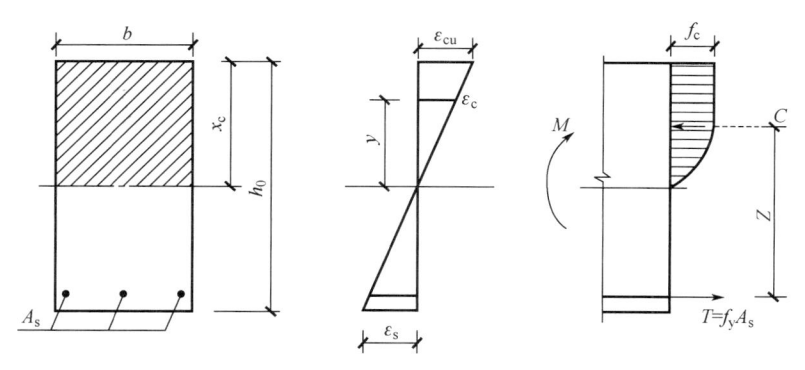

图 4.9 受压区混凝土在Ⅲ$_a$ 阶段的应力图形

利用上式求梁的承载力的计算过程过于复杂，求受压区混凝土的合力及其作用位置是非常复杂的，所以设计上采用简化处理方法，即采用等效矩形应力图形（如图 4.10 所示）来代替受压区混凝土的曲线应力图形。

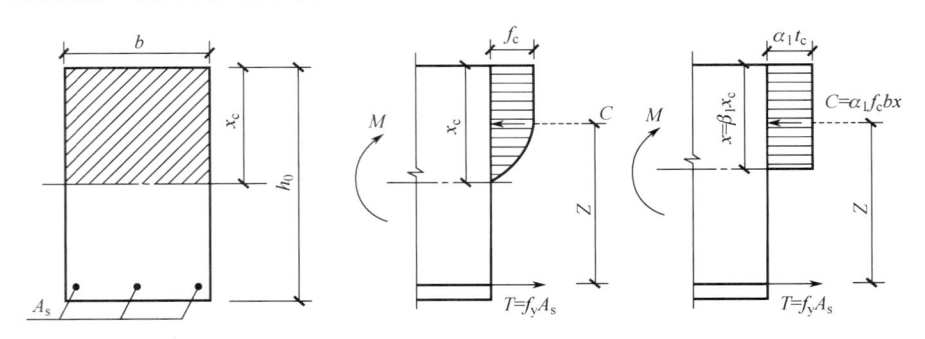

图 4.10 等效矩形应力图形的换算

采用这种等效方法应满足以下两个前提条件：
（1）保持原来受压区混凝土合力的作用点不变。
（2）保持原来受压区混凝土合力的大小不变。

在图 4.10 中，设应力图形的高度为 x_c，应力为 f_c，等效矩形应力图形的高度 $x=x_c\beta_1$；应力峰值为 $\alpha_1 f_c$，α_1 和 β_1 称为等效矩形应力图形系数，具体取值如表 4.4 所示，采用等效矩形应力图形后，承载力计算公式可写成：

$$\alpha_1 f_c b x = f_y A_s \tag{4-11}$$

$$M = \alpha_1 f_c b x \left(h_0 - \frac{x}{2} \right) \tag{4-12}$$

表 4.4 受压混凝土的等效矩形应力图形系数 α_1 和 β_1 的取值

混凝土强度等级	≤C50	C55	C60	C65	C70	C75	C80
β_1	0.8	0.79	0.78	0.77	0.76	0.75	0.74
α_1	1.0	0.99	0.98	0.97	0.96	0.95	0.94

4.3.3 适筋梁破坏和超筋梁破坏的界限条件

基本公式式（4-11）、式（4-12）是根据适筋梁 III_a 阶段的应力状态推导而得的，故它们不适用于超筋梁和少筋梁。适筋梁的破坏是钢筋首先屈服，经过一段塑性变形后，受压区混凝土才被压碎；而超筋梁的破坏是在钢筋屈服前，受压区混凝土首先达到极限压应变，导致构件破坏。当梁的钢筋等级和混凝土强度等级确定后，就可以找到某个特定的配筋率 ρ，使具有这个特定配筋率的梁的破坏介于适筋梁破坏和超筋梁破坏之间，也就是说它的钢筋屈服与受压区混凝土的压碎是同时发生的。把这种梁的破坏称为"界限破坏"。

再用如图 4.11 所示的情形来说明这一点，在图中，设界限破坏发生时中性轴高度为 x_{cb}，则有：

$$\frac{x_{cb}}{h_0} = \frac{\varepsilon_{cu}}{\varepsilon_{cu} + \varepsilon_y} \tag{4-13}$$

引用 $x_b=\beta_1 x_{cb}$ 代入上式中，可得：

$$\frac{x_b}{\beta_1 h_0} = \frac{\varepsilon_{cu}}{\varepsilon_{cu}+\varepsilon_y} \qquad (4-14)$$

设 $\xi_b = x_b h_0$，并称之为"界限相对受压区高度"，则：

$$\xi_b = \frac{x_b}{h_0} = \beta_1 \cdot \frac{\varepsilon_{cu}}{\varepsilon_{cu}+\varepsilon_y} = \frac{\beta_1}{1+\dfrac{\varepsilon_y}{\varepsilon_{cu}}} = \frac{\beta_1}{1+\dfrac{f_y}{\varepsilon_{cu} E_s}} \qquad (4-15)$$

从上式可知，界限相对受压区高度与截面尺寸无关，仅与材料性能有关，将相关数值 f_y、ε_{cu}、E_s、β_1 代入上式，即可求出 ξ_b，ξ_b 的值也可通过表 4.5 得到。当 $\xi=\xi_b$ 时，与之对应的配筋率就是适筋梁与超筋梁的界限配筋率 ρ_b，根据式（4-11），可得

$$\alpha_1 f_c b x_b = A_s f_y = \rho_b b h_0 f_y$$

所以

$$\rho_b = \rho_{max} = \frac{x_b}{h_0} \cdot \frac{\alpha_1 f_c}{f_y} = \xi_b \frac{\alpha_1 f_c}{f_y} \qquad (4-16)$$

当梁的配筋率 $\rho<\rho_b$（或 $\xi<\xi_b$）时，属于适筋梁，而当 $\rho>\rho_b$（或 $\xi>\xi_b$）时，则属于超筋梁。

表 4.5　界限相对受压区高度 ξ_b（单位：mm）

钢筋种类	混凝土强度等级						
	≤C 50	C 55	C 60	C 65	C 70	C 75	C 80
HPB300	0.576	0.566	0.566	0.547	0.537	0.528	0.518
HRB335 HRBF335	0.550	0.541	0.538	0.522	0.512	0.503	0.493
HRB400 HRBF400 RRB400	0.520	0.508	0.499	0.490	0.481	0.472	0.463
HRB500 HRBF500	0.482	0.473	0.464	0.456	0.447	0.438	0.429

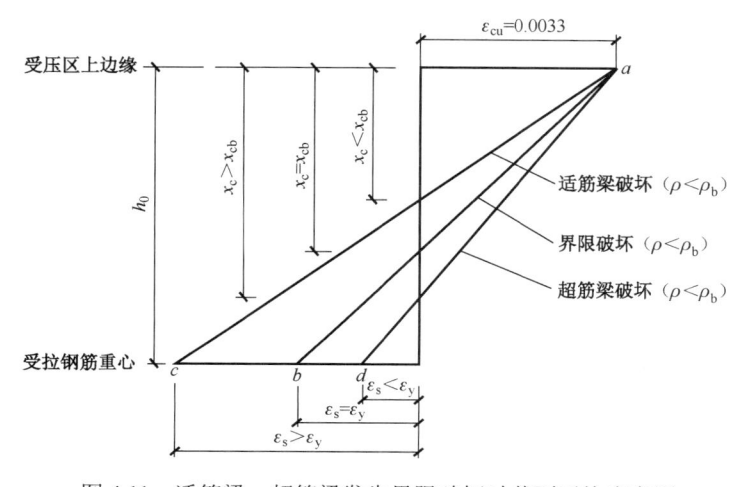

图 4.11　适筋梁、超筋梁发生界限破坏时截面平均应变图

4.3.4 适筋梁破坏和少筋梁破坏的界限条件

根据前面所述少筋梁破坏的特点，从理论上讲，受拉钢筋的最小配筋率 $\rho_{\min}$ 的计算依据是钢筋混凝土梁的受弯极限承载力应等于按 I_a 阶段计算的素混凝土受弯承载力（即开裂弯矩 M_{cr}）。但是，考虑到混凝土抗拉强度的离散性及收缩等因素的影响，最小配筋率 $\rho_{\min}$ 往往是根据传统经验得出的。《规范》建议按下式计算最小配筋率：

$$\rho_{\min} = \frac{A_s}{bh_0} = 0.45\frac{f_t}{f_y} \tag{4-17}$$

任务 4.4 计算单筋矩形截面的承载力

4.4.1 基本公式及适用条件

单筋矩形截面的承载力计算简图如图 4.12 所示。其受弯承载力计算公式如下：

由力的平衡条件 $\Sigma X=0$ 可得：

$$\alpha_1 f_c bx = f_y A_s \tag{4-18}$$

由力矩平衡条件 $\Sigma M=0$ 可得：

$$M \leqslant M_u = f_y A_s \left(h_0 - \frac{x}{2} \right) \tag{4-19}$$

或

$$M \leqslant M_u = \alpha_1 f_c bx \left(h_0 - \frac{x}{2} \right) \tag{4-20}$$

式中，M——截面所受的弯矩设计值；

x——混凝土受压区高度。

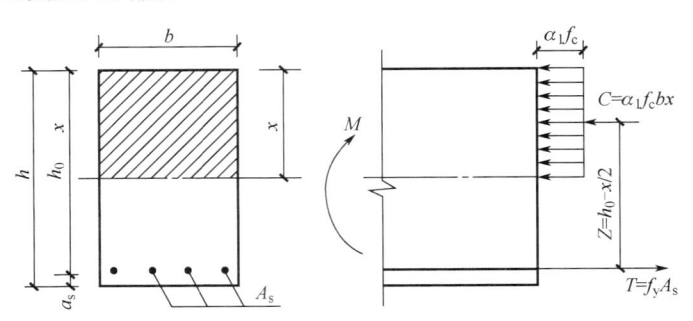

图 4.12 单筋矩形截面的承载力计算简图

在运用上述公式时，应注意它们的适用条件：

（1）为了防止超筋破坏，保证梁截面破坏时纵向受拉钢筋首先屈服，应满足 $\xi \leqslant \xi_b$ 或 $\rho \leqslant \rho_b$。

（2）为了防止少筋破坏，应满足 $A_s \geqslant \rho_{\min} bh_0$。

4.4.2 截面设计

受弯构件单筋矩形截面承载力的计算包括截面设计和截面复核两类问题。

截面设计指根据截面所需要承担的弯矩设计值 M，选定材料（混凝土强度等级、钢筋级别），确定截面尺寸 $b×h$（h_0）和截面配筋量 A_s。

由于只有两个基本公式，而未知数却有多个，所以这时截面设计的结果并不唯一，设计人员应根据构件的特点、受力性能、材料供应条件、施工条件、使用要求等因素综合分析，确定较为经济合理的设计。一般采用如下的设计步骤。

（1）根据构件类型和通常做法选择材料强度 f_y 和 f_c。

（2）假定配筋率 ρ。根据国内建筑行业的设计经验，板的经济配筋率约为 0.3%～0.8%，单筋矩形截面梁的经济配筋率约为 0.6%～1.5%。

（3）确定 ξ（$\xi = \dfrac{\rho f_y}{\alpha_1 f_c}$）。

（4）确定 h_0

$$h_0 \geqslant \sqrt{\dfrac{M}{\alpha_1 f_c b \xi (1-0.5\xi)}} \tag{4-21}$$

再取 $h_0 = h - a_s$ 和 $b = (1/2 \sim 1/4) h$，然后根据前文所述构造要求，检查所取截面尺寸是否满足要求，若不满足构造要求则进行调整，直至符合要求为止。其中 a_s 应根据环境类别和混凝土强度等级，由附表 10 查得混凝土保护层最小厚度 c 来假定。

（5）由式（4-20）确定 x 值。

（6）验算是否满足 $\xi \leqslant \xi_b$ 或 $x \leqslant \xi_b h_0$ 的条件，若不满足，则应加大截面尺寸，或提高混凝土强度等级，或改用双筋矩形截面重新计算。

（7）由式（4-15）和式（4-18）可解得：

$$A_s = \xi \dfrac{\alpha_1 f_c}{f_y} b h_0 \tag{4-22}$$

（8）验算是否满足 $A_s \geqslant \rho_{\min} b h_0$ 的条件，若不满足，则按 $A_s = \rho_{\min} b h_0$ 配置钢筋。

若已知条件比较多，则可相应节省某些步骤而直接计算出结果。

【例 4.1】 某现浇钢筋混凝土简支楼板支撑在砖墙上（如图 4.13 所示），安全等级为二级，环境类别为一类，板上作用的均布可变荷载标准值为 $q_k = 3\text{kN/m}$。瓷砖地面及水泥砂浆找平层厚度共计 40mm（容重为 22kN/m^3），板底粉刷层厚度为 10mm（容重为 14kN/m^3），混凝土强度等级选用 C25，纵向受拉钢筋采用 HPB300（Ⅰ级）热轧钢筋。试确定板厚和受拉钢筋截面面积。

【解】：（1）确定设计参数：查附表 2、附表 5、表 4.2 和表 4.3 可知，对于 C25 等级混凝土，$f_c = 11.9\text{N/mm}^2$，$f_t = 1.27\text{N/mm}^2$，对于 HPB300 级钢筋，$f_y = 270\text{N/mm}^2$，$\alpha_1 = 1.0$，$\xi_b = 0.58$。

楼板的厚度及荷载到处都相等，所以，可以取 $b = 1000\text{mm}$ 的板带进行计算并配钢筋，其余板带均按此板配筋。初选板厚 $h = 90\text{mm}$（约为计算跨度的 1/32）。

查附表 10，对于一类环境，$c = 20\text{mm}$，则

$$a_s = c + d/2 = 25 \text{（mm）}$$
$$h_0 = h - 25 = 65 \text{（mm）}$$

$\rho_{min}=0.45×f_t/f_y=0.45×1.27/300=0.272\%>0.2\%$

（2）计算弯矩 M：板的计算简图如图4.13（c）所示，单跨板的计算跨度取轴线间尺寸和净跨加板厚的最小值，则有

$$l_0=l_n+h=2760+90=2850（mm）<3000（mm）$$

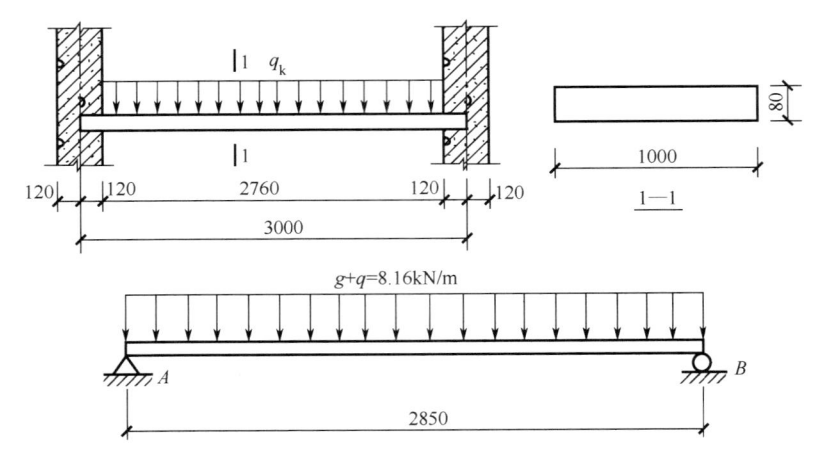

图4.13 例4.1图（长度单位：mm）

板上恒载标准值：
瓷砖及找平层 $0.04×1×22=0.88$（kN/m）
钢筋混凝土板自重 $0.09×1×25=2.25$（kN/m）
板底粉刷 $0.01×1×17=0.17$（kN/m）
总计 $g_k=3.3$（kN/m）
板上可变荷载标准值：$q_k=3×1=3$（kN/m）
恒载的分项系数 $r_g=1.2$，可变荷载分项系数 $r_q=1.4$
恒载设计值：$g=r_g g_k=1.2×3.3=3.96$（kN/m）
可变荷载设计值：$q=q_k r_q=1.4×3=4.2$（kN/m）
板的最大弯矩：$M=1/8（g+q）l_0^2=0.125×（3.96+4.2）×2.85^2=8.29$（kN·m）

（3）求 x 及 A_s 值：由式（4-20）可得

$$x=h_0\left(1-\sqrt{1-\frac{2M}{\alpha_1 f_c b h_0^2}}\right)=65×\left(1-\sqrt{1-\frac{2×8.29×10^6}{1.0×11.9×1000×65^2}}\right)$$

$$=12.63（mm）<\xi_b h_0=0.58×65=37.7（mm）$$

计算结果满足要求，把 x 代入相关公式可得：

$$A_s=\frac{xb\alpha_1 f_c}{f_y}=\frac{12.63×1000×11.9}{270}=556.66（mm^2）$$

$$\rho=\frac{A_s}{bh_0}=\frac{556.66}{1000×70}=0.79\%>\rho_{min}=0.272\%$$

计算结果满足要求。

（4）选用钢筋及绘配筋图：
查附表14，选用规格为 $10\phi125$（$A_s=638mm^2$）的钢筋。配筋如图4.14所示。

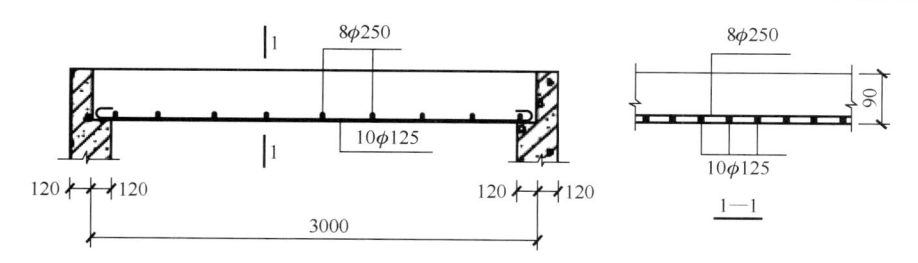

图 4.14 例题 4.1 配筋图（长度单位：mm）

4.4.3 截面复核

当已知构件截面尺寸（$b \times h$）、混凝土强度等级、钢筋的级别、所配受拉钢筋截面面积 A_s 及构件所承受的弯矩设计值 M，要求验算（复核）该构件截面承载力 M_u 是否足够时，应按如下步骤进行。

（1）由式（4-18）可得 $x=f_yA_s/\alpha_1 f_c b$，从而可得 $\xi=x/h_0$。
（2）检验是否满足条件 $\xi \leqslant \xi_b$，若不满足，则取 $\xi=\xi_b$。
（3）由式（4-19）和式（4-20）可得：

$$M_u = \alpha_1 f_c b h_0^2 \xi(1-\frac{\xi}{2}) \quad (4-23)$$

$$M_u = f_y A_s h_0(1-\frac{\xi}{2}) \quad (4-24)$$

当 $M \leqslant M_u$ 时，可以认为截面承载力满足要求。

【例 4.2】已知某矩形截面钢筋混凝土梁，安全等级为二级，环境类别为一类，截面尺寸为 250mm×600mm，选用 C30 等级混凝土和 HRB400 级钢筋，截面配有受拉钢筋（6ϕ20），该梁承受荷载引起的最大弯矩设计值 $M=300$kN·m，试复核该梁是否安全。

【解】：（1）确定计算参数。查附表 2、附表 4、表 4.2 和表 4.3 可知：

$f_c=14.3$N/mm²，$f_t=1.43$N/mm²，$f_y=360$N/mm²，$\alpha_1=1.0$，$\xi_b=0.52$。

由于钢筋较多，如放一排，不能满足钢筋净间距构造要求，所以必须放两排。

钢筋净间距 $S_n=$（250-2×20-4×20）/3=43（mm）>d 且大于 25mm，符合要求。

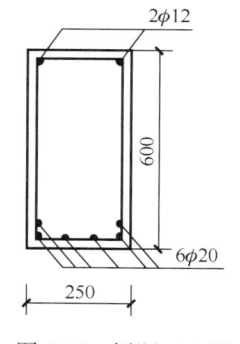

图 4.15 例题 4.2 图（长度单位：mm）

查附表 10，对于一类环境，$c=20$mm，则 $a_s=c+d+e/2=20+20+25/2=52.5$（mm），取 60mm，则 $h_0=h-60=540$（mm）。$\rho_{min}=0.2\%>0.45f_t/f_y=0.45\times1.43/360=0.19\%$。

（2）适用条件判断：

$$A_s=1885\text{mm}^2>\rho_{min}bh=0.2\%\times250\times600=300（\text{mm}^2）$$

所以不会产生少筋破坏。

由式（4-18）可得

$$x=\frac{f_yA_s}{\alpha_1 f_c b}=\frac{360\times1885}{1.0\times14.3\times250}=189.52<\xi_b h_0=0.53\times540=286.2$$

所以不会产生超筋破坏。

（3）计算 M_u。由式（4-19）可得：

$M_u=f_yA_s(h_0-x/2)=360×1885×(540-189.82/2)=302.04$（kN·m）$>M=300$kN·m

因此，该截面是安全的。

【例4.3】已知某矩形截面梁截面尺寸为250mm×600mm，承受的弯矩设计值 $M=300$kN·m，混凝土强度等级为C60，钢筋等级为HRB400（Ⅲ级），环境类别为一级，安全等级为二级，求所需的受拉钢筋截面面积 A_s。

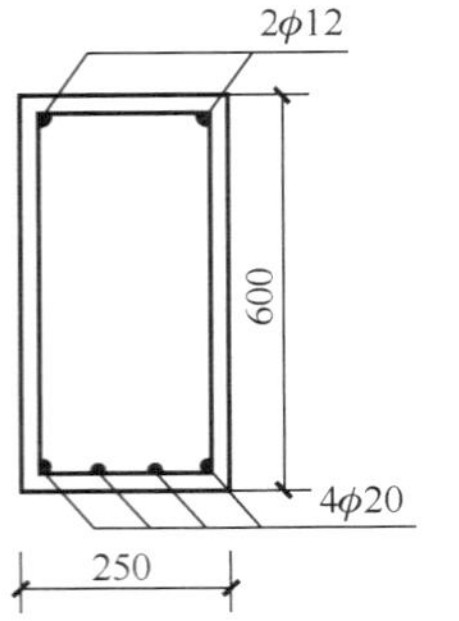

【解】：（1）确定计算参数。查附表2、附表4及表4.4可知：
$f_c=27.5$N/mm^2，$f_t=2.04$N/mm^2，$f_y=360$N/mm^2，$\alpha_1=0.98$，$\xi_b=0.50$。

查附表 10，对于一类环境，$c=20$mm，假设钢筋单排放置，
$a_s=c+d/2=20+10=30$（mm），$h_0=h-30=600-30=570$（mm）。
$\rho_{min}=0.45f_t/f_y=0.45×2.04/360=0.26\%>0.2\%$。

（2）计算 A_s。由相关公式可得：
$$\alpha_s=\frac{M}{\alpha_1 f_c bh_0^2}=\frac{300×10^6}{0.98×27.5×250×570^2}=0.137$$

求得相对受压区高度 ξ：
$$\xi=1-\sqrt{1-2\alpha_s}=0.148$$

图 4.16 例 4.3 配筋图
（长度单位：mm）

（3）验算适用条件：

$\xi=0.148<\xi_b=0.51$，满足要求，不会产生超筋破坏。

$$A_s=\frac{\alpha_1 f_c b\xi h_0}{f_y}=\frac{0.925×27.5×250×570×0.148}{360×10^6}=1490(mm^2)$$

$$\rho=\frac{A_s}{bh_0}=\frac{1490.21}{250×570}=1.05\%\geqslant\rho_{min}=0.26\%$$

（4）配筋：

查附表 13，选用规格为 $4\phi25$ 的钢筋（$A_s=1964$mm$^2>A_s=1490$mm^2）可满足要求。

任务4.5　计算双筋矩形截面的承载力

4.5.1　基本公式及适用条件

双筋截面指的是受压区配有受压钢筋、受拉区配有受拉钢筋的截面。其压力由混凝土和受压钢筋共同承担，拉力由受拉钢筋承担。

受压钢筋可以提高构件截面的延性，并可减少构件在荷载作用下的变形，但双筋截面用钢量较大，因此，一般情况下采用钢筋来承担压力是不经济的，但遇到下列情况之一可考虑采用双筋截面。

（1）截面所承受的弯矩较大，且截面尺寸和材料品种等由于某些原因不能改变，此时，若采用单筋截面则会出现超筋现象。

（2）同一截面在不同荷载组合下出现正、反向弯矩。

（3）构件的某些截面由于某种原因，在受压区预先已经布置了一定数量的受力钢筋（如连续梁的某些支座截面）。

双筋矩形截面受弯承载力的计算公式可以根据如图 4.17 所示的计算简图由力和力矩的平衡条件得出：

$$\sum X = 0 \Rightarrow \alpha_1 f_c bx + f_y' A_s' = f_y A_s \tag{4-31}$$

$$\sum M = 0 \Rightarrow M \leq \alpha_1 f_c bx \left(h_0 - \frac{x}{2}\right) + f_y' A_s' \left(h_0 - a_s'\right) = \alpha_1 f_c bh_0^2 a_s + f_y' A_s' \left(h_0 - a_s'\right) \tag{4-32}$$

式中，A_s'——受压钢筋的截面面积。

a_s'——受压区纵向受力钢筋合力作用点到受压区混凝土外边缘之间的距离。对于梁，当受压钢筋按一排布置时，可取 a_s'=35mm；当受压钢筋按两排布置时，可取 a_s'=60mm；对于板，可取 a_s'=20mm。

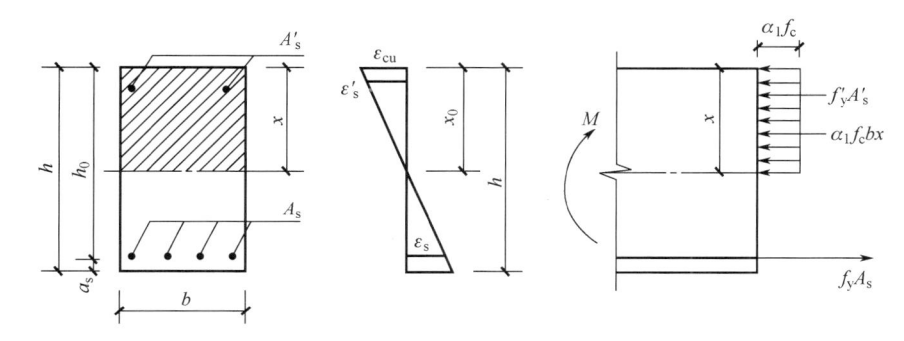

图 4.17 双筋矩形截面受弯承载力计算简图

应用以上两个基本公式必须满足以下适用条件：

（1）$\xi \leq \xi_b$（或 $x \leq x_b$ 或 $\alpha_s \leq \alpha_{sb}$）。设置这个条件是避免产生超筋破坏，保证受拉区钢筋先屈服，然后混凝土被压碎。

（2）$x \geq a_s'$。设置这个条件是为了防止受压钢筋在构件破坏时达不到抗压强度设计值 f_y'。因为在基本公式中已假定受压钢筋可以屈服，且可以达到屈服强度 f_y'，而受压钢筋是否可以达到屈服强度主要取决于受压钢筋处的压应变是否足够大（大于 f_y'/E_s），由平截面假定可知，受压区高度 x 值越大则受压钢筋处的压应变就越大，因此第二个条件是确保受压钢筋可以屈服的条件。

当不满足 $x \geq 2a_s'$ 时，则应假定受压区混凝土的合力通过受压钢筋的重心，即令 $x=2a_s'$，那么这时就可以直接求出 A_s：

$$A_s = \frac{M}{f_y(h_0 - a_s')} \tag{4-33}$$

式中，M——弯矩设计值；h_0——截面有效高度。

应该注意的是，按式（4-33）求得的 A_s 可能比不考虑受压钢筋而按单筋矩形截面计算的 A_s 还要大，这时应按单筋矩形截面设计配筋。

4.5.2 截面设计

在设计双筋截面受弯构件时经常会碰到以下两种情况，这两种情况的设计步骤不一样，分别介绍如下。

第一种：已知弯矩设计值为 M，构件的截面尺寸为 $b×h$，混凝土强度为 f_c，受拉和受压钢筋的强度分别为 f_y、f'_y，求：受拉钢筋和受压钢筋的截面面积 A_s、A'_s。

计算步骤如下：

（1）判断是否需要采用双筋。

若 $M > \alpha_1 f_c \xi_b \left(1 - \dfrac{\xi_b}{2}\right) bh_0^2$，则需要采用双筋，否则就没必要。

（2）为了使配筋最少，就要充分利用混凝土的受压能力。而当 $x=h_0\xi_b$ 时，混凝土受压能力达到极限。

令 $\xi_b=x/h_0$ 或 $\xi=\xi_b$，由式（4-32）可求 A'_s：

$$A'_s = \dfrac{M - \alpha_1 f_c \xi_b (1 - \dfrac{\xi}{2}) bh_0^2}{f'_y (h_0 - a'_s)} \tag{4-34}$$

（3）求 A_s。

由式（4-31）可求 A_s：

$$A_s = \dfrac{\alpha_1 f_c \xi bh_0 + f'_y A'_s}{f_y} \tag{4-35}$$

由于双筋截面本身配筋量较大，一般情况下不会出现少筋情况，所以不必验算是否满足最小配筋率。

【例 4.4】某一框架梁应用于二 a 类环境，截面尺寸为 250mm×600mm，采用 C25 等级混凝土和 HRB400 级（Ⅲ级）钢筋，弯矩设计值 $M=380\text{kN·m}$，试确定如何配置纵向受力钢筋。

【解】：（1）确定计算参数：

查附表 2、附表 4、表 4.2 及表 4.6 可知：

$f_c=11.9\text{N/mm}^2$，$f_t=1.27\text{N/mm}^2$，$f_y=f'_y=360\text{N/mm}^2$，$\xi_b=0.52$

对于二 a 类环境，$c=30\text{mm}$，由于该梁弯矩较大，假设受拉钢筋排两排，则

$a_s=c+d+e/2=30+20+25/2=62.5$（mm）

取 $a_s=65\text{mm}$，$h_0=h-65=535$（mm）

假定受压钢筋排一排，则

$a'_s=c+d/2=30+20/2=40$（mm）

（2）判断是否需要采用双筋截面：

$$M_{\max} = \alpha_1 f_c \xi_b (1 - \dfrac{\xi_b}{2}) bh_0^2 = 1.0 \times 11.9 \times 0.58 \times (1 - \dfrac{0.58}{2}) \times 250 \times 535^2$$
$$= 350.66(\text{kN·m}) < M = 380\text{kN·m}$$

由于单筋截面能承受的最大弯矩 $M_{\max}$ 小于弯矩设计值 M，所以要采用双筋截面或改变设计参数。

（3）求 A'_s：

由式（4-34）可得：

$$A'_s = \dfrac{M - M_{\max}}{f'_y (h_0 - a'_s)} = \dfrac{(380 - 350.66) \times 10^6}{360 \times (535 - 40)} = 164.65 \text{（mm}^2\text{）}$$

（4）求 A_s：

由式（4-35）可得：

$$A_s = \frac{f_y'}{f_y}A_s' + \xi_b\frac{\alpha_1 f_c}{f_y}bh_0 = 360/360 \times 164.65 + 0.58 \times 1.0 \times 11.9/360 \times 250 \times 535$$

$$= 164.65 + 2564.28 = 2728.93 \text{（mm}^2\text{）}$$

（5）选配钢筋及绘配筋图：

受拉钢筋选用 $4\phi22+4\phi18$（$A_s=1521+1018=2539\text{mm}^2$），受压钢筋选用 $2\phi12$（$A_s'=226\text{mm}^2$），配筋图如图4.18所示。

第二种：已知 M、b、h、f_c、f_y、f_y'、A_s'，求 A_s：

由于只有 A_s 和 x 两个未知数，可以用式（4-31）和式（4-32）联立求解。为了避免求解一元二次方程，也可用表格系数法求解。

计算步骤如下：

（1）求 α_s。

由式（4-32）可得

$$\alpha_s = \frac{M - f_y'A_s'(h_0 - a_s')}{\alpha_1 f_c b h_0^2} \tag{4-36}$$

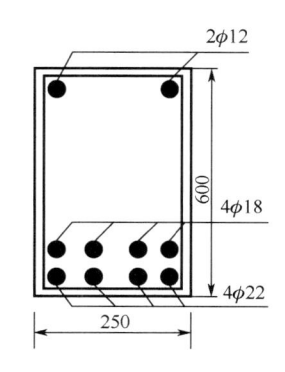

图4.18 配筋图（长度单位：mm）

（2）求 ξ 和 x 并校核适用条件。

利用 $\xi=(1-2\alpha_s)^{1/2}$ 直接求出 ξ，再利用 $x=h\xi$ 求出 x，若 $\xi>\xi_b$，说明给定的 A_s' 不足，应按 A_s' 未知的情况重新计算 A_s' 和 A_s。若 $x<2a_s'$，则应按式（4-33）直接求出 A_s。

（3）求 A_s。由式（4-31）可得

$$A_s = \frac{\alpha_1 f_c bx + f_y'A_s'}{f_y}$$

【例 4.5】梁的基本情况与例 4.4 相同，但是由于在受压区已经配有受压钢筋 $2\phi16$（$A_s'=402\text{mm}^2$），试求所需受拉钢筋截面面积。

【解】：（1）确定计算参数：

参考例4.4所确定的参数。

（2）求 α_s 并校核：

根据式（4-36）可得：

$$\alpha_s = \frac{M - f_y'A_s'(h_0 - a_s')}{\alpha_1 f_c b h_0^2}$$

$$= \frac{380 \times 10^6 - 360 \times 402 \times (535-40)}{1.0 \times 11.9 \times 250 \times 535^2} = 0.362$$

（3）求 ξ 和 x 并校核：

$\xi = 1-\sqrt{1-2\alpha_s} = 0.475 < \xi_b = 0.53$，满足要求，不会超筋。

$x=\xi h_0 = 254.13$（mm）$>2a_s' = 80$（mm），满足要求。

（4）求 A_s：

由式（4-37）可得

$$A_s = A_s' \frac{f_y'}{f_y} + \alpha_1 \frac{f_c}{f_y} bx$$

$$= 402 \times \frac{360}{360} + 1.0 \times \frac{11.9}{360} \times 250 \times 254.13$$

$$= 402 + 2100.1 = 2502.1 \text{ (mm}^2\text{)}$$

选配钢筋及绘配筋图：

受拉钢筋选用 $4\phi22+4\phi16$（$A_s'=1521+804=2325\text{mm}^2$），配筋如图 4.19 所示。

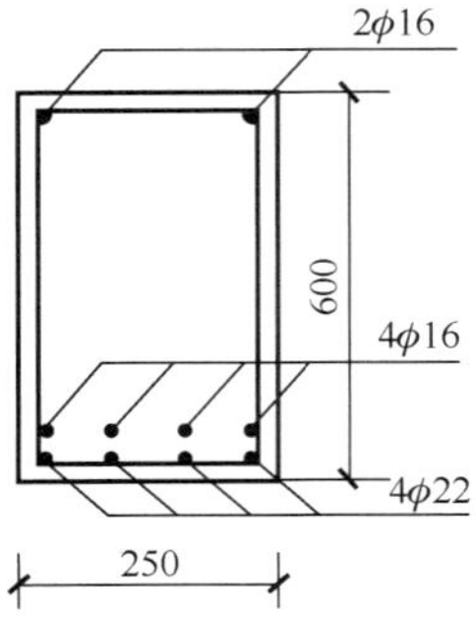

比较例 4.4 和例 4.5 可以得出前者总用钢量为 164.65+2728.28=2892.93（mm^2），后者总用钢量 402+2502.1=2904.1（mm^2），也就是说，当充分利用混凝土来承担压力，即令 $\xi=\xi_b$（或 $x=h_0\xi_b$）时，总用钢量相对较少。

4.5.3 截面复核

图 4.19 例 4.5 配筋示意图
（单位：mm）

如果已经知道截面弯矩设计值 M、截面尺寸 $b\times h$、混凝土强度等级和钢筋级别，以及受拉钢筋和受压钢筋截面面积 A_s、A_s'，要验算该截面承载力 M_u 是否足够，这就属于双筋截面的复核问题，其具体步骤如下所示。

（1）由式（4-31）可得到 $x=\dfrac{f_y A_s - f_y' A_s'}{\alpha_1 f_c b}$ 当 $a_s' \leqslant x \leqslant \xi_b h_0$ 时，可直接由式（4-32）计算出 M_u。

（2）如果 $x<2a_s'$，则取 $x=2a_s'$，代入式（4-32）求解出 M_u，或直接由式（4-33）计算出 M_u。如果 $x>h_0\xi_b$，则应取 $x=h_0\xi_b$，代入式（4-32）计算出 M_u。

（3）将截面承载力 M_u 与截面弯矩设计值 M 进行比较，如果 $M_u \geqslant M$，则说明满足承载力要求，构件安全。反之，如果 $M_u<M$，则说明截面承载力不够，构件不安全，应重新设计截面，直到满足要求。

【例 4.6】已知位于二 a 类环境中的梁的截面尺寸 $b\times h=200\text{mm}\times400\text{mm}$，选用 C25 级混凝土和 HRB400 级钢筋，配 $2\phi16$ 的受压钢筋和 $3\phi25$ 的受拉钢筋，若承受的弯矩设计值的最大值 $M=120\text{kN}\cdot\text{m}$，试复核截面是否安全。

【解】：（1）确定计算参数：

查附表 2、附表 5、表 4.2 可得：

$f_c=11.9\text{N/mm}^2$，$f_y'=f_y=360\text{N/mm}^2$，$\alpha_1=1.0$，$\xi_b=0.52$，$A_s=1473\text{mm}^2$，$A_s'=402\text{mm}^2$

对于二 a 类环境，$c=30\text{mm}$，则 $a_s=c+d/2=30+25/2=42.5$（mm）

取 $a_s=45\text{mm}$，$h_0=400-45=355$（mm），$a_s'=30+16/2=38$（mm），取 $a_s'=40\text{mm}$

（2）计算 x：

由式（4-31）可得：

$$x = \frac{f_y A_s - f_y' A_s'}{\alpha_1 f_c b} = \frac{360\times 1473 - 360\times 402}{1.0\times 11.9\times 200}$$

$$= 162 > a_s' = 80$$

且 $x<h_0\xi_b=0.53\times355=177.55$（mm），满足公式要求条件。

（3）计算 M_u 并复核截面：

由式（4-32）可得：

$$M_u = \alpha_1 f_c bx\left(h_0 - \frac{x}{2}\right) + f_y' A_s' \left(h_0 - a_s'\right)$$

$\quad\quad =1.0\times11.9\times200\times162\times$（$355-162/2$）$+360\times402\times$（$355-40$）

$\quad\quad =105.64+45.59=151.23$（kN·m）$>M=120$kN·m

以上结果表明截面是安全的。

任务 4.6　计算 T 形截面的承载力

4.6.1　概述

T 形截面梁在工程中的应用是十分广泛的，如 T 形截面吊车梁、箱形截面桥梁、大型屋面板、空心板等，如图 4.20 所示。

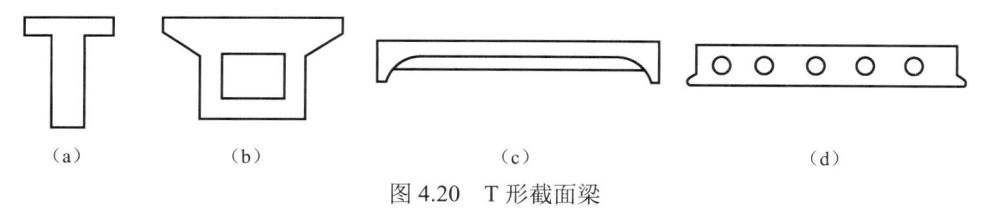

图 4.20　T 形截面梁

在现浇整体式肋梁楼盖中，梁和板是整浇在一起的，也会形成 T 形截面梁，如图 4.21 所示。其跨中截面往往承受正弯矩，翼缘受压可按 T 形截面计算，而支座截面往往承受负弯矩，翼缘受拉趋于开裂，此时不考虑混凝土承担的拉力，因此对支座截面应按肋宽为 b 的矩形截面考虑，形状类似于倒 T 形截面梁。

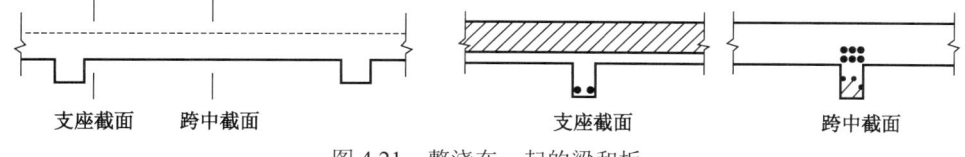

图 4.21　整浇在一起的梁和板

在受弯构件中，计算截面承载力时有一基本假定，即受拉区混凝土不承担拉力，拉力全部由受拉钢筋承担。如图 4.22 所示，面积为 $b_f'\times h$ 的矩形截面配有 4 根受拉钢筋。假如在满足构造要求的前提下，把原有 4 根受拉钢筋全部放置于宽度为 b 的梁肋部，再把两边阴影所示部分混凝土挖去，这样原来的矩形截面就变成 T 形截面了。同时，我们也可以发现原来矩形截面的受弯承载力与后面的 T 形截面梁的受弯承载力基本相同或完全相同（当中性轴在受压翼缘内）。因此采用 T 形截面梁可以减小混凝土材料用量，减轻结构自重。

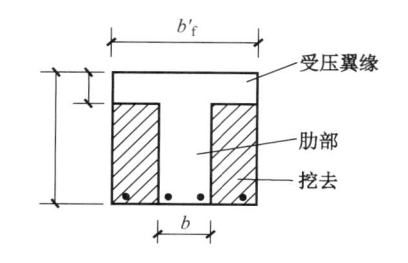

图 4.22　矩形截面变为 T 形截面

由试验研究与理论分析可知，T 形截面梁承受荷载作用后，翼缘上的纵向压应力不是均匀分布的，离梁肋越远，压应力就越小，如图 4.23（a）、（c）所示，可见翼缘参与受压的有效宽度是有限的，故在工程设计中把翼缘限制在一定范围内，这个宽度就称为翼缘的计算宽度 b'_f，并假定在 b'_f 范围内压应力是均匀分布的，如图 4.23（b）、（d）所示。因此，对预制 T 形截面梁（即独立梁），在设计时应使其实际翼缘宽度不超过 b'_f，而现浇板肋梁结构中的 T 形截面肋形梁的翼缘宽度 b'_f 的取值应符合表 4.6 的规定。

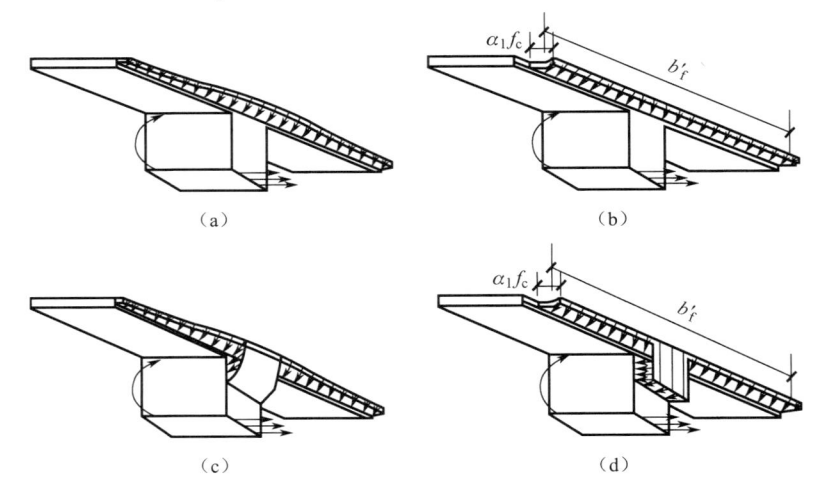

图 4.23　T 形截面梁应力分布图

表 4.6　T 形、工字形及倒 L 形截面梁的受压区的翼缘计算宽度 b'_f

考虑的情况		T 形、工字形截面		倒 L 形截面
		肋形梁（板）	独立梁	肋形梁（板）
按计算跨度 l_0 考虑		$l_0/3$	$l_0/3$	$l_0/6$
按梁（肋）净间距 S_n 考虑		$b+S_n$	—	$b+S_n/2$
按翼缘计算高度 h'_f 考虑	当 $b'_f/h_0 \geq 0.1$	—	$b+12b'_f$	—
	当 $0.1 > b'_f/h_0 \geq 0.05$	$b+12b'_f$	$b+6b'_f$	$b+5b'_f$
	当 $b'_f/h_0 < 0.05$	$b+12b'_f$	b	$b+5b'_f$

注：①表中 b 为梁的腹板宽度；
②如果肋形梁在梁跨内没有间距小于纵肋间距的横肋时，则可不遵守表列第三种情况的规定；
③对于有加腋的 T 形截面和倒 L 形截面，当受压区加腋的高度 $h_x \geq h'_f$ 且加腋的宽度 $b_n \leq 3h'_f$ 时，则其翼缘计算宽度可按表列第三种情况规定分别增加 $2b_n$（T 形截面）和 b_n（倒 L 形截面）；
④独立梁受压的翼缘板在荷载作用下沿纵肋方向可能产生裂缝时，其计算宽度应取腹板宽度 b。

4.6.2　计算公式及适用条件

T 形截面梁根据所受荷载的大小可以分为两种类型：第一种类型，中性轴在翼缘内，即 $x \leq h'_f$；第二种类型，中性轴在梁肋内，即 $x > h'_f$。下面分别介绍这两种类型的基本公式和适用条件。

1. 中性轴在翼缘内

由于中性轴在翼缘内，$x \leq h'_f$，所以根据基本假定，该类 T 形截面与截面尺寸为 $h'_f \times h_0$

的矩形截面的受力情况一致（如图 4.24 所示），基本计算公式也完全相同，只是用 b'_f 代替矩形截面计算公式中的 b。基本计算公式为：

$$\alpha_1 f_c b'_f h'_f = f_y A_s \tag{4-38}$$

$$M \leqslant \alpha_1 f_c b'_f x \left(h_0 - \frac{x}{2} \right) \tag{4-39}$$

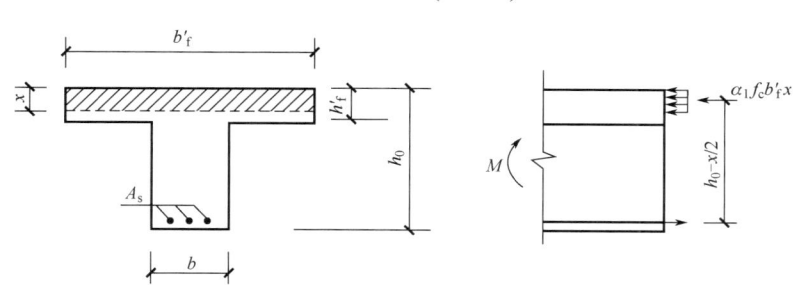

图 4.24 中性轴在翼缘内

适用条件：

以上两公式应满足最小配筋率的要求，即 $A_s \geqslant \rho_{min} b h_0$。应该注意的是，尽管该类 T 形截面承载力按 $b'_f \times h$ 的矩形截面计算，但其最小配筋率还是应按 $\rho = A_s / b h_0$ 计算，而不是 $\rho = A_s / b'_f h_0$，这是因为最小配筋率 ρ_{min} 是根据钢筋混凝土梁开裂后的受弯承载力与相同截面素混凝土梁受弯承载力相同的条件得出的，而素混凝土 T 形截面受弯构件（肋宽为 b，梁高为 h）的受弯承载力并不比矩形截面素混凝土梁（$b \times h$）高很多（这是因为受弯承载力与受拉区形状关系较大，而受压区形状对之影响较小）。为简化计算并考虑以往设计经验，此处 ρ_{min} 仍按矩形截面的数值计算。

对于防止超筋破坏（$x \leqslant h_0 \xi_b$），因为该类截面 $\xi = x/h_0 \leqslant h'_f / h_0$，一般情况下，$h'_f / h_0$ 较小，所以通常都满足 $\xi \leqslant \xi_b$ 的条件，而不必验算。

2. 中性轴在梁肋内

中性轴位于梁肋内，即 $x > h'_f$，如图 4.25 所示，根据力和力矩的平衡条件，仍可计算得出其基本公式：

$$\sum X = 0 \Rightarrow \alpha_1 f_c b x + \alpha_1 f_c \left(b'_f - b \right) h'_f = f_y A_s \tag{4-40}$$

$$\sum M = 0 \Rightarrow M \leqslant \alpha_1 f_c b x \left(h_0 - \frac{x}{2} \right) + \alpha_1 f_c \left(b'_f - b \right) h'_f \left(h_0 - \frac{h'_f}{2} \right) \tag{4-41}$$

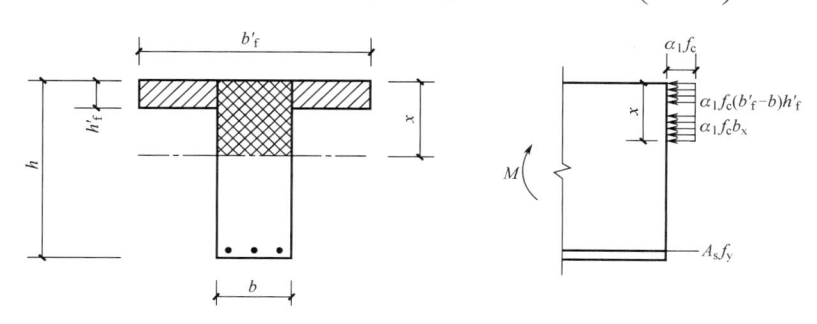

图 4.25 中性轴在梁肋内

适用条件：为了保证不超筋，结构的破坏始于受拉钢筋的屈服。要求满足 $x \leqslant h_0 \xi_b$。同时为了防止少筋，还应满足 $\rho \geqslant \rho_{\min}$，但该条件一般都能满足，计算中可不必验算。

4.6.3 截面设计

已知 T 形截面梁弯矩设计值 M、截面的各项尺寸，以及混凝土强度等级和钢筋级别，要求该 T 形截面梁的受拉钢筋面积时，应按以下步骤进行。

（1）首先判别截面类型。如果 $M \leqslant \alpha_1 f_c b'_f h'_f (h_0 - h'_f/2)$，即 $x \leqslant h'_f$，则属于第一类 T 形截面（假 T 形）。如果 $M > \alpha_1 f_c b'_f h'_f (h_0 - h'_f/2)$，即 $x > h'_f$，则属于第二类 T 形截面（真 T 形）。

（2）求 A_s。

①对于第一类 T 形截面，可按 $b'_f \times h$ 的矩形截面计算 A_s：

$$\alpha_s = \frac{M}{\alpha_1 f_c b'_f h_0^2} \rightarrow A_s = \frac{\alpha_1 f_c b \xi h_0}{f_y}$$

②对于第二类 T 形截面，由式（4-41），再运用系数法，可得：

$$\alpha_s = \frac{M - \alpha_1 f_c (b'_f - b) h'_f \left(h_0 - \dfrac{h'_f}{2}\right)}{\alpha_1 f_c b h_0^2} \quad (4\text{-}42)$$

$$\xi = 1 - \sqrt{1 - 2\alpha_s}$$

$$x = \xi h_0$$

$$A_s = \frac{\alpha_1 f_c b x + \alpha_1 f_c (b'_f - b) h'_f}{f_y} \quad (4\text{-}43)$$

（3）验算适用条件。

①第一类 T 形截面应满足：$\rho = A_s / bh_0 \geqslant \rho_{\min}$

②第二类 T 形截面应满足：$x \leqslant \xi_b h_0$（或 $\alpha_s \leqslant \alpha_{sb}$）

【例 4.7】已知一肋形楼盖的次梁的弯矩设计值 $M = 550 \text{kN} \cdot \text{m}$，梁的截面尺寸 $b \times h = 200 \text{mm} \times 600 \text{mm}$，$b'_f = 1000 \text{mm}$，$h'_f = 90 \text{mm}$，混凝土等级为 C25；钢筋等级为 HRB400，环境类别为一类，求受拉钢筋截面面积 A_s。

【解】：（1）确定计算参数：

查附表 2、附表 5、表 4.2 可知：

$f_c = 11.9 \text{N/mm}^2$，$f_t = 1.27 \text{N/mm}^2$，$f_y = 360 \text{N/mm}^2$，$\alpha_1 = 1.0$，$\xi_b = 0.52$

对于二 a 类环境，$c = 30 \text{mm}$，由于该梁弯矩较大，假设受拉钢筋排两排，则 $a_s = 65 \text{mm}$，$h_0 = h - 65 = 535$（mm）

（2）判断截面类型：

$$\alpha_1 f_c b'_f h'_f \left(h_0 - \dfrac{h'_f}{2}\right) = 1.0 \times 11.9 \times 1000 \times 90 \times \left(535 - \dfrac{90}{2}\right) = 524.8 (\text{kN} \cdot \text{m}) < 550 \text{kN} \cdot \text{m}$$

即截面属于第二类 T 形截面。

（3）求 A_s：

$$\alpha_s = \frac{M - \alpha_1 f_c (b'_f - b) h'_f \left(h_0 - \frac{h'_f}{2}\right)}{\alpha_1 f_c b h_0^2} = \frac{550 \times 10^6 - 1.0 \times 11.9 \times (1000 - 200) \times 90 \times \left(535 - \frac{90}{2}\right)}{1.0 \times 11.9 \times 200 \times 535^2}$$

$$= 0.191$$

$$\xi = 1 - \sqrt{1 - 2\alpha_s} = 0.214 < \xi_b = 0.53$$

$$x = \xi h_0 = 0.214 \times 535 = 114.49 (\text{mm})$$

$$A_s = \frac{\alpha_1 f_c b x + \alpha_1 f_c (b'_f - b) h'_f}{f_y} = \frac{1.0 \times 11.9 \times 200 \times 114.49 + 1.0 \times 11.9 \times (1000 - 200) \times 90}{360}$$

$$= 3136.91 (\text{mm}^2)$$

钢筋选用 3ϕ28+3ϕ25（A_s=3320mm²）可满足题设要求。

4.6.4 截面复核

一般情况下，当已知截面弯矩设计值 M、截面尺寸、受拉钢筋截面面积 A_s、混凝土强度等级及钢筋级别时，可以对该 T 形截面构件进行承载力的复核，以求证该截面受弯承载力 M_u 是否足够。

复核步骤：

（1）判断 T 形截面的类型。

由于 A_s 已知，当 $A_s f_y \leqslant \alpha_1 f_c b'_f h'_f$ 时，即 $x \leqslant h'_f$，截面为第一类 T 形截面，反之，当 $A_s f_y > \alpha_1 f_c b'_f h'_f$ 时，即 $x > h'_f$ 时为截面第二类 T 形截面。

（2）求 x 并判别是否满足适用条件。

①若截面为第一类 T 形截面，则利用式（4-38）可得：

$$x = \frac{f_y A_s}{\alpha_1 f_c b'_f} \tag{4-44}$$

②若截面为第二类 T 形截面，则由式（4-40）可得：

$$x = \frac{f_y A_s - \alpha_1 f_c (b'_f - b) h'_f}{\alpha_1 f_c b} \tag{4-45}$$

以上所求得的 x 要满足 $x \leqslant h_0 \xi_b$ 的要求，若 $x > h_0 \xi_b$ 则应取 $x = h_0 \xi_b$ 代入相应公式求解 M_u。

（3）求 M_u 并判断。

①若截面为第一类 T 形截面，则把 x 代入式（4-39）就可得：

$$M_u = \alpha_1 f_c b'_f x \left(h_0 - \frac{x}{2}\right) \tag{4-46}$$

②若截面为第二类 T 形截面，则把 x 代入式（4-41）就可得：

$$M_u \leqslant \alpha_1 f_c b x \left(h_0 - \frac{x}{2}\right) + \alpha_1 f_c (b'_f - b) h'_f \left(h_0 - \frac{h'_f}{2}\right) \tag{4-47}$$

如果求得的 $M \geqslant M_u$，说明承载力足够，截面安全，否则应重新设计该截面。

【例 4.8】一根 T 形截面简支梁，截面尺寸为 250mm×600mm，b'_f=500mm，h'_f=100mm，混凝土等级为 C25，钢筋等级为 HRB400，在梁的下部配有两排共 6ϕ25 的受拉钢筋，该截

面承受的设计弯矩 M=350kN·m,试校核该梁是否安全(环境类别为一类)。

【解】:(1)确定计算参数:

查附表 2、附表 4、表 4.2 可得:f_c=11.9N/mm², f_y=360N/mm², α_1=1.0, ξ_b=0.52。

对于一类环境,c=30mm,则 a'_s=30+20+25/2=62.5(mm)

取 a'_s=65mm,则 h_0=600-65=535(mm)

(2)判断截面类型:
$$f_y A_s = 360 \times 2945 = 1060.2 > \alpha_1 f_c b'_f h'_f = 1.0 \times 11.9 \times 500 \times 100 = 595$$

故该梁截面属于第二类 T 形截面。

(3)求 x 并判别:
$$x = \frac{f_y A_s - \alpha_1 f_c (b'_f - b) h'_f}{\alpha_1 f_c b} = \frac{2945 \times 360 - 11.9 \times (500-250) \times 100}{11.9 \times 250}$$
$$= 256.37 < \xi_b h_0 = 0.53 \times 535 = 283.55$$

由以上结果可知参数满足要求。

(4)求 M_u:
$$M_u = \alpha_1 f_c b x \left(h_0 - \frac{x}{2}\right) + \alpha_1 f_c \left(b'_f - b\right) h'_f \left(h_0 - \frac{h'_f}{2}\right)$$
$$= 1.0 \times 11.9 \times 250 \times 268 \times \left(535 - \frac{268}{2}\right) + 1.0 \times 11.9 \times (500-250) \times 100 \times \left(535 - \frac{100}{2}\right)$$
$$= 464 > M = 350$$

由以上结果可知该梁是安全的。

任务 4.7　计算公路桥涵结构中受弯构件截面承载力

公路桥涵结构(简称公路桥涵)中的受弯构件截面承载力计算方法和建筑工程中受弯构件截面承载力计算方法大同小异,但一些参数具体的处理仍有所不同,在学习时,要注意两者的相同与不同之处。

4.7.1　截面承载力计算的基本假设

《公路桥规》规定:在进行截面承载力计算时采用下列基本假设:

(1)平截面假设,即构件弯曲变形后,其截面仍保持为平面。

(2)截面受拉混凝土不再发挥作用,拉力完全由钢筋承担。

(3)受压区混凝土应力图形可通过混凝土 σ-ε 曲线描述,为简化计算,采用等效矩形分布方式计算。

(4)钢筋的应力原则上按其应变确定,对于 HPB300、HRB400、RRB400 及 HRB500 级钢筋,其 σ-ε 曲线采用完全弹塑性模型,即钢筋的应力等于钢筋应变与其弹性模量的乘积,但不大于其强度设计值。

4.7.2 单筋矩形截面承载力的计算

1. 计算简图

根据上述基本假设,单筋矩形截面承载力计算简图如图 4.26 所示。

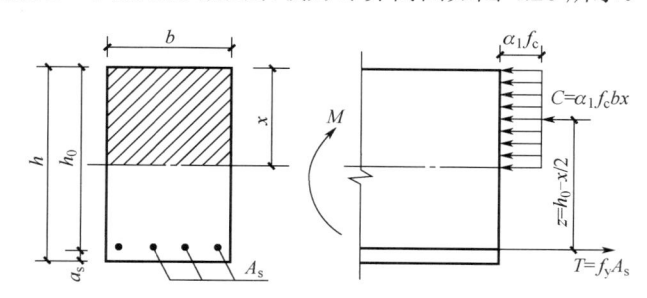

图 4.26 单筋矩形截面承载力计算简图

2. 基本计算公式

根据图 4-26,由静力平衡条件可列出承载力计算公式

$$\sum X = 0 \Rightarrow f_{cd}bx = f_{sd}A_s = f_{cd}bh_0 \tag{4-48}$$

$$\sum M = 0 \Rightarrow \gamma_0 M_d \leqslant f_{cd}bx(h_0 - x/2) = f_{cd}bh_0^2 \xi(1 - 0.5\xi) \tag{4-49}$$

式中,M_d——弯矩组合设计值;

γ_0——公路桥涵的重要性系数;

f_{cd}——混凝土轴心抗压强度设计值,按附表 2 采用;

f_{sd}——纵向受拉钢筋抗拉强度设计值,按附表 7 采用;

A_s——纵向受拉钢筋截面面积;

x——混凝土受压区高度;

b——截面宽度;

h_0——截面有效高度;

h——截面高度。

3. 适用范围

(1) 为防止超筋破坏,截面受压区高度应满足:

$$x \leqslant x_b = \xi_b h_0 \tag{4-50}$$

$$\rho = \frac{A_s}{bh_0} \leqslant \xi_b \frac{f_{cd}}{f_{sd}} \tag{4-51}$$

其中,ξ_b 为极限相对受压区高度,即当受拉钢筋屈服的同时,受压区混凝土边缘纤维的应变也达到混凝土的抗压极限压应变时,受压区高度与截面有效高度的比值,应按表 4.7 采用。

表 4.7 公路桥涵受弯构件极限相对受压区高度

钢筋种类		混凝土等级			
		C50 及以下	C55、C60	C65、C70	C75、C80
钢筋种类	HPB300	0.58	0.56	0.54	——
	HRB400、HRBF400、RRB400	0.53	0.51	0.49	——
	HRB500	0.49	0.47	0.46	——
	钢绞线、钢丝	0.4	0.38	0.36	0.35
	预应力螺纹钢筋	0.4	0.38	0.36	——

注：①截面受拉区内配置不同种类钢筋的受弯构件，其 ξ_b 值应选用相应于各种钢筋的较小者；
②$\xi_b = x_b/h_0$，x_b 为纵向受拉钢筋和受压区混凝土同时达到其强度设计值时的受压区高度。

（2）为防止构件发生少筋破坏，要求构件纵向钢筋配筋率不小于最小配筋率（且不小于 0.2%），即

$$\rho = \frac{A_s}{bh_0} \geqslant \rho_{\min} = 0.45 f_{td}/f_{sd} \qquad (4\text{-}52)$$

在这里需要注意的是：《规范》规定的最小配筋率与《公路桥规》规定的最小配筋率相同，但对受弯构件所定义的配筋率不同。前者规定配筋率按全截面面积计算，而后者规定配筋率按有效面积（$\rho = \frac{A_s}{bh_0}$）计算。

【例 4.9】已知矩形截面梁截面尺寸 $b \times h = 250\text{mm} \times 500\text{mm}$，弯矩组合设计值 $M_d = 136\text{kN} \cdot \text{m}$，混凝土强度等级为 C25，钢筋采用 HRB400 级，桥梁结构重要性系数为 1.1，求所需纵向钢筋面积。

【解】：查附表 2 及附表 6 得 $f_{cd} = 11.5\text{MPa}$，$f_{sd} = 330\text{MPa}$，$f_{td} = 1.23\text{MPa}$。设 $a_s = 40\text{mm}$，则 $h_0 = h - a_s = 500 - 40 = 460$（mm）（按单排钢筋考虑）。由式（4-68）可得

$$x = h_0 - \sqrt{h_0^2 - \frac{2\gamma_0 M_d}{f_{cd}b}} = 460 - \sqrt{460^2 - \frac{2 \times 1.1 \times 136 \times 10^6}{11.5 \times 250}}$$

$$= 132.1 < \xi_b h_0 = 0.53 \times 460 = 243.8$$

求钢筋截面面积

$$A_s = \frac{f_{cd}bx}{f_{sd}} = \frac{11.5 \times 250 \times 132.1}{330} = 1151(\text{mm}^2)$$

查表选取，$A_s = 1356\text{mm}^2$，钢筋排成一排，满足钢筋净间距要求。

梁的实际有效高度 h_0：$h_0 = 500 - (30 + 12) = 458$（mm）

配筋率验算：

$$\rho_{\min} = 45\frac{f_{td}}{f_{sd}} = 45 \times \frac{1.23}{330} = 0.1677\% < 0.2\%（取 0.2\%）$$

$$\rho = \frac{A_s}{bh_0} = \frac{1356}{250 \times 458} = 0.0118 < \rho_{\min} = 0.2\%$$

配筋率满足《公路桥规》要求。

4.7.3 双筋矩形截面承载力的计算

1. 计算简图

计算双筋矩形截面梁截面承载力时的基本假定同单筋矩形截面。受压区配置的受力钢筋应满足一定条件（$x \geqslant 2a'_s$，采用闭合箍筋，其间距不大于受压钢筋直径的 15 倍），在截面承载力达到受弯极限时，受压钢筋能够达到抗压强度设计值。计算简图如图 4.27 所示。

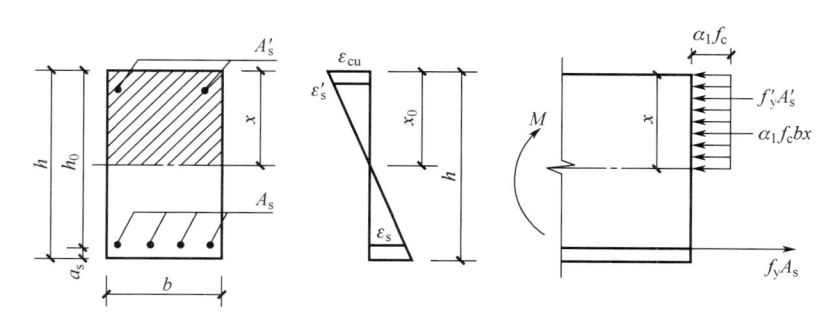

图 4.27 双筋矩形截面承载力计算简图

2. 基本计算公式

由计算简图，根据平衡条件，可以写出两个平衡方程：

$$\sum X = 0 \Rightarrow f_{cd}bx + f'_{sd}A'_s = f_{sd}A_s \qquad (4-53)$$

$$\sum M = 0 \Rightarrow \gamma_0 M_d \leqslant f_{cd}bx\left(h_0 - \frac{x}{2}\right) + f'_{sd}A'_s\left(h_0 - a'_s\right) \qquad (4-54)$$

其符合前述规定。

3. 适用条件

（1）为避免发生超筋破坏，应满足 $\xi \leqslant \xi_b$。

（2）为避免发生少筋破坏，应满足 $\rho_1 = \dfrac{A_{s1}}{bh_0} \geqslant \rho_{min}$。

（3）为保证在界限破坏时，受压钢筋应力达到抗压强度设计值，应满足 $x > 2a'_s$。式中：a'_s 为受压区钢筋合力点到受压区边缘的距离。

当计算中考虑受压区纵向钢筋，但不满足 $x > 2a'_s$ 时，可令 $x = 2a'_s$，对纵向受压钢筋合力点取矩，则受弯构件截面抗弯承载力可按下式确定：

$$\gamma_0 M_d \leqslant f_{sd}A_s\left(h_0 - a'_s\right) \qquad (4-55)$$

4.7.4 翼缘位于受压区的 T 形截面承载力的计算

1. 翼缘计算宽度

《公路桥规》规定，T 形截面或工字形截面的翼缘有效宽度 b'_f 应按下列规定取值。

（1）内梁的翼缘有效宽度取下列三者中的最小值：

对于简支梁，取计算跨径的 1/3；对于连续梁，各中间跨正弯矩区段，取该跨计算跨径的 0.2 倍；对于边跨正弯矩区段，取该跨计算跨径的 0.27 倍，对于各中间支点负弯矩区段，则取该支座相邻两跨计算跨径之和的 0.07 倍。

相邻两梁的平均间距为 $b+2b_h+h'_f$，此处 b 为梁腹板宽度，b_h 为承托长度，h'_f 为受压区翼缘悬出板的厚度，当 $h_h/b_h<1/3$ 时，上式中的 b_h 应以 $3h_h$ 代替，此处 h_h 为承托根部厚度。

（2）外梁翼缘的有效宽度取相邻内梁翼缘有效宽度与腹板宽度之和的 1/2，再加上"外侧悬臂板平均厚度的 6 倍或外侧悬臂板实际宽度"两者中的较小值。

对超静定结构进行作用（或荷载）效应分析时，T 形截面梁的翼缘宽度可以取实际宽度。

2. 两类 T 形截面的划分及判别方法

根据受压区混凝土的形状为矩形或 T 形，将 T 形截面分为两类。中性轴位于翼缘内，受压区为矩形的 T 形截面称为第一类 T 形截面（图 4.28）；中性轴位于腹板内，受压区为 T 形的 T 形截面梁称为第二类 T 形截面（图 4.29）。和建筑工程中的 T 形截面梁一样，在进行公路桥涵 T 形截面梁截面承载力计算之前，首先要判断截面类型。

公路桥梁中 T 形截面梁截面类型的判别方法如下。

$$x \leqslant h'_f \tag{4-56}$$

或

$$f_{sd}A_s \leqslant f_{sd}b'_f h'_f \tag{4-57}$$

或

$$\gamma_0 M_d \leqslant f_{cd}b'_f h'_f \left(h_0 - \frac{h'_f}{2}\right) \tag{4-58}$$

满足上述条件之一即说明 T 形截面梁截面为第一类 T 形截面，否则为第二类 T 形截面。

3. 基本计算公式及使用条件

（1）第一类 T 形截面（如图 4.28 所示）。

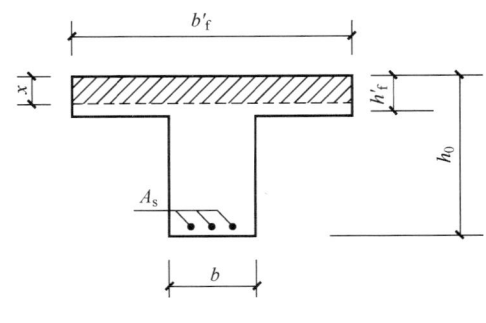

图 4.28 第一类 T 形截面

第一类 T 形截面抗弯承载力可按宽度为 b'_f 的矩形截面进行计算。

基本计算公式为：

$$f_{cd}b'_f x = f_{sd}A_s \tag{4-59}$$

$$\gamma_0 M_d \leqslant f_{cd}b'_f x \left(h_0 - \frac{x}{2}\right) \tag{4-60}$$

（2）第二类 T 形截面（如图 4.29 所示）。

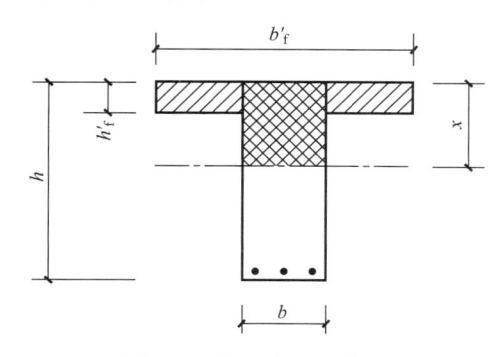

图 4.29　第二类 T 形截面

基本计算公式为：

$$f_{cd}[(b'_f - b)h'_f + bx] = f_{sd}A_s \tag{4-61}$$

$$\gamma_0 M_d \leqslant f_{cd}\left[(b'_f - b)h'_f\left(h_0 - \frac{h'_f}{2}\right) + bx\left(h_0 + \frac{x}{2}\right)\right] \tag{4-62}$$

任务 4.8　分析影响受弯构件截面承载力的因素

4.8.1　混凝土强度等级

从前面的分析中可以发现，混凝土强度等级对受弯构件截面承载力的影响主要表现在两个方面，一是影响受弯构件的抗裂性能，这主要是通过混凝土的抗拉强度 f_t 来体现的。f_t 越大，受弯构件的抗裂性能也就越好；二是影响受弯构件的截面承载力，这是通过混凝土的抗压强度 f_c 来体现的，f_c 越大，受弯构件的截面承载力也就越强。

4.8.2　钢筋强度等级

钢筋的强度等级对受弯构件的截面承载力的影响也是巨大的，一般情况下钢筋的强度等级越高，受弯构件的截面承载力也就越高，但钢筋的强度一般不应超过 400N/mm²，否则，钢筋的强度将不会被充分利用，即构件破坏时钢筋仍达不到屈服条件。

4.8.3　截面尺寸

受弯构件的截面尺寸是影响受弯构件截面承载力的主要因素之一，宽度 b 与承载力成一次正比例关系，b 越大，承载力也越强，但高度 h 对受弯构件截面承载力的影响更大，这主要是因为 h 与承载力成二次正比例关系，所以增加 h 是提高受弯构件截面承载力最有效的方法。

【小结】

（1）受弯构件的破坏有两种可能，一是沿正截面破坏，二是沿斜截面破坏。因此在计算受弯构件的承载力时，既要计算其正截面的承载力又要计算其斜截面的承载力。本部分内容主要对受弯构件正截面承载力进行了分析和计算，并叙述了有关的主要构造要求。

（2）由于纵向钢筋的配筋率不同，钢筋混凝土受弯构件截面的破坏形态有三种：

适筋截面延性破坏——受拉钢筋先屈服，而后受压混凝土被压碎；

超筋截面脆性破坏——受压钢筋未屈服，而受压混凝土先被压碎；

少筋截面脆性破坏——受压区一开裂，受拉钢筋就屈服，甚至进入强化阶段，而后受压混凝土可能被压碎，也可能未被压碎。

对于单筋矩形截面，影响截面破坏形态的主要因素有纵向受拉钢筋配筋率、钢筋强度和混凝土强度。对于双筋矩形截面，除了上述三个因素外，受压钢筋配筋率也是一项重要影响因素。

由于超筋破坏和少筋破坏都呈脆性性质，在实际工程中不允许出现。具体设计时通过限制相对受压高度和最小配筋率的措施来避免将受弯构件设计成超筋构件和少筋构件。

（3）适筋梁截面从开始加载到完全破坏的全过程，根据受力状态可分为如下三个阶段：Ⅰ阶段为整截面工作阶段，作为抗裂验算的依据；Ⅱ阶段为带裂缝工作阶段，作为变形和裂缝宽度验算依据；Ⅲ阶段为破坏阶段，作为受弯构件截面承载力计算的依据。

（4）受弯构件截面承载力的计算公式是以适筋梁的Ⅲ$_a$阶段的应力状态为依据，采用 4 个基本假定，根据静力平衡条件建立的。在实际工程中，受弯构件采用适筋截面。

（5）基本公式的应用有两种情况：截面设计和承载力校核。截面设计时先求出 X 而后计算钢筋截面面积，承载力校核是先求出 X 而后计算 M_u。在应用基本公式时要随时注意检验其适用条件。要熟练掌握单筋矩形截面的基本公式及其应用。

（6）构造要求是钢筋混凝土结构计算的有机组成部分，是基本公式成立的条件。受弯构件的截面尺寸拟定、材料选择、钢筋截面直径和根数的选配和布置等都应该符合构造要求。故在设计时应保证钢筋的混凝土保护层厚度、钢筋之间的净间距等达标。除受力钢筋外尚需要配置一定的构造钢筋，如分布钢筋、架立钢筋等。

【操作与练习】

思考题

（1）一般民用建筑的梁板截面尺寸是如何确定的？混凝土保护层的作用是什么？梁板的混凝土保护层厚度按规定应取多少？

（2）配制梁内纵向受拉钢筋的根数、截面直径及净间距应遵守什么规定？纵向受拉钢筋在什么情况下才按两排设置？

（3）适筋梁从开始加载到构件破坏经历了哪几个阶段？各阶段截面上的 σ-ε 分布、裂缝扩展、中性轴位置、梁的跨中挠度的变化规律如何？各阶段的主要特征是什么？每个阶段是哪种极限状态设计的依据?

(4) 适筋梁、超筋梁和少筋梁的破坏特征有何不同?

(5) 什么叫纵向受拉钢筋的配筋率? 钢筋混凝土受弯构件截面有哪几种破坏形式? 其破坏特征有何不同?

(6) 什么是界限破坏? 界限破坏时的界限相对受压区高度 ξ_b 与什么有关? ξ_b 与最大配筋率 ρ_{max} 有何关系?

(7) 适筋梁截面承载力计算中, 如何假定钢筋和混凝土材料的应力?

(8) 单筋矩形截面承载力计算公式是如何建立的? 为什么要规定其适用条件?

(9) α_s、γ_s 和 ξ 的物理意义是什么? 试说明其相互关系及变化规律。

(10) 在钢筋混凝土梁配筋率不同的情况下 (即 $\rho<\rho_{min}$, $\rho_{min}\leqslant\rho<\rho_{max}$, $\rho=\rho_{max}$, $\rho>\rho_{max}$), 试回答下列问题:

①它们各属于何种破坏? 破坏现象有何区别?

②哪些截面能写出极限承载力受压区高度 h 的计算式? 哪些截面不能?

③破坏时钢筋应力各等于多少?

④破坏时截面承载力 M_u 各等于多少?

(11) 纵向受拉钢筋的最大配筋率 ρ_{max} 和最小配筋率 ρ_{min} 是根据什么原则确定的? 各与什么因素有关? 《规范》规定的最小配筋率 ρ_{min} 是多少?

(12) 影响受弯构件截面抗弯能力的因素有哪些? 如欲提高截面抗弯承载力 M_u, 宜优先采用哪些措施? 哪些措施提高 M_u 的效果不明显? 为什么?

(13) 根据矩形截面承载力计算公式, 分析提高混凝土等级、提高钢筋等级、加大截面宽度和高度对提高承载力的作用, 并说明哪种最有效、最经济。

(14) 在截面承载力计算中, 对于混凝土等级小于 C50 的构件和混凝土等级等于及大于 C50 的构件, 其计算有什么区别?

(15) 复核单筋矩形截面承载力时, 若 $\xi>\xi_b$, 如何计算其承载力?

(16) 在设计双筋矩形截面时, 受压钢筋的抗压强度设计值应如何确定? 为什么说受压钢筋不宜采用高强度钢筋?

(17) 在双筋截面中受压钢筋起什么作用? 为何一般情况下采用双筋截面的受弯构件不经济? 在什么条件下可采用双筋截面梁?

(18) 为什么在双筋矩形截面承载力计算中必须满足 $x\geqslant 2a_s$ 的条件? 当双筋矩形截面出现 $x<2a_s$ 的情况时应当如何计算?

(19) 在矩形截面弯矩设计值、截面尺寸、混凝土等级和钢筋等级已知的条件下, 如何判别应设计成单筋还是双筋?

(20) 设计双筋截面, A_s 及 A'_s 均未知时, x 应如何取值? 当 A'_s 已知时, 应当如何求 A_s?

(21) T 形截面翼缘计算宽度为什么是有限的? 取值与什么有关?

(22) 根据中性轴位置不同, T 形截面的承载力计算有哪几种情况? 截面设计和承载力复核时应如何鉴别?

(23) 第一类 T 形截面为什么可以按宽度为 b_f 的矩形截面计算? 如何计算其最小配筋面积?

(24) T 形截面承载力计算公式与单筋矩形截面、双筋矩形截面承载力计算公式有何异同?

习题

（1）已知钢筋混凝土矩形截面梁处于一类环境，其截面尺寸 $b \times h$=250mm×550mm，承受弯矩设计值 M=180kN·m，采用 C30 级混凝土和 HRB400 级钢筋，试配置截面钢筋。

（2）已知矩形截面梁尺寸 $b \times h$=200mm×600mm，已配 6 根截面直径为 22mm 的Ⅲ级钢筋作为纵向受拉钢筋，按下列条件计算此梁所能承受的弯矩设计值。

①混凝土强度等级为 C30；

②若由于施工原因，混凝土强度等级仅达到 C25 级。

（3）已知钢筋混凝土矩形截面梁处于二类环境，承受弯矩设计值 M=190kN·m，采用 C40 级混凝土和 HRB400 级钢筋，试按截面承载力要求确定截面尺寸及纵向钢筋截面面积。

（4）已知某单跨简支板处于一类环境，计算跨度 l_0=2.68m，承受均布荷载设计值 $g+q$=6kN/m^2（包括板自重），采用 C30 级混凝土和 HPB300 级钢筋，求现浇板的厚度 h 及所需受拉钢筋截面面积 A_s。

（5）某教学楼内廊现浇简支在砖墙上的钢筋混凝土平板，板厚 80mm，混凝土强度等级为 C25，采用Ⅰ级钢筋，计算跨度 l_0=2.45m。板上作用的均布荷载标准值为 2kN/m^2，水磨石地面及细石混凝土垫层共 30mm 厚（容重为 22kN/m^3），试求受拉钢筋的截面面积。

（6）已知钢筋混凝土矩形截面梁处于一类环境，其截面尺寸 $b \times h$=250mm×650mm，采用 C25 级混凝土，配有 HRB400 级钢筋 3ϕ22（A_s=1140mm^2）。试验算此梁承受弯矩设计值 M=180kN·m 时是否安全。

（7）已知某矩形截面梁处于一类环境，截面尺寸 $b \times h$=250mm×600mm，采用 C30 级混凝土和 HRB400 级钢筋，截面弯矩设计值 M=340kN·m，试配置截面钢筋。

（8）已知条件同习题（5），但在受压区已配有 3ϕ20 的 HRB400 级钢筋，试计算受拉钢筋的截面面积。

（9）已知矩形截面梁处于二 a 类环境，截面尺寸 $b \times h$=200mm×500mm，采用 C30 级混凝土和 HRB400 级钢筋。在受压区配有 3ϕ20 的钢筋，在受拉区配有 3ϕ22 的钢筋，试验算此梁承受弯矩设计值 M=120kN·m 时是否安全。

【课程信息化教学资源】

第一讲、梁板构造要求	第二讲、正截面工作的三个阶段	第三讲、受弯构件正截面的破坏形态	第四讲、受弯构件正截面承载力的计算

第五讲、单筋矩形截面受弯承载力的计算	第六讲、单筋矩形截面的设计	第七讲、单筋矩形截面的复核	第八讲、单筋矩形截面的表格系数计算法
第九讲、双筋矩形截面受弯承载力的计算	第十讲、双筋矩形截面的设计	视频1-适筋梁的破坏	视频2-少筋梁的破坏
视频3-超筋梁的破坏	视频4-适筋梁破坏动面演示	视频5-梁内配筋动画演示1	视频6-梁内配筋动画演示2

项目五　受弯构件斜截面承载力的计算

项目描述

受弯构件在弯矩和剪力共同作用的区段常常产生斜裂缝，并可能沿斜截面发生破坏。斜截面破坏带有脆性破坏性质，应当避免，在工程设计时必须进行受弯构件斜截面承载力的计算。现有的斜截面承载力计算公式是综合大量试验结果得出的。本部分内容的难点是材料抵抗弯矩图的绘制及纵向受力钢筋的弯起、截断和锚固等构造规定。

学习要求

通过本项目的学习，学生应熟悉斜截面承载力的计算要求和破坏形式，结合公式假定，深刻理解公式使用条件和含义。

知识目标

- 熟悉无腹筋梁斜裂缝出现前后的应力状态。
- 掌握剪跨比的概念、无腹筋梁斜截面受剪的三种破坏形态及腹筋对斜截面受剪破坏形态的影响等相关知识。

能力目标

- 熟悉矩形、T形和I形等截面受弯构件斜截面受剪承载力的计算模型、计算方法及限制条件。
- 掌握受弯构件钢筋的布置、梁内纵筋的弯起、截断及锚固等构造要求。

思政亮点

受弯构件斜截面承载力的承担主要由混凝土、箍筋、斜筋三方面按照一定的要求协作完成，单靠一种材料抵抗外力的效果不够理想，这与社会中的团队合作相似。团队合作指的是一群有能力、有信念的人在特定的团队中，为了一个共同的目标相互支持、合作奋斗的过程。它可以调动团队成员的资源和才智，并且会自动地驱除不和谐和不公正现象，同时会给予那些诚信、无私的奉献者适当的回报。如果团队合作是出于自觉自愿的，那么它必将产生一股强大而且持久的力量。通过本项目的学习，学生应深刻领会团队合作精神的的重要性，培养团结协作、大公无私的重要品质。

任务 5.1 斜截面开裂前的受力分析

受弯构件一般情况下总是由弯矩和剪力共同发挥作用。通过试验可知，在主要承受弯矩的区段，将产生垂直裂缝，但在剪力为主的区段，受弯构件却产生斜裂缝。为了说明这种情况，下面用一实例，采用力学方法来分析其原因。

图 5.1 所示为一对称集中加载的钢筋混凝土简支梁及其弯矩图和剪力图，当荷载不大，混凝土尚未开裂之前，可以认为该梁处于弹性工作状态。这时，该梁截面上任意一点的正应力 σ、剪应力 τ、主拉应力 σ_{tp}、主压应力 σ_{cp} 及主应力的作用方向与梁纵轴的夹角，都可以用材料力学公式来计算，但需要换算截面，即把纵向钢筋按钢筋与混凝土的弹性模量比 a_E（$a_E=E_s/E_c$）换算成等效的混凝土截面。

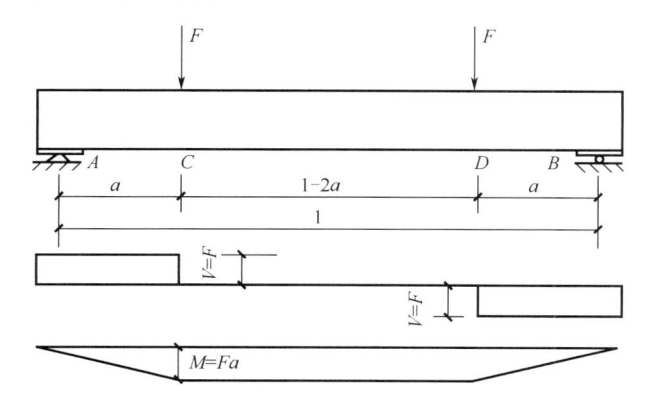

图 5.1 对称集中加载的钢筋混凝土简支梁及其弯矩图和剪力图

根据计算结果，图 5.2 给出了梁内主应力的轨迹线，实线为主拉应力 σ_{tp} 的轨迹线，虚线为主压应力 σ_{cp} 的轨迹线，轨迹线上任意一点的切线就是该点的主应力方向，从截面 1-1 的中性轴、受压区、受拉区分别取出一个微元体，其编号依次为 1、2、3，它们所处的应力状态各不相同，具体如下：

微元体 1 由于位于中性轴处，所以正应力 $\sigma=0$，剪应力 τ 最大，σ_{tp} 和 σ_{cp} 作用方向与梁纵轴的夹角为 45°。

微元体 2 在受压区，σ 为压应力，σ_{tp} 较小而 σ_{cp} 较大，主拉应力的方向与梁纵轴的夹角大于 45°。

微元体 3 在受拉区，σ 为拉应力，σ_{tp} 较大而 σ_{cp} 较小，主拉应力的方向与梁纵轴的夹角小于 45°。

由于混凝土的抗拉强度非常低，当主拉应力 σ_{tp} 超过混凝土的抗拉强度时，就会在垂直于 σ_{tp} 的方向上产生裂缝，由上述内容可知，该裂缝应为斜裂缝。梁的斜裂缝有弯剪型斜裂缝和腹剪型斜裂缝两种。弯剪型斜裂缝由梁底的垂直弯曲裂缝向集中荷载作用点斜向延伸发展而成，其特点是下宽上窄，如图 5.3（a）所示，多见于一般的钢筋混凝土梁。腹剪型斜裂缝则出现在梁腹较薄的构件中，如 T 形和工字形截面薄腹梁。由于梁腹部的主拉应力过大，致使中性轴附近出现与梁纵轴的夹角约 45°的斜裂缝，随着荷载的增加，裂缝向上下延伸。腹剪型斜裂缝的特点是中部宽，两头窄，呈梭形，如图 5.3（b）所示。

图 5.2 梁内应力状态

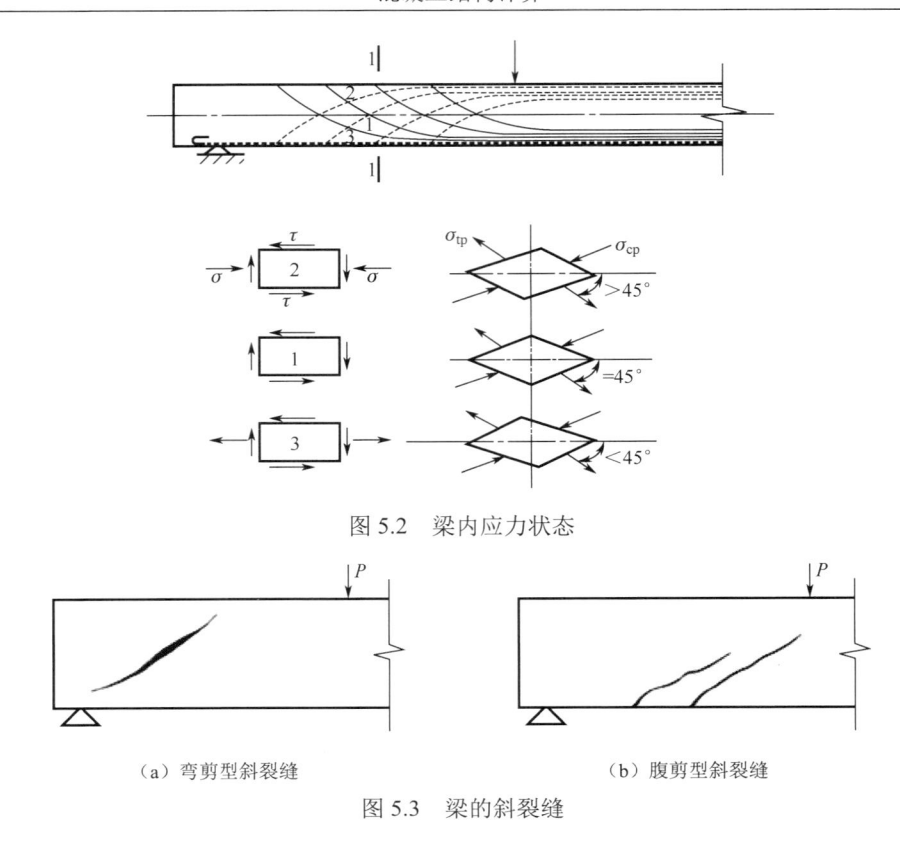

(a) 弯剪型斜裂缝　　(b) 腹剪型斜裂缝

图 5.3 梁的斜裂缝

任务 5.2　无腹筋梁受剪性能

在受弯构件当中，一般由纵向钢筋和腹筋构成如图 5.4 所示的钢筋骨架。腹筋是箍筋和弯起钢筋的总称。所谓无腹筋梁，指的是不配箍筋和弯起钢筋的梁。但实际工程中的梁都要配置箍筋，有时甚至还要配有弯起钢筋。本部分内容研究无腹筋梁的受剪性能，主要是因为无腹筋梁较简单，影响斜截面破坏的因素较少，从而为有腹筋梁的受力及破坏分析奠定基础。

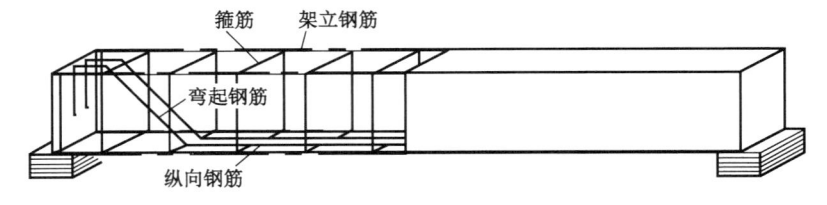

图 5.4 钢筋骨架

5.2.1　斜截面开裂后梁的应力状态

无腹筋梁出现斜裂缝后，梁的应力状态发生了很大变化，亦发生了应力重分布。以一无腹筋简支梁在荷载作用下出现斜裂缝的情况为例，如图 5.5（a）所示，取 $AA'B$ 主斜裂缝的左边为隔离体，作用在该隔离体上的内力和外力如图 5.5（b）所示。根据作用在隔离体上的

力及力矩的平衡,可得:

$$\sum X = 0 \Rightarrow D_c = T_s \tag{5-1}$$

$$\sum Y = 0 \Rightarrow V_A = V_c + V_a + V_d \tag{5-2}$$

$$\sum M = 0 \Rightarrow M_A = V_A \cdot a = T_s \cdot Z + V_d \cdot C \tag{5-3}$$

式中:V_A、M_A——分别为荷载在斜截面上产生的剪应力(剪力)和弯矩;

D_c、V_c——分别为斜裂缝上端混凝土残余面 AA' 上的压应力(压力)和剪力;

T_s——纵筋承受的拉应力(拉力);

V_d——纵筋承受的销栓力;

V_a——斜裂缝两侧混凝土发生相对错动产生的骨料咬合力的竖向分力;

a、Z、C——相应力的力臂。

随着斜裂缝的增大,骨料咬合力的竖向分力 V_a 逐渐减弱直至消失。在销栓力 V_d 作用下,阻止纵筋发生竖向位移的只有下面很薄的混凝土保护层,所以销栓力的作用也不可靠,目前的抗剪试验还很难准确测出 V_a、V_d 的量值,为了简化分析,V_a 和 V_d 可不予以考虑,故该隔离体的平衡方程可简化为:

$$\sum X = 0 \Rightarrow D_c = T_s \tag{5-4}$$

$$\sum Y = 0 \Rightarrow V_c = V_A \tag{5-5}$$

$$\sum M = 0 \Rightarrow M_A = V_A \cdot a = T_s \cdot Z \tag{5-6}$$

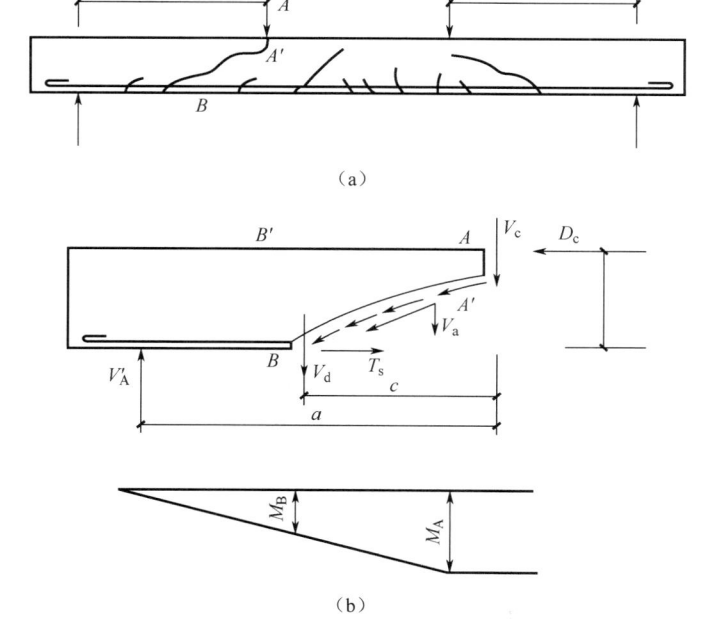

图 5.5 斜裂缝形成后的受力状态

由此可知,在出现斜裂缝后,无腹筋梁内的应力状态将发生很大变化,具体如下:

(1)在斜裂缝出现前,剪力 V_A 由整个截面承受,斜裂缝出现后,剪力 V_A 全部由斜裂缝上端混凝土残余面 AA' 承受。因此,开裂后混凝土所承担的剪力增大了。

（2）V_A和V_c所组成的力偶需要由拉力T_s和压力D_c组成的力偶平衡。因此，剪力V_A在斜截面上不仅引起V_c发挥作用，还引起T_s和D_c发挥作用，致使斜裂缝上端混凝土残余面既受剪又受压，称为剪压区。随着斜裂缝的发展，剪压区面积逐渐减少，剪压区内的混凝土承受的压力大大增加，剪力也显著加大。

（3）在斜裂缝出现前，截面BB'处纵筋承受的拉力由该截面处的弯矩M_B决定，在斜裂缝形成后，截面BB'处的纵筋承受的拉力则由截面AA'处的弯矩M_A决定。由于$M_B>M_A$，所以纵筋承受的拉力急剧增大，这也是简支梁纵筋为什么在支座内需要一定的锚固长度的原因。

5.2.2 无腹筋梁剪切破坏形态

1. 剪跨比 λ

在讨论梁沿斜截面破坏的各种形态之前，首先必须了解一个与它密切相关的参数——剪跨比λ。剪跨比的定义有广义和狭义之分。

广义的剪跨比：

$$\lambda = \frac{M}{Vh_0} \tag{5-7}$$

式中：M、V——分别为计算截面的弯矩和剪力；

h_0——截面的有效高度。

狭义的剪跨比：

$$\lambda = \frac{a}{h_0} \tag{5-8}$$

式中：a——集中荷载作用点至邻近支座的距离，称为剪跨，如图5.5（a）所示；

h_0——截面的有效高度。

由式（5-8）可知，剪跨比λ是一个无量纲的参数，试验表明，它是一个影响斜截面承载力和破坏形态的重要参数。

2. 受剪破坏形态

根据对相关试验的研究，无腹筋梁在集中荷载作用下，沿斜截面受剪破坏的形态主要与剪跨比有关。而在均布荷载作用下的梁，其受剪破坏的形态则与由广义剪跨比化简推出的跨高比l_0/h有关。无腹筋梁的受剪破坏主要有斜拉破坏、斜压破坏和剪压破坏这三种形式。

（1）斜拉破坏。当剪跨比或跨高比较大时（$\lambda>3$或$l_0/h>9$），会发生斜拉破坏，如图5.6（a）所示。裂缝一出现，就会很快形成一条主要斜裂缝，并迅速向集中荷载作用点延伸，梁即被分成两部分而破坏，破坏面平整，无压碎痕迹。破坏荷载等于或略高于临界斜裂缝出现时的荷载。斜拉破坏主要是由于主拉应力产生的拉应变达到混凝土的极限拉应变而形成的。这种破坏的承载力较低，且属于非常突然的脆性破坏。

（2）斜压破坏。当剪跨比或跨高比较小时（$\lambda<1$或$l_0/h<3$），就发生斜压破坏。如图5.6（b）所示，发生斜压破坏时，首先在荷载作用点与支座间梁的腹部出现若干条平行的斜裂缝，也就是腹剪型斜裂缝，随着荷载的增加，梁腹被这些斜裂缝分割为若干斜向"短柱"，最后因为柱体混凝土被压碎而破坏。这种破坏也属于脆性破坏，但承载力较高。

（3）剪压破坏。当剪跨比或跨高比在特定范围内时（$1\leqslant\lambda\leqslant3$ 或 $3\leqslant l/h_0\leqslant9$），将会发生剪压破坏，如图 5.6（c）所示，其破坏特征是：弯剪斜裂缝出现后，荷载仍可有较大增长。当荷载增大时，弯剪型斜裂缝中将出现一条又长又宽的主要斜裂缝，称为临界斜裂缝。当荷载继续增大，临界斜裂缝上端剩余截面逐渐缩小，剪压区混凝土被压碎而破坏。这种破坏仍为脆性破坏，但其承载力较斜拉破坏高，比斜压破坏低。

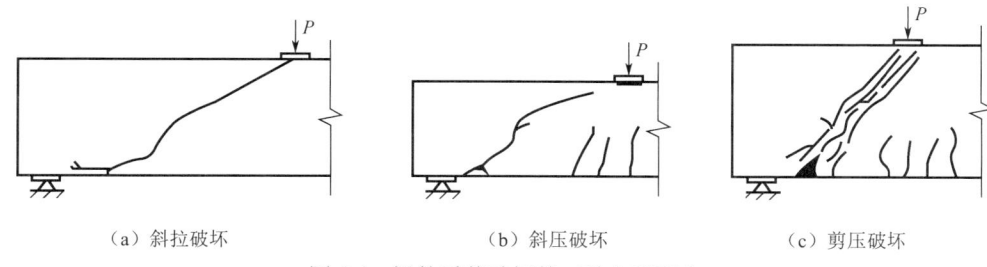

(a) 斜拉破坏　　(b) 斜压破坏　　(c) 剪压破坏

图 5.6　梁的受剪破坏的三种主要形态

5.2.3　影响无腹筋梁受剪承载力的因素

试验研究结果显示，影响受弯构件斜截面受剪承载力的因素很多，但对于无腹筋梁来说，主要影响因素如下。

1. 剪跨比的影响

剪跨比是影响集中荷载作用下无腹筋梁的破坏形态和受剪承载力的最主要因素。对于无腹筋梁来说，剪跨比越大，受剪承载力就越小，但是当剪跨比大于或等于 3 时，其影响已不再明显，在均布荷载作用下，随跨高比（l_0/h）的增大，梁的受剪承载力降低，当跨高比超过 6 以后，其对梁的受剪承载力影响就很小了。

2. 混凝土强度的影响

剪压区混凝土处于复合应力状态，不论是取决于混凝土抗拉强度的斜拉破坏，还是主要取决于混凝土受压强度的斜压破坏或剪压破坏，都与混凝土的强度有关，试验也表明梁的斜截面受剪承载力随混凝土强度的提高而提高，且两者大致成线性关系。

剪跨比较大时，梁的抗剪强度随混凝土强度提高而增加的速率低于小剪跨比的情况。这是因为剪跨比大时，抗剪强度取决于混凝土的抗拉强度，而剪跨比小时，梁的抗剪强度取决于混凝土的抗压强度。对于在具体计算时是采用抗压强度 f_c 还是采用抗拉强度 f_t，不同国家的设计规范都有所不同。如果采用混凝土抗压强度 f_c 表达，则随着混凝土强度的提高，混凝土（特别是高强度混凝土）的抗剪强度可能会被估计得过高，原因是当梁的抗剪强度主要取决于混凝土的抗拉强度时，高强度混凝土抗拉强度的提高并不像抗压强度提高那么显著，也就是说，混凝土的抗拉、抗压强度之比随着混凝土强度提高有逐渐降低的趋势。

3. 纵筋的影响

纵筋对受剪承载力也有一定的影响，纵筋的配筋率高，则纵筋的销栓作用强，延缓弯曲裂缝和斜裂缝向受压区发展，从而可以提高骨料的咬合作用，并且增大了剪压区高度，使混凝土的受剪承载力提高，因此，配筋率大时，梁的斜截面受剪承载力有所提高。在配筋率相同的情况下，纵筋的强度越高，对抗剪越有利，但纵筋对受剪承载力的影响不如配筋率显著。

5.2.4 无腹筋梁受剪承载力的计算公式

《规范》规定，对无腹筋梁及不配置箍筋和弯起钢筋的一般板类受弯构件，其斜截面受剪承载力应按下列公式计算：

$$V \leqslant V_c = 0.7\beta_h f_t b h_0 \tag{5-9}$$

$$\beta_h = \left(\frac{800}{h_0}\right)^{\frac{1}{4}} \tag{5-10}$$

式中：V——构件斜截面上的最大剪力设计值；

β_h——截面高度影响系数，当 $h_0<800$mm 时，取 $h_0=800$mm；当 $h_0>2000$mm 时，取 $h_0=2000$mm；

f_t——混凝土轴心抗拉强度设计值。

对于集中荷载作用下的无腹筋梁，在剪跨比较大时，若采用式（5-9）计算，得到的值将偏高，因此必须考虑剪跨比的影响，对于集中荷载在支座截面上所产生的剪力值占总剪力值的75%以上的情况，应按下式计算。

$$V \leqslant V_c = \frac{1.75}{\lambda+1}\beta_h b h_0 \tag{5-11}$$

式中：λ——计算截面的剪跨比：当 $\lambda<1.5$ 时，取 $\lambda=1.5$；当 $\lambda>3$ 时，取 $\lambda=3$。

由于无腹筋梁的斜截面破坏属于脆性破坏，斜裂缝一出现，梁即告破坏，单靠混凝土承受剪力是不安全的。除非有专门规定，一般无腹筋梁应按构造要求配置钢筋。

【例 5.1】 已知一简支板位于一类环境，采用混凝土等级为 C20，纵筋采用 HRB335 级钢筋，板的计算长度为 3m，宽度为 1m，均布荷载在板内产生的最大剪力设计值为 210kN。试确定板厚。

【解】：（1）确定计算参数：

查附表 1，$f_t=1.1$N/mm^2，查附表 10，$c=20$mm，$a_s=c+d/2=25$（mm）。

（2）求板的有效高度 h_0：

先假定 $h_0<800$mm，由式（5-10）可得：

$$\beta_h = \left(\frac{800}{800}\right)^{\frac{1}{4}} = 1$$

再由式（5-9）可得：

$$V \leqslant 0.7\beta_h f_t b h_0$$

$$h_0 \geqslant \frac{210\times10^2}{0.7\times1\times1.1\times1000} = 272.73 \text{（mm）}$$

（3）确定板的厚度：

$$h = h_0 + a_s = 272.73+25 = 297.73 \text{（mm）}$$

取 $h=300>l_0/35=3000/35=85.71$（单位：mm）。

一般的板类构件由于截面尺寸大，承受的荷载较小，剪力较小，因此一般情况下不必进行斜截面承载力的计算，也不用配箍筋和弯起钢筋。但是，当板上承受的荷载较大时，就需要对其斜截面承载力进行计算。

任务 5.3　有腹筋梁的受剪性能

5.3.1　箍筋的作用

在有腹筋梁中，在荷载较小，斜裂缝出现之前，腹筋（箍筋或弯起钢筋）的作用不明显，对斜裂缝出现的影响不大，此时有腹筋梁的受力性能和无腹筋梁相似，但是在斜裂缝出现以后，混凝土逐步退出工作，与斜裂缝相交的腹筋的应力显著增大，直接承担大部分剪力，并且在其他方面也起重要作用。其作用具体表现如下：

（1）腹筋可以直接承担部分剪力。
（2）腹筋能限制斜裂缝的延伸和扩展，增大剪压区的面积，提高剪压区的抗剪能力。
（3）腹筋可以加强斜裂缝交界面上的骨料咬合作用和摩阻作用，从而有效地减小斜裂缝的扩展宽度。
（4）腹筋还可以延缓沿纵筋劈裂裂缝的展开，防止混凝土保护层的突然撕裂，加强纵筋的销栓作用。

5.3.2　有腹筋梁的受剪破坏形态

1. 有腹筋梁沿斜截面破坏的形态

有腹筋梁的斜截面破坏与无腹筋梁相似，也可分为斜拉破坏、剪压破坏和斜压破坏，但在具体分析时，不能忽略腹筋的影响，因为腹筋虽然不能防止斜裂缝的出现，但却能限制斜裂缝的展开和延伸。所以，腹筋的数量对斜截面的破坏形态和受剪承载力有很大影响。

（1）斜拉破坏：如果腹筋配置数量过少，且剪跨比 $\lambda>3$ 时，则斜裂缝一出现，原来由混凝土承受的拉力就转由腹筋承受，腹筋应力很快会达到屈服强度，变形迅速发展，不能抑制斜裂缝的发展，从而产生斜拉破坏。斜拉破坏属于脆性破坏。

（2）斜压破坏：如果腹筋配置数量过多，则在腹筋尚未屈服时，斜裂缝间的混凝土就因主压应力过大而发生斜压破坏，腹筋应力达不到屈服强度，其强度得不到充分利用。此时梁的受剪承载力取决于构件的截面尺寸和混凝土强度。斜压破坏也属于脆性破坏。

（3）剪压破坏：如果腹筋配置的数量适当，且 $1<\lambda\leqslant3$ 时，则在斜裂缝出现以后，应力大部分由腹筋承担。在腹筋尚未屈服时，由于腹筋限制了斜裂缝的展开和延伸，荷载还可有较大增长。当腹筋屈服后，由于腹筋应力基本不变而应变迅速增加，腹筋不能再有效地抑制斜裂缝的展开和延伸。最后斜裂缝上端剪压区的混凝土在剪压复合应力的作用下达到极限强度，发生剪压破坏。

2. 影响有腹筋梁斜截面受剪承载力的因素

影响有腹筋梁斜截面受剪承载力的因素与无腹筋梁相似，包括剪跨比、混凝土强度、腹筋的类型，但最重要的影响因素是腹筋的配置数量。试验研究表明，当腹筋配置适当时，有腹筋梁的斜截面受剪承载力随腹筋配置数量的增加和强度的提高而有较大幅度的提高。

腹筋配置数量用配箍率 ρ_{sv} 表示，它反映的是梁沿轴线方向单位长度水平截面拥有的腹筋截面面积，用下式表示：

$$\rho_{sv} = \frac{nA_{sv1}}{bs} \tag{5-12}$$

式中：ρ_{sv}——配箍率；
n——同一截面内腹筋的数量；
A_{sv1}——单支腹筋的截面面积；
b——截面的宽度；
s——沿梁轴线方向腹筋的间距。

5.3.3 仅配箍筋的梁的斜截面承载力计算公式

1. 基本假定

前面所述钢筋混凝土梁沿斜截面的破坏形态中，斜拉、斜压破坏具有明显脆性，一般在工程设计中会采取有关构造措施来进行应对。而对于剪压破坏，由于梁的受剪承载力变化幅度较大，设计时必须根据计算结果采取预防措施。本节和 5.3.4 节所介绍的计算公式都是针对剪压破坏形态的。

对仅配箍筋的梁的受剪承载力计算一般要遵循如下基本假定。

（1）图 5.7 所示为一根仅配箍筋的梁，在出现斜裂缝 BA 后，取斜裂缝 BA 到支座的一段为隔离体。

假定斜截面的受剪承载力只由两部分组成，即

$$V_{cs} = V_c + V_{sv} \tag{5-13}$$

式中：V_{cs}——斜截面上混凝土和箍筋受剪承载力设计值；
V_c——混凝土的受剪承载力；
V_{sv}——箍筋的受剪承载力。

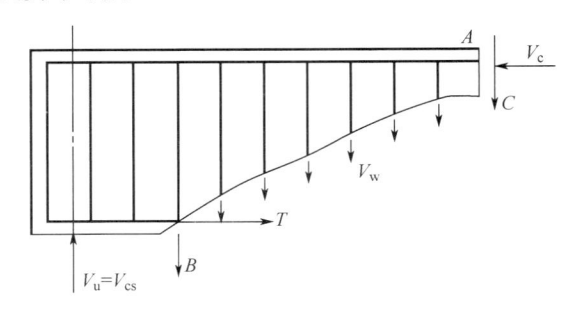

图 5.7 仅配箍筋的梁的斜截面承载力计算图

（2）忽略纵筋对受剪承载力的影响。

（3）以集中荷载为主的梁，应考虑剪跨比对受剪承载力的影响。其他梁则忽略剪跨比的影响。

（4）假设发生剪压破坏时，与斜裂缝相交的腹筋达到屈服条件。同时混凝土在剪压复合力作用下达到极限强度。

（5）在 V_c 中不考虑箍筋的影响，而将由箍筋的影响使混凝土的承载力提高的部分包含在 V_{sv} 中。

2．计算公式

对矩形、T形和工字形截面的一般受弯构件：

$$V \leqslant V_{cs} + V_p = 0.7 f_t b h_0 + \frac{f_{yv} A_{sv}}{s} h_0 + 0.05 N_p \tag{5-14}$$

式中：f_t——混凝土轴心抗拉强度设计值；

f_{yv}——箍筋的抗拉强度设计值；

b——梁的截面宽度（T形、工字形截面梁的此项数值取腹板宽度）；

h_0——梁的截面有效高度；

A_{sv}——同一截面内箍筋的截面面积。

$V_p = 0.05 N_{P0}$，其他符号含义与前所述相同。

对集中荷载作用下的独立梁（包括"多种荷载同时起作用，且其中集中荷载在支座截面或节点边缘所产生的剪力值占总剪力值的75%以上"的情况）：

$$V \leqslant V_{cs} + V_p = \frac{1.75}{\lambda + 1} f_t b h_0 + \frac{f_{yv} A_{sv}}{s} h_0 + 0.05 N_{P0} \tag{5-15}$$

式中：λ——计算截面的剪跨比，$\lambda = a/h_0$，a 为集中荷载作用点至支座截面的距离。当 $\lambda<1.5$ 时，取 $\lambda=1.5$，当 $\lambda>3.0$ 时，取 $\lambda=3.0$；

N_{P0}——计算截面上混凝土法向预应力等于零时的预加力，按《规范》第10.1.13条计算；当 $N_{P0}>0.3 f_c A_0$ 时，取 $N_{P0}=0.3 f_c A_0$，此处，A_0 为构件的换算截面面积。

注：①对预加力 N_{P0} 引起的截面弯矩与外弯矩方向相同的情况，以及预应力混凝土连续梁和允许出现裂缝的预应力混凝土简支梁，N_{P0} 均应取 V_p；

②对于先张法预应力混凝土构件，在计算预加力 N_{P0} 时，应按《规范》第7.1.9条的规定考虑预应力钢筋传递长度的影响。

3．适用条件

1）防止斜压破坏

从上面计算公式可以看出，当梁的截面尺寸确定以后，提高配箍率可以有效地提高斜截面受剪承载力，但是这种提高是有限的，当箍筋的数量超过一定值后，梁的受剪承载力几乎不再增加，箍筋的应力达不到屈服强度时梁就可能发生斜压破坏，此时梁的受剪承载力取决于混凝土的抗压强度 f_c 和梁的截面尺寸。为了防止这种情况发生，《规范》对梁的截面尺寸有如下限制条件：

对于一般梁，即当 $h_w/b \leqslant 4$ 时，应满足下式：

$$V \leq 0.25\beta_c f_c bh_0 \quad (5\text{-}16)$$

对于薄腹梁，即当 $h_w/b \geq 6$ 时，应满足下式：

$$V \leq 0.2\beta_c f_c bh_0 \quad (5\text{-}17)$$

而当 $4 < h_w/b < 6$ 时，V 按线性内插法确定。

式中：f_c——混凝土轴心抗压强度设计值；

β_c——混凝土强度影响系数：当混凝土强度等级不超过 C50 时，取 $\beta_c=1.0$，当混凝土强度等级超过 C80 时，取 $\beta_c=0.8$；其间按线性内插法取用；

V——截面上的最大剪力设计值；

b——矩形截面的宽度或 T 形或工字形截面梁的腹板宽度；

h_w——截面的腹板高度，按图 5.8 选取。对于矩形截面，$h_w=h_0$；对于 T 形截面，$h_w=h_0-h_f$；对于工字形截面，$h_w=h_0-h'_f-h_f$。

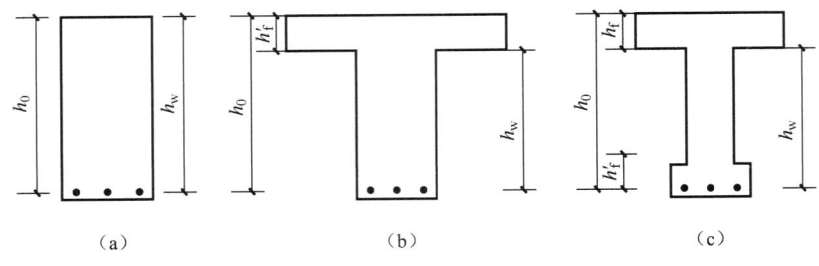

图 5.8 梁的腹板高度

2）防止斜拉破坏

对于具有突然性的斜拉破坏（脆性破坏），在工程设计中是不允许出现的，《规范》规定了箍筋的最小配箍率和最大箍筋间距来防止产生该破坏。最大箍筋间距相关内容参见后文介绍。箍筋最小配箍率按下列公式取用：

$$\rho_{svmin} = 0.24 \frac{f_t}{f_{yv}} \quad (5\text{-}19)$$

式中：ρ_{svmin}——箍筋的最小配箍率。

箍筋的实际配箍率 ρ_{sv} 应大于 ρ_{svmin}，否则按构造配筋。

【例 5.2】一钢筋混凝土矩形截面简支梁，处于一类环境，安全等级为二级，采用混凝土等级为 C30，纵筋采用 HRB335 级钢筋，箍筋采用 HPB300 级钢筋，梁的截面尺寸为 200mm×500mm，均布荷载在梁支座边缘产生的最大剪力设计值为 200kN。正截面配置 5ϕ22 纵筋，求所需的箍筋。

【解】：（1）确定计算参数：

查附表 2 和附表 4，$f_t=1.43\text{N/mm}^2$，$f_{yv}=270\text{N/mm}^2$，$f_y=300\text{N/mm}^2$，$f_c=14.3\text{N/mm}^2$。

查附表 10 可知 $c=25$mm，假设纵筋排一排，则

$$2c+5d+4s_n=2\times25+5\times22+4\times25=260>b=200 \text{（单位：mm）}$$

计算结果不满足要求，所以纵筋要排两排，即

$$a_s=c+d+e/2=25+22+25/2=59.5 \text{（mm）}$$

取 $a_s=60$mm，则 $h_0=h-a_s=500-60=440$（mm），$h_w=h_0=440$mm，$\beta_c=1.0$。

（2）截面尺寸验算：

因为 $h_w/b=440/200=2.2<4$，本题所述梁属于一般梁，所以

$$0.25\beta_c f_c bh_0=0.25\times1.0\times14.3\times200\times440=314.6>200 \text{（单位：kN）}$$

截面尺寸满足要求。

(3) 求箍筋数量：

$$V_c=0.7f_t bh_0=0.7\times1.43\times200\times440=88.09<200 \text{（单位：kN）}$$

要计算配箍筋用量，由式（5-14）可得

$$\frac{A_{sv}}{s}\geq\frac{V-V_c}{1.25f_{yv}h_0}=\frac{200000-88090}{1.25\times210\times440}=0.969$$

选用双肢箍筋$\phi 8$（$A_{sv1}=50.3\text{mm}^2$，$n=2$）代入上式可得

$$s\leq103.82 \text{（mm）}$$

取 $s=100\text{mm}$。

$$\rho_{sv}=A_{sv}/bs=50.3\times2/200\times100=0.503\%>\rho_{svmin}=0.24f_t/f_{yv}=0.24\times1.43/210=0.163\%$$

计算结果满足要求。

5.3.4 弯起钢筋

当梁所承受的剪力较大时，可配置箍筋和弯起钢筋来共同承受剪力。弯起钢筋所承受的剪力值等于弯起钢筋的承载力在垂直于梁的纵轴方向的分力值。按下式来确定弯起钢筋的抗剪承载力：

$$V_{sb}=0.8f_y A_{sb}\sin\alpha_s+0.8f_{py}A_{pb}\sin\alpha_p \tag{5-20}$$

式中：V_{sb}——构造斜截面上与斜裂缝相交的弯起钢筋的受剪承载力设计值；

f_y、f_{py}——弯起钢筋、预应力钢筋的抗拉强度设计值，考虑到弯起钢筋、预应力钢筋在靠近斜裂缝顶部的剪压区时可能达不到屈服强度，所以乘以 0.8 的折减系数；

A_{sb}、A_{pb}——同一弯起平面内弯起钢筋、预应力钢筋的截面面积；

α_s、α_p——斜截面上弯起钢筋、预应力钢筋与构件纵向轴线的夹角。

（1）对矩形、T 形和工字形截面的一般受弯构件同时配置箍筋和弯起钢筋时，抗剪承载力应按下式计算。

$$V\leq V_{cs}+V_p+V_{sb}=0.7f_t bh_0+\frac{f_{yv}A_{sv}}{s}h_0+0.05N_{p0}+0.8f_y A_{sb}\sin\alpha_s+0.8f_{py}A_{pb}\sin\alpha_p \tag{5-21}$$

（2）对集中荷载作用下的独立梁（包括"多种荷载同时起作用，且其中集中荷载在支座截面或节点边缘所产生的剪力值占总剪力值的 75% 以上"的情况）同时配置箍筋和弯起钢筋时，抗剪承载力应按下式计算。

$$V\leq V_{cs}+V_p+V_{sb}=\frac{1.75}{\lambda+1}f_t bh_0+\frac{f_{yv}A_{sv}}{s}h_0+0.05N_{p0}+0.8f_y A_{sb}\sin\alpha_s+0.8f_{py}A_{pb}\sin\alpha_p \tag{5-22}$$

公式的符号含义与前面相同，公式的适用条件也与前面相同。

【例 5.3】 已知条件同例 5.2，但已在梁内配置双肢箍筋$\phi 8@200$，试计算需要多少根弯起钢筋（从已配的纵向受力钢筋中选择，弯起角度 $\alpha_s=45°$）。

【解】：（1）确定计算参数：

计算参数的确定同例 5.2 一样，$5\phi 22$ 钢筋分两排，下面 3 根，上面 2 根。

（2）截面尺寸验算：
同例 5.2，满足要求。
（3）求弯起钢筋截面面积 A_{sb}：
由式（5-14）可得：

$$V_{cs} = 0.7 f_t b h_0 + \frac{f_{yv} A_{sv}}{s} h_0 = 0.7 \times 1.43 \times 200 \times 440 + (210 \times 2 \times 50.3) \times 440/200$$
$$= 88088 + 46477.2 = 134.6 < 200$$

计算结果表明要配弯起钢筋。
由式（5-21）可得：

$$V \leqslant V_{cs} + V_{sb} = \frac{1.75}{\lambda+1} f_t b h_0 + \frac{f_{yv} A_{sv}}{s} h_0 + 0.8 f_y A_{sb} \sin\alpha_s$$

$$A_{sb} \geqslant \frac{V - V_{cs}}{0.8 f_y \sin\alpha_s} = \frac{200000 - 146185}{0.8 \times 300 \times \sin 45°} = 317.11(\text{mm}^2)$$

选择下排纵筋的中间一根 22 纵筋弯起，A_{sb}=380.1mm²，满足要求。

任务 5.4　计算斜截面承载力的方法和步骤

5.4.1　计算截面的位置

有腹筋梁斜截面受剪破坏一般发生在剪力设计值比较大或受剪承载力比较薄弱的地方，因此，在进行斜截面承载力计算时，计算截面的选择是有规律可循的：
（1）支座边缘处的截面（图 5.9 及图 5.10 中的 1-1 截面）。

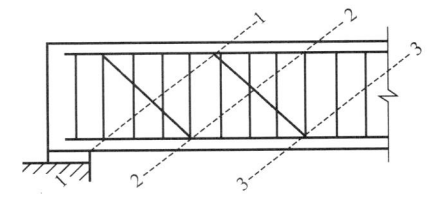

图 5.9　受剪承载力计算截面（1）

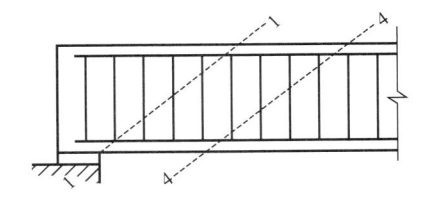

图 5.10　受剪承载力计算截面（2）

（2）受拉区弯起钢筋起点处的截面（图 5.9 中的 2-2 截面和 3-3 截面）。
（3）箍筋截面面积或间距改变处的截面（图 5.10 中的 4-4 截面）。
（4）腹板宽度改变处的截面。
计算截面处的剪力设计值的方法：

(1) 计算支座边缘处的截面时，取箍筋数量开始改变处的剪力值。
(2) 计算箍筋数量改变处的截面时，取箍筋数量开始改变处的剪力值。
(3) 计算从支座算起第一排弯起钢筋处的截面时，取支座边缘处的剪力值。
(4) 计算以后各排弯起钢筋处的截面时，取前排弯起钢筋弯起处的剪力值。

5.4.2 截面的设计计算

当已知剪力设计值 V、材料强度和截面尺寸，要求确定箍筋和弯起钢筋的数量时，实际上是要求计算受弯构件斜截面承载力，一般情况下其计算步骤如下。

1）验算梁的截面尺寸是否满足要求

利用式（5-16）、式（5-17）、式（5-18）复核梁的截面尺寸，如果不满足要求，应加大梁的截面尺寸或提高混凝土强度等级，而后重新验算，直到满足要求。

2）判别是否需要按计算结果配置腹筋

利用式（5-9）或式（5-11）来判别，如果满足公式要求，则不需要进行斜截面受剪承载力计算，仅需要按构造要求配置腹筋，如果不满足，则需要计算配置腹筋的数量，这时有两种方案：一是只配箍筋，二是既配箍筋又配弯起钢筋。

3）仅配箍筋时的计算

剪力设计值只由混凝土和箍筋来承受，要先确定箍筋的截面直径 d 和肢数 n，再根据不同的荷载采用不同的计算公式。

（1）对矩形、T形和工字形截面的一般受弯构件，可由式（5-14）得：

$$s \leqslant \frac{f_{yv} A_{sv} h_0}{V - 0.7 f_t b h_0 - 0.05 N_{P0}} \tag{5-23}$$

（2）对于集中荷载作用下的独立梁（包括"多种荷载同时起作用，且其中集中荷载在支座截面或节点边缘所产生的剪力值占总剪力值的75%以上"的情况）可由式（5-15）得：

$$s \leqslant \frac{f_{yv} A_{sv} h_0}{V - \dfrac{1.75}{\lambda + 1.0} f_t b h_0 - 0.05 N_{P0} - 0.8 f_{py} A_{sp} \sin a_p} \tag{5-24}$$

4）计算既配箍筋又配弯起钢筋时的弯起钢筋

当剪力设计值较大，需要配置弯起钢筋与混凝土和箍筋共同承受剪力时，一般可按构造要求和最小配箍率要求来选定箍筋的直径和间距。然后由式（5-14）或式（5-15）确定 V_{cs}，再由下列公式确定弯起钢筋的截面面积：

$$A_{sb} \geqslant \frac{V - V_{cs} - V_{P0} - 0.8 f_{py} A_{sp} \sin a_p}{0.8 f_y \sin a_s} \tag{5-25}$$

也可以先根据正截面承载力计算确定的纵筋情况，确定弯起钢筋数量（A_{sb}）。由式（5-21）或式（5-22）求出 V_{cs}，再按只配箍筋的方法计算箍筋。

5）验算最小配箍率

利用式（5-12）求解出箍筋的配箍率以后，再利用式（5-19）校核结果是否满足要求，如果不满足，则应取等号按构造配箍筋，同时，箍筋的直径、最大间距、最小间距都应满足以下第5.6.2节中所述的构造要求。

【例 5.4】 已知一简支梁,处于一类环境,安全等级为二级,梁的截面尺寸 $b \times h =$ 250mm×600mm,计算简图如图 5.11 所示,梁上受到均布荷载设计值 q=10.0kN/m(包括梁自重),集中荷载设计值 Q=150kN,梁中配有纵筋(HRB335 级)$4\phi22$(A_s=1520mm^2),混凝土强度等级为 C25,箍筋为 HPB235 级钢筋,试为其配置抗剪腹筋。

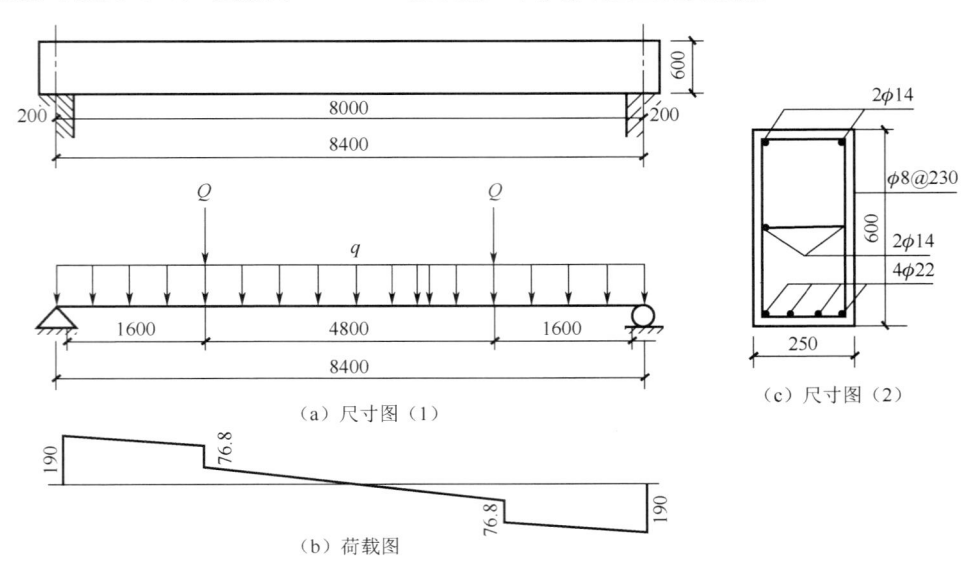

图 5.11 例 5.4 计算简图(荷载单位:kN,长度单位:mm)

【解】:(1)确定计算参数:

查附表 2 和附表 4 可知:f_c=11.9N/mm^2,f_t=1.27N/mm^2,f_{yv}=210N/mm^2,f_y=300N/mm^2。查附表 10 可知 c=25mm,a_s=c+d/2=25+22/2=36(mm)。

则 h_0=h-a_s=564mm,h_w=h_0=564mm,β_c=1.0。

(2)计算最大剪力设计值 V,在支座边缘截面处:

$$V = q_n/2 + Q = 1/2 \times 10 \times 8 + 150 = 190 \text{(kN)}$$

(3)验算截面尺寸:

$$h_w/b = 564/250 = 2.26 < 4$$

题中所述简支梁属一般梁。由式(5-16)可得:

$$0.25\beta_c f_c b h_0 = 0.25 \times 1 \times 11.9 \times 250 \times 564 = 419.5 > V = 190 \text{(单位:kN)}$$

计算结果满足要求。

(4)判别是否需要计算腹筋:

集中荷载在支座截面产生的剪力与总剪力之比为 150/190=78.95%>75%,要考虑 λ 的影响。

$$\lambda = a/h_0 = 1600/564 = 2.84 < 3$$

由式(5-11)可得:

$$\frac{1.75}{\lambda+1} f_t b h_0 = \frac{1.75}{2.84+1} \times 1.27 \times 250 \times 564 = 81.61 \leqslant 190$$

计算结果表明需要计算腹筋。

(5) 计算腹筋。

方案一：仅配箍筋，选择双肢箍筋$\phi 8$（$A_{sv}=2\times 50.3$）。由式（5-24）可得：

$$s \leqslant \frac{f_{yv}A_{sv}h_0}{V-\dfrac{1.75}{\lambda+1}f_t bh_0} = \frac{210\times 2\times 50.3\times 564}{190000-81610} = 109.93(\text{mm})$$

实取 $s=100\text{mm}$。

验算配箍率：

$$\rho_{sv} = \frac{A_{sv}}{bs} = \frac{2\times 50.3}{20\times 100} = 0.402\% > \rho_{sv\min} = 0.24\frac{f_t}{f_{yv}} = 0.24\times \frac{1.27}{210} = 0.102\%$$

计算结果满足要求，且所选箍筋的截面直径和间距均符合构造规定。

方案二：既配箍筋又配弯起钢筋。

根据设计经验和构造规定，本例选用$\phi 8@150$的箍筋，弯起钢筋利用梁底HRB335级纵筋弯起，弯起角$\alpha=45°$，则由式（5-22）可得：

$$A_{sb} \geqslant \frac{V-\dfrac{1.75}{\lambda+1.0}f_t bh_0 - f_{yv}\dfrac{A_{sv}}{s}h_0}{0.8f_v\sin\alpha}$$

实际配弯起钢筋 $1\phi 22$，$A_{sb}=380\text{mm}>170.65\text{mm}$，满足要求。

还要验算弯起钢筋弯起起点处斜截面的抗剪承载力，取弯起钢筋（$1\phi 22$）的弯起终点到支座边缘的距离 $s_1=50\text{mm}$，由 $\alpha=45°$，可求出弯起钢筋的弯起起点到支座边缘的距离为 50+564-36=578（mm），所以弯起起点的剪力设计值为：

$$V=190-0.5\times 10\times 0.578=187.11>V_{cs}（单位：kN）$$

由计算结果可知不满足要求，需要再弯起一排钢筋，依照上述方法去计算并校核弯起钢筋，就会发现要在集中荷载到支座边缘这个范围内都布置弯起钢筋才能满足承载力要求，比较两个方案可知，方案一是施工较方便、经济效果较佳的方案。

5.4.3 截面复核

当已知材料强度、构件的截面尺寸、配箍数量及弯起钢筋的截面面积，要求校核斜截面所能承受的剪力设计值时，实际上就是要求计算构件斜截面承载力。这类问题的计算步骤如下：

（1）根据已知条件检验已配箍筋是否满足构造要求，如果不满足，则应该调整或只考虑混凝土的抗剪承载力（V_c）。

（2）利用式（5-12）或式（5-19）验算已配箍筋是否满足最小配箍率的要求，如果不满足，则只考虑混凝土的抗剪承载力（V_c）。

（3）当前面两个条件都满足时，则可把已知条件直接代入式（5-14）或式（5-15），以及式（5-21）或式（5-22），复核斜截面承载力。

（4）利用式（5-15）、式（5-17）或者式（5-18）验算截面尺寸是否满足要求，如果不满足要求则应重新设计。

【例5.5】已知有一钢筋混凝土矩形截面简支梁，安全等级为二级，处于一类环境，两端搁在240mm厚的砖墙上，梁的净跨为3.5m，矩形截面尺寸为$b\times h=200\text{mm}\times 450\text{mm}$，混凝土强度等级为C25，箍筋采用HPB235级钢筋，弯起钢筋采用HRB335级钢筋，在支座边缘截面配有双肢箍筋$\phi 8@150$，并有弯起钢筋$2\phi 12$，弯起角α为45°，荷载P为均布荷载设计值（包括自重）。求该梁可承受的均布荷载设计值P。

【解】（1）确定计算参数：

查附表 2、附表 4 及附表 14 可知：

f_c=11.9N/mm², f_t=1.27N/mm², f_{yv}=210N/mm², f_y=300N/mm², A_{sv1}=50.3mm², A_{sb}=226mm²。

查附表 10 可知：c=25mm，a_s=c+d/2=35（mm），则：h_0=h-a_s=415（mm）。

（2）验算配箍率：

由式（5-19）和式（5-12）可知：

$$\rho_{sv\min} = 0.24 \times \frac{f_t}{f_{yv}} = 0.24 \times \frac{1.27}{210} = 0.145\%$$

$$\rho_{sv} = \frac{A_{sb}}{bs} = \frac{2 \times 503}{200 \times 150} = 0.335\% > \rho_{sv\min}$$

计算结果满足要求。

（3）计算斜截面承载力设计值V_u：由于构造要求都满足，故可直接用式（5-21），可得：

$$V_u = V_{cs} + V_{sb} = 0.7 f_t b h_0 + f_{yv} \frac{A_{sv}}{s} h_0 + 0.8 f_y A_{sb} \sin\alpha$$

$$= 0.7 \times 1.27 \times 200 \times 415 + 210 \times \frac{50.3 \times 2}{150} \times 415 + 0.8 \times 300 \times 226 \times 0.707$$

$$= 185.20(\text{kN})$$

（4）计算均布荷载设计值P，因为是简支梁，故根据力学公式可得：

$$P = \frac{2V_u}{l_n} = \frac{2 \times 185.2}{3.5} = 105.83(\text{kN/m})$$

（5）验算截面限制条件：

$$H_w/b = 415/200 = 2.08 < 4$$

题中所述的梁属于一般梁。

利用式（5-16）可得：

$$0.25 f_c b h_0 = 0.25 \times 11.9 \times 200 \times 415 = 246.9 > V_u = 185.20（单位：kN）$$

计算结果满足要求，故该梁可以承受的均布荷载设计值为 105.83kN/m。

任务 5.5　保证斜截面受弯承载力的构造措施

5.5.1　抵抗弯矩图及其绘制方法

1. 抵抗弯矩图

抵抗弯矩图又称材料抵抗弯矩图，它是由按梁实际配置的纵向受力钢筋所确定的各正截面所能抵抗的弯矩的图形。它反映了沿梁长正截面上材料的抗力。

以一单筋矩形截面构件为例来说明抵抗弯矩图的形成。若已知单筋矩形截面构件的纵向受力钢筋截面面积为A，则可通过下式计算正截面受弯承载力。

$$M_{u} = f_{y}A_{s}\left(h_{0} - \frac{f_{y}A_{s}}{2\alpha_{1}f_{c}b}\right) \tag{5-26}$$

把构件的截面位置作为横坐标,把正截面受弯承载力设计值 M_u(也称为抵抗弯矩)作为纵坐标,就形成了抵抗弯矩图。

2. 抵抗弯矩图的绘制方法

根据纵向受力钢筋的形式,可以把抵抗弯矩图的绘制方法分成以下三类。

1)纵向受力钢筋沿梁长不变化时

图 5.12 所示的是一根处于均布荷载作用下的梁,按跨中最大弯矩计算所需纵筋为 $2\phi25+1\phi22$。由于 3 根纵筋全部锚入支座,所以该梁任意一截面的 M_u 值是相等的。如图 5.12 所示的 abcd 就是抵抗弯矩图,它所包围的曲线就是梁所受荷载引起的弯矩图,这也直观地告诉我们,该梁的任意一正截面都是安全的。但是,对如图 5.12 所示的简支梁来说,越靠近支座荷载弯矩越小,而支座附近的正截面和跨中的正截面配置同样的纵筋,显然是不经济的,为了节约钢材,可以根据荷载弯矩图的变化而将一部分纵筋在正截面受弯强度较低的地方截断或弯起作为受剪钢筋。

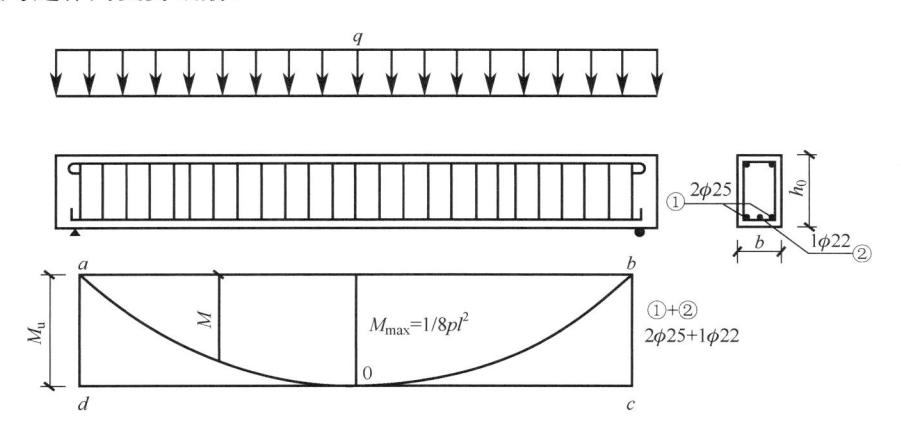

图 5.12 处于均布荷载作用下的梁及其抵抗弯矩图

2)纵筋弯起时

在简支梁设计中,一般不宜在跨中截面将纵筋截断,而是在支座附近将纵筋弯起以抵抗剪力。如图 5.13 所示,如果将 4 号钢筋在 CE 截面处弯起,由于在弯起过程中,弯起钢筋对受压区合力点的力臂是逐渐减小的,因而其抗弯承载力并不立即消失,而是逐渐减小,一直到截面 DF 处弯起钢筋穿过梁的中性轴,基本上进入受压区后,才可认为它的正截面抗弯作用完全消失。绘图时应从 C、E 两点画垂直投影线与 M_u 图的轮廓线相交于 c、e,再从 D、

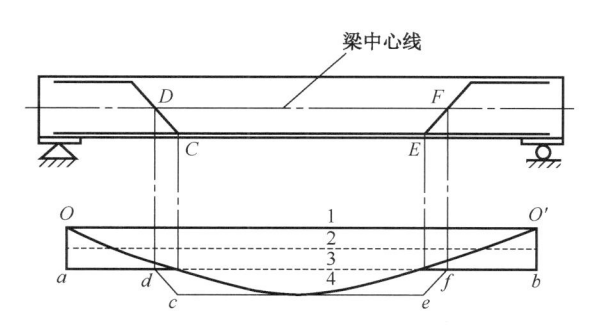

图 5.13 纵筋弯起时的抵抗弯矩图

F 两点画垂直投影线与 M_u 图的基线 ab 相交于 d、f，则连线 $adcefb$ 就为 4 号钢筋弯起后的抵抗弯矩图。

3）纵筋被截断时

如图 5.14 所示为一钢筋混凝土连续梁中间支座的抵抗弯矩图、荷载弯矩图。从图中可知，1 号纵筋在 AA' 截面（4 号点）被充分利用，而到了 BB'、CC' 截面，考虑正截面受弯承载力时已不需要 1 号纵筋了。也就是说在理论上 1 号纵筋可以在 b、c 点截断，当 1 号纵筋截断时，则在抵抗弯矩图上形成矩形台阶 ab 和 cd。

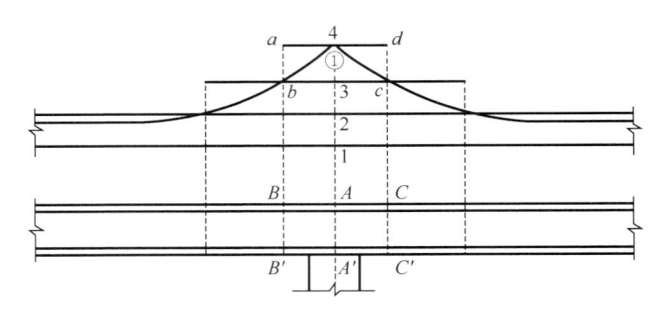

图 5.14　钢筋混凝土连续梁中间支座的抵抗弯矩图、荷载弯矩图

3．抵抗弯矩图的作用

1）反映利用材料效率

很明显，材料抵抗弯矩图越接近荷载弯矩图，表示材料利用效率越高。

2）确定纵筋的弯起数量和位置

纵筋弯起的目的，一是用于斜截面抗剪，二是抵抗支座负弯矩。只有当材料抵抗弯矩图包住荷载弯矩图才能确定弯起钢筋的数量和位置。

3）确定纵筋的截断位置

根据抵抗弯矩图上的理论断点，再保证锚固长度，就可以知道纵筋的截断位置。

5.5.2　保证斜截面受弯承载力的构造措施

1．纵筋弯起时

纵筋弯起虽然保证了构件正截面受弯承载力的要求，但是构件斜截面受弯承载力却可能不满足要求。由于它的复杂性，必须采取必要的构造措施来保证构件斜截面受弯承载力达标。其构造措施的原理如下所述。

如图 5.15（a）所示为一连续梁支座截面处的斜裂缝及穿过此斜裂缝的弯起钢筋，其上方为该支座附近的荷载弯矩图和相应的抵抗弯矩图。如图 5.15（b）所示为该梁斜裂缝右侧的隔离体，在不计入箍筋的作用时，斜截面受弯承载力可用下式计算。

$$M_{xu} = f_y(A_s - A_{sb})Z + f_y A_{sb} Z_w = f_y A_s Z + f_y A_{sb}(Z_w - Z) \tag{5-27}$$

式中：M_{xu}——斜截面受弯承载力；

Z——正截面纵筋的内力臂；

Z_w——弯起钢筋的内力臂。

当纵筋没有向下弯起时，在支座边缘处正截面的受弯承载力为：
$$M_{xu} = f_y A_s Z \quad (5-28)$$
要保证斜截面的受弯承载力不低于正截面的受弯承载力，就要求 $M_{xu} \geq M_u$，即：
$$Z_w \geq Z \quad (5-29)$$
由几何关系可知：
$$Z_w = a\sin\alpha = \left(\frac{Z}{\tan\alpha}\right)\sin\alpha + b\sin\alpha = Z\cos\alpha + b\sin\alpha \quad (5-30)$$

式中：b——弯起起点至支座边缘处（也是充分利用点处）的水平距离；

α——弯起钢筋的弯起角度。

一般情况下 α 为 45°～60°，取 $Z=(0.91\sim0.77)h_0$，则有：$\alpha=45°$ 时，$b\geq(0.372\sim 0.319)h_0$；$\alpha=60°$ 时，$b\geq(0.525\sim0.445)h_0$。

为了方便，统一取值：
$$b \geq 0.5 h_0 \quad (5-31)$$

也就是说，弯起钢筋的弯起起点必须选在距其充分利用点 $h_0/2$ 以外，这样就保证不需要计算斜截面受弯承载力。

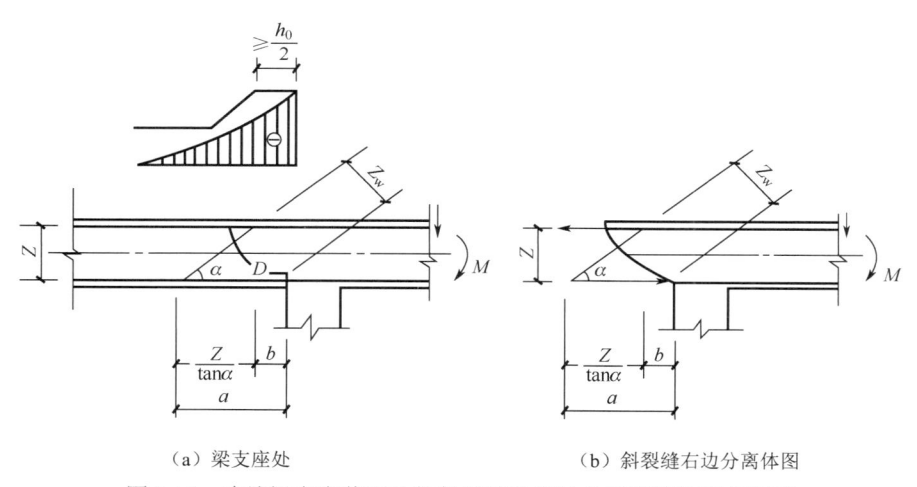

图 5.15 连续梁支座截面处的斜裂缝及穿过此斜裂缝的弯起钢筋

（a）梁支座处　　（b）斜裂缝右边分离体图

2．纵筋截断时

纵筋不宜在受拉区截断，因为在截断处纵筋由于截面面积突然减小，造成混凝土中拉应力骤增，容易出现弯剪斜裂缝，降低构件的承载力。基于上述考虑，对于在梁底部承受正弯矩的纵筋，一般不采用截断的方式。但是对于悬臂梁或连续梁等构件，为了节约钢筋和施工方便，在其支座处承受负弯矩的纵筋可以在不需要处截断，但应该满足下面的构造要求。

（1）保证斜截面受弯承载力。

如图 5.16 所示为一悬臂梁支座处承受负弯矩的纵筋截断示意图。假设正截面 A 是②号钢筋的理论断点，那么在正截面 A 上，正截面受弯承载力（M_{ua}）与荷载弯矩设计值（M_a）相等，即 $M_{ua}=M_a$，满足正截面受弯承载力的要求。但是在经过 A 点的斜裂缝截面上，其荷载弯矩设计值 $M_b>M_a$，因此不满足斜截面受弯承载力的要求，只能把纵筋伸过理论截断点 A

一段长度 l_{d2} 后才能截断。假设 E 点为该钢筋的实际截断点,考虑斜裂缝 CD,D 与 A 同在一个正截面上,因此斜截面 CD 的荷载弯矩设计值 $M_c=M_a$,比较斜截面 CD 与正截面 A 的受弯承载力,由于②号钢筋在斜截面上的抵抗弯矩 $M_{uc}=0$,所以②号钢筋在正截面 A 上的抵抗弯矩应由穿越截面 E 的斜裂缝 CD 的箍筋所提供的受弯承载力来补偿。显然,l_{d2} 的大小与所截断的钢筋截面直径有关,直径越大,所需要补偿的箍筋就越多,l_{d2} 值也应越大,另外 l_{d2} 还与截面的有效高度 h_0 有关,因为 h_0 越大,斜裂缝的水平投影也越大,需要补偿的弯矩差也越大,则 l_{d2} 也越大。

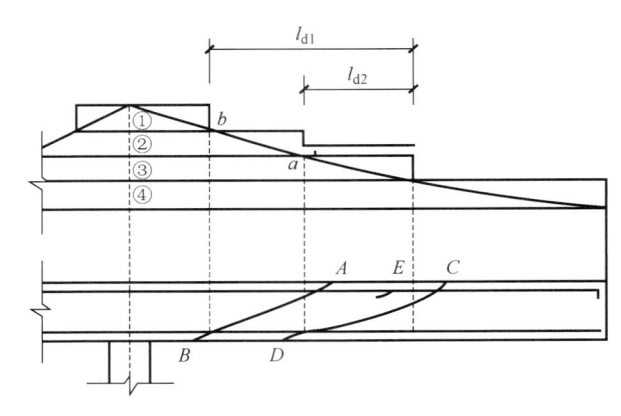

图 5.16 悬臂梁支座处承受负弯矩的纵筋截断图

(2)保证在充分利用点处钢筋强度的充分利用。

为了保证钢筋在其充分利用点处真正能"物尽其用",就必须从其充分利用点向外延伸长度 l_{d1} 后再截断钢筋。因为在纵筋截断时,如果延伸长度不足,则在纵筋水平处,混凝土由于黏结强度不够会出现许多针脚状的短小斜裂缝,并进一步发展贯通,最后,保护层脱落发生黏结破坏。为了避免发生这种破坏,l_{d1} 就要有足够长度。

《规范》规定:钢筋混凝土连续梁、框架梁支座截面的负弯矩钢筋不宜在受拉区截断。当必须截断时,其延伸长度应按表 5.1 中 l_{d1} 和 l_{d2} 中取伸出长度较大者确定。

表 5.1 负弯矩钢筋的伸出长度

截面条件	充分利用点伸出长度 l_{d1}	理论断点伸出长度 l_{d2}
$V \leq 0.7f_tbh_0$	$1.2 l_a$	$20d$
$V > 0.7f_tbh_0$	$1.2 l_a+h_0$	$20d$ 且 h_0
$V > 0.7f_tbh_0$ 且截断点仍位于负弯矩受拉区内	$1.2 l_a+1.7h_0$	$20d$ 且 $1.3h_0$

任务 5.6 梁内钢筋的构造要求

5.6.1 纵筋的弯起、截断、锚固的构造要求

1. 纵筋的弯起

(1)梁中弯起钢筋的弯起角度一般宜取 45°,但当梁截面高度大于 700mm 时,此角度

宜采用60°。梁底纵筋及梁顶纵筋中的角筋不应弯起或弯下。

（2）在弯起钢筋的弯起终点处，应留有平行于梁轴线方向的锚固长度，该锚固长度在受拉区不应小于20d，在受压区不应小于10d，如果为光圆钢筋，则应在末端设弯钩，如图5.17所示。

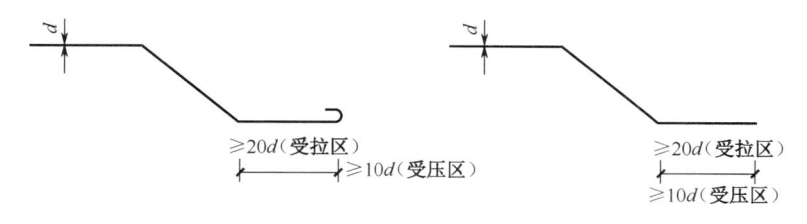

图5.17 弯起钢筋的锚固示意图

（3）弯起钢筋的形式。弯起钢筋一般是利用纵筋，在按正截面受弯承载力计算已不需要时才弯起来的，但也可以单独设置，此时应将其布置成鸭筋形式，而不能采用浮筋，否则会由于浮筋滑动而使斜裂缝扩展过大，如图5.18所示。

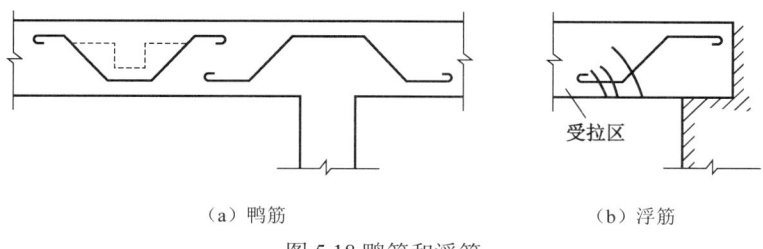

（a）鸭筋　　　　　　　　（b）浮筋

图5.18 鸭筋和浮筋

（4）弯起钢筋的间距。《规范》对弯起钢筋的间距有一定的要求，要求从支座处算起的第一排弯起钢筋的弯起起点与支座边缘间的水平距离不应大于箍筋的最大间距 S_{max}。而且相邻弯起钢筋弯起起点与弯起终点间的距离不得大于表 5.2 中 "$V>0.7f_tbh_0$" 列规定的箍筋最大间距，如图 5.19 所示。否则，弯起钢筋间距过大，将出现不与弯起钢筋相交的斜裂缝，使弯起钢筋发挥不了应有的功能。

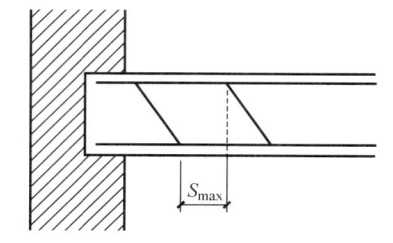

图5.19 弯起钢筋的最大间距图

2. 纵筋的截断

简支梁的下部纵筋通常不宜在跨中截断，上部的受压钢筋可以在跨中截断。

悬臂梁中，应有不少于两根上部钢筋伸至悬臂梁外端，并向下弯折不少于12d，其余钢筋不应在梁的上部截断，而应向下弯折并在梁的下部锚固。

外伸梁或连续梁的中间支座附近，为节约钢筋，可以将纵筋截断，其截断位置必须满足前文中有关延伸长度的构造要求。

3. 纵筋的锚固

纵筋伸入支座后，应进行充分的锚固（如图5.20所示），否则，锚固不足可能使钢筋产生过大的滑动，甚至会从混凝土中拔出造成锚固破坏。

(1)简支梁支座处的锚固长度 l_{as}。对于简支梁支座，由于钢筋的受力较小，因此《规范》规定：

当 $V \leqslant 0.7f_tbh_0$ 时，$l_{as} \geqslant 5d$；

当 $V > 0.7f_tbh_0$ 时，对于带肋钢筋 $l_{as} \geqslant 12d$；对于光圆钢筋 $l_{as} \geqslant 15d$。

对于板，一般剪力较小，通常能满足 $V < 0.7f_tbh_0$ 的条件，所以板的简支梁支座和连续板下部纵筋伸入支座的锚固长度 l_{as} 不应小于 $5d$。当板内温度、收缩应力较大时，伸入支座的纵筋锚固长度宜适当增加。

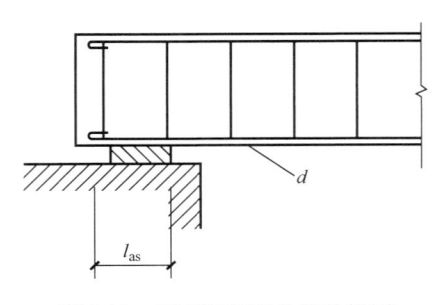

图 5.20 简支梁下部纵筋的锚固

（2）中间支座的锚固要求：框架梁或连续板在中间支座处，一般上部纵筋受拉，应贯穿中间支座节点或中间支座范围。下部纵筋受压，其伸入支座的锚固长度分下面几种情况考虑。

①当计算中不利用钢筋的抗拉强度时，不论支座边缘内剪力设计值的大小，其下部纵筋伸入支座的锚固长度 l_{as} 应满足简支梁支座 $V>0.7f_tbh_0$ 时的规定，如图 5.21（a）所示。

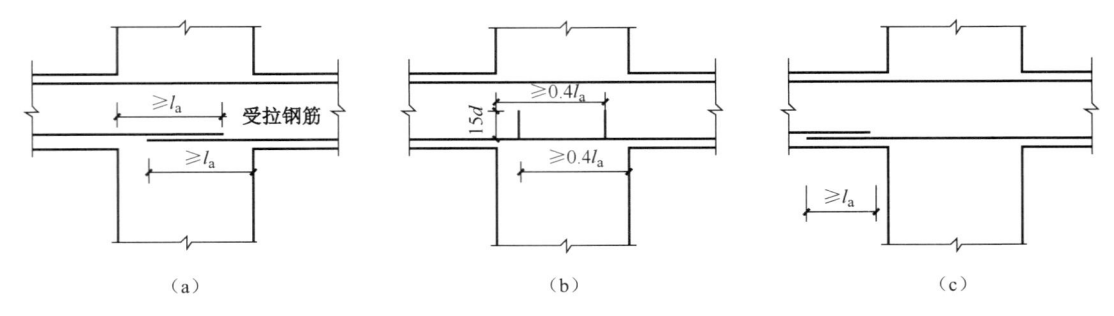

图 5.21 中间支座下部纵筋的锚固

②当计算中充分利用钢筋的抗拉强度时，下部纵筋应锚固于支座节点内。若截面尺寸足够，可采用直线锚固方式，如图 5.21（a）所示，若截面尺寸不够，可将下部纵筋向上弯折，如图 5.21（b）所示。

③当计算中充分利用钢筋的受压强度时，下部纵筋伸入支座的直线锚固长度不应小于 $0.7l_a$，也可以使纵筋伸过节点或支座范围，并在梁中弯矩较小处设置搭接接头，如图 5.21（c）所示。

5.6.2 箍筋的构造要求

1. 箍筋的形式和肢数

箍筋在梁内除了承受剪力以外，还起固定纵筋的位置、与纵筋形成骨架的作用，并与纵筋共同对混凝土起约束作用，增加受压混凝土的延性等。

箍筋的形式有封闭式和开口式两种，如图 5.22（d）、（e）所示。当梁中配有计算需要的受压纵筋时，箍筋应做成封闭式，而对现浇 T 形截面梁，当不承受扭矩和动荷载时，在跨中截面上部受压区的区段内，也可采用开口式箍筋。箍筋的端部应做成 135°的弯钩，弯钩端部的长度不应小于 $5d$（d 为箍筋截面直径）和 50mm 中的较大者。

箍筋有单肢箍筋、双肢箍筋和复合箍筋等，如图 5.22（a）、（b）、（c）所示。一般按以下情况选用，当梁宽不大于 400mm 时，可采用双肢箍筋。当梁宽大于 400mm 且一层内的受压纵筋多于 3 根时，或者当梁宽不大于 400mm，但一层内的受压纵筋多于 4 根时，应设置复合箍筋。当梁宽小于 100mm 时，可采用单肢箍筋。

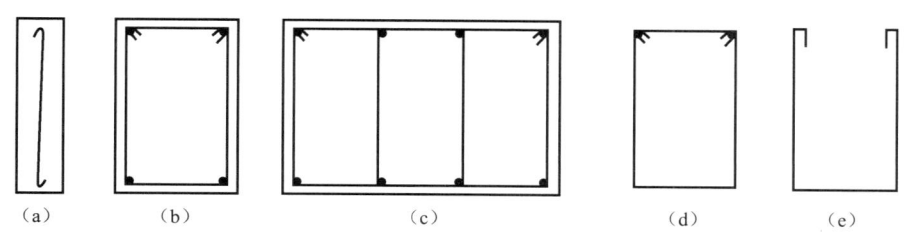

图 5.22 箍筋的形式及肢数

2. 箍筋的截面直径和间距

为了使钢筋骨架具有一定的刚性，又便于制作安装，箍筋的截面直径不应过大，也不应过小。《规范》规定：截面高度不大于 800mm 时，箍筋截面直径不宜小于 6mm；截面高度大于 800mm 时，箍筋截面直径不宜小于 8mm，当梁中配有计算需要的受压纵筋时，箍筋截面直径尚不应小于 $d/4$（d 为受压钢筋的最大截面直径）。

箍筋的间距除满足计算要求外，还应满足下列构造要求，以控制斜裂缝的宽度。
（1）箍筋的间距应符合表 5.2 的规定。
（2）当梁中配有按计算需要的受压纵筋时，箍筋的间距不应大于 $15d$（d 为受压纵筋的最小截面直径），同时不应大于 400mm。当一层内的受压纵筋多于 5 根且直径大于 18mm 时，箍筋间距不应大于 $10d$。

3. 箍筋的布置

对于按计算不需要箍筋抗剪的梁，应符合下列要求：
（1）截面高度大于 300mm 时，仍应沿梁全长设置箍筋。
（2）截面高度在 150mm～300mm 时，可仅在构件各端部 1/4 跨度范围内设置箍筋。但当在构件中部 1/2 跨度范围内有集中荷载作用时，则应沿梁全长设置箍筋。
（3）截面高度小于 150mm 时，可不设置箍筋。

表 5.2 梁中箍筋的间距（mm）

梁高 h	$V > f_tbh_0$	$V \leq 0.7f_tbh_0$
150<h≤300	150	200
300<h≤500	200	300
500<h≤800	250	350
h>800	300	400

5.6.3 架立钢筋及纵向构造钢筋

1. 架立钢筋的构造要求

梁内架立钢筋主要用来固定箍筋，从而与纵筋、箍筋形成骨架，并且架立钢筋还能抵抗温度和混凝土收缩变形引起的应力。

梁内架立钢筋的截面直径主要与梁的跨度有关，当梁的跨度小于 4m 时，梁内架立钢筋的截面直径不宜小于 8mm；当梁的跨度为 4m～6m 时，梁内架立钢筋的截面直径不宜小于 10mm；当梁的跨度大于 6m 时，梁内架立钢筋的截面直径不宜小于 12mm。

2．纵向构造钢筋

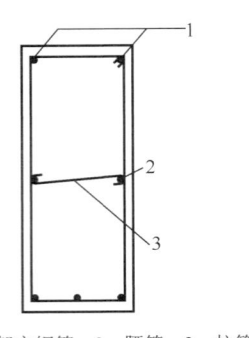

（1）当梁的高度较大时，可能在梁两侧面产生收缩裂缝，所以，当梁的腹板高度 $h_w \geq 450mm$ 时，应在梁的两个侧面沿高度配置纵向构造钢筋（腰筋），如图 5.23 所示。每侧纵向构造钢筋（不包括梁上、下部受力钢筋及架立钢筋）的截面面积不应小于腹板截面面积 bh_w 的 0.1%，且其间距不宜大于 200mm。

（2）搁放在砌体上的钢筋混凝土大梁在计算时按简支梁考虑，但实际上梁端有弯矩的作用，所以应在支座上部梁内设置纵向构造钢筋，其截面面积不应小于梁跨中下部纵筋计算所需要截面面积的 1/4，且不应少于两根。该纵向构造钢筋自支座边缘向跨内伸出的长度不应小于 $0.2l_0$（l_0 为梁的计算跨度）。

1—架立钢筋；2—腰筋；3—拉筋

图 5.23 架立钢筋、腰筋及拉筋

任务 5.7　连续梁受剪性能及其承载力计算

连续梁的特点是在剪跨段内有正负两个方向的弯矩起作用，所以存在一个反弯点，如图 5.24（a）所示。因此，在这个区段上的斜截面受力状态、斜裂缝的分布及破坏特点都与前面所述的简支梁有明显的不同。

从如图 5.25 所示的试验结果可以看出，试验值的下包络线虽然比取广义剪跨比 $\lambda=M/Vh_0$ 代入式（5-15）和式（5-22）计算得到的值略低，但如果用狭义剪跨比代替广义剪跨比代入上述式子计算，则计算结果是偏安全的，所以，对于集中荷载作用下的连续梁，其受剪承载力应取狭义剪跨比代入式（5-15）或式（5-22）计算。

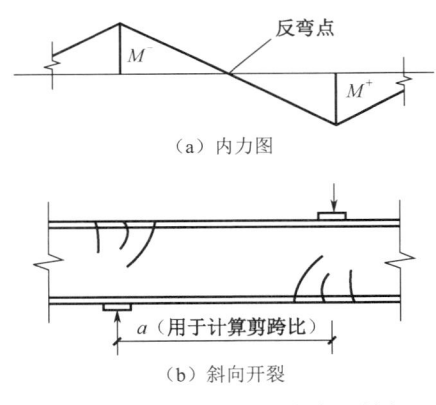

根据大量试验，均布荷载作用下连续梁的受剪承载力不低于相同条件下简支梁的受剪承载力，因此，对于均布荷载作用下的连续梁，其受剪承载力仍按式（5-14）或式（5-21）计算。此外连续梁的截面尺寸限制条件和配筋构造要求均与简支梁相同。

图 5.24 集中荷载下连续梁的内力及斜向开裂图

【例 5.6】一钢筋混凝土两跨连续梁的跨度、截面尺寸及所承受的荷载设计值如图 5.26 所示，混凝土强度等级为 C25（$f_c=11.9N/mm^2$，$f_t=1.27N/mm^2$），纵筋采用 HRB400 级钢筋（$f_y=360N/mm^2$），箍筋采用 HPB235 级钢筋（$f_{yv}=210N/mm^2$）。求：①正截面及斜截面承载力，并确定所需要的纵筋、弯起钢筋和箍筋数量；②绘制抵抗弯矩图和分离钢筋图，并绘出各弯起钢筋的弯起位置。

【解】（1）计算梁各截面内力：

梁在荷载设计值作用下的弯矩图、剪力图如图 5.26 所示。因结构和荷载均对称，故只需要计算左跨梁的内力。跨中最大弯矩设计值 M_d=178.2kN·m，支座 B 负弯矩设计值 M_b=-275.4kN·m，支座边缘剪力设计值 V_a=131.4kN，$V_{b左}$=253.8kN。

（2）验算截面尺寸：

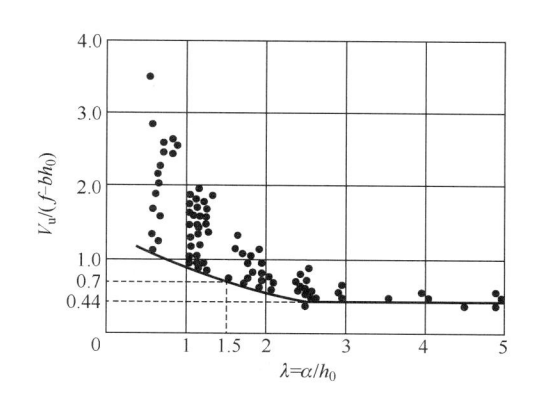

图 5.25　集中荷载作用下连续梁斜截面受剪试验结果

b=250mm，h_0=660mm（D 截面），h_0=640mm（B 截面）。因为两截面 h_0/b 均小于 4，故应按式（5-16）验算，取 β_c=1.0。对支座 A 截面：$0.25\beta_c f_c b h_0$=0.25×1.0×11.9×250×660=490.875>131.4（单位：kN）；对支座 B 截面：$0.25\beta_c f_c b h_0$=0.25×1.0×11.9×250×640=476.00N>253.8（单位：kN）。可见，截面尺寸满足要求。

（3）正截面受弯承载力的计算：因为混凝土强度等级为 C25，故取 α_1=1.0，与 HRB400 级钢筋相应的 ξ_b=0.518。受弯承载力计算过程如表 5.3 所示。

表 5.3　例 5.6 受弯承载力的计算

计算过程	计算截面	
	跨中截面 D（h_0=660mm）	支座截面 B（h_0=640mm）
M（kN·m）	178.2	-275.4
$\alpha_s = \dfrac{M}{\alpha_1 f_c b h_0^2}$	0.138	0.226
$\xi_s = 1-\sqrt{1-2\alpha_s}$	0.149<0.518	0.26<0.518
$A_s = \alpha_1 f_c b h_0 \xi / f_y$	813	1374
选配钢筋	2ϕ16+2ϕ18	2ϕ20+3ϕ18
实配 A_s（mm²）	911	1392

（4）斜截面受剪承载力计算：由图 5.26 所示的剪力图可见，集中荷载对各支座边缘截面所产生的剪力值占 75%以上，故各支座截面均应考虑剪跨比的影响。

对于支座，因为：

支座 A：$\dfrac{1.75}{\lambda+1} f_t b h_0 = \dfrac{1.75}{2.09+1} \times 1.27 \times 250 \times 660 = 118.677(\text{kN}) < 131.4\text{kN}$

支座 B：$\dfrac{1.75}{\lambda+1} f_t b h_0 = \dfrac{1.75}{2.16+1} \times 1.27 \times 250 \times 640 = 112.532(\text{kN}) < 253.8\text{kN}$

所以应按计算配置腹筋，具体计算过程如表 5.4 所示。

表 5.4 例 5.6 受剪承载力的计算

计算过程	计算截面	
	支座 A	支座 B
V（kN）	131.4	253.8
选箍筋（n=2）	$\phi 8@250$	$\phi 8@150$
$A_{kb} = \dfrac{V - V_{cs}}{0.8 f_y \sin 45°}$	—	249
选配弯起钢筋 A_s（mm²）	—	$1\phi 18$（254.5mm²）

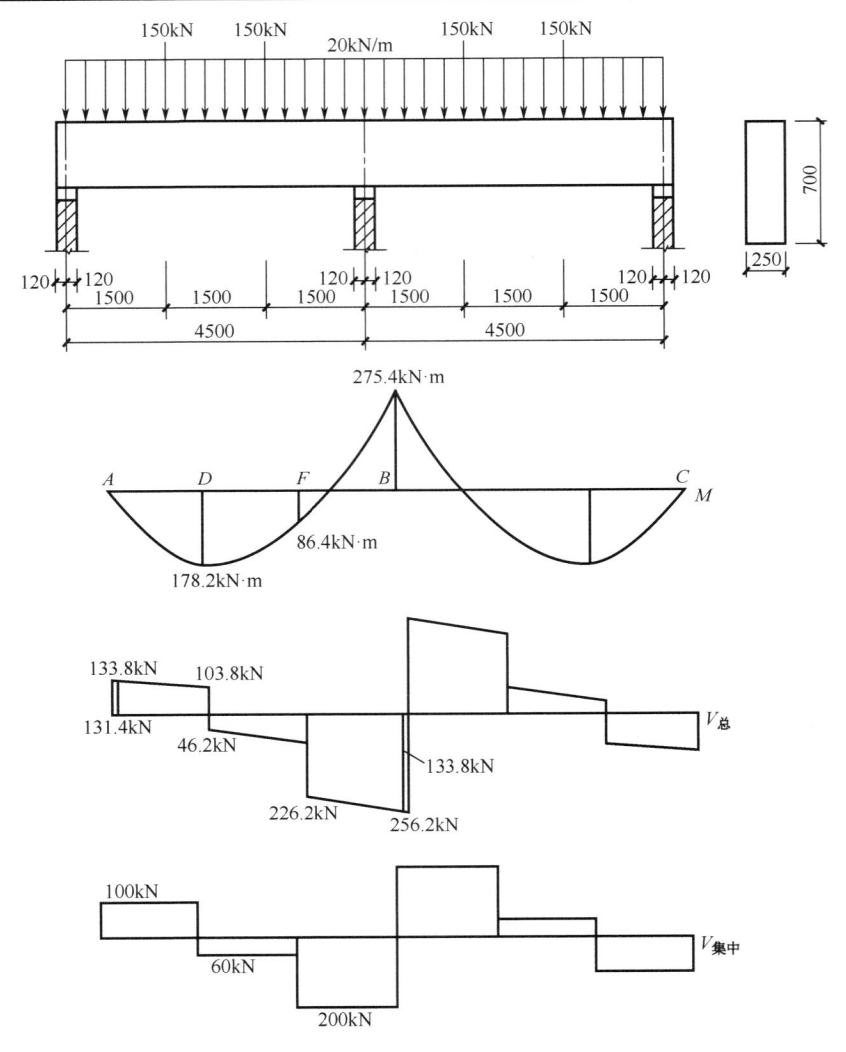

图 5.26 例 5.6 图（长度单位：mm）

（5）钢筋的布置：

钢筋布置的过程就是绘制抵抗弯矩图的过程，所以应该将构件纵剖面图、横剖面图及设计弯矩图均按比例画出，如图 5.27 所示。配置跨中截面正弯矩钢筋时，同时要考虑到其中哪些钢筋可弯起抗剪和抵抗支座负弯矩，而配置支座负弯矩钢筋时，要注意利用跨中一部分正弯矩钢筋弯起抵抗负弯矩，不足部分再另配置钢筋。本例跨中配置 $2\phi16+2\phi18$ 钢筋抵抗正弯矩，其中 $2\phi16$ 伸入支座，每跨各弯起 $2\phi18$ 钢筋抗剪和抵抗支座负弯矩，因每跨各有 1 根钢筋的弯矩离支座截面很近，故不考虑用它抵抗支座负弯矩，这样共有 $3\phi18$ 钢筋可用于抵抗负弯矩，再配 $2\phi20$ 直钢筋即可满足抵抗支座负弯矩的要求。

钢筋的弯起和截断位置是通过绘制抵抗弯矩图来确定的，具体过程如图 5.27 所示。钢筋弯起起点距其充分利用点的距离应大于或等于 $h_0/2$，本例中均满足。钢筋截断点至理论截断点的距离应不小于 h_0 且不小于 $20d$，钢筋截断点至充分利用点的距离不应小于 $1.2l_a+h_0$（当 $V>0.7f_tbh$ 时），本例中后者控制了钢筋的实际截断点。在 B 支座两侧，采用了既配箍筋又配弯起钢筋抗剪的方案，此时弯起钢筋应覆盖 FB 之间的范围（如图 5.27 所示）。另外，从支座边缘到第一排弯起钢筋的终点，以及从前排弯起钢筋的弯起起点到后排弯起钢筋的弯起终点的距离均应小于箍筋的最大间距 250mm（由表 5.2 查得）。由图 5.27 可见，本例均满足上述要求。③号钢筋的水平投影长度为 650mm，则其弯起起点至支座中心的距离为 650+530+200+120=1500（mm），正好覆盖 FB 之间的范围。

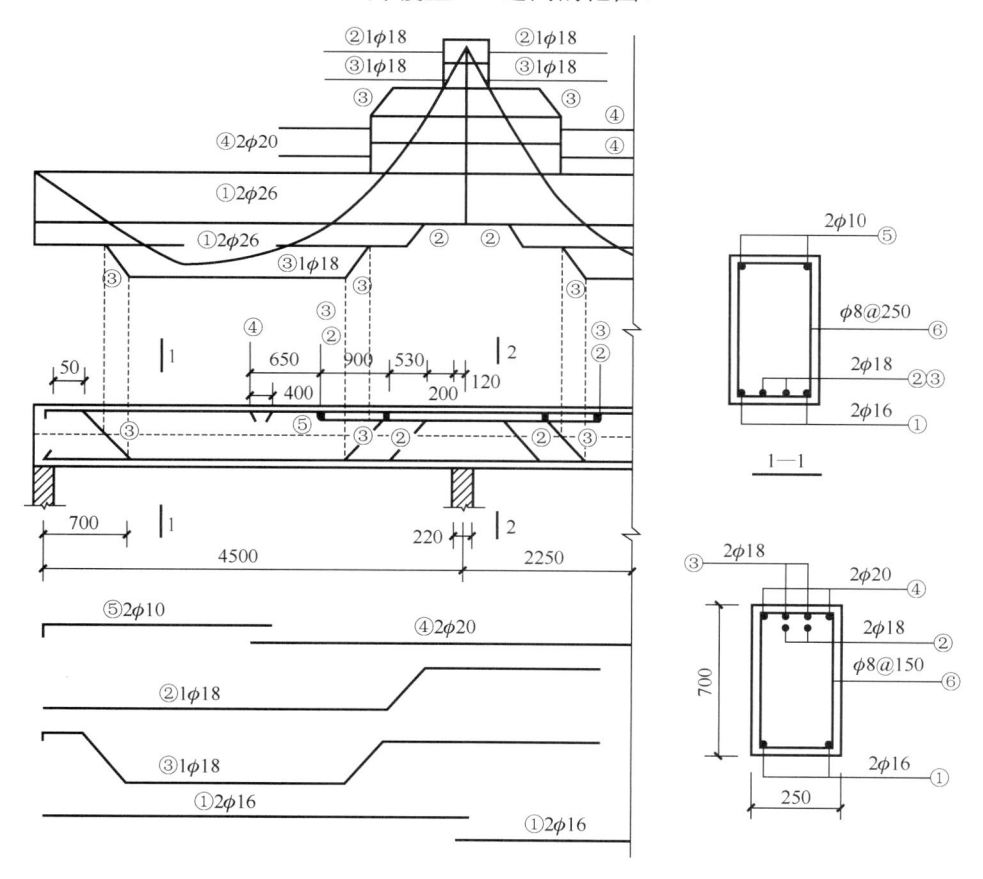

图 5.27 例 5.6 配筋图（长度单位：mm）

钢筋分离图置于梁纵剖面图之下，因两跨梁配筋相同，所以只画出左跨梁的钢筋分布情况。

任务 5.8 《公路桥规》受剪性能及其承载力计算

5.8.1 计算位置的规定

计算受弯构件斜截面抗剪承载力时，其计算位置应按下列规定确定。

1. 简支梁和连续梁近边支点梁段

（1）距支座中心 $h/2$ 处截面，如图 5.28（a）所示截面 1-1。
（2）受拉区弯起钢筋弯起起点处截面，如图 5.28（a）所示截面 2-2、截面 3-3。
（3）锚固于受拉区的纵筋开始不受力处截面，如图 5.28（a）所示截面 4-4。
（4）箍筋数量或间距改变处截面，如图 5.28（a）所示截面 5-5。
（5）构件腹板宽度变化处截面。

2. 连续梁和悬臂梁近中间支点梁段

（1）支点横隔梁边缘处截面，如图 5.28（b）所示截面 6-6。
（2）变高度梁高度突变处截面，如图 5.28（b）所示截面 7-7。
（3）参照简支梁的要求，需要进行验算的截面。

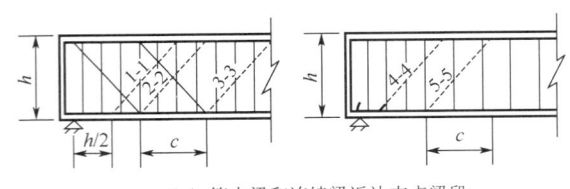

（a）简支梁和连续梁近边支点梁段　　（b）连续梁和悬臂梁近中间支点梁段

图 5.28　斜截面抗剪承载力验算位置示意

5.8.2 斜截面抗剪承载力计算的规定

具有矩形、T 形和 I 形截面的受弯构件，当配置竖向预应力钢筋、箍筋和弯起钢筋时，其斜截面抗剪承载力计算应符合下列规定（如图 5.29 所示）。

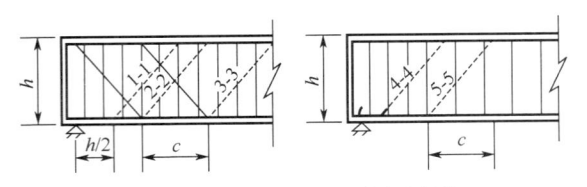

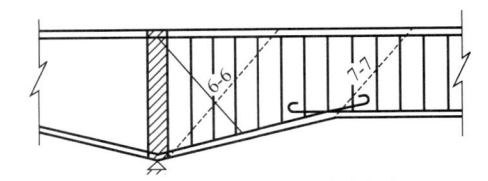

（a）简支梁和连续梁近边支点梁段　　（b）连续梁和悬臂梁近中间支点梁段

图 5.29　斜截面抗剪承载力计算

$$\gamma_0 V_d = V_{cs} + V_{sb} + V_{pb} + V_{pb,ex}$$

$$V_{cs} = 0.45 \times 10^{-3} \times \alpha_1 \alpha_2 \alpha_3 b h_0 \sqrt{(2+0.6P)} + \sqrt{f_{cu,k}} \left(\rho_{sv} f_{sv} + 0.6 \rho_{pv} f_{pv} \right)$$

$$V_{sb} = 0.75 \times 10^{-3} \times f_{sd} \Sigma A_{sb} \sin \theta_s$$

$$V_{pb}=0.75\times 10^{-3}\times f_{pd}\Sigma A_{pb}\sin\theta_p$$
$$V_{pb,ex}=0.75\times 10^{-3}\times \sigma_{pb,ex}\Sigma A_{ex}\sin\theta_{ex}$$

式中：V_d——剪力设计值（kN），按斜截面剪压区对应正截面处取值；

V_{cs}——斜截面内混凝土和箍筋共同的抗剪承载力设计值（kN）；

V_{sb}——与斜截面相交的普通弯起钢筋抗剪承载力设计值（kN）；

V_{pb}——与斜截面相交的体内预应力弯起钢筋抗剪承载力设计值（kN）；

$V_{pb,ex}$——与斜截面相交的体外预应力弯起钢筋抗剪承载力设计值（kN）；

α_1——异号弯矩影响系数，计算简支梁和连续梁近边支点梁段的抗剪承载力时，$\alpha_1=1$；计算连续梁和悬臂梁近中间支点梁段的抗剪承载力时，$\alpha_1=0.9$；

α_2——预应力提高系数，对钢筋混凝土受弯构件，$\alpha_2=1$；对预应力混凝土受弯构件，$\alpha_2=1.25$，但当由钢筋合力引起的截面弯矩与外弯矩的方向相同时，或对于允许出现裂缝的预应力混凝土受弯构件，取 $\alpha_2=1$；

α_3——受压翼缘的影响系数，对矩形截面，取 $\alpha_3=1$；对 T 形和 I 形截面，取 $\alpha_3=1.1$；

b——斜截面剪压区对应正截面处矩形截面宽度（mm）或 T 形和 I 形截面腹板宽度（mm）；

h_0——截面的有效高度（mm），取斜截面剪压区对应正截面处、自纵筋合力点至受压边缘的距离；

P——斜截面内纵筋的配筋百分率，$P=100(A_p+A_s)/bh_0$，当 $P>2.5$ 时，取 $P=2.5$；

$f_{cu,k}$——边长为 150mm 的混凝土立方体抗压强度标准值（MPa）；

ρ_{sv}、ρ_{pv}——斜截面内箍筋、竖向预应力钢筋配筋率，$\rho_{sv}=A_{sv}/S_vb$，$\rho_{pv}=A_{pv}/S_pb$；

f_{sd}，f_{pd}——箍筋、竖向预应力钢筋的抗拉强度设计值（MPa）；

A_{sv}，A_{pv}——斜截面内配置在同一截面的箍筋、竖向预应力钢筋的总截面面积（mm^2）；

S_v，S_p——斜截面内箍筋、竖向预应力钢筋的间距（mm）；

$\sigma_{pe,ex}$——使用阶段体外预应力钢筋扣除预应力损失后的有效应力（MPa）；

A_{sb}、A_{pb}、A_{ex}——斜截面内在同一弯起平面的普通弯起钢筋、体内预应力弯起钢筋和体外预应力弯起钢筋的截面面积（mm^2）；

θ_s、θ_p、θ_{ex}——普通弯起钢筋、体内预应力弯起钢筋和体外预应力弯起钢筋的切线与水平线的夹角，按斜截面剪压区对应正截面处取值。箱形截面受弯构件的斜截面抗剪承载力可参照本条规定计算；

其他变量含义参见前文。

5.8.3 斜截面水平投影长度的计算

进行斜截面承载力计算时，斜截面水平投影长度 C（图 5.2.9）应按下式计算：
$$C=0.6mh_0 \tag{5.2.10}$$

式中：m——广义剪跨比，按斜截面剪压区对应正截面的 M_d 和 V_d 计算，$m=M_d/V_dh_0$，当 $m>3$ 时取 $m=3$；

h_0——截面的有效高度，取斜截面剪压区对应正截面处、自纵筋合力点至受压边缘的距离；

M_d——V_d（剪力设计值）对应的弯矩设计值。

5.8.4 抗剪截面应的要求

具有矩形、T形和I形截面的受弯构件，其抗剪截面应符合下列要求：
$$\gamma_0 V_d \leq 0.51 \times 10^{-3} \sqrt{f_{cu,k}} b h_0 \qquad (5.2.11)$$

式中：V_d——剪力设计值（kN），按验算斜截面的不利值取用；

$f_{cu,k}$——边长为150mm的混凝土立方体抗压强度标准值（MPa）；

b——矩形截面宽度或T形、I形截面腹板宽度（mm），取斜截面所在范围内的较小值；

γ_0——定义见前文；

h_0——自纵筋合力点至受压边缘的距离（mm），取斜截面所在范围内截面有效高度的较小值。

对变高度（承托）连续梁，除计算近边支点梁段的截面尺寸外，尚应计算截面急剧变化处的截面尺寸。对于具有矩形、T形和I形截面的受弯构件，当符合下列条件时，可不进行斜截面抗剪承载力的计算，仅需要按构造要求配置箍筋。

$$\gamma_0 V_d \leq 0.50 \times 10^{-3} \alpha_2 f_{td} b h_0 \qquad (5.2.12)$$

式中：f_{td}——混凝土抗拉强度设计值（MPa），按表3.1.4的规定采用；其他变量定义见前文。

对于不配置箍筋的板式受弯构件，式（5.2.12）右边计算值可乘以提高系数1.25。

【小结】

（1）受弯构件在弯矩和剪力共同作用的区段产生斜裂缝，发生破坏。这种破坏带有脆性破坏的性质，应当避免，在设计时必须进行斜截面承载力的计算。为了防止受弯构件发生这种破坏，应使构件有一个合理的截面尺寸，并配置必要的腹筋。

（2）斜裂缝出现前后，梁的受力状态发生了明显的变化。斜裂缝出现以后，剪力主要由斜裂缝上端剪压区的混凝土截面承受，剪压区成为受剪的薄弱区域；与斜裂缝相交处的纵筋和箍筋承受的拉应力也明显增大。钢筋混凝土梁沿斜裂缝破坏的形态主要有斜压破坏、剪压破坏和斜拉破坏三种类型。

（3）箍筋和弯起钢筋可以直接承担部分剪力，并限制斜裂缝的延伸和扩展，提高剪压区的抗剪能力；还可以增强骨料的咬合作用和摩阻作用，增强纵筋的销栓作用。因此，配置腹筋可使梁的受剪承载力有较大提高。

（4）影响受弯构件斜截面受剪承载力的主要因素有剪跨比、混凝土强度、配箍率、箍筋强度和纵筋配筋率等。

（5）在钢筋混凝土受弯构件斜截面破坏的各种形态中，斜压破坏和斜拉破坏可以通过一定的构造措施来避免。对于常见的剪压破坏，因为梁的受剪承载力变化幅度较大，设计时则必须进行计算来对其进行预防。受剪承载力计算公式有适用范围，其截面限制条件是为了防止发生斜压破坏，最小配箍率和箍筋的构造要求是为了防止发生斜拉破坏。

（6）简支梁受剪承载力计算公式仍可应用于连续梁，翼缘用于提高T形截面梁的受剪承载力效果并不显著，在计算T形截面梁的受剪承载力时，截面宽度仍应取腹板宽度。

（7）抵抗弯矩图是指按照梁实配的纵筋数量计算并画出的各截面所能抵抗的弯矩的图。利用抵抗弯矩图并根据正截面和斜截面的受弯承载力来确定纵筋的弯起起点和截断的位置时，应满足一定的构造要求，同时要保证受力钢筋在支座处的有效锚固构造措施，且满足《规范》规定的锚固要求。

【操作与练习】

思考题

（1）钢筋混凝土梁在荷载作用下为什么会产生斜裂缝？无腹筋梁中，斜裂缝出现前后，应力状态有哪些变化？

（2）钢筋混凝土梁在荷载作用下，一般在跨中产生垂直裂缝，在支座处产生斜裂缝，为什么？

（3）有腹筋梁斜截面剪切破坏形态有哪几种？各在什么情况下产生？怎样防止各种破坏形态的发生？

（4）影响有腹筋梁斜截面受剪承载力的主要因素有哪些？

（5）计算斜截面受剪承载力为什么要规定上、下限？为什么要对梁的截面尺寸加以限制？为什么要规定最小配箍率？

（6）在什么情况下按构造配箍筋？此时如何确定箍筋的截面直径、间距？

（7）什么是纵筋的最小锚固长度？其值如何确定？

（8）纵筋的接头有哪几种？在什么情况下不得采用非焊接的搭接接头？当受拉和受压时，绑扎骨架中钢筋搭接长度各取多少？

（9）梁配置的箍筋除了承受剪力外，还有哪些作用？箍筋主要的构造要求有哪些？

（10）在计算斜截面承载力时，计算截面的位置应如何确定？

（11）斜截面承载力的两套计算公式各适用于哪种情况？两套计算公式有何不同？

（12）腹筋在哪些方面改善了无腹筋梁的抗剪性能？为什么要控制箍筋最小配筋率？为什么梁截面尺寸不能过小？

（13）限制箍筋及弯起钢筋的最大间距 S_{max} 的目的是什么？当箍筋间距满足最大间距要求时，是否一定满足最小配筋率的要求？如有矛盾，应如何处理？

（14）确定弯起钢筋的根数和间距时，应考虑哪些因素？为什么位于梁底层两侧的钢筋不能弯起？

（15）什么是抵抗弯矩图？如何绘制？它与设计弯矩图有什么关系？

（16）抵抗弯矩图中钢筋的"理论切断点"和"充分利用点"的意义各是什么？

（17）为什么会发生斜截面受弯破坏？钢筋切断或弯起时，如何保证斜截面受弯承载力？

习题

（1）某矩形截面简支梁，安全等级为二级，处于一类环境，承受均布荷载设计值 q=57kN/m（包括自重）。梁净跨度 l_n=5.3m，计算跨度 l_0=5.5m，截面尺寸 $b×h$=250mm×550mm。混凝土强度等级为C20，纵筋采用HRB335级钢筋，箍筋采用HPB225级钢筋。根据正截面受弯承载力计算已配有6ϕ22的纵筋，按两排布置。分别按下列两种情况计算配筋：①由混凝土和箍筋抗剪；②由混凝土、箍筋和弯起钢筋共同抗剪。

（2）承受均布荷载设计值q作用下的矩形截面简支梁，安全等级为二级，处于一类环境，截面尺寸$b \times h$=200mm×550mm。混凝土强度等级为C20级，箍筋采用HPB235级钢筋。梁净跨度l=4.5m，梁中已配有ϕ8@200双肢箍筋，试求该梁在正常使用期间按斜截面承载力要求所能承担的荷载设计值。

（3）矩形截面简支梁，安全等级为二级，处于一类环境，截面尺寸$b \times h$=250mm×550mm，净跨度l_n=5.2m，承受的荷载设计值q=58kN/m（包括自重），混凝土强度等级为C20，经正截面承载力计算已配有4ϕ22（Ⅱ级）的纵筋，箍筋采用Ⅰ级钢，试按下列两种方式配置腹筋：①只配置箍筋；②按构造要求配置ϕ6@200钢筋，计算弯起钢筋的数量。

【课程信息化教学资源】

项目六　混凝土受压构件承载力的计算

📥 项目描述

　　本项目主要介绍轴心受压构件和偏心受压构件正截面的受力性能、承载力计算方法及其构造要求。轴心受压构件计算简单，本项目侧重于阐明稳定系数的物理意义和间接钢筋提高构件承载力的工作机理。偏心受压构件正截面受压承载力计算较为复杂，不仅有大、小偏心受压之分，还有矩形截面和I形截面、非对称配筋和对称配筋、"A_s'、A_s均未知"和"已知A_s'求A_s"、"已知e_0求N_u"和"已知N求M_u"等之分，是本项目的学习重点。在设计计算时，不管遇到何种情形，都应抓住计算简图、基本计算公式、公式适用条件及补充条件这一主线。计算过程中应引导学生重视解题步骤的先后逻辑关系、养成及时验算公式适用条件的习惯和掌握不满足公式适用条件（如$s<2a_s'$、$x \geq \xi_{cy}h_0$和$x>h$）时的处理方法。

🎯 学习要求

- 掌握受压构件的一般构造。
- 掌握轴心受压构件的破坏形态和正截面受压承载力的设计计算。
- 熟悉螺旋箍筋提高构件承载力的工作机理。
- 掌握大、小偏心受压构件的破坏特征。
- 掌握偏心受压构件正截面受压承载力的计算简图、基本计算公式及其适用条件。
- 熟练掌握矩形截面对称配筋、矩形截面非对称配筋和I形截面对称配筋偏心受压构件的正截面受压承载力的设计计算。
- 掌握N_u-M_u曲线的相关概念及其应用。
- 熟悉偏心受压构件斜截面受剪承载力的设计计算。

🌐 知识目标

- 掌握轴心受压构件和偏心受压构件正截面的受力性能、承载力计算方法及其构造要求。
- 掌握偏心受压构件正截面受压承载力的计算简图相关知识、基本计算公式及其适用条件。
- 掌握矩形截面对称配筋、矩形截面非对称配筋和I形截面对称配筋偏心受压构件的正截面受压承载力的设计计算。

能力目标

- 掌握轴心受压构件的破坏形态和正截面受压承载力的设计计算。
- 掌握矩形截面对称配筋偏心受压构件正截面受压承载力的设计计算。

思政亮点

钢筋混凝土柱的轴心受压充分利用了混凝土的抗压性能好的特点，而实际工程中并没有真正意义上的轴心受压构件。为了提高构件使用寿命，在混凝土构件中偏心的荷载就要靠钢筋来主要承受拉应力，这就充分利用了材料的受力性能，这与我们工作和生活中的"物尽其用"原则也是相通的。通过学习，学生应深刻领会施工中充分发挥材料的全部价值，力求"物尽其用"的精神。

任务 6.1 概述

6.1.1 受压构件的定义

以承受轴向压力为主的构件称为受压构件。实际工程中的柱、墙、桥墩、拱肋、桁架中的受压弦杆与受压腹杆是典型的受压构件。由于受压构件的破坏将引起楼面结构或桥面结构的失效，故受压构件非常重要。

6.1.2 受压构件的分类

按照轴向压力的作用位置不同，受压构件可分为轴心受压构件和偏心受压构件两类。当轴向压力作用于截面形心时，称为轴心受压，如图 6.1（a）所示；当轴向压力的作用线偏离构件截面形心时，称为偏心受压。偏心受压又可分为单向偏心受压和双向偏心受压，当轴向压力的作用点只与构件截面的一个主轴有偏心距时为单向偏心受压，如图 6.1（b）所示，当轴向压力的作用点与构件截面的两个主轴都有偏心距时为双向偏心受压，如图 6.1（c）所示。

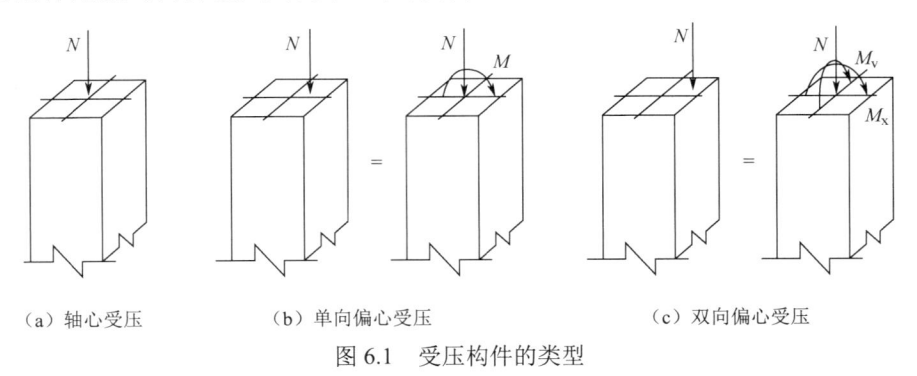

（a）轴心受压　　（b）单向偏心受压　　（c）双向偏心受压

图 6.1 受压构件的类型

任务 6.2 受压构件的一般构造

6.2.1 截面形式和尺寸

考虑到受力合理和模板制作方便，钢筋混凝土轴心受压构件的截面一般采用正方形，偏心受压构件的截面一般采用矩形，有特殊要求时也会采用圆形或多边形截面。为节省混凝土及减轻结构自重，装配式受压构件也常采用 I 形截面或双肢截面等形式。

为了使柱的承载力不致因长细比过大而降低太多，柱的截面尺寸一般不宜小于 250mm×250mm，长细比 $l_0/b \leqslant 30$、$l_0/h \leqslant 25$。当柱截面边长不大于 800mm 时，应为 50mm 的倍数；大于 800mm 时，应为 100mm 的倍数。

6.2.2 材料强度等级

混凝土强度等级对受压构件的承载力影响较大，素混凝土结构的混凝土强度等级不应低于 C15；钢筋混凝土结构的混凝土强度等级不应低于 C20；采用强度等级 400MPa 及以上的钢筋时，混凝土强度等级不应低于 C25。预应力混凝土结构的混凝土强度等级不宜低于 C40，且不可低于 C30。承受重复荷载的钢筋混凝土构件，混凝土强度等级不应低于 C30。

钢筋与混凝土共同受压时，由于受混凝土峰值压应变（$\varepsilon_0=0.002$）的限制，钢筋的压应力最高只能达到 400MPa，故纵向受力钢筋宜选用 HPB300、HRB400、HRB500、HRBF400 和 RRB400 等级的钢筋。箍筋宜采用 HRB400、HRBF400、HRB335、HPB300、HRB500、HRBF500 等级的钢筋。

6.2.3 纵向钢筋

受压构件中纵向钢筋的截面直径、根数、间距和配筋率应符合下列规定。
（1）纵向受力钢筋截面直径不宜小于 12mm；全部纵向钢筋的配筋率不宜大于 5%。
（2）纵向钢筋的净间距不应小于 50mm，且不宜大于 300mm。
（3）偏心受压柱的截面高度不小于 600mm 时，在柱的侧面上应设置截面直径不小于 10mm 的纵向构造钢筋，并相应设置复合箍筋或拉筋，如图 6.2 所示。

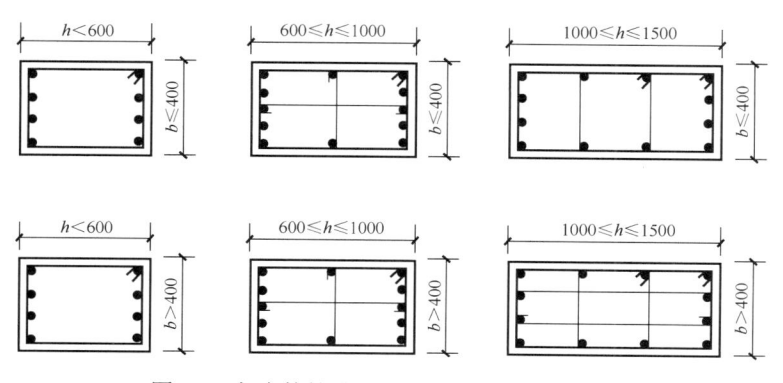

图 6.2 复合箍筋或拉筋的设置（单位：mm）

（4）圆形截面柱中纵向钢筋宜沿周边均匀布置，根数不宜少于 8 根，且不应少于 6 根。矩形截面柱中纵向钢筋不应少于 4 根。

（5）在偏心受压柱中，垂直于弯矩作用平面的侧面上的纵向受力钢筋及轴心受压柱中各边的纵向受力钢筋，其间距不宜大于 300mm。

6.2.4 箍筋

受压构件中箍筋的形式、间距、截面直径及复合箍筋的设置应符合下列规定。

（1）为了能箍住纵筋，防止纵筋压曲，柱中箍筋应为封闭式。

（2）箍筋截面直径不应小于 $d/4$，且不应小于 6mm，d 为纵向钢筋的最大截面直径。

（3）箍筋间距不应大于 400mm 及构件截面的短边尺寸，且不应大于 $15d$，d 为纵向受力钢筋的最小截面直径。

（4）全部纵向受力钢筋的配筋率大于 3%时，箍筋截面直径不应小于 8mm，间距不应大于 $10d$，且不应大于 200mm，d 为纵向受力钢筋的最小截面直径。箍筋末端应做成 135°弯钩，且弯钩末端平直段长度不应小于箍筋截面直径的 10 倍。

（5）当柱截面短边尺寸大于 400mm 且各边纵向钢筋多于 3 根时，或当柱截面短边尺寸不大于 400mm 但各边纵向钢筋多于 4 根时，应设置复合箍筋，如图 6.2 所示。

（6）在配有螺旋式或焊接环式箍筋的柱中，如在正截面受压承载力计算中考虑间接钢筋的作用时，箍筋间距不应大于 80mm 及 $d_{cor}/5$ 中的较小者，且不宜小于 40mm，d_{cor} 为按箍筋内表面确定的核心截面直径。

（7）纵向受力钢筋搭接长度范围内的箍筋间距应符合《规范》的规定。

对于截面形状复杂的构件，不应采用内折角箍筋，以免造成折角处混凝土被箍筋外拉而崩裂，此时应采用分离式箍筋，如图 6.3 所示。

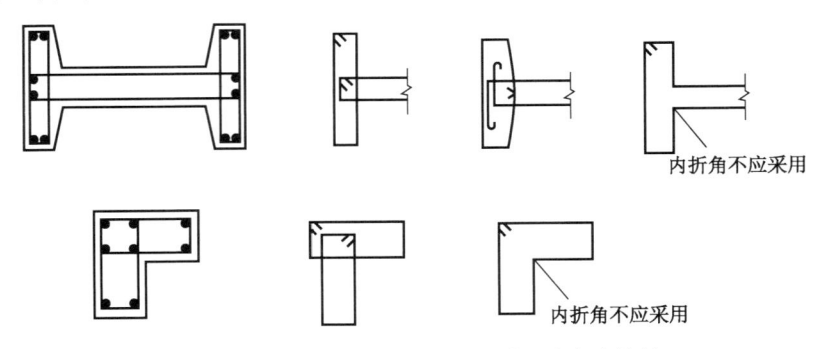

图 6.3 截面形状复杂的构件应采用分离式箍筋

任务 6.3 轴心受压构件正截面的受力性能与承载力计算

实际工程中，理想的轴心受压构件是不存在的。但是对于以承受恒载为主的框架中柱、桁架的受压腹杆等，由于轴向压力的偏心距很小或者说截面上的弯矩很小，因此可近似地按轴心受压构件设计，这样可使计算大为简化。

按照箍筋配置方式的不同，轴心受压构件可分为配普通箍筋的轴心受压构件，如图 6.4（a）所示，以及配螺旋箍筋的轴心受压构件，如图 6.4（b）、（c）所示。

由图 6.4（b）、（c）可知，配螺旋箍筋的轴心受压构件的箍筋有"配螺旋箍筋"和"配焊接环形箍筋"两种方式，以下为叙述方便，统称为配螺旋箍筋。

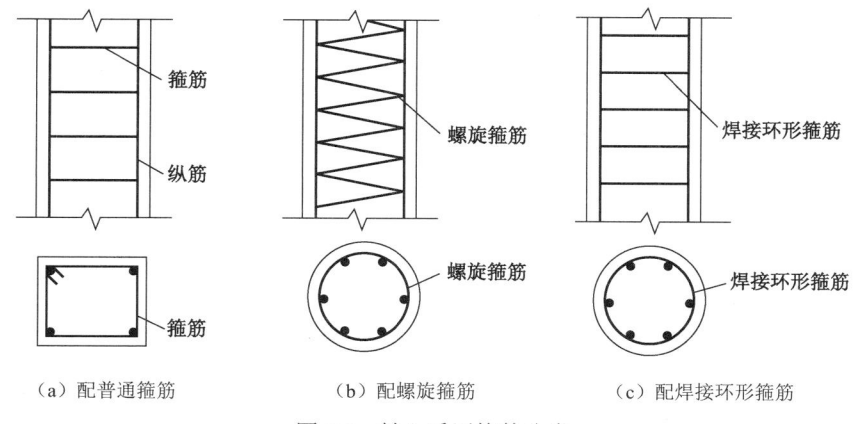

（a）配普通箍筋　　（b）配螺旋箍筋　　（c）配焊接环形箍筋

图 6.4　轴心受压构件分类

1．轴心受压构件中纵筋的主要作用

（1）直接受压，提高构件的承载力或减小截面尺寸。
（2）承担偶然偏心等产生的拉应力。
（3）改善混凝土的变形能力，防止构件发生突然的脆性破坏。
（4）减小混凝土的收缩和徐变变形。

2．轴心受压构件中箍筋的主要作用

（1）固定纵筋，形成钢筋骨架。
（2）约束混凝土，改善混凝土的性能，使被箍筋约束的核心混凝土的强度和变形能力得到较大的提高。
（3）提供纵筋的侧向支撑，防止纵筋压屈。

6.3.1　配普通箍筋轴心受压构件正截面的受力性能与承载力计算

配普通箍筋轴心受压构件由于施工方便、经济性好，是工程中最常采用的轴心受压构件。

1．受力性能

根据破坏时特征不同，轴心受压构件的破坏形态有短柱破坏、长柱破坏和失稳破坏三种。

短柱是指 $l_0/b \leqslant 8$（矩形截面，b 为截面的较小边长），或 $l_0/d \leqslant 7$（圆形截面，d 为截面直径），或 $l_0/i \leqslant 28$（任意截面，i 为截面的最小回转半径）的构件。短柱在荷载作用下，由于偶然因素造成的荷载初始偏心对短柱的受压承载力和破坏特征影响很小，引起的侧挠度也很小，故可忽略不计。受力时，钢筋与混凝土的应变基本一致，两者共同变形、共同抵御外荷载。短柱破坏时，柱四周出现明显的纵向裂缝，混凝土压碎，纵筋压屈、外鼓呈灯笼状（如

图 6.5 所示)。

在荷载作用下,由于偶然因素造成的荷载初始偏心,对长柱的受压承载力和破坏特征影响较大,应予以考虑。荷载的初始偏心使得长柱产生侧向挠度和附加弯矩,而侧向挠度又增大了荷载的偏心距。随着荷载的增加,侧向挠度和附加弯矩将不断增大。最后,长柱在轴向压力和附加弯矩的共同作用下,向外凸一侧的混凝土出现横向裂缝,向内凹一侧的混凝土出现纵向裂缝,混凝土被压碎,构件破坏(如图 6.6 所示)。

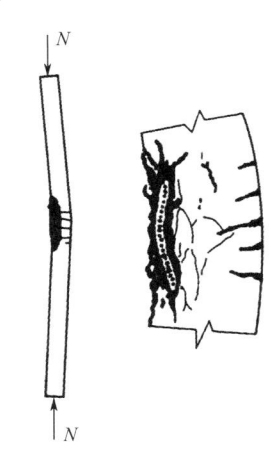

图 6.5 轴心受压短柱的破坏特征　　图 6.6 轴心受压长柱的破坏特征

试验表明,长柱的承载力低于其他条件均相同的短柱的承载力,长细比越大,承载力越差。对于长细比很大的细长柱,还有可能发生失稳破坏。《规范》用稳定系数 ϕ 来表示长柱相对于短柱的承载力降低程度,即:

$$\phi = \frac{N_u^l}{N_u^s} \tag{6-1}$$

式中:N_u^l、N_u^s——分别表示轴心受压长柱和短柱的受压承载力。

中国建筑科学研究院试验资料及一些国外的试验数据表明,稳定系数 ϕ 主要和构件的长细比有关。长细比是指构件的计算长度 l_0 与其截面的回转半径 i 之比;对于矩形截面,长细比为 l_0/b(b 为截面的短边尺寸)。当 $l_0/b<8$ 时,柱的承载力没有降低,ϕ 值可取为 1。长细比越大,ϕ 值越小。《规范》规定:稳定系数 ϕ 应按表 6.1 取值。

表 6.1　钢筋混凝土轴心受压构件的稳定系数 ϕ

l_0/b	≤8	10	12	14	16	18	20	22	24	26	28
l_0/d	≤7	8.5	10.5	12	14	15.5	17	19	21	22.5	24
l_0/i	≤28	35	42	48	55	62	69	76	83	90	97
ϕ	1.00	0.98	0.95	0.92	0.87	0.81	0.75	0.70	0.65	0.60	0.56
l_0/b	30	32	34	36	38	40	42	44	46	48	50
l_0/d	26	28	29.5	31	33	34.5	36.5	38	40	41.5	43
l_0/i	104	111	118	125	132	139	146	153	160	167	174
ϕ	0.52	0.48	0.44	0.40	0.36	0.32	0.29	0.26	0.23	0.21	0.19

注:表中 l_0 为构件的计算长度;b 为矩形截面的短边尺寸;d 为圆形截面的直径;i 为截面的最小回转半径。

受压构件的计算长度 l_0 与构件两端的支撑条件及有无侧移等因素有关。对于一般多层房屋中梁柱为刚性接触状态的框架结构，各层柱的计算长度 l_0 可按表 6.2 采用。

表 6.2　框架结构中刚性接触状态的梁柱的计算长度 l_0

楼盖类型	柱的类别	l_0
现浇楼盖	底层柱	H
	其余各层柱	$1.25H$
装配式楼盖	底层柱	$1.25H$
	其余各层柱	$1.5H$

注：表中 H 对底层柱为基础顶面到一楼顶面的高度；对其余各层柱为上、下两层楼盖顶面之间的高度。

2. 受压承载力的计算

根据短柱在破坏时的特征，短柱正截面受压承载力的计算简图可取如图 6.7 所示的应力图。在图 6.7 所示竖向力平衡的基础上，并考虑长柱和短柱计算公式的统一及与偏心受压构件承载力计算具有相近的可靠度后，《规范》对于配置普通箍筋的轴心受压构件的正截面受压承载力要求按下式确定：

$$N \leqslant 0.9\phi(f_c A + f'_y A'_s) \tag{6-2}$$

式中：N——轴向压力设计值；

0.9——可靠度调整系数；

ϕ——钢筋混凝土构件的稳定系数，按表 6.1 采用；

f_c——混凝土的轴心抗压强度设计值；

f'_y——纵向钢筋的抗压强度设计值；

A——构件截面面积，当纵向钢筋配筋率大于 3%时，式中 A 改用 $(A-A'_s)$；

A'_s——全部纵向钢筋的截面面积。

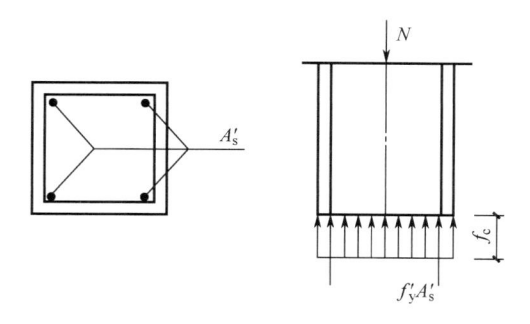

图 6.7　短柱正截面受压承载力的计算简图

【例 6.1】已知某现浇多层钢筋混凝土框架结构，处于一类环境，安全等级为二级，底层中间柱为配置普通箍筋的轴心受压柱，柱的计算长度 l_0=5.6m，轴向压力设计值为 2500kN，采用 C30 级混凝土，纵筋采用 HRB335 级钢筋。试确定柱的截面尺寸并配置纵筋及箍筋。

【解】：（1）确定基本参数并初步估算截面尺寸。

查附表 2 和附表 7 可知，对于 C30 级混凝土，f_c=14.3MPa；对于 HRB335 级钢筋，f'_y=300MPa。

由于是轴心受压构件，截面形式选用正方形。假定 ρ'=1%，φ=1，代入式（6-2）估算截面面积为

$$A = \frac{N}{0.9\varphi(f_c + \rho' f_y')} = \frac{2500 \times 10^3}{0.9 \times 1 \times (14.3 + 0.01 \times 300)} = 160565 (\text{mm}^2)$$

则截面边长 $b = \sqrt{A} = \sqrt{160565} = 400.7 (\text{mm})$，取 b=400mm。

（2）计算受压纵筋截面面积。

$\dfrac{l_0}{b} = \dfrac{5600}{400} = 14$，查表 6.1 得 φ=0.92。

由式（6-2）得

$$A_s' = \frac{\dfrac{N}{0.9\varphi} - f_c A}{f_y'} = \frac{\dfrac{2500 \times 10^3}{0.9 \times 0.92} - 14.3 \times 400 \times 400}{300} = 2438 (\text{mm}^2)$$

（3）验算纵筋配筋率。

$\rho' = A_s'/A = 2438/16000 = 1.52\% > \rho_{min}' = 0.6\%$，满足配筋率要求。

（4）选配钢筋。选配纵向钢筋 8ϕ20，A_s'=2513mm²。

（5）根据构造要求配置箍筋。选取箍筋 ϕ6@250，其间距小于短边长度 400mm，也小于 15d，即 300mm（d 为纵向钢筋的最小截面直径），故满足构造要求。

（6）截面配筋简图如图 6.8 所示。

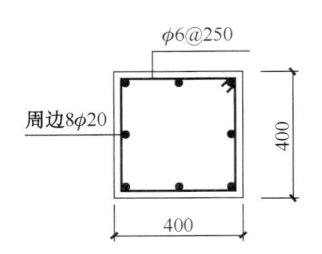

图 6.8 例 6.1 截面配筋简图
（长度单位：mm）

6.3.2 配螺旋箍筋轴心受压构件正截面的受力性能与承载力计算

配螺旋箍筋轴心受压构件由于用钢量大、施工复杂、造价较高，一般不宜采用。但当轴心受压构件承受的轴向荷载很大，而其截面尺寸又受到限制，即使提高混凝土强度等级和增加纵筋数量也不足以承受轴向荷载时，可考虑采用配螺旋箍筋轴心受压构件，以提高其承载力。

1. 受力性能

对于配螺旋箍筋轴心受压构件，当荷载增加至混凝土的压应力达到 $0.8f_c$ 以后，混凝土的横向变形将急剧增大，但此横向变形将受到螺旋箍筋的约束，螺旋箍筋内产生拉应力，从而使箍筋所包围的核心混凝土（如图 6.9 中的阴影部分所示）受到螺旋箍筋的被动约束，使螺旋箍筋以内的核心混凝土处于三向受压状态，有效地提高了核心混凝土的抗压强度和变形能力，从而提高构件的受压承载力。当混凝土的压应变达到无约束混凝土的极限压应变时，螺旋箍筋外围的混凝土保护层开始脱落。当螺旋箍筋的应力达到拉屈服强度时，构件达到最大承载力而破坏。因为这种构件通过对核心混凝土的套箍作用而间接提高了受压承载力，故也称为间接配螺旋箍筋轴心受压构件，习惯上称为间接配筋柱，同时螺旋箍筋或焊接环形箍筋也称间接钢筋。

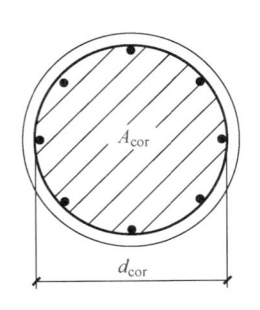

图 6.8 螺旋箍筋柱截面的核心混凝土

2. 受压承载力的计算

根据配螺旋箍筋轴心受压构件破坏时的特征，其正截面受压承载力的计算简图可取图 6.10（a）所示的应力图。根据图 6.10（a）所示竖向力的平衡，并考虑与偏心受压构件承载力计算具有相近的可靠度后，可得到下式

$$N \leqslant 0.9(f_{cc}A_{cor}+f'_y A'_s) \tag{6-3}$$

式中：N——轴向压力设计值；

　　　0.9——可靠度调整系数；

　　　f_{cc}——有约束混凝土的轴心抗压强度设计值；

　　　A_{cor}——构件的核心截面面积，即间接钢筋内表面范围内的混凝土截面面积，如图 6.10（a）所示；

　　　f'_y——纵向钢筋的抗压强度设计值；

　　　A'_s——全部纵向钢筋的截面面积。

根据混凝土三向受压时的强度规律可得

$$f_{cc}=f_c+4\alpha\sigma_2 \tag{6-4}$$

式中：f_c——无约束混凝土的轴心抗压强度设计值；

　　　α——间接钢筋对混凝土约束的折减系数，当混凝土强度等级不超过 C50 时，取 1；当混凝土强度等级超过 C80 时，取 0.85；当混凝土强度等级在上述两者之间时按线性内插法确定；

　　　σ_2——间接钢筋屈服时，核心混凝土受到的径向压应力值，如图 6.10（b）、（c）所示。

（a）应力图

（b）混凝土对螺旋箍筋的挤压应力

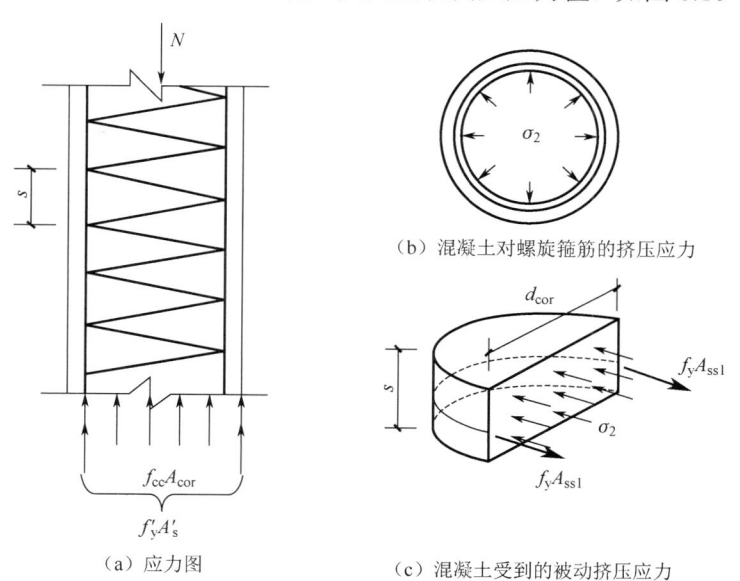

（c）混凝土受到的被动挤压应力

图 6.10　配螺旋箍筋轴心受压构件的正截面受压承载力的计算

根据图 6.10（c）所示的水平力平衡可得：

$$\sigma_2 = \frac{2f_{yv}A_{ss1}}{sd_{cor}} \tag{6-5}$$

式中：f_{yv}——间接钢筋的抗拉强度设计值；

A_{ss1}——螺旋式或焊接环形单根间接钢筋的截面面积；

s——间接钢筋沿构件轴线方向的间距；

d_{cor}——构件的核心截面直径，即间接钢筋内混凝土正截面之内的最大距离，如图6.10（c）所示。

将式（6-5）代入式（6-4），再代入式（6-3）可得，配螺旋箍筋轴心受压构件的正截面受压承载力计算公式（《规范》的要求也是如此）：

$$N \leqslant 0.9(f_c A_{cor} + f'_y A'_s + 2\alpha f_{yv} A_{ss0}) \quad (6-6)$$

式中：A_{ss0}——螺旋式或焊接环形间接钢筋的换算截面面积，$A_{ss0} = \dfrac{\pi d_{cor} A_{ss1}}{s}$；

$f_c A_{cor}$——核心混凝土在无约束时所承担的轴向压力；

$f'_y A'_s$——纵向钢筋承担的轴向压力；

$2\alpha f_{yv} A_{ss0}$——配置螺旋箍筋后，核心混凝土受到螺旋箍筋约束所提高的承载力。

为了保证构件在使用荷载作用下不发生混凝土保护层脱落，《规范》规定按式（6-6）计算得出的构件承载力不应大于按式（6-2）计算结果的1.5倍。

当遇到下列任意一种情况时，不应计入间接钢筋的影响，而应按式（6-2）计算构件的受压承载力。

（1）当 $l_0/d > 12$ 时，此时因长细比较大，有可能因纵向弯曲导致螺旋箍筋不起作用。

（2）当按式（6-6）计算的受压承载力小于按式（6-2）计算的受压承载力时。

（3）当间接钢筋的换算截面面积 A_{ss0} 小于纵筋的全部截面面积的25%时。因间接钢筋配置太少，间接钢筋对核心混凝土的约束作用不明显。

间接钢筋的间距不应大于80mm及 $d_{cor}/5$ 中的较小者，且不宜小于40mm；间接钢筋的截面直径应符合6.2.4节有关柱中箍筋截面直径的规定。

【例6.2】已知某现浇多层钢筋混凝土框架结构处于一类环境，安全等级为二级，底层中间柱为轴心受压圆形柱，直径为450mm。柱的长度 l_0=5100mm，轴向压力设计值为4750kN，混凝土强度等级为C30，柱中纵筋和箍筋分别采用HRB400级和HRB335级钢筋。试确定柱中纵筋及箍筋。

【解】：（1）确定基本参数。查附表2和附表7，对于C30级混凝土，f_c=14.3MPa；对于HRB400级钢筋，f'_y=360MPa；对于HRB335级钢筋，f_y=300MPa。

对于一类环境，c=30mm。

（2）先按普通箍筋柱计算。由 l_0/d=5100/450=11.33，查表6.1得 φ=0.933。

圆柱截面面积为

$$A = \frac{\pi d^2}{4} = \frac{3.14 \times 450^2}{4} = 158962.5 (\text{mm}^2)$$

由式（6-2）得

$$A'_s = \frac{\dfrac{N}{0.9\varphi} - f_c A}{f'_y} = \frac{\dfrac{4750 \times 10^3}{0.9 \times 0.933} - 14.3 \times 158962.5}{360} = 9398.9 (\text{mm}^2)$$

$$\rho' = A'_s/A = 9398.9/158962.5 = 5.91\% > \rho'_{max} = 5\%$$

配筋率太高，因 l_0/d=11.33<12，若混凝土强度等级不再提高，则可更改配筋、螺旋箍筋的配

置，以提高柱的承载力。

（3）按配有螺旋式箍筋柱计算。假定 ρ'=3%，则

$$A'_s = 0.03A = 0.03 \times 158962.5 = 4768.88 \text{（mm}^2\text{）}$$

选配纵筋：10ϕ25，实际 A'_s=4909mm^2，ρ'=3.1%

假定螺旋箍筋截面直径为14mm，则 A_{ss1}=153.9mm^2

混凝土核心截面直径为 d_{cor}=450-2×（30+14）=362（mm）

混凝土核心截面面积为 $A_{cor} = \dfrac{\pi d_{cor}^2}{4} = \dfrac{3.14 \times 362^2}{4} = 102869.5 \text{(mm}^2\text{)}$

由式（6-6）得

$$A_{ss0} = \dfrac{\dfrac{N}{0.9} - (f_c A_{cor} + f'_y A'_s)}{2\alpha f_y} = \dfrac{\dfrac{4750 \times 10^3}{0.9} - 14.3 \times 102869.5 - 360 \times 4909}{2 \times 1 \times 300} = 3399.2 \text{(mm}^2\text{)}$$

因 A_{ss0}>0.25A'_s，满足构造要求。

$$s = \dfrac{\pi d_{cor} A_{ss1}}{A_{ss0}} = \dfrac{3.14 \times 362 \times 153.9}{3399.2} = 51.5 \text{(mm)}$$

取 s=50mm，满足 40mm≤s≤80mm，且满足不大于 0.2d_{cor}（0.2×362=72）的要求。则

$$A_{ss0} = \dfrac{\pi d_{cor} A_{ss1}}{s} = \dfrac{3.14 \times 362 \times 153.9}{50} = 3498.7 \text{(mm}^2\text{)}$$

按式（6-6）计算，得

$$\begin{aligned} N_u &= 0.9(f_c A_{cor} + f'_y A'_s + 2\alpha f_{yv} A_{ss0}) \\ &= 0.9 \times (14.3 \times 102869.5 + 360 \times 4909 + 2 \times 1 \times 300 \times 3498.7) \\ &= 4803.7 > N = 4750 \end{aligned}$$

按式（6-2）计算，因 ρ'=3.1%，因此式（6-2）中的 A 应改为 $A-A'_s$，且 4803.7/3333.8=1.44<1.5，故计算结果满足要求。截面配筋简图如图 6.11 所示。

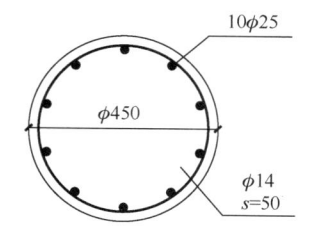

图 6.11　例 6.2 截面配筋简图（长度单位：mm）

任务6.4　偏心受压构件正截面的受力性能

钢筋混凝土单向偏心受压构件的纵向受力钢筋通常布置在轴向偏心方向的两侧，离偏心压力较近一侧的钢筋称为受压钢筋，用 A'_s 表示（在计算时，亦采用此符号表示其截面面积，下同），其实际受力状态为受压；离偏心压力较远一侧的钢筋称为受拉钢筋，用 A_s 表示（在计算时，亦采用此符号表示其截面面积，下同），其实际受力状态可能为受拉也可能为受压，如图 6.12 所示。

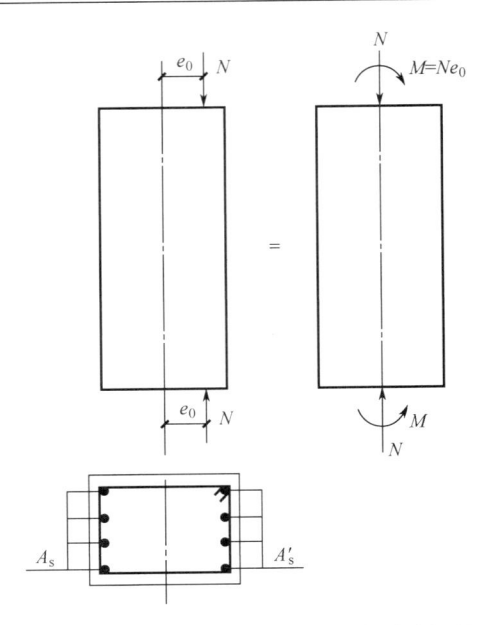

图 6.12 单向偏心受压构件的纵向受力钢筋

由图 6.12 可见，偏心受压构件可等效为压弯构件，因此，从正截面的受力性能来看，可以把偏心受压看作是轴心受压与受弯之间的过渡状态，即可以把轴心受压看作是偏心受压状态当 $M=0$ 时的一种极端情况；而受弯可看作是偏心受压状态当 $N=0$ 时的另一种极端情况。可以推断，偏心受压构件截面中的应力、应变分布将随着偏心距 e_0 的逐步减少，从接近于受弯状态过渡到接近轴心受压状态。

由于长细比（l_0/h）不同，在荷载作用下偏心受压构件的纵向弯曲对构件受力性能的影响程度不同。因此，根据长细比的不同，将偏心受压构件分为短柱（$l_0/h \leqslant 5$）和长柱（$l_0/h > 5$）两种。

6.4.1 偏心受压构件的破坏形态

试验表明，偏心受压构件的破坏形态与轴向压力偏心距 e_0 的大小及构件的配筋情况有关，可分为大偏心受压破坏和小偏心受压破坏两种。

1. 大偏心受压破坏（受拉破坏）

当轴向压力 N 的偏心距 e_0 较大，且距轴向压力较远一侧的钢筋 A_s 配置不太多时，构件最终将产生大偏心受压破坏。荷载作用下，离轴向压力较近一侧截面受压，另一侧受拉。随着荷载的增加，首先在受拉区产生横向裂缝，这些裂缝将随着荷载的增大而不断扩展，混凝土受压区逐渐减小。当受拉钢筋屈服后，混凝土受压区迅速减小，最后受压区混凝土出现纵向裂缝，受压区边缘混凝土达到极限压应变 ε_{cu} 而压碎，构件破坏，此时纵向受压钢筋 A_s' 一般也能达到屈服强度，此种破坏形态称为大偏心受压破坏，破坏前有明显征兆，属延性破坏。其破坏过程和破坏特征类似受弯构件正截面的适筋破坏，构件破坏时截面的应力、应变分布如图 6.13（b）所示，构件的破坏形态如图 6.13（a）所示。这种构件称为大偏心受压构件。

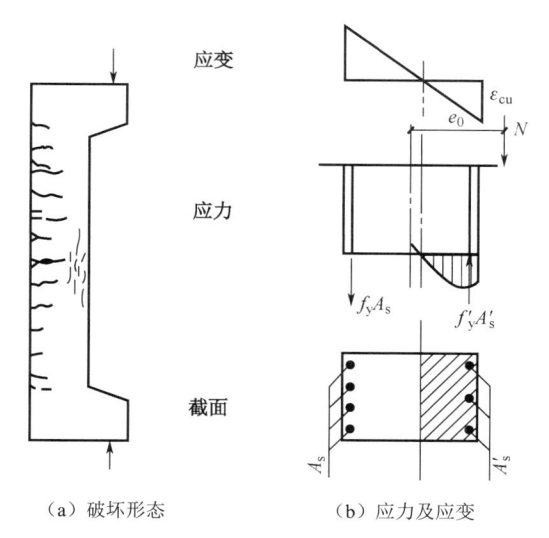

图 6.13 大偏心受压破坏

2. 小偏心受压破坏（受压破坏）

当轴向压力的偏心距较小或虽偏心距较大，但受拉钢筋数量较多时，构件将会发生小偏心受压破坏，如图 6.14（a）所示。破坏时，靠近轴向压力一侧的混凝土先被压碎，此种破坏包括以下三种情况。

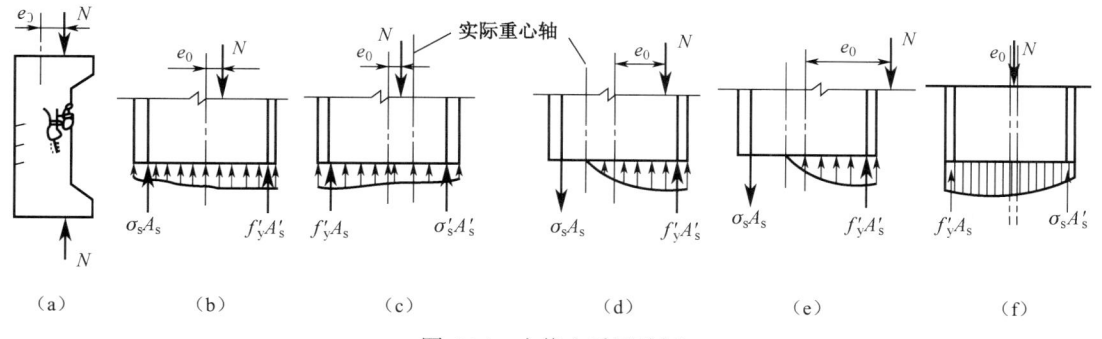

图 6.14 小偏心受压破坏

（1）当偏心距很小时，截面整体受压，靠近轴向压力一侧的压应力大于另一侧。随着荷载增大，压应力较大一侧的混凝土先被压碎，同时该侧受压钢筋也达到屈服强度；而另一侧的混凝土和钢筋在破坏时其应力均未达到其相应的屈服强度，如图 6.14（b）所示。当偏心距很小，靠近轴向压力较近一侧的钢筋数量过多，而另一侧钢筋数量过少时，破坏也可能发生在距离轴向压力较远的一侧，如图 6.14（c）所示。

（2）当偏心距较小时，截面大部分受压，小部分受拉。但由于中性轴离受拉钢筋 A_s 很近，无论受拉钢筋数量多少，钢筋承担的应力都很小，破坏总是发生的受压一侧。破坏时，混凝土被压碎，受压钢筋应力达到屈服强度。临近破坏时，受拉区混凝土横向裂缝扩展不明显，受拉钢筋应力也达不到屈服强度，如图 6.14（d）所示。

这种破坏的过程和特征与超筋梁破坏类似，破坏时无明显的破坏预兆，属脆性破坏。

（3）当偏心距较大但受拉钢筋数量过多时，截面还是部分受压，部分受拉。但由于受拉钢筋配置过多，受拉钢筋应力达到屈服强度之前，受压区混凝土已先达到极限压应变而破坏，同时受压钢筋应力也达到屈服强度，其破坏特征与超筋梁破坏类似，破坏时无明显的破坏预兆，属脆性破坏，如图 6.14（e）所示。

以上三种破坏情况的共同特征是：构件的破坏是由于受压区混凝土被压碎而造成的。破坏时，靠近轴向压力一侧的受压钢筋压应力一般均达到屈服强度，而另一侧的钢筋，不论是受拉还是受压，其应力均达不到屈服强度。受拉区横向裂缝不明显，也无明显主裂缝。纵向开裂荷载与破坏荷载很接近，压碎区段很长，破坏无明显预兆，属脆性破坏，且混凝土强度等级越高，破坏越突然，故统称为受压破坏。

上述引起小偏心受压破坏的情形中，"偏心距 e_0 虽较大，但 A_s 配置较多"的情形是由于设计不合理而引起的，设计时应避免。

另外，当轴向压力 N 的偏心距 e_0 很小，且纵向受拉钢筋 A_s 配置较少，而纵向受压钢筋 A'_s 配置较多时，截面的实际形心轴与几何形心轴将不重合，实际形心轴将向 A'_s 一侧偏移，并可能越过轴向压力 N 的作用线，最终可能发生 A_s 所在侧的混凝土先压碎而破坏的情况，破坏时截面的应力、应变分布如图 6.14（f）所示，通常称其为"反向受压破坏"。

3．大、小偏心受压破坏的界限

在大、小偏心受压破坏之间，必定有一个界限，称之为界限破坏。如前所述，发生大偏心受压破坏时，受拉钢筋先屈服，然后受压区混凝土压碎；发生小偏心受压破坏时，受拉钢筋未屈服，受压区混凝土压碎。因此，我们将受拉钢筋屈服与受压区混凝土压碎同时发生（即受拉钢筋应变达到屈服应变 ε_y 与受压区边缘混凝土应变达到极限压应变 ε_{cu} 同时发生）的情况称为界限破坏，如图 6.15 所示。可见，该界限与受弯构件中适筋破坏与超筋破坏的界限完全相同，因而其相对界限受压区高度 ξ_b 的计算公式也与受弯构件的相关公式相同。所以，当 $\xi < \xi_b$ 时，为大偏心受压破坏；当 $\xi > \xi_b$ 时，为小偏心受压破坏。

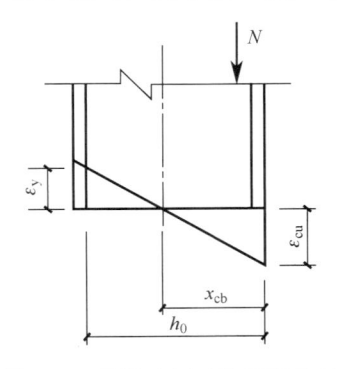

图 6.15 界限破坏时的截面应变

6.4.2 附加偏心距 e_a 与初始偏心距 e_i

实际工程中存在的荷载作用位置的不定性、混凝土质量的不均匀性及施工的偏差等因素，都可能产生附加偏心距 e_a，所以《规范》规定在偏心受压构件的正截面承载力计算中，应计入轴向压力在偏心方向存在的附加偏心距 e_a，其值应取"20mm 和偏心方向截面最大尺寸的 1/30"两者中的较大值。

计入附加偏心距 e_a 后，轴向压力的初始偏心距则用 e_i 表示

$$e_i = e_0 + e_a \qquad (6\text{-}7)$$

式中：e_i——轴向压力的初始偏心距；
e_0——偏心距，即 $e_0 = M/N$；
e_a——附加偏心距。

6.4.3 偏心受压长柱的受力性能

在荷载作用下，偏心受压构件会产生纵向挠曲变形，其侧向挠度为 f（如图 6.16 所示）。称"侧向挠度 f 引起的附加弯矩 Nf"为二阶弯矩；而 Ne_i 为一阶弯矩。

图 6.17 给出了偏心受压构件从加载到破坏的全过程，以及偏心受压短柱、长柱和细长柱的 N-M 关系，三者除长细比外的其他条件均相同。

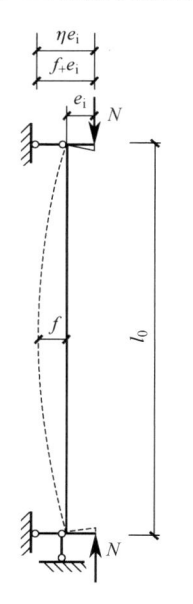

图 6.16 偏心受压构件的侧向挠度 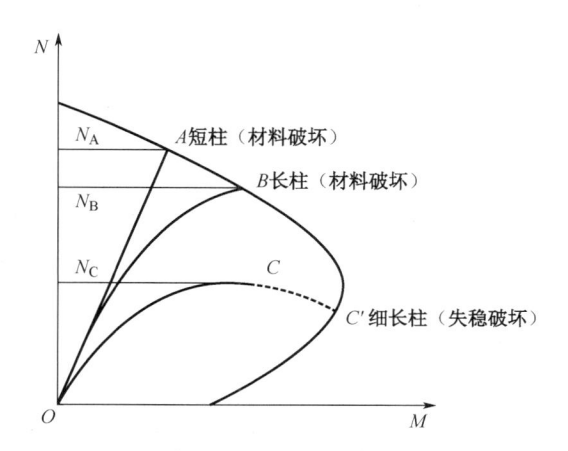　　图 6.17 偏心受压构件的破坏

对于偏心受压短柱（$l_0/h \leqslant 5$），荷载作用下的侧向挠度 f 很小，可略去不计，因此，加载过程中短柱的 N 与 M 成线性关系，如图 6.17 中直线 OA 所示，该线最后到达 A 点，此时构件破坏（属于材料破坏）。

对于偏心受压长柱（$5 < l_0/h \leqslant 30$），荷载作用下的侧向挠度 f 较大，二阶弯矩 Nf 的影响已不能忽略。加载过程中由于 f 随 N 的增大而增大，故 M 比 N 增长快，两者不再成线性关系，如图 6.17 中曲线 OB 所示，该线最后到达 B 点，此时构件破坏（仍属于材料破坏）。但长柱的受压承载力 N_B 比条件相同的短柱的受压承载力 N_A 低，长细比越大，降低越多。需要说明的是，与偏心受压短柱一样，偏心受压长柱的材料破坏也有大偏心受压破坏和小偏心受

压破坏两种破坏形态。

与偏心受压长柱相比，偏心受压细长柱（$l_0/h>30$）的 M 比 N 增长更快，如图 6.17 中曲线 OC 所示，该线到达 C 点时，细长柱的侧向挠度 f 已出现不收敛的增长，构件因纵向弯曲失去平衡而破坏，此时钢筋尚未屈服，混凝土尚未压碎，称为"失稳破坏"，实际工程中应避免这种破坏。

6.4.4　偏心距增大系数 η

在《规范》中，把初始偏心距 e_i 乘以一个偏心距增大系数 η 来体现二阶弯矩的影响。如图 6.16 所示，即

$$\eta e_i = e_i + f \tag{6-8a}$$

$$\eta = 1 + \frac{f}{e_i} \tag{6-8b}$$

式中：η——偏心距增大系数。

在式（6-8b）的基础上，根据标准偏心受压柱（如图 6.16 所示）在发生界限破坏时的理论分析结果，并结合试验实测数据，《规范》给出了偏心距增大系数 η 的计算公式：

$$\eta = 1 + \frac{1}{1300 e_i / h_0} \left(\frac{l_0}{h}\right)^2 \zeta_c \tag{6-9a}$$

$$\zeta_c = \frac{0.5 f_c A}{N} \tag{6-9b}$$

式中：l_0——构件的计算长度，按《规范》第 7.3.11 条确定；

h——截面高度，其中，对环形截面取外直径，对圆形截面取直径；

h_0——截面有效高度；

A——构件的截面面积；

ζ_c——偏心受压构件的截面曲率修正系数，当 $\zeta_c>1$ 时，取 $\zeta_c=1$；《规范》规定：当偏心受压构件的长细比 $l_0/h \leqslant 5$（或 $l_0/i \leqslant 17.5$ 时），可不考虑二阶效应的影响，取 $\eta=1$。

上述方法采用基于标准偏心受压构件求得的偏心距增大系数 η 与构件计算长度 l_0 相结合的方式来考虑二阶效应的不利影响，故称其为 η-l_0 法。

任务 6.5　不对称配筋矩形截面偏心受压构件正截面承载力的计算

6.5.1　基本计算公式及其适用条件

由于偏心受压构件正截面破坏特征与受弯构件正截面破坏特征是类似的，故其正截面受压承载力计算仍采用了与受弯构件正截面承载力计算相同的基本假定，混凝土压应力图形则采用等效矩形应力分布图，其强度为 $\alpha_1 f_c$，混凝土受压区计算高度 $x=\beta_1 x_c$，α_1 和 β_1 的取值同前。

1．大偏心受压构件

1）基本计算公式

《规范》采用等效矩形应力发布图作为正截面受压承载力的计算简图，结合大偏心受压构件破坏时的特征，可得到矩形截面大偏心受压构件正截面受压承载力的计算简图（如图 6.18 所示）。

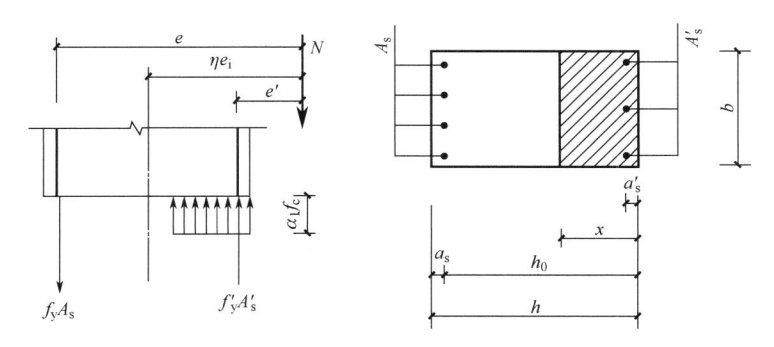

图 6.18　矩形截面大偏心受压构件正截面受压承载力的计算简图

由图 6.18 所示的纵向力平衡条件及力矩平衡条件，可得到计算矩形截面大偏心受压构件正截面受压承载力的两个基本公式：

$$\begin{cases} N \leqslant N_u = \alpha_1 f_c b x + f'_y A'_s - f_y A_s & \text{(6-10a)} \\ Ne \leqslant N_u e = \alpha_1 f_c b x (h_0 - \dfrac{x}{2}) + f'_y A'_s (h_0 - a'_s) & \text{(6-10b)} \end{cases}$$

式中：e——轴向压力 N 作用点至纵向受拉钢筋 A_s 合力点的距离，按下式计算：

$$e = \eta e_i + \frac{h}{2} - a_s \tag{6-10c}$$

2）公式的适用条件

大偏心受压构件基本计算公式适用条件如下。

① 为保证受拉钢筋 A_s 应力达到屈服强度 f_y，应满足 $\xi \leqslant \xi_b$ 或 $x \leqslant \xi_b h_0$。

② 为保证受压钢筋 A'_s 应力达到屈服强度 f'_y，应满足 $x \geqslant 2a'_s$。

计算中若出现 $x < 2a'_s$，说明纵向受压钢筋 A'_s 应力没有达到屈服强度 f'_y。此时，与受弯构件双筋梁类似，可近似取 $x = 2a'_s$，并对纵向受压钢筋 A'_s 的合力点取矩，得：

$$Ne' \leqslant N_u e' = f_y A_s (h_0 - a'_s) \tag{6-11a}$$

式中：e'——轴向压力 N 作用点至纵向受压钢筋 A'_s 合力点的距离，按下式计算：

$$e = \eta e_i - \frac{h}{2} + a'_s \tag{6-11b}$$

2．小偏心受压构件

1）基本计算公式

对于小偏心受压构件，离轴向压力较远一侧的钢筋 A_s，不论受拉还是受压，其应力一般达不到屈服强度。因此，小偏心受压构件的计算简图如图 6.19 所示。

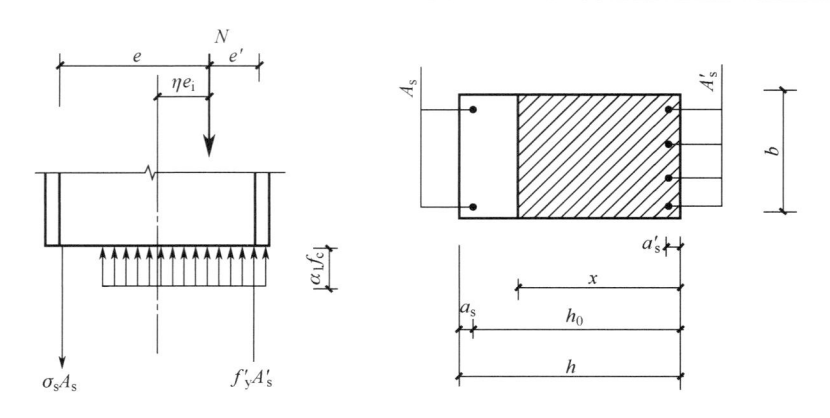

图 6.19 小偏心受压构件的计算简图

由图 6.19 所示的纵向力平衡条件和力矩平衡条件，可得到计算矩形截面小偏心受压构件正截面受压承载力的两个基本公式：

$$N \leqslant \alpha_1 f_c bx + f_y' A_s' - \sigma_s A_s \quad (6\text{-}12a)$$

$$Ne \leqslant \alpha_1 f_c bx(h_0 - \frac{x}{2}) + f_y' A_s'(h_0 - a_s') \quad (6\text{-}12b)$$

式中：σ_s——小偏心受压构件中纵向受拉钢筋 A_s 的应力，按下式计算：

$$\sigma_s = \frac{f_y}{\xi_b - \beta_1}(\xi - \beta_1) \quad (6\text{-}12c)$$

按式（6-12c）计算的钢筋应力应满足 $-f_y' \leqslant \sigma_s \leqslant f_y$。

由 $\sigma_s = -f_y'$，可解得 $\xi = 2\beta_1 - \xi_b$；由 $\sigma_s = f_y$，可解得 $\xi = \xi_b$。也就是说，只要满足 $\xi_b \leqslant \xi \leqslant 2\beta_1 - \xi_b$，就能保证 $-f_y' \leqslant \sigma_s \leqslant f_y$。因此，钢筋应力 σ_s 应满足 $-f_y' \leqslant \sigma_s \leqslant f_y$ 的条件可以等价为：

$$\xi_b h_0 \leqslant x \leqslant \xi_{cy} h_0 \quad (6\text{-}13)$$

式中：$\xi_{cy} = 2\beta_1 - \xi_b$。

在设计计算时，对于小偏心受压构件的力矩平衡条件，有时使用对图 6.18 所示的受压钢筋 A_s' 合力点取矩建立的式（6-14a）更为方便一些，即：

$$Ne' \leqslant \alpha_1 f_c bx(\frac{x}{2} - a_s') - \sigma_s A_s(h_0 - a_s') \quad (6\text{-}14a)$$

式中：e'——轴向压力 N 作用点至纵向受压钢筋 A_s' 合力点的距离，按下式计算：

$$e' = \frac{h}{2} - \eta e_i - a_s' \quad (6\text{-}14b)$$

2) 公式的适用条件

小偏心受压构件基本计算公式适用条件为

$$\xi_b h_0 \leqslant x \leqslant h \quad (6\text{-}15a)$$

$$-f_y' \leqslant \sigma_s \leqslant f_y \quad (6\text{-}15b)$$

3) 对于反向受压破坏的验算

当轴向压力较大而偏心距很小时，有可能发生图 6.14（f）所示的"反向受压破坏"，图 6.20 所示为该种破坏形式的计算简图，对纵向受压钢筋 A_s' 的合力点取矩，可得到式（6-16a）：

$$Ne' \leqslant f_c bh(h_0' - 0.5h) + f_y' A_s(h_0' - a_s) \quad (6\text{-}16a)$$

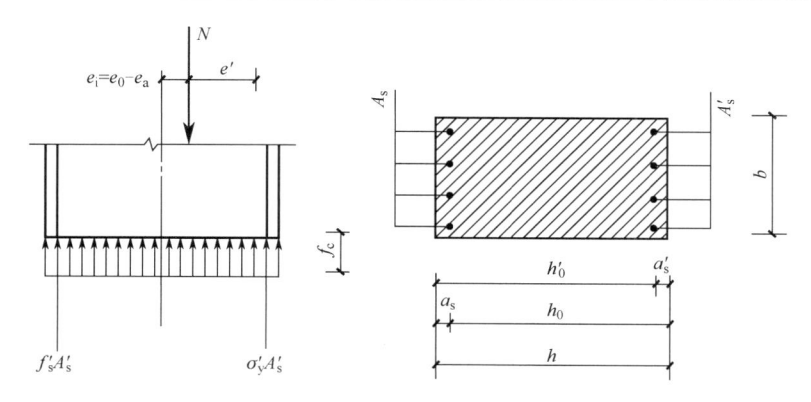

图 6.20 小偏心受压构件发生反向受压破坏时的计算简图

考虑对 A_s 最不利的情况，取 $e_i = e_0 - e_a$，并取 $\eta = 1$，所以

$$e' = \frac{h}{2} - a_s' - (e_0 - e_a) \tag{6-16b}$$

为避免发生反向受压破坏，《规范》规定：矩形截面非对称配筋的小偏心受压构件，当 $N > f_c bh$ 时，应按式（6-16a）进行验算。

4）垂直于弯矩作用平面的轴心受压构件承载力的验算

当轴向压力 N 较大、偏心距较小，且垂直于弯矩作用平面的长细比 l_0/b 较大时，则有可能由垂直于弯矩作用平面的轴心受压承载力起控制作用。因此，《规范》规定：偏心受压构件除应计算弯矩作用平面的受压承载力外，还应按轴心受压构件验算垂直于弯矩作用平面的受压承载力，此时，可不计入弯矩的作用，但应考虑稳定系数 φ 的影响。

一般来说，对于大偏心受压构件可不进行垂直于弯矩作用平面的轴心受压承载力的验算，但对于小偏心受压构件，必须按下式对垂直于弯矩作用平面的轴心受压承载力进行验算：

$$N \leqslant 0.9\varphi[f_c A + f_y'(A_s' + A_s)] \tag{6-17}$$

式中：N——轴向压力设计值；

φ——稳定系数，应按构件垂直于弯矩作用平面方向的长细比 l_0/b，根据表 6.1 取值；

A_s'、A_s——偏心受压构件的纵向受压钢筋和纵向受拉钢筋的截面面积。

验算时，若不满足式（6-17），则应再按式（6-17）计算配筋量（A_s+A_s'），并将该配筋量（A_s+A_s'）按"弯矩作用平面内偏心受压计算所得的纵向受压钢筋 A_s' 和纵向受拉钢筋 A_s 的截面面积比"进行分配。最后，按分配后的钢筋面积分别选配纵向受压钢筋和纵向受拉钢筋。

6.5.2 大、小偏心受压的判别条件

由于大、小偏心受压构件承载力的计算公式不同，所以无论是截面设计还是截面复核，都首先需要判别是大偏心受压还是小偏心受压，然后才能使用相应的公式进行计算。

对于非对称配筋的截面设计等情况，由于事先不能求得 x，也就不能直接用 $x \leqslant \xi_b h_0$ 来判别大、小偏心受压，因此，必须寻求其他方法来判别。

由于偏心距是影响大、小偏心受压破坏形态的主要因素，所以我们希望将发生界限破坏

时的偏心距 ηe_{ib} 计算出来,从而用 $\eta e_i > \eta e_{ib}$ 是否成立来判别大、小偏心受压。

为此,将发生界限破坏时的受压区高度 $x=\xi_b h_0$ 代入大偏心受压的计算公式——式(6-10a)及式(6-10b),就可以推得 ηe_{ib} 的计算公式,再将纵向受拉钢筋、受压钢筋的最小配筋率及材料强度的设计值代入 ηe_{ib} 的计算公式,就可以得到相对界限偏心距的最小值 $(\eta e_{ib})_{min}/h_0$,如表 6.3 所示。

表 6.3 相对界限偏心距的最小值 $(\eta e_{ib})_{min}/h_0$

材料强度等级	C20	C30	C40	C50	C60	C70	C80
HRB335	0.358	0.322	0.304	0.295	0.299	0.305	0.313
HRB400、RRB400	0.404	0.358	0.335	0.323	0.326	0.331	0.337

由上表可知,相对界限偏心距最小值 $(\eta e_{ib})_{min}/h_0$ 的变化范围为 0.295~0.404。因此,对于工程中常用的材料,可用 $\eta e_{ib}=0.3h_0$ 作为大偏心受压的界限偏心距。

当 $\eta e_{ib} \leqslant 0.3h_0$ 时,可按小偏心受压进行计算;当 $\eta e_{ib} > 0.3h_0$ 时,可能为大偏心受压也可能为小偏心受压,可先按大偏心受压进行计算,待算出 x 后,再根据 x 值确定偏心受压类型。

6.5.3 大、小偏心受压构件的截面设计

进行大、小偏心受压构件截面设计时,一般是混凝土强度等级、钢筋种类、截面尺寸、轴向压力设计值 N、弯矩设计值 M 及构件计算长度 l_0 等为已知条件,要求确定钢筋截面面积 A_s 和 A'_s。

需要指出的是,不论是大偏心受压构件还是小偏心受压构件,在计算完弯矩作用平面内受压承载力后,均应按轴心受压构件验算垂直于弯矩作用平面的受压承载力,验算中,纵向钢筋截面面积取受压钢筋和原来受拉钢筋截面面积之和。由于构件垂直于弯矩作用平面的支撑情况与弯矩作用平面内的支撑情况不一定相同,因此构件的计算长度应按垂直于弯矩作用平面的支撑情况确定,并结合构件截面形状确定其稳定系数。

1. 大偏心受压构件截面承载力设计

大偏心受压构件的截面设计可分为 A_s、A'_s 均未知和已知 A'_s 求 A_s 两种情况。

1)A_s、A'_s 均未知时

已知截面尺寸 $b \times h$、构件计算长度、混凝土强度等级、钢筋种类、轴向压力设计值 N 及弯矩设计值 M,求钢筋截面面积 A_s 和 A'_s。

由式(6-10a)和式(6-10b)可以看出,两个方程共有 A_s、A'_s、x 三个未知数,与双筋受弯构件一样,以钢筋总用量 $(A_s+A'_s)$ 最少为计算补充条件。因此可取 $x=x_b=h_0\xi_b$,代入式(6-10b)可得:

$$A'_s = \frac{Ne-\alpha_1 f_c b x_b(h_0-0.5x_b)}{f'_y(h_0-a'_s)} = \frac{Ne-\alpha_1 f_c b h_0^2 \xi_b(1-0.5\xi_b)}{f'_y(h_0-a'_s)} \quad (6-18)$$

将求得的 A'_s 及 $x=x_b=h_0\xi_b$ 代入式(6-10a),可得:

$$A_s = \frac{\alpha_1 f_c b h_0 \xi_b + f_y' A_s' - N}{f_y} \quad (6\text{-}19)$$

若按式（6-18）或式（6-19）求得的 A_s' 满足小于最小配筋率 $\rho_{\min}bh$ 或为负值的要求，则取 $A_s'=\rho_{\min}bh$，A_s 可按 A_s' 为已知的情况计算。

当 $A_s<\rho_{\min}bh$ 时，应按 $A_s=\rho_{\min}bh$ 配筋。

若按式（6-19）求得的 A_s 不满足最小配筋率要求或者为负值的要求，说明截面破坏类型为小偏心受压破坏，应按小偏心受压破坏重新计算。

2）已知 A_s' 求 A_s

已知条件同上，并已知受压钢筋截面面积 A_s'，求受拉钢筋截面面积 A_s。

由式（6-10a）和式（6-10b）可知，共有 A_s、x 两个未知数，因此可代入公式直接求解。为便于计算分析，可将公式变形为：

$$A_s = \frac{\alpha_1 f_c b h_0 \xi + f_y' A_s' - N}{f_y} \quad (6\text{-}20)$$

如果 $A_s<\rho_{\min}bh$，取 $A_s=\rho_{\min}bh$。

当 $\xi>\xi_b$ 时，表明给定的受压钢筋偏少，可改为按第一种情况重新计算。

当 $\xi<2a_s'/h_0$（即 $x<a_s'$）时，应按式（6-11）计算，即：

$$Ne' \leq N_u e' = f_y A_s (h_0 - a_s') \Rightarrow A_s = \frac{Ne'}{f_y(h_0 - a_s')} \quad (6\text{-}21)$$

2．小偏心受压构件正截面承载力设计

结合式（6-12a）、式（6-12b）和式（6-12c）可知，未知数共有 A_s、A_s'、x 三个，如果仍以钢筋总用量（A_s+A_s'）最少为计算补充条件，计算过程会非常复杂。试验结果表明，当构件发生小偏心受压破坏时，受拉钢筋实际上受压或受拉，且应力一般达不到屈服强度，故不需要配置较多的受拉钢筋，可按最小配筋率确定受拉钢筋数量。

1）计算 A_s

由最小配筋率首先确定 A_s 值，取 $A_s=\rho_{\min}bh$。同时，为防止距轴向压力较远一侧的混凝土先被压碎，轴向压力设计值 N 应不大于 $f_c b h_0$。如果 $N>f_c b h_0$，应按式（6-16）验算 A_s，初始偏心距 e_i 取 (e_0-e_a)，且偏心距增大系数 η 取 1，即：

$$A_s = \frac{Ne' - f_c b h(h_0 - 0.5h)}{f_y'(h_0 - a_s')} \quad (6\text{-}22)$$

$$e' = \frac{h}{2} - a_s' - (e_0 - e_a) \quad (6\text{-}23)$$

A_s 应取上述两者中的较大值。

2）计算 A_s'

将前面步骤中确定的 A_s 代入式（6-12a）和式（6-12b）可求得 A_s'。为便于计算分析，由式（6-14）和 σ_s 的近似计算公式——式（6-12c）推导可得：

$$\xi = A + \sqrt{A^2 + B} \quad (6\text{-}24)$$

式中：$A = \dfrac{a_s'}{h_0} + \dfrac{f_y A_s}{(\xi_b - \beta_1)\alpha_1 f_c b h_0}(1 - \dfrac{a_s'}{h_0})$；

$B = \dfrac{2Ne'}{\alpha_1 f_c b h_0^2} + \dfrac{2\beta_1 f_y A_s}{(\xi_b - \beta_1)\alpha_1 f_c b h_0}(1 - \dfrac{a_s'}{h_0})$。

小偏心受压破坏必须满足 $\xi > \xi_b$ 及 $-f_y' \leqslant \sigma_s \leqslant f_y$ 的适用条件，当纵向受力钢筋 A_s 的应力 σ_s 达到受压屈服强度，即当 $\sigma_s = -f_y'$ 时，根据式（6-12c）可确定该状态下的受压区高度 ξ。

$$\xi \leqslant 2\beta_1 - \xi_b \tag{6-25}$$

将计算出的 ξ 值和 σ_s 值代入式（6-12a）可求得 A_s'：

$$A_s' = \dfrac{N - \alpha_1 f_c b h_0 \xi + \sigma_s A_s}{f_y'} \tag{6-26}$$

计算结果应满足最小配筋率 $\rho_{\min}$ 的要求和相关构造要求。

现在根据 ξ 和 σ_s 值的大小，结合小偏心受压构件破坏的适用条件，对 A_s 和 A_s' 的计算进行具体讨论。

①当 $\xi \leqslant h/h_0$ 且 $-f_y' \leqslant \sigma_s \leqslant f_y$ 时，表明受拉钢筋已经开始受拉或受压，但其承受的应力一般未达到屈服强度设计值，且混凝土受压区计算高度未超过截面高度。"计算 A_s'"步骤中 ξ 值有效，由式（6-26）可求得 A_s'。

②当 $\xi \leqslant h/h_0$ 且 $\sigma_s < -f_y'$ 时，表明受拉钢筋承受的应力已经达到屈服强度设计值，且混凝土受压区计算高度未超过截面高度。"计算 A_s'"步骤中 ξ 值无效，重新计算。这种情况下可取 $\sigma_s = -f_y'$，式（6-12a）和式（6-14）变为：

$$N \leqslant \alpha_1 f_c b \xi h_0 + f_y' A_s' + f_y' A_s \tag{6-27}$$

$$Ne' \leqslant \alpha_1 f_c b h_0^2 \xi (\dfrac{\xi}{2} - \dfrac{a_s'}{h_0}) + f_y' A_s (h_0 - a_s') \tag{6-28}$$

将上述二式联立即可确定 ξ 和 A_s'。

③当 $\xi > h/h_0$ 且 $-f_y' \leqslant \sigma_s < 0$ 时，表明受拉钢筋承受的应力未达到其屈服强度设计值，混凝土截面全部受压，受压区计算高度超出了截面高度。"计算 A_s'"步骤中 ξ 值无效，须重新计算。这种情况下可取 $\xi = h/h_0$，式（6-12a）和式（6-14）变为：

$$N \leqslant \alpha_1 f_c b h + f_y' A_s' - \sigma_s A_s \tag{6-29}$$

$$Ne' \leqslant \alpha_1 f_c b h (h_0 - \dfrac{h}{2}) + f_y' A_s' (h_0 - a_s') \tag{6-30}$$

将上述二式联立即可确定 σ_s 和 A_s'。σ_s 应满足 $-f_y' \leqslant \sigma_s < 0$，如果 σ_s 超出了该范围，应增加受拉钢筋数量，按步骤②重新计算。

④当 $\xi > h/h_0$ 且 $\sigma_s < -f_y'$ 时，表明受拉钢筋承受的应力已经达到其屈服强度设计值，混凝土受压区计算高度超出了截面高度。"计算 A_s'"步骤中 ξ 值无效，须重新计算。这种情况下可取 $\sigma_s = -f_y'$，$\xi = h/h_0$，则式（6-12a）和式（6-14）变为：

$$N \leqslant \alpha_1 f_c b h + f_y' A_s' + f_y' A_s \tag{6-31}$$

$$Ne' \leqslant \alpha_1 f_c b h (h_0 - \dfrac{h}{2}) + f_y' A_s' (h_0 - a_s') \tag{6-32}$$

两式中仅有未知数 A_s 和 A_s'，联立两式即可确定 A_s 和 A_s'。将 A_s 与"计算 A_s"步骤中的结果比较，取两者中较大值。

确定 A_s 和 A'_s 后,还应按轴心受压构件正截面承载力计算公式验算垂直于弯矩作用平面的截面受压承载力大小,求得的受压钢筋截面面积应大于 A_s 和 A'_s 之和,否则须重新计算。

【例 6.3】矩形截面偏心受压柱的轴向压力设计值 $N=3.4\times10^2$kN,弯矩设计值 $M=2\times10^5$kN·m,截面尺寸 $b\times h=300\text{mm}\times400$mm,$a_s=a'_s=40$mm,$l_0=2.8$m,混凝土强度等级为 C30,采用 HRB400 级钢筋,按不对称配筋计算钢筋截面面积。

【解】:(1)数据整理:$b\times h=300\text{mm}\times400$mm,$N=3.4\times10^2$kN,$M=2\times10^5$kN·m,$l_0=2.8$m,$a_s=a'_s=40$mm,$f_c=14.3$MPa,$f_y=360$MPa,$\xi_b=0.52$,$h_0=360$mm。

(2)求偏心距增大系数 η:

$$e_0=\frac{M}{N}=\frac{20\times10^7}{34\times10^4}=588\text{(mm)}$$

$$\frac{h}{30}=\frac{400}{30}=13.3\text{(mm)}<20\text{(mm)}$$

取 $e_a=20$mm,则

$$e_i=e_0+e_a=588+20=608\text{(mm)}$$

$$\zeta_c=\frac{0.5f_cA}{N}=\frac{0.5\times14.3\times300\times400}{34\times10^4}=2.52>1$$

取 $\zeta_c=1$,故

$$\eta=1+\frac{1}{1400\frac{e_i}{h_0}}(\frac{l_0}{h})^2\zeta_c=1+\frac{1}{1400\times\frac{608}{360}}\times7^2\times1=1.02$$

(3)判断大、小偏心:

$$\eta e_i=1.02\times608=620\text{(mm)}>0.3h_0=0.3\times360=108\text{(mm)}$$

故按大偏心受压破坏计算。

(4)计算受压钢筋截面面积 A'_s 并进行配筋率的验算。为了使总用钢量最少,充分发挥混凝土的受压性能,取:$\xi=\xi_b=0.518$,即

$$x=\xi_b h_0=0.518\times360=186.48\text{(mm)}$$

而

$$e=\eta e_i+\frac{h}{2}-a_s=620+\frac{400}{2}-40=780\text{(mm)}$$

由式(6-18)可得:

$$A'_s=\frac{Ne-\alpha_1 f_c bx(h_0-\frac{x}{2})}{f'_y(h_0-a'_s)}=\frac{34\times10^4\times780-14.3\times300\times186.48\times(360-\frac{186.48}{2})}{360\times(360-40)}$$

$$=453\text{(mm)}>\rho_{\min}bh=0.002\times300\times400=240\text{(mm}^2\text{)}$$

(5)计算受拉钢筋面积 A_s 并进行配筋率的验算。由式(6-20)可得:

$$A_s=\frac{\alpha_1 f_c bx+f'_y A'_s-N}{f_y}=\frac{14.3\times300\times186.48+360\times453-34\times10^4}{360}$$

$$=1731\text{(mm}^2\text{)}>\rho_{\min}bh=0.002\times300\times400=240\text{(mm}^2\text{)}$$

(6)配筋。受压钢筋为 $2\phi18$($A'_s=508$mm^2);受拉钢筋为 $2\phi18+2\phi25$($A_s=1742$mm^2)。

【例 6.4】已知矩形截面偏心受压构件的截面尺寸为 $b\times h=300\text{mm}\times500$mm,$l_0/h<5$,

$a_s=a'_s$=35mm，N=2.5×10³kN，M=100kN·m，混凝土强度等级为 C25，采用 HRB335 级钢筋，按不对称配筋计算 A_s 和 A'_s。

【解】：（1）数据整理：$b×h$=300mm×500mm，$a_s=a'_s$=35mm，$h_0=h-a_s$=465mm，l_0/h<5，f_c=11.9MPa，$f_y=f'_y$=300MPa，N=2.5×10³kN，M=100kN·m，ξ_b=0.55，$e_0=M/N$=40mm。

（2）求偏心距增大系数 η：

$$e_0 = 40(\text{mm})$$
$$e_a = h/30 = 500/30 = 16.67(\text{mm}) < 20(\text{mm})$$

取 $e_a = 20\text{mm}$，

$$e_i = e_a + e_0 = 20 + 40 = 60(\text{mm})$$
$$l_0/h < 5$$
$$\eta = 1 \text{（不考虑挠度对偏心距的影响）}$$

（3）判别大、小偏心：

$$\eta e_i = 1 \times 60 = 60(\text{mm}) < 0.3h_0 = 0.3 \times 465 = 140(\text{mm})$$

计算结果说明此构件属于小偏心受压构件。

$$N = 2500(\text{kN}) > f_c bh = 11.9 \times 300 \times 500 = 1785(\text{kN})$$

且

$$e_0 = 40(\text{mm}) < 0.15h_0 = 69.75(\text{mm})$$

故应按式（6-16）计算配筋。

$$e = \eta e_i + \frac{h}{2} - a'_s = 60 + \frac{500}{2} - 35 = 275(\text{mm})$$

$$e' = \frac{h}{2} - a'_s - (e_0 - e_a) = \frac{500}{2} - 35 - (40 - 20) = 195(\text{mm})$$

在此假定了 e_a 与 e_0 反向，这样假定对距轴向压力较远一侧的受压钢筋 A'_s 更为不利，如图 6.21 所示。

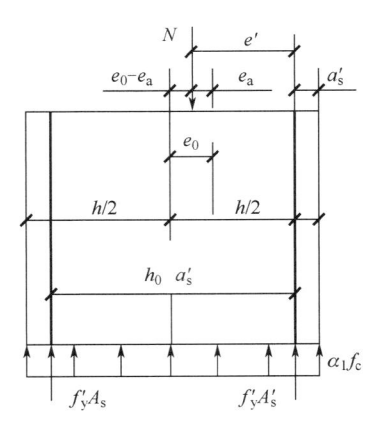

图 6.21　【例 6.4】图

（4）计算 A_s 并进行验算：

由对图 6.21 中 A'_s 的合力中心取矩可得

$$A_s = \frac{Ne' - \alpha_1 f_c bh(\frac{h}{2} - a_s')}{f_y'(h_0 - a_s')}$$

$$= \frac{2500 \times 10^3 \times 195 - 11.9 \times 300 \times 500 \times (0.5 \times 500 - 35)}{300 \times (465 - 35)}$$

$$= 804(\text{mm}^2) > 0.002bh = 0.002 \times 300 \times 500 = 300(\text{mm}^2)$$

同时满足式（6-16），即：

$$Ne' = 2500 \times 10^3 \times 195 = 4875 \times 10^5 (\text{N} \cdot \text{mm})$$

$$\leqslant \alpha_1 f_c bh(h_0' - \frac{h}{2}) + f_y' A_s'(h_0 - a_s')$$

$$= 11.9 \times 300 \times 500 \times (465 - \frac{500}{2}) + 300 \times 804 \times (465 - 35)$$

$$= 4874.91 \times 10^5 (\text{N} \cdot \text{mm})$$

（5）计算 ξ 和 A_s'。

将 $A_s = 804 \text{mm}^2$ 代入式（6-24）和式（6-26）或直接代入式（6-12a）和式（6-12b）可得：

$$\begin{cases} 2500 \times 10^3 = 11.9 \times 300 \times 465\xi + 300 A_s' - \frac{300 \times 804 \times (\xi - 0.8)}{0.55 - 0.8} \\ 2500 \times 10^3 \times 275 = 11.9 \times 300 \times 465^2 \xi(1 - 0.5\xi) + 300 \times 430 A_s' \end{cases}$$

求解此方程组可得：

$$\xi = 0.996 < 1.05 = 1.6 - \xi_b, \quad A_s' = 2188(\text{mm}^2) > \rho_{\min} bh = 0.002 \times 300 \times 500 = 300(\text{mm}^2)$$

（6）配筋。

A_s' 的选用：6ϕ25（$A_s' = 2945 \text{mm}^2$）；A_s 的选用：3ϕ20（$A_s = 942 \text{mm}^2$）。

6.5.4 大、小偏心受压构件的截面复核

当截面尺寸、材料强度及配筋等均已知时，偏心受压构件的截面复核通常有两种情形：一是已知偏心距 e_0，求截面所能承担的极限轴向压力设计值 N_u，即已知 e_0 求 N_u；二是已知轴向压力设计值 N，求截面所能承担的极限弯矩设计值 M_u，即已知 N 求 M_u。由 $M=Ne_0$ 可知，第二种情形的核心是求 e_0。

对某一构件进行截面复核时，除对弯矩作用平面的偏心受压承载力进行复核外，还应进行垂直于弯矩作用平面的轴心受压承载力的复核；对于小偏心受压，当 $N > f_c bh$ 时，还应对"反向受压破坏"的承载力进行复核；最后取上述计算值中的最小值作为构件截面的承载力。

截面复核时，对于已知的 A_s'、A_s，首先应复核其是否满足最小配筋率的要求，即是否满足 $A_s' \geqslant 0.002bh$，$A_s \geqslant 0.002bh$。

以下将分别介绍"已知 N 求 M_u"和"已知 e_0 求 N_u"两种情形的截面复核。

在承载力复核时，一般已知截面尺寸 $b \times h$，混凝土强度等级及钢材强度等级（f_c、f_y、f_y'），截面面积 A_s 和 A_s'，构件长细比，轴向压力设计值 N 和偏心距 e_0，验算截面是否能承受该轴向压力设计值 N；或已知 N 时，求截面能承受的弯矩设计值 M。

1. 弯矩作用平面内的承载力复核

1）已知轴向压力设计值 N，求弯矩设计值 M

先按偏心受压公式——式（6-10a）求 x，如果 $x \leqslant \xi_b h_0$，则截面为大偏心受压；当 $x > 2a'_s$ 时，将 x 和 η 代入式（6-10b）和式"$e_0 = M/N$"求 e 和 e_0；当 $x \leqslant 2a'_s$ 时，取 $x = 2a'_s$，代入式（6-11）求 e 和 e_0，最后得弯矩值 $M = Ne_0$。如果 $x > \xi_b h_0$，则为小偏心受压，应按式（6-12a）求 x，再将 x 和由式（6-9）求得的 η 代入式（6-12b）求 e 和 e_0，最后由 $M = Ne_0$ 得弯矩值。

2）已知偏心距 e_0，求轴向压力设计值 N

因截面面积已知，故可按图 6.19 对 N 作用点取矩得：

$$\alpha_1 f_c bx(\eta e_i - \frac{h}{2} + \frac{x}{2}) = f_y A_s(\eta e_i + \frac{h}{2} - a_s) - f'_y A'_s(\eta e_i - \frac{h}{2} + a'_s) \tag{6-33}$$

按式（6-18）求 x。当 $x \leqslant x_b$ 时，截面为大偏心受压；若 $x > 2a'_s$，则将 x 及已知数据代入式（6-10a）可求解出轴向压力设计值 N；若 $x \leqslant 2a'_s$，取 $x = 2a'_s$ 代入式（6-11）求出轴向压力设计值 N。当 $x > x_b$ 时，截面为小偏心受压，将已知数据代入式（6-12a）、式（6-12b）和式（6-12c），联立求解轴向压力设计值 N。

2. 垂直于弯矩作用平面的承载力复核

无论是设计题或截面复核题，是大偏心受压还是小偏心受压，除了在弯矩作用平面内依照偏心受压的相关公式进行计算外，还要验算垂直于弯矩作用平面的轴心受压承载力，因为对于偏心受压构件还要保证垂直于弯矩作用平面的轴心抗压承载力，此时可按轴心受压构件计算，考虑 φ 值，并取 b 为截面高度，计算长细比 l_0/b。

【例 6.5】 已知：$N = 1250\text{kN}$，$b = 400\text{mm}$，$h = 600\text{mm}$，$a_s = a'_s = 45\text{mm}$，构件计算长度 $l_0 = 4\text{m}$，混凝土强度等级为 C40，钢筋强度等级为 HRB400（Ⅲ级），受拉钢筋选用 $4\phi20$（$A_s = 1256\text{mm}^2$），受压钢筋选用 $4\phi22$（$A'_s = 1520\text{mm}^2$）。求：该构件截面在 h 方向上能承受的弯矩设计值。

【解】：（1）按大偏心受压求 x，由式（6-10a）得：

$$x = \frac{N - f'_y A'_s + f_y A_s}{\alpha_1 f_c b} = \frac{1250 \times 10^3 - 330 \times 1520 + 330 \times 1256}{1.0 \times 19.1 \times 400} = 152.2(\text{mm})$$

$$h_0 = h - a_s = 600 - 45 = 555(\text{mm})$$

$$x = 152.2(\text{mm}) < \xi_b h_0 = 0.518 \times 555 = 287.5(\text{mm})$$

计算结果表明构件属于大偏心受压情况。

（2）求偏心距 e_0：由于

$$x = 152.2(\text{mm}) > 2a'_s = 2 \times 45 = 90(\text{mm})$$

说明受压钢筋应力能达到屈服强度。由式（6-10b）得：

$$Ne = \alpha_1 f_c x(h_0 - \frac{x}{2}) + f'_y A'_s (h_0 - a_s)$$

$$e = \frac{\alpha_1 f_c x(h_0 - \frac{x}{2}) + f_y' A_s'(h_0 - a_s)}{N}$$

$$= \frac{1.0 \times 18.4 \times 400 \times 152.2 \times (555 - \frac{152.2}{2}) + 330 \times 1520 \times (555 - 45)}{1250 \times 10^3}$$

$$= 633.8 \text{(mm)}$$

$$\eta e_i = e - \frac{h}{2} + a_s = 633.8 - \frac{600}{2} + 45 = 378.8 \text{(mm)}$$

由于
$$l_0/h = 4000/600 = 6.67 > 5$$

先取 $\eta=1$，则 $e_i = 378.8$ mm。

$$\zeta_c = \frac{0.5 f_c A}{N} = \frac{0.5 \times 18.4 \times 400 \times 600}{1250 \times 10^3} = 1.77 > 1$$

所以取 $\zeta_c = 1$。

$$\eta = 1 + \frac{1}{1400 \frac{e_i}{h_0}} (\frac{l_0}{h})^2 \zeta_c = 1 + \frac{1}{1400 \times \frac{378.8}{555}} \times 1 = 1.001$$

由于两个 η 值相差不到 5%，取 $\eta=1$，则 $e_i=378.8$mm，$e_i=e_0+e_a$，《规范》中规定 e_a 的取值为"20mm 和偏心方向截面尺寸的 1/30"两者中的较大值。

$$e_a = \max\left\{20, \frac{600}{30}\right\} = \max\{20, 20\} = 20 \text{(mm)}$$

则
$$e_0 = e_i - e_a = 378.8 - 20 = 358.8 \text{(mm)}$$

（3）求截面承受的弯矩 M：
$$M = Ne_0 = 1250 \times 10^3 \times 358.8 = 448.5 \text{(kN·m)}$$

（4）垂直于弯矩平面的承载力验算。已知 $l_0/b = 4000/400 = 10$，查表 6.1 得 $\phi = 0.98$，由式（6-2）得：

$$N_u = 0.9\phi[f_c bh + f_y'(A_s + A_s')]$$
$$= 0.9 \times 0.98 \times [18.4 \times 400 \times 600 + 330 \times (1256 + 1520)] = 4702.9 \text{(kN)} > 1250 \text{(kN)}$$

计算结果满足要求。该截面在 h 方向上能承受的弯矩设计值为：
$$M = 448.5 \text{(kN·m)}$$

【例 6.6】 已知矩形截面偏心受压构件的截面尺寸 $b \times h = 400\text{mm} \times 600\text{mm}$，$l_0/h<5$，$a_s = a_s' = 35$mm，混凝土强度等级为 C25，受拉钢筋为 $4\phi 22$（$A_s=1520\text{mm}^2$），受压钢筋为 $4\phi 14$（$A_s'=615\text{mm}^2$），偏心距 $e_0=325$mm，求截面能承受的轴向压力设计值 N 和 M。

【解】：（1）数据整理：$b \times h = 400\text{mm} \times 600\text{mm}$，$l_0=4$m，$f_c=11.9$MPa，$f_y=f_y'=300$MPa，$\xi_b=0.55$，$A_s=1520\text{mm}^2$，$e_0=325$mm，$a_s=a_s'=35$mm，$h_0=h-a_s=565$mm。

（2）求偏心距增大系数 η：$e_0=325$mm，$h/30=600/30=20$mm，取 $e_a=20$mm。
$$e_i = e_a + e_0 = 20 + 325 = 345 \text{(mm)}$$

又 $l_0/h<5$，则 $\eta=1$。

（3）判别大、小偏心。由 $\eta e_i = 1 \times 345(\text{mm}) > 0.3h_0 = 170(\text{mm})$，可知构件可能属于大偏心受压，为了进一步判别，先依大偏心受压构件的计算公式求出 x，为此计算 e：

$$e = \eta e_i + \frac{h}{2} - a_s = 345 + 0.5 \times 600 - 35 = 610(\text{mm})$$

由式（6-10a）和式（6-10b）可得

$$\begin{cases} N = \alpha_1 f_c bx + f_y' A_s' - f_y A_s \\ Ne = \alpha_1 f_c bx(h_0 - 0.5x) + f_y' A_s'(h_0 - a_s') \end{cases}$$

即

$$\begin{cases} N = 11.9 \times 400x + 300 \times 615 - 300 \times 1520 \\ N \times 610 = 11.9 \times 400x(565 - 0.5x) + 300 \times 615 \times (565 - 35) \end{cases}$$

从而求得 $x = 285(\text{mm}) < \xi_b h_0 = 0.550 \times 565 = 310.75(\text{mm})$，且 $x > 2a_s'$，所以此构件属于大偏心受压构件。

（4）求轴向压力设计值 N 和弯矩设计值 M。由式（6-10a）可得：

$$N = N_u = \alpha_1 f_c bx + f_y' A_s' - f_y A_s = 11.9 \times 400 \times 285 + 300 \times 615 - 300 \times 1520$$
$$= 1085 \times 10^3 (\text{N})$$

从而

$$M = Ne_0 = 1085 \times 0.325 = 352.63(\text{kN} \cdot \text{m})$$

【例 6.7】已知柱截面尺寸 $b \times h = 300\text{mm} \times 400\text{mm}$，截面配筋为 $A_s = 402\text{mm}^2$（$2\phi16$），$A_s' = 1018\text{mm}^2$（$4\phi18$），箍筋为 $\phi6@250$，柱在两方向的计算长度均为 5m，轴向压力设计值 $N = 1000\text{kN}$，若混凝土等级为 C25，采用 HPB300 级钢筋，求柱能承受的最大弯矩设计值 M（$a_s = a_s' = 35\text{mm}$）。

【解】：（1）数据整理：$b \times h = 300\text{mm} \times 400\text{mm}$，$A_s = 402\text{mm}^2$，$A_s' = 1018\text{mm}^2$，$l_0 = 5\text{m}$，$a_s = a_s' = 35\text{mm}$，$f_y = f_y' = 270\text{MPa}$，$\xi_b = 0.576$，$f_c = 9.6\text{MPa}$，$h_0 = h - a_s = 365\text{mm}$，$N = 1000\text{kN}$。

（2）验算弯矩作用平面外的承载力：
由 $l_0/b = 5000/300 = 16.7$ 得 $\phi = 0.85$

$$1000 \times 10^3 = N < \phi(f_c A + f_y' A_s')$$
$$= 0.85 \times [9.6 \times 300 \times 400 + 270 \times (1018 + 420)]$$
$$= 1309221(\text{N})$$

计算结果满足要求。

（3）判别大、小偏心。

$$N_b = \alpha_1 f_c b \xi_b h_0 + f_y' A_s' - f_y A_s$$
$$= 11.9 \times 300 \times 0.614 \times 365 + 270 \times 1018 - 270 \times 402$$
$$= 966392.7(\text{N}) < 1000 \times 10^3(\text{N})$$

所以此柱属于小偏心受压构件。

（4）求受压区高度 x。由式（6-12a）得：

$$1000 \times 10^3 = 11.9 \times 300x + 270 \times 1018 - \frac{\dfrac{x}{365} - 0.8}{0.576 - 0.8} \times 270 \times 402$$

解得

$$x = 307(\text{mm}) > \xi_b h_0 = 198.6(\text{mm})$$

（5）求偏心距增大系数 η：

$$\zeta_1 = \frac{0.5 f_c A}{N} = \frac{0.5 \times 11.9 \times 300 \times 400}{1000 \times 10^3} = 0.714$$

由 $\dfrac{l_0}{h} = \dfrac{5000}{400} = 12.5 < 15$，得 $\zeta_2 = 1$

$$\eta = 1 + \frac{1}{1400 \dfrac{e_i}{365}} (\frac{l_0}{h})^2 \zeta_c = 1 + \frac{1}{1400 \times \dfrac{e_i}{365}} \times 0.714^2 \times 1 = 1 + \frac{29.08}{e_i}$$

即

$$\eta e_i = e_i + 29.08$$

（6）求 e_0 和 M：

$$e = \eta e_i + \frac{h}{2} - a_s' = e_i + 29.08 + \frac{400}{2} - 35 = e_i + 194.08$$

将 x 和 e 代入式（6-12b）得

$$1000 \times 10^3 \times (e_i + 194.08)$$
$$= 11.9 \times 300 \times 279 \times (365 - 0.5 \times 279) + 270 \times 1018 \times (365 - 35)$$

由此解得：$e_i = 101(\text{mm})$。

$$e_a = h/30 = 400/30 = 13.33(\text{mm}) < 20(\text{mm})$$

取 $e_a = 20(\text{mm})$，又由 $e_i = e_0 + e_a = e_0 + 20$ 得 $e_0 = e_i - 20 = 101 - 20 = 81(\text{mm})$
故：

$$M = N e_0 = 1000 \times 10^3 \times 81 = 81(\text{kN} \cdot \text{m})$$

【**例 6.8**】某截面尺寸为 $b \times h = 400\text{mm} \times 600\text{mm}$ 的偏心受压柱，采用强度等级为 C35 的混凝土，HRB400 级钢筋，柱计算长度为 7800mm，$A_s = 1256\text{mm}^2$，$A_s' = 1520\text{mm}^2$，轴向压力设计值 $N=1200\text{kN}$，弯矩设计值 $M = 379.5\text{kN} \cdot \text{m}$，试复核该截面（$a_s = a_s' = 40\text{mm}$）。

【**解**】：（1）数据整理：$b \times h = 400\text{mm} \times 600\text{mm}$，$l_0 = 7200\text{mm}$，$f_y = f_y' = 360\text{MPa}$，$\xi_b = 0.52$，$A_s = 1256\text{mm}^2$，$A_s' = 1520\text{mm}^2$，$f_c = 16.7\text{MPa}$，$a_s = a_s' = 40\text{mm}$，$h_0 = 560\text{mm}$，$M = 379.5\text{kN} \cdot \text{m}$，$N = 1200\text{kN}$。

（2）计算 e_i 和 η：

$$e_0 = \frac{M}{N} = \frac{379.5 \times 10^6}{1150 \times 10^3} = 330(\text{mm}), \quad \frac{h}{30} = \frac{600}{30} = 20(\text{mm}), \quad 取 e_a = 20(\text{mm})$$

$$e_i = e_0 + e_a = 330 + 20 = 350(\text{mm})$$

$$\zeta_c = \frac{0.5 f_c A}{N} = \frac{0.5 \times 16.7 \times 400 \times 600}{1150 \times 10^3} = 1.74 > 1, \quad 取 \zeta_c = 1$$

故 $\eta = 1 + \dfrac{1}{1400 \times \dfrac{350}{560}} \times 13^2 \times 1 = 1.193$

（3）判别大、小偏心：

$$\eta e_i = 1.193 \times 350 = 417.6(\text{mm}) > 0.3 h_0 = 168(\text{mm})$$

故先按大偏心受压构件计算。

(4) 计算相对受压区高度 ξ：

$$e = \eta e_i + \frac{h}{2} - a_s^{'} = 417.6 + \frac{600}{2} - 40 = 677.6(\text{mm})$$

$$e^{'} = \eta e_i - \frac{h}{2} + a_s^{'} = 417.6 - \frac{600}{2} + 40 = 157.6(\text{mm})$$

对 N 作用点取矩得：

$$\alpha_1 f_c bx(\eta e_i - \frac{h}{2} + \frac{x}{2}) = f_y A_s(\eta e_i + \frac{h}{2} - a_s) + f_y^{'} A_s^{'}(\eta e_i - \frac{h}{2} + a_s^{'})$$

将以上数据代入解得

$$x = 164.8(\text{mm}) < \xi_b h_0 = 0.520 \times 560 = 291.2(\text{mm})$$

故为大偏心受压。

(5) 计算 N_u。由式（6-10a）得：

$$N_u = \alpha_1 f_c bx + f_y^{'} A_s^{'} - f_y A_s$$
$$= 1.0 \times 16.7 \times 400 \times 164.8 + 360 \times 1520 - 360 \times 1256$$
$$= 1195904\text{N} = 1195.04(\text{kN}) > N = 1150(\text{kN})$$

所以设计是安全和经济的。

任务 6.6　对称配筋矩形截面偏心受压构件正截面承载力的计算

在实际工程中，偏心受压构件在各种不同荷载（如风荷载、地震荷载、竖向荷载等）组合作用下，有时承受两个方向相反的弯矩作用。当两个方向的弯矩相差不大时，构件应被设计为对称配筋截面。当两个方向的弯矩相差虽很大，但按对称配筋设计求得的钢筋总量与按非对称配筋设计所得钢筋总量相差不大时，为便于设计和施工，截面常采用对称配筋。对称配筋的计算也包括截面选择和承载力校核两部分内容。

在对称配筋时，只要在非对称配筋计算公式中令 $f_y=f'_y$，$A_s=A'_s$，$a_s=a'_s$ 即可。

6.6.1　设计计算

截面对称配筋时，$A_s=A'_s$，$f_y=f'_y$，则由式（6-10a）可得：

$$x = \frac{N}{\alpha_1 f_c b} \tag{6-34}$$

或

$$\xi = \frac{N}{\alpha_1 f_c b h_0} \tag{6-35}$$

当 $x \leqslant \xi_b h_0$ 时，为大偏心受压；当 $x > \xi_b h_0$ 时，为小偏心受压。

值得注意的是，用式（6-34）或式（6-35）判别大、小偏心受压时可能会出现矛盾的情况。在实际设计中，为保证构件刚度，有可能出现选用的截面尺寸很大，而截面轴向压力相对较小且偏心距也很小的情形,如采用式(6-34)或式(6-35)进行判断,有可能判为大偏心受压($x \leq \xi_b h_0$),但又存在$\eta e_i < 0.3 h_0$的情况。此时,无论按大偏心受压还是小偏心受压公式计算,结果均接近按构造配筋的情况,并且最终结果由最小配筋率决定。

1. 大偏心受压

若$2a'_s \leq x \leq \xi_b h_0$,由式(6-10b)可得:

$$A_s = A'_s = \frac{Ne - \alpha_1 f_c bx(h_0 - \frac{x}{2})}{f'_y(h_0 - a'_s)} \tag{6-36}$$

若$x < 2a'_s$,则由式(6-11)得:

$$A_s = A'_s = \frac{Ne'}{f'_y(h_0 - a'_s)} \tag{6-37}$$

式中:$e' = \eta e_i - \frac{h}{2} + a'_s$。

2. 小偏心受压

将$f_y = f'_y$,$A_s = A'_s$及σ_s代入小偏心受压计算公式:式(6-12a)及式(6-16),可得对称配筋矩形截面构件小偏心受压的基本计算公式:

$$N = \alpha_1 f_c bx + f_y A_s - f_y A_s \frac{\frac{x}{h_0} - \beta_1}{\xi_b - \beta_1} \tag{6-38}$$

$$Ne = \alpha_1 f_c bx(h_0 - \frac{x}{2}) + f_y A_s(h_0 - a'_s) \tag{6-39}$$

或

$$N = \alpha_1 f_c bh_0 \xi + f_y A_s \frac{\xi_b - \xi}{\xi_b - \beta_1} \tag{6-40}$$

$$Ne = \alpha_1 f_c bh_0^2 \xi(1 - \frac{\xi}{2}) + f_y A_s(h_0 - a'_s) \tag{6-41}$$

为求解x,必须将式(6-38)和式(6-39)联立求解,得到一个关于x的三次方程,其计算非常复杂。为此可采用近似法或迭代法进行求解,其精度满足工程设计要求。

首先介绍迭代法。由于混凝土受压区高度x介于$\xi_b h_0$和$\frac{N}{\alpha_1 f_c b}$之间,因而可取其中间值$x = (\xi_b h_0 + \frac{N}{\alpha_1 f_c b})/2$作为第一次近似值,代入式(6-39)可得$A_s$第一次近似值:

$$A_s = \frac{Ne - \alpha_1 f_c bh_0 x(1 - 0.5x)}{f_y(h_0 - a'_s)} \tag{6-42}$$

将式(6-42)代入式(6-38)可得x的第二次近似值:

$$x = \frac{N - f_y A_s - f_y A_s \frac{\beta_1}{\xi_b - \beta_1}}{\alpha_1 f_c b - \frac{f_y A_s}{(\xi_b - \beta_1) h_0}} \tag{6-43}$$

将第二次求得的 x 近似值代入式（6-42）可求得 A'_s 的第二次近似值。通常，第一次近似值已经比较接近准确值，只有当配筋率较小时才需要进行第二次迭代。

下面介绍近似法。由式（6-40）可得：

$$f_y A_s = \frac{(N-\alpha_1 f_c b h_0 \xi)(\xi_b - \beta_1)}{\xi_b - \xi} \tag{6-44}$$

将上式代入式（6-40），则有：

$$Ne = \alpha_1 f_c b h_0^2 \xi(1-0.5\xi) + (h_0 - a'_s)\frac{(N-\alpha_1 f_c b h_0 \xi)(\xi_b - \beta_1)}{\xi_b - \xi} \tag{6-45}$$

将上式展开后得到的是关于 ξ 的三次方程，求解比较复杂。通过分析可以发现，对于小偏心受压情况，$\xi(1-0.5\xi)$ 的变化范围一般在 0.4~0.5 之间。因此为了简化计算，《规范》规定 $\xi(1-0.5\xi)$ 取近似常数 0.43。由此，上述方程可改写为 ξ 的一次方程，经过整理可得：

$$\xi = \frac{N-\xi_b \alpha_1 f_c b h_0}{\dfrac{Ne - 0.43\alpha_1 f_c b h_0^2}{(\beta_1 - \xi_b)(h_0 - a'_s)}} + \xi_b \tag{6-46}$$

需要强调的是，计算式（6-46）得到的 ξ 值是小偏心受压构件的实际相对受压区高度，而计算式（6-35）得到的 ξ 值对于小偏心受压构件而言仅为判断依据，两者不能混淆。

由式（6-46）可知，$\xi > \xi_b$，为小偏心受压，将 ξ 代入式（6-41）可得：

$$A_s = A'_s = \frac{Ne - \alpha_1 f_c b h_0^2 \xi(1-0.5\xi)}{f'_y(h_0 - a'_s)} \tag{6-47}$$

6.6.2 设计方案的复核

对称配筋矩形截面的复核可按不对称配筋偏心受压构件的复核方法进行计算，但在相关公式中取：$A_s = A'_s$，$f_y = f'_y$。

【例 6.9】已知设计荷载作用下柱的轴向压力设计值 $N = 3 \times 10^5$ kN，弯矩设计值 $M = 159$ kN·m，截面尺寸 $b \times h = 400$ mm $\times$ 600 mm，$a_s = a'_s = 35$ mm，$l_0 = 10$ m，采用强度等级为 C25 的混凝土和 HRB335 级钢筋，采用对称配筋，试确定 A_s 和 A'_s。

【解】：在对称配筋条件下，$A_s = A'_s$，$f_y = f'_y$。

（1）数据整理：$b \times h = 400$ mm $\times$ 600 mm，$N = 3 \times 10^5$ kN，$M = 159$ kN·m，$l_0 = 10$ m，$a_s = a'_s = 35$ mm，$f_c = 11.9$ MPa，$f_y = f'_y = 300$ MPa，$\xi_b = 0.55$，$h_0 = 565$ mm。

（2）求偏心距增大系数 η 和偏心距 e：

$$e_0 = \frac{M}{N} = \frac{15.9 \times 10^7}{30 \times 10^4} = 530 \text{(mm)}$$

$$\frac{h}{30} = \frac{600}{30} = 20 \text{(mm)}$$

所以取 $e_a = \max\left\{20, \dfrac{h}{30}\right\} = \max\{20, 20\} = 20 \text{(mm)}$

$$e_i = e_0 + e_a = 530 + 20 = 550 \text{(mm)}$$

$$\zeta_c = \frac{0.5 f_c A}{N} = \frac{0.5 \times 11.9 \times 400 \times 600}{30 \times 10^4} = 4.86 > 1$$

取 $\zeta_c = 1$

$$\eta = 1 + \frac{1}{1300\frac{e_i}{h_0}}(\frac{l_0}{h})^2 \zeta_c = 1 + \frac{1}{1400\times\frac{550}{565}}\times 16.7^2 \times 1 = 1.22$$

$$\eta e_i = 1.22 \times 550 = 671 (\text{mm})$$

$$e = \eta e_i + \frac{h}{2} - a_s = 671 + \frac{600}{2} - 35 = 936 (\text{mm})$$

（3）判别大、小偏心。由式（6-34）得：

$$x = \frac{N}{\alpha_1 f_c b} = \frac{30 \times 10^4}{11.9 \times 400} = 63.03 (\text{mm}) < \xi_b h_0 = 0.550 \times 565 = 310.75 (\text{mm})$$

故属于大偏心受压。

（4）计算 A_s、A'_s 并进行配筋率的验算。

由于

$$x = 63.03 (\text{mm}) < 2a'_s = 2 \times 35 = 70 (\text{mm})$$

且

$$e' = \eta e_i - \frac{h}{2} + a'_s = 671 - \frac{600}{2} + 35 = 406 (\text{mm})$$

故据式（6-36）得：

$$A_s = A'_s = \frac{Ne'}{f'_y(h_0 - a'_s)} = \frac{30 \times 10^4 \times 406}{300 \times (565-35)} = 766 (\text{mm}^2) > 0.002bh = 0.002 \times 400 \times 600 = 480 (\text{mm}^2)$$

（5）配筋。两侧选用 $4\phi16$（$A_s = A'_s = 804\text{mm}^2$）的钢筋。

【例6.10】截面尺寸 $b \times h = 300\text{mm} \times 600\text{mm}$ 的钢筋混凝土柱，其控制截面中 $N = 3\times 10^3 \text{kN}$，$M = 336\text{kN·m}$，计算长度 $l_0 = 3\text{m}$，$a_s = a'_s = 40\text{mm}$，采用强度等级为 C20 的混凝土，HRB400 级钢筋，试按对称配筋确定截面两侧的纵向钢筋（$A_s = A'_s$）。

【解】：（1）数据整理：$b \times h = 300\text{mm} \times 600\text{mm}$，$N = 3\times 10^3 \text{kN}$，$M = 336\text{kN·m}$，$l_0 = 3\text{m}$，$h_0 = 560\text{mm}$，$a_s = a'_s = 40\text{mm}$，$f_c = 9.6\text{MPa}$，$f_y = f'_y = 360\text{MPa}$，$\xi_b = 0.52$。

（2）计算 e_i 和 η：

$$e_0 = \frac{M}{N} = \frac{336 \times 10^6}{3 \times 10^6} = 112 (\text{mm})$$

$$e_a = \max\left\{20, \frac{h}{30}\right\} = \max\{20, 20\} = 20 (\text{mm})$$

$$e_i = e_0 + e_a = 112 + 20 = 132 (\text{mm})$$

$$\frac{l_0}{h} = \frac{3000}{600} = 5$$

构件为短柱，故 $\eta = 1$。并且

$$e = \eta e_i + \frac{h}{2} - a_s = 132 + \frac{600}{2} - 40 = 392 (\text{mm})$$

（3）判断大、小偏心。

$$x = \frac{N}{\alpha_1 f_c b} = \frac{3 \times 10^6}{1 \times 9.6 \times 300} = 1041.6 (\text{mm}) > \xi_b h_0 = 0.520 \times 560 = 291.2 (\text{mm})$$

构件属小偏心受压构件。

（4）计算相对受压区高度 ξ。由式（6-46）可得：

$$\xi = \frac{N-\xi_b\alpha_1 f_c bh_0}{\frac{Ne-0.43\alpha_1 f_c bh_0^2}{(\beta_1-\xi_b)(h_0-a_s')}}+\xi_b = \frac{3\times10^6-0.518\times9.6\times300\times560}{\frac{3\times10^6\times392-0.43\times1.0\times9.6\times300\times560^2}{(0.8-0.518)(560-40)}}+0.518$$

$$=0.828$$

（5）计算 A_s（A_s'）并验算配筋率。由式（6-47）可得：

$$A_s = A_s' = \frac{Ne-\alpha_1 f_c bh_0^2 \xi(1-0.5\xi)}{f_y'(h_0-a_s')}$$

$$= \frac{3\times10^6\times392-0.828\times(1-0.5\times0.828)\times9.6\times300\times560^2}{360(560-40)}$$

$$= 3941(\text{mm}^2) > \rho_{\min}bh = 0.002\times300\times600 = 360(\text{mm}^2)$$

（6）验算弯矩作用平面外的承载力：

$$N = 3\times10^6 < \phi(f_y'A_s' + f_c A) = 0.9\times(360\times3941\times2 + 9.6\times300\times600) = 4108968$$

计算结果满足弯矩作用平面外承载力的要求。

（7）选筋。两侧选用钢筋规格为 $4\phi36$（$A_s=A_s'=4072\text{mm}^2$），$(A_s+A_s')/bh_0>0.5\%$，满足要求。

【例6.11】已知偏心压力设计值 $N=1250$kN，轴向压力的偏心距 $e_0=90$mm，截面尺寸 $b\times h=400\text{mm}\times500\text{mm}$，$a_s=a_s'=35$mm，混凝土强度等级为C30，采用HRB335级钢筋，对称配筋，钢筋选用 $2\phi16$（$A_s=A_s'=402\text{mm}^2$），构件计算长度 $l_0=7.2$m。试校核该截面能否承担该偏心压力。

【解】：（1）数据整理：$b\times h=400\text{mm}\times500\text{mm}$，$a_s=a_s'=35$mm，$N=1250$kN，$e_0=90$mm，$l_0=7.2$m，$f_y=f_y'=300$MPa，$f_c=14.3$MPa，$\xi_b=0.55$，$A_s=A_s'=402\text{mm}^2$，$h_0=465$mm。

（2）判断大、小偏心：

$$e_0=90\text{mm}, \quad e_a = \max\left\{20, \frac{h}{30}\right\} = \max\left\{20, \frac{500}{30}\right\} = 20(\text{mm})$$

$$e_i = e_0 + e_a = 90 + 20 = 110(\text{mm})$$

$$\zeta_1 = 0.2 + 2.7\frac{e_i}{h_0} = 0.2 + 2.7\times\frac{110}{465} = 0.839 < 1$$

$$\frac{l_0}{h} = \frac{7200}{500} = 14.5 < 15, \text{ 取 } \zeta_2 = 1$$

$$\eta = 1 + \frac{1}{1400\frac{e_i}{h_0}}\left(\frac{l_0}{h}\right)^2 \zeta_1\zeta_2 = 1 + \frac{1}{1400\times\frac{110}{465}}\times 14.5^2\times 0.839\times 1 = 1.533$$

$$\eta e_i = 1.533\times 110 = 168.63(\text{mm}) > 0.3h_0 = 0.3\times 465 = 139.5(\text{mm})$$

初步判断为大偏心受压截面，故按大偏心受压计算。

（3）求受压区高度 x。由式（6-33）得

$$\alpha_1 f_c bx(\eta e_i - \frac{h}{2} + \frac{x}{2}) = f_y A_s(\eta e_i + \frac{h}{2} - a_s) - f_y'A_s'(\eta e_i - \frac{h}{2} + a_s')$$

代入数据得：

$$14.3 \times 400 \times x \times (168.63 - \frac{500}{2} + \frac{x}{2})$$
$$= 300 \times 402 \times (168.63 + \frac{500}{2} - 35) - 300 \times 402 \times (168.63 - \frac{500}{2} + 35)$$

移项整理得：$x = 239.7(\text{mm})$

$$2a_s' = 2 \times 35 = 70(\text{mm}) < x = 239.7(\text{mm}) < \xi_b h_0 = 0.55 \times 465 = 255.75(\text{mm})$$

（4）求轴向压力设计值 N：

已知 $\frac{l_0}{b} = \frac{7200}{400} = 18$，查表 6.1 得 $\phi = 0.81$，由式（6-2）得：

$$N_u = 0.9\phi\left[f_c bh + f_y'(A_s + A_s')\right]$$
$$= 0.9 \times 0.81 \times [14.3 \times 400 \times 500 + 300(402 + 402)]$$
$$= 2260774.8(\text{N}) > 1250(\text{kN})$$

故计算结果满足设计要求，所以该截面能承担此偏心压力，结构安全。

【小结】

（1）按照轴向压力的作用位置不同，受压构件可分为轴心受压构件和偏心受压构件两类。当轴向压力作用于截面形心时，称为轴心受压构件；当轴向压力的作用线偏离构件截面形心时，称为偏心受压构件。偏心受压构件又可分为单向偏心受压构件和双向偏心受压构件，当轴向压力的作用点只与构件截面的一个主轴有偏心距时为单向偏心受压构件，当轴向压力的作用点与构件截面的两个主轴都有偏心距时为双向偏心受压构件。

（2）对于配置螺旋箍筋的柱，当荷载增加使混凝土的压应力达到 $0.8f_c$ 以后，混凝土的横向变形将急剧增大，但此横向变形将受到螺旋箍筋的约束，螺旋箍筋内产生拉应力，从而使箍筋所包围的核心混凝土受到螺旋箍筋的被动约束，使螺旋箍筋以内的核心混凝土处于三向受压状态，有效地提高了核心混凝土的抗压强度和变形能力，从而提高构件的受压承载力。

（3）由于偏心受压构件正截面破坏特征与受弯构件正截面破坏特征是类似的，故其正截面受压承载力计算仍采用了与受弯构件正截面承载力计算相同的基本假定，混凝土压应力图形则采用等效矩形应力分布图形。

（4）当截面尺寸、材料强度及配筋等均已知时，偏心受压构件的截面复核通常有两种情形：一是已知偏心距 e_0，求截面所能承担的极限轴向压力设计值 N_u，即已知 e_0 求 N_u；二是已知轴向压力设计值 N，求截面所能承担的极限弯矩设计值 M_u，即已知 N 求 M_u。

【操作与练习】

思考题

（1）轴心受压构件中箍筋布置的原则是什么？箍筋的作用有哪些？

（2）在轴心受压构件中配置纵向钢筋的目的是什么？为什么要控制纵向钢筋的最大配筋率和最小配筋率？

（3）试从破坏的原因、破坏的性质和破坏形成的条件来说明偏心受压构件的两种破坏特征。为什么偏心距很大也可能产生受压破坏？当偏心距很小时，有没有可能产生受拉破坏？

（4）偏心受压短柱和偏心受压长柱的破坏有何本质区别？偏心距增大系数 η 是如何确定的？

（5）对称配筋方式和非对称配筋方式各有什么优缺点？

（6）为什么对于偏心受压构件要进行垂直于弯矩方向的承载力验算？

习题

（1）一轴心受压钢筋混凝土柱，其一端铰接，一端锚固，$b \times h = 400\text{mm} \times 400\text{mm}$，柱高 10m，承受设计轴向压力 2120kN（包括自重），若采用 C20 级混凝土及 HRB335 级钢筋，求纵向钢筋用量。

（2）矩形截面偏心受压构件 $b \times h = 400\text{mm} \times 700\text{mm}$，计算长度 $l_0 = 6.5\text{m}$，$a_s = a'_s = 40\text{mm}$，承受轴向压力设计值 $N = 1150\text{kN}$，弯矩设计值 $M = 430\text{kN} \cdot \text{m}$，采用 HRB335 级钢筋，C20 级混凝土，求非对称配筋时，钢筋截面面积 A_s 和 A'_s。

（3）已知偏心受压柱 $b \times h = 350\text{mm} \times 500\text{mm}$，$l_0 = 7.5\text{m}$，$a_s = a'_s = 40\text{mm}$，混凝土等级为 C25，钢筋为 HRB335 级，$\xi_b = 0.55$，$A_s = 1473\text{mm}^2$，$A'_s = 763\text{mm}^2$，求当 $e_0 = 270\text{mm}$ 时，该柱所能承担的轴向压力设计值和弯矩设计值。

（4）已知偏心受压柱 $b \times h = 300\text{mm} \times 550\text{mm}$，$l_0 = 5.6\text{m}$，$a_s = a'_s = 40\text{mm}$，混凝土强度等级为 C25，钢筋为 HRB335 级，采用对称配筋，求当 $N = 1235\text{kN}$，$M = 300\text{kN} \cdot \text{m}$ 时所需钢筋。

【课程信息化教学资源】

受压构件的一般构造

轴心受压构件正截面的受力性能

稳定系数与轴心受压构件承载力计算

配普通钢筋的轴心受压构件的截面设计

配螺旋箍筋轴心受压构件正截面设计

大偏心与小偏心受压构件的破坏形态

偏心距与偏心增大系数的意义与计算

判断偏心受压柱的大小偏心问题

配筋矩形截面偏心受压构件正截面承载力

混凝土受压构件承载力计算概述

偏心受压构件的正截面承载力计算（1）

偏心受压构件的正截面承载力计算（2）

偏心受压构件的正截面承载力计算（3）

轴心受压构件基本原理

偏心受压构件的正截面承载力计算（4）

轴心受力构件的基本构造要求

轴心受压构件受力计算

项目七　钢筋混凝土构件的变形和裂缝验算

项目描述

设计钢筋混凝土构件时，为了保证结构的安全性，对所有的受力构件都要进行承载力计算，因为构件可能由于强度破坏或失稳等原因而达到承载力极限状态。此外，构件还可能由于裂缝宽度过大、变形超标，影响适用性和耐久性而达到正常使用极限状态，所以，为使构件的使用性能满足要求，根据构件的使用条件，还要对某些构件的裂缝宽度和变形进行计算或验算。

学习要求

- 掌握工程结构受弯构件正常使用极限状态验算的必要性。
- 了解钢筋混凝土受弯构件截面弯曲刚度的含义及基本表达式。
- 熟悉并掌握受弯构件挠度与最大裂缝宽度的验算方法。
- 能区分《规范》和《公路桥规》有关变形与裂缝宽度计算的不同。

知识目标

- 了解钢筋混凝土构件变形和裂缝的形式及产生、发展机理。
- 掌握受弯构件挠度和裂缝验算方法。

能力目标

- 掌握钢筋混凝土构件变形和开裂对结构刚度的影响。
- 能开展简单的变形和裂缝验算。

思政亮点

通过前面的学习，我们了解到混凝土材料抗压不抗拉，但在工程施工当中，混凝土构件免不了要承受拉应力。对于普通混凝土构件来说，当受拉区混凝土的应变超过极限拉应变，就会退出工作，与其黏结的钢筋承受的应力会陡然增大。这就好像我们毕业后加入的工作团队一样，里面有新员工、老员工，当压力当头或者出现有难度、有挑战的工作的时候，新员工往往因为工作时间短、经验不足而不能胜任，由老员工扛起重担。作为新员工的我们，不能像开裂后退出工作的混凝土一样"袖手旁观"，而是一定要善于从硬任务、重担子中学习本领、积累经验,使自己快速成长,早日成为中坚力量。

任务7.1 受弯构件挠度和裂缝宽度的验算

7.1.1 受弯构件挠度的验算

1. 控制挠度的原因及标准

1)控制挠度的原因

(1)挠度过大会损坏构件使用功能。

(2)梁板挠度过大会使与之相连的非承重墙严重脱离、开裂,甚至被破坏。

(3)根据经验,日常生活中,人们心理上能够承受的最大挠度约为 $l_0/250$(l_0 为构件的计算跨度),超过此限值就有可能引起用户心理上的不安。

(4)梁端转角过大将使支座处梁底的应力分布曲线变化,改变其支撑面积和支撑反力的作用点,并可能危及砌体墙(或柱)的稳定,使其产生水平裂缝。

(5)构件挠度过大,在可变荷载作用下可能发生振动,导致动力效应的产生,使结构构件内力增大,甚至发生共振,从而使构件的受力特征与计算的基本假定不符。

2)挠度控制标准

《规范》规定,钢筋混凝土受弯构件的最大挠度应按荷载的准永久组合计算,预应力混凝土受弯构件的最大挠度应按荷载的标准组合计算,并均应考虑荷载长期作用的影响,计算得到的最大挠度 f 不应超过其允许值 $[f]$,即:

$$f \leqslant [f] \tag{7-1}$$

计算结果地不应超过《规范》中表3.4.3规定的挠度极限值。在验算正常使用极限状态时,材料的强度值应取其标准值。

2. 构件裂缝对刚度的影响

进行受弯构件的变形验算,主要是确定构件的刚度。刚度确定后即可用力学的方法验算其变形。一般情况下钢筋混凝土受弯构件处于带裂缝工作状态,构件截面的抗弯刚度与开裂前用力学方法所表达的刚度大不相同。开裂后随着弯矩的增大,裂缝扩展,引起刚度不断降低。另外,截面的配筋率对刚度也有一定的影响,截面配筋率大,刚度下降慢,配筋率小,刚度下降快,因此开裂后配筋率成为影响构件刚度的重要参数。

1)截面抗弯刚度

由力学知识可知,均质弹性材料梁的跨中挠度可以用下式表示:

$$f = \beta \frac{Ml_0^2}{EI} = \beta \phi l_0^2 \tag{7-2}$$

式中:ϕ——截面曲率,即单位长度上的转角,$\phi = M/EI$;

β——与荷载形式、支撑条件有关的系数;

l_0——梁的计算跨度;

EI——梁的截面抗弯刚度。

由 $EI=M/\phi$ 可知，截面抗弯刚度的物理意义就是使截面产生单位转角需要施加的弯矩，它体现了截面抵抗弯曲变形的能力。

对于均质弹性材料，当梁的截面尺寸和材料已知时，梁的截面抗弯刚度 EI 是一个常数，因此弯矩与挠度或者弯矩与曲率之间始终成正比例关系，如图7.1中虚线 OA 所示。

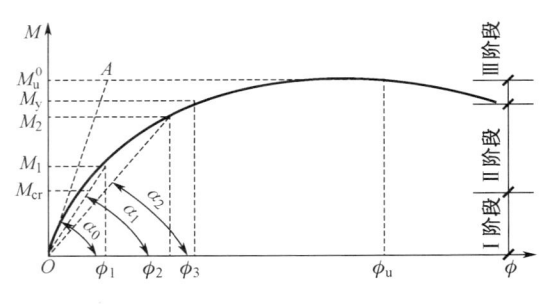

图7.1 M-ϕ 关系曲线

钢筋混凝土是非匀质的非弹性材料，因此钢筋混凝土受弯构件的截面抗弯刚度不为常数，其主要特点如下。

（1）截面抗弯刚度随着荷载的增大而减小。适筋梁从开始加载到破坏的 M-ϕ 曲线如图7.1中粗实线所示。由截面抗弯刚度定义可知，曲线上任意一点与原点 O 的连线的斜率 $\tan\alpha$ 即为截面抗弯刚度。由图7.1可知，在裂缝出现以前，曲线与 OA 几乎重合，因而截面抗弯刚度仍可视为常数，并近似取为 $0.85E_cI_0$，此处 I_0 为换算截面惯性矩。当裂缝即将出现时，即进入Ⅰ阶段末时，曲线已偏离 OA 的轨迹，逐渐弯曲，说明截面抗弯刚度明显降低。出现裂缝后，即进入Ⅱ阶段，曲线进一步弯曲，ϕ 增加较快，截面抗弯刚度明显降低。钢筋屈服后进入Ⅲ阶段，此阶段 M 增量很小，而 ϕ 增量很大，截面抗弯刚度急剧降低。但应注意，即使在Ⅲ阶段的 M-ϕ 曲线接近直线，截面抗弯刚度也不是常数，而是不断地减小。

按正常使用极限状态验算构件变形时，采用的截面抗弯刚度通常取在 M-ϕ 曲线Ⅱ阶段当弯矩为 $0.5M_u^0$~$0.7M_u^0$ 时的区段内，M_u^0 是破坏弯矩试验值。在该区段内的截面抗弯刚度随弯矩增大而减小。

（2）截面抗弯刚度随着配筋率 ρ 的降低而减小。试验表明，截面尺寸和材料都相同的适筋梁，配筋率 ρ 越大，M-ϕ 曲线越陡，变形越小，相应的截面抗弯刚度越大；反之，配筋率 ρ 越小，M-ϕ 曲线越平缓，变形越大，相应的截面抗弯刚度越小，因此配筋率在构件开裂后成为影响构件变形的主要参数。

（3）截面抗弯刚度沿构件跨度变化。如图7.2所示，在纯弯区段，即使各个截面承受的弯矩相同，曲率（或截面抗弯刚度）也不相同。裂缝截面处的截面抗弯刚度小一些，裂缝之间截面处的截面抗弯刚度大一些，这是由于裂缝的存在使构件的几何参数发生变化引起的，所以，验算变形时采用的截面抗弯刚度是指纯弯区段内平均的截面抗弯刚度。

（4）截面抗弯刚度随加载时间的增长而减小。试验表明，对构件施加保持不变的荷载，则随时间的增长，因混凝土徐变等原因将会使截面抗弯刚度减小，对一般尺寸的构件，三年以后截面抗弯刚度逐渐趋于稳定。进行变形验算时，除了要考虑荷载效应的准永久组合和标准组合，还应考虑荷载长期作用的影响。

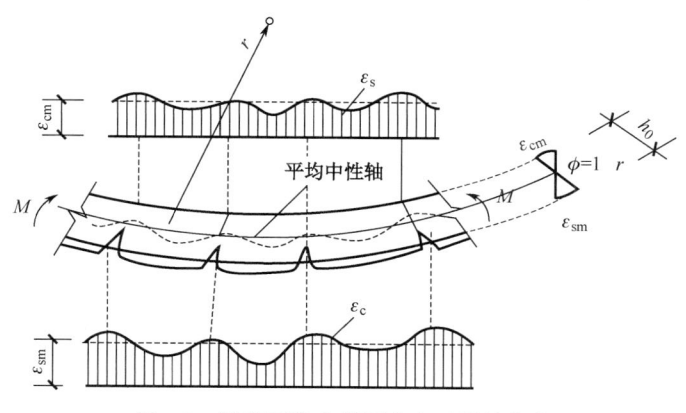

图 7.2 纯弯区段内截面应变及裂缝分布

2）构件的受力变形特点

钢筋混凝土受弯构件由两种性质截然不同的材料组成，且混凝土又是非弹性、非匀质材料，尤其在使用阶段，受拉区混凝土一般都带裂缝工作，因此结合其刚度变化特点，其受力变形与匀质线弹性材料梁相比，具有如下特点：

（1）受拉区混凝土开裂后，裂缝截面处全部拉应力均由钢筋承担，混凝土退出工作，而裂缝之间的混凝土仍参加工作。其拉应力由钢筋通过与混凝土交界面上的黏结剪应力 τ 传来，距裂缝截面越远，通过 τ 的积累传给混凝土的拉应力越大，钢筋承担的拉应力就越小，因此即使在纯弯区段范围内，受拉钢筋的应变 $\varepsilon(x)$、受压区边缘混凝土应变 $\varepsilon_c(x)$、中性轴位置 $x(z)$ 和刚度 $B(z)$ 仍然沿梁轴方向呈波浪形分布，其波峰分别位于裂缝截面或两裂缝中间截面处，如图 7.3 所示。

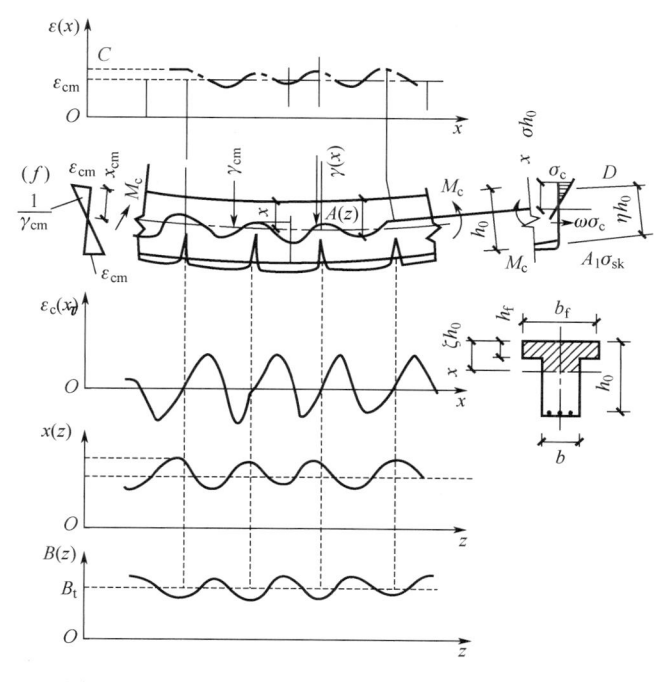

图 7.3 受弯构件应变、中性轴及刚度沿轴向分布图

（2）由于混凝土的抗拉强度较低，构件受拉区多有裂缝存在，并且扩展到一定宽度，开裂前为同一平面，而开裂后部分混凝土受拉截面已劈裂，表明在裂缝附近钢筋和混凝土之间已经产生相对位移，且原来受拉紧张的混凝土开裂后回缩，材料应变发生突变。单就裂缝附近局部范围来说，这种现象是不符合材料力学中平截面假定的，但大量试验结果表明，直到钢筋屈服前，在纯弯区段采用跨越几条裂缝的长标距测量内截面应变时，其平均应变大体上还是符合平截面假定的。

（3）两种配筋截面的弯矩—曲率（M-ϕ）关系如图 7.4 所示。在混凝土开裂前，截面基本上处于弹性工作状态，M 与 ϕ 大致为线性关系（OT 段）。一经开裂，受拉区混凝土就基本退出工作，因而与开裂前相比，曲率随着 M 的增大而增长速度明显加快，刚度显著降低，在 M-ϕ 曲线上出现了明显的转折点。其转折角的大小主要取决于配筋率 ρ，ρ 越低，转折角越大，也就是刚度的降低越快，从前述的刚度特点中同样可知此点。开裂后，随着 M 的增加，由于受压区混凝土应变不断增大，受压区混凝土塑性性质表现得越来越明显，应力增长速度较应变增长速度要慢，故受压区应力图形将呈曲线形变化，σ-ε 关系已不符合胡克定律，并且在开裂截面附近的局部区域内，截面应变分布不符合平截面假定。

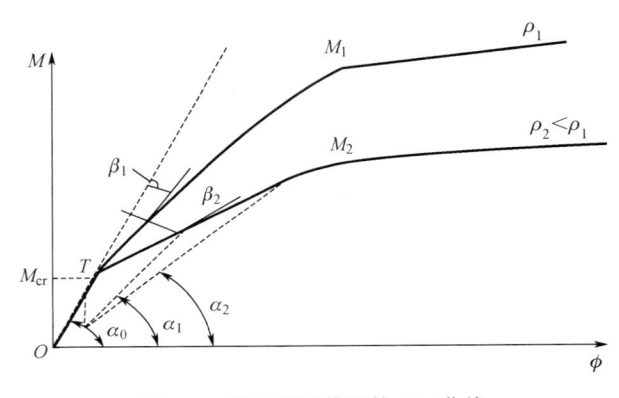

图 7.4 不同配筋截面的 M-ϕ 曲线

（4）钢筋混凝土受弯构件在长期荷载作用下，变形随时间增长而增大，因此，钢筋混凝土受弯构件的刚度计算和变形计算比匀质材料弹性梁要复杂得多。

3. 受弯构件截面刚度计算原则

对于矩形、T 形、倒 T 形和 I 形截面受弯构件的刚度（用 B 表示）计算，考虑荷载长期作用影响，可按下列规定计算。

（1）采用荷载标准组合时：

$$B = \frac{M_k}{M_q(\theta-1)+M_k} B_s$$

（2）采用荷载准永久组合时：

$$B = \frac{B_s}{\theta}$$

式中：M_k——按荷载的标准组合计算的弯矩，取计算区段内的最大弯矩值；

M_q——按荷载的准永久组合计算的弯矩，取计算区段内的最大弯矩值；

B_s——按荷载准永久组合计算的钢筋混凝土受弯构件或按标准组合计算的预应力混凝土受弯构件的短期刚度;

θ——荷载长期作用对挠度增大的影响系数,按《规范》中第 7.2.5 条要求取用。

4. 钢筋混凝土受弯构件和预应力混凝土受弯构件短期刚度 B_s 的计算

荷载组合符合裂缝控制等级要求时,钢筋混凝土受弯构件和预应力混凝土受弯构件的短期刚度 B_s 可按下列公式计算:

(1) 计算钢筋混凝土受弯构件的短期刚度:

$$B_s = \frac{E_s A_s h_0^2}{1.15\psi + 0.2 + \dfrac{6\alpha_E \rho}{1+3.5\gamma_f}}$$

(2) 计算预应力混凝土受弯构件的短期刚度。

① 对于不允许出现裂缝的构件:

$$B_s = 0.85 E_c I_0$$

② 对于允许出现裂缝的构件:

$$B_s = \frac{0.85 E_c I_0}{k_{cr} + (1-k_{cr})w}$$

$$k_{cr} = \frac{M_{cr}}{M_k}$$

$$w = \left(1.0 + \frac{0.21}{\alpha_E \rho}\right)(1 + 0.45\gamma_f) - 0.7$$

$$M_{cr} = (\sigma_{pc} + \gamma f_{tk})W_0$$

$$\gamma_f = \frac{(b_f - b)h_f}{bh_0}$$

式中:ψ——裂缝间纵向受拉钢筋应变不均匀系数,按《规范》第 7.1.2 条确定;

α_E——钢筋弹性模量与混凝土弹性模量的比值,即 E_s/E_c;

ρ——纵向受拉钢筋配筋率:对钢筋混凝土受弯构件,ρ 取 $A_s/(bh_0)$;对预应力混凝土受弯构件,ρ 取 $(a_1 A_p + A_s)/(bh_0)$,其中,对灌浆的后张预应力钢筋,取 a_1=1.0;对无黏结后张预应力钢筋,取 a_1=0.3;

I_0——换算截面惯性矩;

γ_f——受拉翼缘截面面积与腹板有效截面面积的比值;

b_f、h_f——分别为受拉区翼缘的宽度、高度;

k_{cr}——预应力混凝土受弯构件正截面的开裂弯矩 M_{cr} 与按荷载效应的标准组合计算的弯矩 M_k 的比值,当 k_{cr}>1.0 时,取 k_{cr}=1.0;

σ_{pc}——扣除全部预应力损失后,由预加力在抗裂验算边缘产生的混凝土预压应力;

γ——混凝土构件的截面抵抗矩塑性影响系数,按《规范》第 7.2.4 条确定;

其他变量的含义参见前文。

注:对预压时预拉区出现裂缝的构件,B_s 应降低 10%。

(3) 最小刚度原则。在求得截面刚度后,构件的挠度可按结构力学方法进行计算。但应注意，即使在承受对称集中荷载的简支梁内，除两集中荷载间的纯弯区段外，剪跨内各截面弯矩也是不相等的。越靠近支座，弯矩越小，其刚度也就越大。在支座附近的截面将不出现裂缝，其刚度较已出现裂缝区段大很多，如图7.5（a）所示。为了简化计算，在符号相同的弯矩区段内，各截面的刚度均可按该区段的最小刚度（B_{min}）计算，亦即按最大弯矩处截面刚度计算，如图7.5（b）中虚线所示。该计算原则通常称为最小刚度原则。

采用最小刚度原则计算挠度虽然会产生一些误差，但在一般情况下，此误差是不大的。一方面，由材料力学相关知识可知，支座附近的曲率对简支梁的挠度影响是很小的，由此可见，计算误差是不大的，且刚度计算值偏小，构件偏于安全。另一方面，按上述方法计算挠度时，只考虑弯曲变形的影响，而未考虑剪切变形的影响。在匀质材料梁中，剪切变形的影响一般很小，可以忽略。但在剪跨内已出现斜裂缝的钢筋混凝土梁中，剪切变形的影响将较大。同时，沿斜截面受弯也将使剪跨内钢筋承受的应力较按垂直截面受弯时更大（如图7.6所示为一试验梁实测钢筋应力与计算钢筋应力的比较）。在计算中未考虑斜裂缝的影响，将使挠度计算值偏小。在一般情况下，使上述计算值偏大和偏小的因素大致相互抵消，因此，在计算中采用最小刚度原则是可行的，计算结果与试验结果符合较好。

但在斜裂缝出现较早、较多，且延伸较长的薄腹梁中，斜裂缝的不利影响将较大，按上述方法计算的挠度值可能偏低较多。

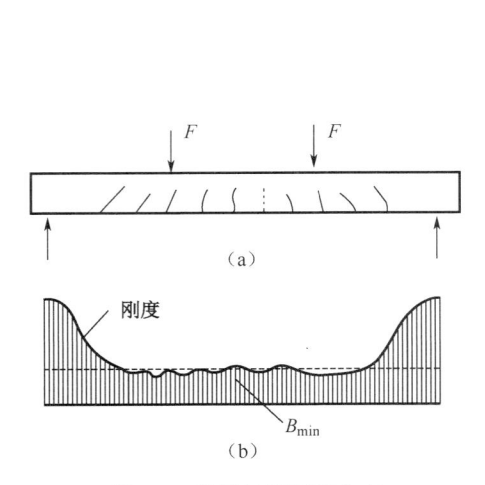

图 7.5 沿梁长的刚度分布

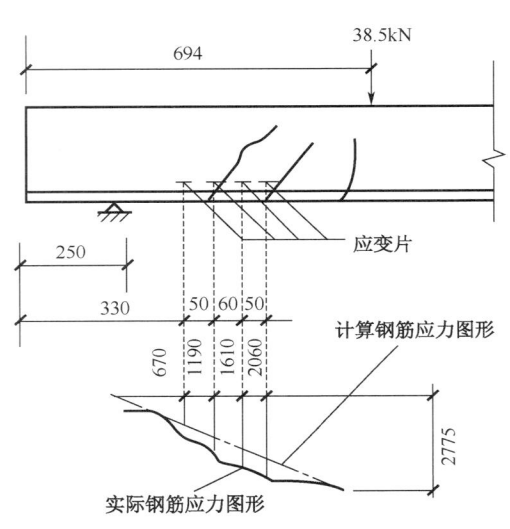

图 7.6 试验梁实测钢筋应力与计算钢筋应力的比较（长度单位：mm）

5．受弯构件的长期刚度

1）长期刚度计算公式

在实际工程中，总有部分荷载长期作用在结构构件上，因此计算挠度时必须采用长期刚度。在长期荷载作用下，钢筋混凝土受弯构件的刚度随时间增长而降低，挠度随时间增长而增大。前6个月挠度增大较快，以后逐渐减缓，1年后趋于稳定，但在5～6年后仍在不断变动，不过变化很小。因此，一般尺寸的构件，取3年或1000天的挠度值作为最终挠度值。

在长期荷载作用下，受弯构件挠度不断增长的原因有以下几个。

（1）受压混凝土发生徐变，使受压应变随时间增长而增大。同时，由于受压混凝土塑性变形的发展，使内力臂减小，从而引起受拉钢筋应力和应变的增长。

（2）受拉混凝土和受拉钢筋间的黏结发生滑移徐变，受拉混凝土的应力松弛及裂缝向上发展，导致受拉混凝土不断退出工作，从而使受拉钢筋平均应变不断增大。

（3）混凝土收缩。当受压区混凝土收缩程度比受拉区大时，将使梁的挠度增大。

上述影响因素中，受压混凝土的徐变是最主要的因素。影响混凝土徐变的因素，如受压钢筋的配筋率、加载龄期和使用环境的温度/湿度等，都对长期荷载作用下挠度的增大有影响。

在长期荷载作用下受弯构件挠度的增大用挠度增大系数 θ 来反映。θ 为长期荷载作用下的挠度 f_l 与短期荷载作用下的挠度 f_s 的比值，即 $\theta=f_l/f_s$。《规范》建议对混凝土受弯构件，当 $\rho'=0$ 时，取 $\theta=2.0$；当 $\rho'=\rho$ 时，取 $\theta=1.6$，当 $0<\rho'<\rho$ 时，θ 可按下式进行线性内插计算：

$$\theta=2-0.4\rho'/\rho \qquad (7\text{-}15)$$

式中：ρ'、ρ——分别为纵向受压钢筋和纵向受拉钢筋配筋率，$\rho'=A'_s/(bh_0)$，$\rho=A_s/(bh_0)$。

《规范》给出了受弯构件长期刚度的计算公式：

$$B_l = \frac{M_k}{M_q(\theta-1)+M_k}B_s \qquad (7\text{-}16)$$

式中：M_k——按荷载效应的标准组合计算的弯矩，取计算区段内的最大弯矩值；

M_q——按荷载效应的准永久组合计算的弯矩，取计算区段内的最大弯矩值；

B_s——荷载效应标准组合作用下的短期刚度；

θ——挠度增大系数。

2）提高受弯构件刚度的措施

增大截面高度 h 是提高刚度最有效的措施，所以在工作实践中，一般都是根据受弯构件高跨比（h/l）的合适取值范围预先控制变形，这一高跨比范围是总结工程实践经验得到的。如果计算中发现刚度相差不大而构件的截面尺寸难以改变时，也可采取增加受拉钢筋配筋率、采用双筋截面等措施。此外，采用高性能混凝土、对构件施加预应力等都是提高混凝土构件刚度的有效手段。

6．受弯构件的挠度验算

当用 $B_{\min}$ 代替匀质弹性材料梁截面弯曲刚度 EI 后，梁的挠度验算就变得十分简便。按《规范》要求，挠度验算应满足：

$$f \leqslant [f] \qquad (7\text{-}17)$$

$$f = s\frac{M_s l_0^2}{B_l} \qquad (7\text{-}18)$$

式中：$[f]$——受弯构件的挠度限值，按表 7.1 取用；

f——在标准荷载作用下按长期刚度计算所得的挠度；

s——挠度系数，可通过积分法或图乘法来求其值，如简支梁在跨中承受单个集中荷载时，跨中挠度系数为 1/12，简支梁在均匀荷载作用下，跨中挠度系数为 5/48；

M_s——按荷载短期效应组合计算出的弯矩值；

B_l——长期刚度，按式（7-16）计算；

l_0——梁的计算跨径。

表 7.1 受弯构件的挠度限值

构件类型		挠度限值
吊车梁	手动吊车	$l_0/500$
	电动吊车	$l_0/600$
屋盖、楼盖及楼梯构件		
当 $l_0<7\mathrm{m}$ 时		$l_0/200(l_0/250)$
当 $7\mathrm{m}\leqslant l_0\leqslant 9\mathrm{m}$ 时		$l_0/250(l_0/300)$
当 $l_0>9\mathrm{m}$ 时		$l_0/300(l_0/400)$

注：（1）表中 l_0 为构件的计算跨径。
（2）表中括号内的数值适用于使用上对挠度有较高要求的构件。
（3）如果构件制作时预先起拱，且使用上也允许，则在验算挠度时，可将计算所得的挠度值减去起拱值；对预应力混凝土构件，尚可减去预加力所产生的反拱值。
（4）计算悬臂构件的挠度限值时，其计算跨径 l_0 按实际悬臂长度的 2 倍取用。

【例 7.1】 某 T 形截面梁的计算简图如图 7.7 所示，单位恒荷载 $g_k=8\mathrm{kN/m}$，单位均布可变荷载 $q_k=10\mathrm{kN/m}$，单位集中可变荷载 $Q_k=15\mathrm{kN}$，可变荷载的准永久系数 $\Psi_q=0.5$；混凝土强度等级为 C25（$f_{tk}=1.78\mathrm{N/mm^2}$），钢筋强度等级为 HRB335 级；$A_s=941\mathrm{mm^2}$（$3\phi20$），试验算梁的挠度。

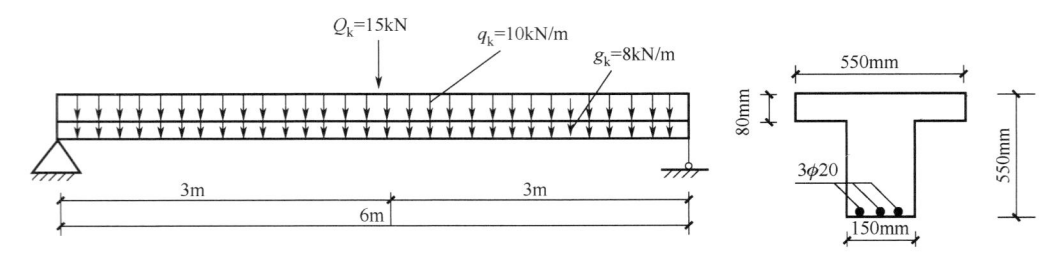

图 7.7 某 T 形截面梁的计算简图

【解】：（1）荷载效应计算：

恒荷载：$M_{gk}=\dfrac{1}{8}g_kl_0^2=\dfrac{1}{8}\times 8\times 6^2=36(\mathrm{kN\cdot m})$

均布可变荷载：$M_{qk}=\dfrac{1}{8}q_kl_0^2=\dfrac{1}{8}\times 10\times 6^2=45(\mathrm{kN\cdot m})$

集中可变荷载：$M_{Qk}=\dfrac{1}{4}Q_kl_0=\dfrac{1}{4}\times 15\times 6=22.5(\mathrm{kN\cdot m})$

荷载效应标准组合下的弯矩：
$$M_k=M_{gk}+M_{qk}+M_{Qk}=36+45+22.5=103.5(\mathrm{kN\cdot m})$$

荷载效应准永久组合下的弯矩：
$$M_q=M_{gk}+\psi(M_{qk}+M_{Qk})=36+0.5\times(45+22.5)=69.75(\mathrm{kN\cdot m})$$

（2）计算短期刚度 B_s：

$$\sigma_{sk}=\frac{M_k}{0.87h_0A_s}=\frac{103.5\times 10^6}{0.87\times 510\times 941}=248(\mathrm{MPa})$$

$$\rho_{te}=\frac{A_s}{A_{te}}=\frac{A_s}{0.5bh}=\frac{941}{0.5\times 150\times 550}=0.0228$$

$$\rho = \frac{A_s}{bh_0} = \frac{941}{150 \times 510} = 0.0123$$

$$\psi = 1.1 - 0.65 \frac{f_{tk}}{\rho_{te}\sigma_{sk}} = 1.1 - 0.65 \times \frac{1.78}{0.0228 \times 248} = 0.9$$

$$\alpha_E = \frac{E_s}{E_c} = \frac{2.0 \times 10^5}{2.8 \times 10^4} = 7.14$$

$$\gamma_f = \frac{(b_f - b)h_f}{bh_0} = \frac{(550 - 150) \times 80}{150 \times 510} = 0.42$$

$$B_s = \frac{E_s A_s h_0^2}{1.15\psi + 0.2 + \frac{6\alpha_E \rho}{1 + 3.5\gamma_f}}$$

$$= \frac{941 \times 2 \times 10^5 \times 510^2}{1.15 \times 0.9 + 0.2 + \frac{6 \times 7.14 \times 0.0123}{1 + 3.5 \times 0.42}}$$

$$= 3.38 \times 10^{13} (\text{N} \cdot \text{mm}^2)$$

（3）计算长期刚度：因 $\rho' = 0$，取 $\theta = 2$

$$B_l = \frac{M_k}{M_q(\theta - 1) + M_k} B_s = \frac{103.5}{69.75 \times (2-1) + 103.5} \times 3.38 \times 10^{13} = 2.02 \times 10^{13} (\text{N} \cdot \text{mm}^2)$$

（4）挠度验算：

$$f = \frac{5}{384} \frac{(g_k + q_k)l_0^4}{B} + \frac{Q_k l^3}{48B} = \frac{5}{384} \times \frac{(8+10) \times 6^4 \times 10^{12}}{20.2 \times 10^{12}} + \frac{15 \times 10^3 \times 6^3 \times 10^9}{20.2 \times 10^{12}}$$

$$= 15.0 + 3.3 = 18.3 (\text{mm}) < [f] = \frac{l_0}{200} = \frac{6000}{200} = 30 (\text{mm})$$

计算结果满足要求。

7.1.2 裂缝宽度计算

1. 概述

根据混凝土的力学性能，混凝土是一种抗压性能很好，抗拉性能很差的建筑材料。在进行钢筋混凝土受弯构件设计时，不考虑受拉区混凝土的抗拉作用，拉应力全部由受拉区的钢筋来承担，因此在正常使用状态下，受拉区的混凝土开裂是不可避免的现象。

进行受弯构件的结构设计时，应根据使用要求对裂缝进行控制。《规范》将构件正截面的裂缝控制等级分为三级。

一级——严格要求不出现裂缝的构件，按荷载标准组合计算时，构件受拉边缘混凝土不应产生拉应力。

二级——一般要求不出现裂缝的构件，按荷载标准组合计算时，构件受拉边缘混凝土拉应力不应大于混凝土抗拉强度的标准值。

三级——允许出现裂缝的构件：对钢筋混凝土构件，按荷载准永久组合计算并考虑长期作用影响时，构件的最大裂缝宽度不应超过表 7.2 规定的最大裂缝宽度限值。对预应力混凝土构件，按荷载标准组合计算并考虑长期作用的影响时，构件的最大裂缝宽度不超过表 7.2

规定的最大裂缝宽度限值；对二 a 类环境中的预应力混凝土构件，尚应按荷载准永久组合计算，且构件受拉边缘混凝土的拉应力不应大于混凝土的抗拉强度标准值。

应根据结构类型和《规范》第 3.5.2 条规定的环境类别，按表 7.2 的规定选用不同的裂缝控制等级及最大裂缝宽度限值 ω_{lim}。

表 7.2 构件的裂缝控制等级及最大裂缝宽度限值 ω_{lim}（mm）

环境类别	钢筋混凝土构件		预应力混凝土构件	
	裂缝控制等级	ω_{lim}	裂缝控制等级	ω_{lim}
一	三级	0.30（0.40）	三级	0.20
二 a				0.10
二 b		0.20	二级	——
三 a、三 b			一级	——

注：(1) 对处于年平均相对湿度小于 60% 地区一类环境中的受弯构件，其最大裂缝宽度限值可采用括号内的数值。

(2) 在一类环境中，对钢筋混凝土屋架、托架及需要进行疲劳验算的吊车梁，其最大裂缝宽度限值应取 0.20mm；对钢筋混凝土屋面梁和托梁，其最大裂缝宽度限值应取 0.30mm。

(3) 在一类环境中，对预应力混凝土屋架、托架及双向板体系，应按二级裂缝控制等级进行验算；对一类环境中的预应力混凝土屋面梁、托梁、单向板，应按表中二 a 类环境的要求进行验算；在一类和二 a 类环境中需要进行疲劳验算的预应力混凝土吊车梁，应按裂缝控制等级不低于二级的构件进行验算。

(4) 表中规定的预应力混凝土构件的裂缝控制等级和最大裂缝宽度限值仅适用于正截面的验算；预应力混凝土构件的斜截面裂缝控制验算应符合《规范》第 7 章的有关规定。

(5) 对于烟囱、筒仓和处于液体压力下的构件，其裂缝控制要求应符合专门标准的有关规定。

(6) 对于处于四、五类环境中的构件，其裂缝控制要求应符合专门标准的有关规定。

(7) 表中的最大裂缝宽度限值用于验算荷载作用引起的最大裂缝宽度。

2．混凝土结构暴露的环境类别

混凝土结构暴露的环境类别应按表 7.3 的要求划分。

表 7.3 混凝土结构暴露的环境类别

环境类别	条件
一	室内干燥环境； 无侵蚀性静水浸没环境
二 a	室内潮湿环境； 非严寒和非寒冷地区的露天环境； 非严寒和非寒冷地区的、与无侵蚀性的水或土壤直接接触的环境； 严寒和寒冷地区的冰冻线以下的、与无侵蚀性的水或土壤直接接触的环境
二 b	干湿交替出现的环境； 水位频繁变动的环境； 严寒和寒冷地区的露天环境； 严寒和寒冷地区的冰冻线以下的、与无侵蚀性的水或土壤直接接触的环境
三 a	严寒和寒冷地区冬季水位变动区； 受除冰盐影响的环境； 海风环境

续表

环境类别	条件
三 b	盐渍土环境； 受除冰盐作用的环境； 海岸环境
四	海水环境
五	受人造或自然形成的侵蚀性物质影响的环境

注：(1) 室内潮湿环境是指构件表面经常处于结露或湿润状态的环境。

(2) 严寒和寒冷地区的划分应符合《民用建筑热工设计规范》的有关规定。

(3) 海岸环境和海风环境宜根据当地情况，考虑主导风向及结构所处迎风、背风部位等因素的影响，由调查研究结果和工程经验确定。

(4) 受除冰盐影响的环境指受到除冰盐盐雾影响的环境；受除冰盐作用的环境指被除冰盐溶液溅射的环境及使用除冰盐地区的洗车房、停车楼等建筑。

(5) 暴露的环境是指混凝土结构表面所处的环境。

3. 裂缝产生的原因

钢筋混凝土结构的裂缝按其产生的原因可分为以下几类：

1) 由作用效应（如弯矩、剪力、扭矩及拉力等）引起的裂缝

由于构件下缘拉应力超过混凝土抗拉强度而使受拉区混凝土产生裂缝，其裂缝形态如前文所述（正截面承载力计算及斜截面承载力计算部分）。此类裂缝一般是与受力钢筋以一定角度相交的横向裂缝。

2) 由外加变形或约束变形引起的裂缝

产生外加变形或约束变形的原因一般有地基不均匀沉降、混凝土的收缩及温差等。约束变形越大，裂缝宽度也越大。例如，在钢筋混凝土薄腹 T 形截面梁的肋板表面上出现中间宽两端窄的竖向裂缝，这是混凝土结硬时，肋板混凝土受到四周混凝土及钢筋骨架约束而引起的裂缝。

3) 钢筋锈蚀裂缝

由于混凝土保护层炭化或冬季施工中掺氯盐过多导致钢筋锈蚀，锈蚀产物的体积比钢筋被侵蚀的体积大 2～3 倍，这种体积膨胀使外围混凝土产生相当大的拉应力，引起混凝土的开裂，甚至混凝土保护层的剥落。

第一类裂缝通常是在正常使用荷载作用下产生的，所以通常称为正常裂缝；后两类裂缝是由于非荷载因素引起的裂缝，称为非正常裂缝。

过多的裂缝或过大的裂缝宽度会影响结构的外观，造成使用者的不安。同时，某些裂缝的发生或发展，将会影响结构的使用寿命。为了保证钢筋混凝土构件的耐久性，必须在设计、施工等方面控制裂缝。

对外加变形或约束变形引起的裂缝，往往是在构造上提出要求和在施工工艺上采取措施予以控制。例如，对于混凝土收缩引起的裂缝，在施工过程中，应严格控制混凝土配合比，保证混凝土的养护条件和时间。同时，《公路桥规》还规定，对于 T 形、I 形截面梁或箱形截面梁的腹板两侧，应设置截面直径为 6～8mm 的纵向钢筋，并且保证一定的配筋率以防止收缩裂缝过宽。

对于钢筋锈蚀裂缝，由于它的出现将影响结构的使用寿命，危害较大，故必须防止其出现。在实际工程中，为防止它的出现，一般认为必须设置足够厚度的混凝土保护层和保证混凝土的密实性，严格控制早凝剂的掺入量。一旦钢筋锈蚀裂缝出现，应当及时处理。

在钢筋混凝土结构的使用阶段，对于由作用效应引起的混凝土裂缝，只要不是沿着混凝土表面延伸过长或裂缝发展处于不稳定状态，均属于正常的（指一般构件）。但在作用效应影响下，若裂缝宽度过大，仍会造成裂缝处钢筋锈蚀。

钢筋混凝土构件在荷载作用下产生的裂缝宽度，主要通过在设计计算阶段进行验算并在构造上施加一定的措施加以控制。由于影响裂缝发展的因素很多，较为复杂，如荷载作用、构件性质、环境条件、钢筋种类等，因此对于非正常裂缝，如果在设计与施工中采取相应措施，大部分裂缝是可以避免或限制其严重程度的，而正常裂缝则需要进行裂缝宽度的验算。

4．最大裂缝宽度的验算

1）最大裂缝宽度 $\omega_{\max}$

《规范》规定，对于矩形、T 形、倒 T 形及工字形截面的钢筋混凝土受拉、受弯和偏心受压构件及预应力混凝土轴心受拉和受弯构件，应按荷载标准组合或准永久组合计算并考虑长期作用影响，其最大裂缝宽度（mm）可按下式计算：

$$\omega_{\max} = \alpha_{cr}\phi\frac{\sigma_s}{E_s}(1.9c_s + 0.08\frac{d_{eq}}{\rho_{te}}) \quad (7\text{-}19)$$

$$\phi = 1.1 - 0.65\frac{f_{tk}}{\rho_{te}\sigma_s} \quad (7\text{-}20)$$

$$\rho_{te} = \frac{A_s + A_p}{A_{te}} \quad (7\text{-}21)$$

式中符号的具体含义如下：

① α_{cr} 为构件受力特征系数，按表 7.4 采用。

表 7.4　构件受力特征系数表

类型	α_{cr}	
	钢筋混凝土构件	预应力混凝土构件
受弯、偏心受压	1.9	1.5
偏心受拉	2.4	—
轴心受拉	2.7	2.2

② ϕ 为裂缝间纵向受拉钢筋应变不均匀系数，按式（7-20）计算。当 $\phi<0.2$ 时，取 $\phi=0.2$；当 $\phi>1.0$ 时，取 $\phi=1.0$；对直接承受重复荷载的构件，取 $\phi=1.0$。

③ σ_s 为按荷载准永久组合计算的钢筋混凝土构件纵向受拉普通钢筋承受的应力或按标准组合计算的预应力混凝土构件纵向受拉钢筋的等效应力，受弯构件的此数值按下式计算：

$$\sigma_{sq} = \frac{M_q}{0.87h_0A_s} \quad (7\text{-}22)$$

式中：A_s——受拉区纵向受拉钢筋截面面积；

M_q——按荷载准永久组合计算的弯矩值。

④ E_s 为钢筋弹性模量。

⑤ c_s 为最外层纵向受拉钢筋外边缘至受拉区底边的距离(mm),当 $c_s < 20$ 时,取 $c_s = 20$;当 $c_s > 65$ 时,取 $c_s = 65$。

⑥ d_{eq} 为受拉区纵向受拉钢筋的等效截面直径(mm),对无黏结后张法构件,此值取受拉区纵向受拉钢筋的等效截面直径(mm),按式(7-23)计算:

$$d_{eq} = \frac{\sum n_i d_i^2}{\sum n_i \upsilon_i d_i} \qquad (7\text{-}23)$$

式中:d_i——受拉区第 i 种纵向受拉钢筋的公称截面直径(mm);对于有黏结预应力钢绞线束,其直径取 $\sqrt{n_1}d_{p1}$,其中 d_{p1} 为单根钢绞线的公称截面直径,n_1 为单束钢绞线根数;

n_i——受拉区第 i 种纵向受拉钢筋的根数;对于有黏结预应力钢绞线束,取钢绞线束数;

υ_i——受拉区第 i 种纵向受拉钢筋的相对黏结特性系数,按表 7.5 取用。

表 7.5 钢筋的相对黏结特性系数

钢筋类别	钢筋		先张法预应力钢筋			后张法预应力钢筋		
	光面钢筋	带肋钢筋	带肋钢筋	螺旋肋钢丝	钢绞线	带肋钢筋	钢绞线	光面钢丝
υ_i	0.7	1.0	1.0	0.8	0.6	0.8	0.5	0.4

注:对环氧树脂涂层带肋钢筋,其相对黏结特性系数应按表中系数的 80% 取用。

⑦ ρ_{te} 为按有效受拉混凝土截面面积计算的纵向受拉钢筋配筋率;对无黏结后张法构件,仅取纵向受拉普通钢筋的计算配筋率,按式(7-21)计算。在最大裂缝宽度计算中,当 $\rho_{te} < 0.01$ 时,取 $\rho_{te} = 0.01$。

⑧ A_{te} 为有效受拉混凝土截面面积:对轴心受拉构件,取构件截面面积;对受弯、偏心受压和偏心受拉构件,取 $A_{te} = 0.5bh + (b_f - b)h_f$,此处,$b_f$、$h_f$ 为受拉翼缘的宽度、高度。

⑨ A_s 为受拉区纵向普通钢筋截面面积。

⑩ A_p 为受拉区纵向预应力钢筋截面面积。

2)最大裂缝宽度的验算

$$\omega_{max} \leqslant \omega_{lim} \qquad (7\text{-}24)$$

3)减小受弯构件裂缝的措施

① 增加受拉钢筋截面面积,减小裂缝截面的钢筋承受的应力。

② 采用较小截面直径钢筋,沿截面受拉区外缘以不大的间距均匀布置。

③ 采用预应力钢筋混凝土。

【例 7.2】矩形截面简支梁的截面尺寸 $b \times h = 200\text{mm} \times 500\text{mm}$,混凝土强度等级为 C30,配置 4$\phi$16 钢筋;混凝土保护层厚度 $c = 30\text{mm}$;按荷载效应准永久组合计算的跨中弯矩 $M_q = 70\text{kN}\cdot\text{m}$,最大裂缝宽度限值 $\omega_{lim} = 0.3\text{mm}$,试对其进行裂缝宽度验算。

【解】:查附表得:$f_{tk} = 2.01\text{MPa}$,$E_s = 2.0 \times 10^5 \text{MPa}$,$A_s = 804\text{mm}^2$,$h_0 = h - c - d/2 = 500 - 30 - 16/2 = 462(\text{mm})$。

则:

$$d_{eq} = \frac{d}{\upsilon} = \frac{16}{1.0} = 16(mm)$$

$$\rho_{te} = \frac{A_s}{0.5bh} = \frac{804}{0.5 \times 200 \times 500} = 0.0161$$

$$\sigma_{sq} = \frac{M_q}{0.87 h_0 A_s} = \frac{70 \times 10^6}{0.87 \times 462 \times 804} = 216.6(MPa)$$

$$\phi = 1.1 - 0.65 \frac{f_{tk}}{\rho_{te}\sigma_{sq}} = 1.1 - \frac{0.65 \times 2.01}{0.0161 \times 216.6} = 0.73$$

$$\omega_{max} = \alpha_{cr}\phi\frac{\sigma_s}{E_s}(1.9c_s + 0.08\frac{d_{eq}}{\rho_{te}})$$
$$= 1.9 \times 0.73 \times \frac{216.6}{2 \times 10^5} \times (1.9 \times 30 + 0.08 \times \frac{16}{0.0161})$$
$$= 0.21 < 0.3$$

计算结果满足要求。

任务 7.2 公路桥涵中受弯构件挠度和裂缝宽度的验算

对于钢筋混凝土构件持久工作状况，当计算其正常使用极限状态时，应按作用频遇组合考虑，并考虑长期效应的影响，对构件的裂缝宽度和挠度进行验算，并使计算值不超过《公路桥规》规定的各相应限值。

对于简支结构，作用的频遇组合按《公路桥通规》规定采用。

此处的频遇组合指永久作用标准值与汽车荷载频遇值、其他可变作用准永久组合值相组合。

作用频遇组合的效应设计值可按下式计算：

$$S_{fd} = S(\sum_{i=1}^{m} G_{ik}, \psi_{f1}Q_{1k}, \sum_{j=2}^{n} \psi_{qj}Q_{jk}) \quad (7-25)$$

式中：S_{fd}——作用频遇组合的效应设计值；

$S()$——作用频遇组合的效应函数；

G_{ik}——第 i 个永久作用的标准值；

Q_{1k}——汽车荷载（含汽车冲击力、离心力）的标准值；

Q_{jk}——在作用组合中除汽车荷载（含汽车冲击力、离心力）外的其他第 j 个可变作用的标准值；

ψ_{qj}——第 j 个可变作用的准永久值系数，对于汽车荷载（含汽车冲击力、离心力）此变量取 0.4，对于人群荷载此变量取 0.4，对于风荷载此变量取 0.75，对于温度梯度作用此变量取 0.8，对于其他作用此变量取 1.0；

ψ_{f1}——汽车荷载（不计汽车冲击力）频遇值系数，一般取 0.7。

7.2.1 公路桥涵工程受弯构件变形验算

公路桥涵钢筋混凝土受弯构件在正常使用极限状态下的挠度，可根据给定的构件刚度用结构力学的方法计算。钢筋混凝土受弯构件的刚度可按下式计算：

$$B = \begin{cases} \dfrac{B_0}{\left(\dfrac{M_{cr}}{M_s}\right)^2 + \left[1 - \left(\dfrac{M_{cr}}{M_s}\right)^2\right]\dfrac{B_0}{B_{cr}}} & (M_s \geqslant M_{cr} \text{时}) \\ B_0 & (M_s < M_{cr} \text{时}) \end{cases} \quad (7\text{-}26)$$

式中：B——开裂构件等效截面抗弯刚度；

B_0——全截面抗弯刚度，$B_0 = 0.95 E_c I_0$；

B_{cr}——开裂截面的抗弯刚度，$B_{cr} = E_c I_{cr}$；

M_s——按作用频遇组合计算的弯矩值；

M_{cr}——开裂弯矩，$M_{cr} = \gamma f_{tk} W_0$；

γ——截面受拉区混凝土塑性影响系数，$\gamma = 2S_0/W_0$；

W_0——换算截面抗裂验算边缘的弹性抵抗矩；

I_0——全截面换算截面惯性矩；

I_{cr}——开裂截面换算截面惯性矩；

其他变量含义见前文。

受弯构件在使用阶段的挠度应考虑荷载长期效应的影响，即按荷载频遇组合和式（7-26）计算的刚度计算挠度，并乘以挠度增长系数 η_θ。挠度增长系数可按下列规定取值：采用 C40 级以下混凝土时，$\eta_\theta = 1.60$；采用 C40～C80 级混凝土时，$\eta_\theta = 1.45\sim1.35$；中间强度等级混凝土的 η_θ 可按内插法取值。

【例 7.3】 已知计算跨径为 20m 的 T 形截面钢筋混凝土梁桥，采用 HRB400 级钢筋焊接骨架，配置纵向受拉钢筋 $2\phi 16+8\phi 32$（$A_s = 6836\text{mm}^2$），$a_s = 111\text{mm}$，混凝土强度等级为 C30，T 形梁的梁肋宽度 $b = 180\text{mm}$。T 形截面梁跨中截面使用阶段汽车荷载标准值产生的弯矩 $M_{Q1k} = 620\text{kN}\cdot\text{m}$（未计入汽车冲击力），人群荷载标准值产生的弯矩 $M_{Q2k} = 55.30\text{kN}\cdot\text{m}$，永久作用（恒载）标准值产生的弯矩 $M_{Gk} = 751\text{kN}\cdot\text{m}$，$I_{cr} = 47.04\times 10^9\text{mm}^4$，$I_0 = 8.75\times 10^{10}\text{mm}^4$，$W_0 = 1.07\times 10^8\text{mm}^3$，$S_0 = 8.76\times 10^7\text{mm}^3$。试验算挠度是否符合要求。

【解】：（1）求抗弯刚度 B：

$$E_c = 3.0\times 10^4 (\text{MPa}), \quad f_{tk} = 2.01 (\text{MPa})$$

作用荷载的频遇组合：

$$\begin{aligned} M_s &= M_{Gk} + \psi_{f1} M_{Q1k} + \psi_{qj} M_{Q2k} \\ &= 751 + 0.7\times 620 + 0.4\times 55.30 = 1207.12 (\text{kN}\cdot\text{m}) \end{aligned}$$

全截面抗弯刚度：

$$B_0 = 0.95 E_c I_0 = 0.95\times 3.0\times 10^4\times 8.75\times 10^{10} = 2.49\times 10^{15} (\text{N}\cdot\text{mm}^2)$$

开裂截面抗弯刚度：

$$B_{cr} = E_c I_{cr} = 3.0\times 10^4\times 47.04\times 10^9 = 1.41\times 10^{15} (\text{N}\cdot\text{mm}^2)$$

塑性影响系数：

$$\gamma = \frac{2S_0}{W_0} = \frac{2\times 8.76\times 10^7}{1.07\times 10^8} = 1.64$$

开裂弯矩：
$$M_{cr} = \gamma f_{tk} W_0 = 1.64 \times 2.01 \times 1.07 \times 10^8 = 352.71 (kN \cdot m)$$

开裂构件的抗弯刚度：
$$B = \frac{B_0}{(\frac{M_{cr}}{M_s})^2 + [1-(\frac{M_{cr}}{M_s})^2]\frac{B_0}{B_{cr}}}$$
$$= \frac{2.49 \times 10^{15}}{(\frac{352.71}{1207.12})^2 + [1-(\frac{352.71}{1207.12})^2] \times \frac{2.49 \times 10^{15}}{1.41 \times 10^{15}}}$$
$$= 1.46 \times 10^{15} (N \cdot mm^2)$$

（2）受弯构件跨中截面处的长期挠度计算。

作用频遇组合下跨中截面弯矩标准值 $M_s = 1207.12 kN \cdot m$，结构自重作用下跨中截面弯矩标准值 $M_{Gk} = 751 kN \cdot m$。对 C30 级混凝土，挠度增长系数 $\eta_\theta = 1.60$。

受弯构件在使用阶段的跨中截面的长期挠度值：
$$f_1 = \eta_\theta \times \frac{5}{48} \times \frac{M_s l^2}{B}$$
$$= 1.60 \times \frac{5}{48} \times \frac{1207.12 \times 10^6 \times 20000^2}{1.46 \times 10^{15}}$$
$$= 55.12 (mm)$$

在结构自重作用下跨中截面的长期挠度值：
$$f_2 = \eta_\theta \times \frac{5}{48} \times \frac{M_{Gk} l^2}{B} = 1.6 \times \frac{5}{48} \times \frac{751 \times 10^6 \times 20000^2}{1.46 \times 10^{15}} = 34.30 (mm)$$

由汽车荷载（不计冲击力）和人群荷载频遇组合在梁桥主梁产生的最大挠度：
$$f = f_1 - f_2 = 55.12 - 34.3 = 20.82 mm < \frac{l}{600} = 33.33 (mm)$$

计算结果符合《公路桥规》的要求。

7.2.2 钢筋混凝土构件裂缝宽度验算

《公路桥规》规定，钢筋混凝土构件在正常使用极限状态下的裂缝宽度，应按作用频遇组合考虑，并考虑长期效应影响进行验算，其计算的最大裂缝宽度不超过下列规定的裂缝限值：对一类和二类环境，裂缝限值为 0.2mm，对三类和四类环境，裂缝限值为 0.15mm。在上述组合中，汽车荷载效应不计冲击力。

一般矩形、T 形和 I 形截面钢筋混凝土受弯构件，其最大裂缝宽度 W_{cr}（mm）可按下式计算：

$$W_{cr} = C_1 C_2 C_3 \frac{\sigma_{ss}}{E_s} (\frac{c+d}{0.3 + 1.4 \rho_{te}}) \tag{7-27}$$

式中：C_1——钢筋表面形状系数，对光面钢筋，$C_1 = 1.4$；对带肋钢筋，$C_1 = 1$；对环氧树脂涂层带肋钢筋，$C_1 = 1.15$；

C_2——长期效应影响系数,$C_2 = 1 + \dfrac{M_1}{2M_s}$,其中 M_1 和 M_s 分别为按作用准永久组合和作用频遇组合计算的弯矩设计值(或轴向压力设计值);

C_3——与构件受力性质有关的系数,对于钢筋混凝土板式受弯构件 $C_3 = 1.15$,对于其他受弯构件 $C_3 = 1$;对于轴心受拉构件 $C_3 = 1.2$,对于偏心受拉构件 $C_3 = 1.1$,对于圆形截面偏心受压构件 $C_3 = 0.75$,对于其他截面偏心受压构件 $C_3 = 0.9$;

σ_{ss}——钢筋承受的应力;

E_s——弹性模量;

c——最外排纵向受拉钢筋的混凝土保护层厚度(mm),当 $c > 50\text{mm}$ 时,取 50mm;

d——纵向受力钢筋的截面直径(mm),当采用不同的钢筋时,d 改用换算截面直径 d_e,钢筋混凝土构件的此量值按式(7-23)取用。对于焊接钢筋骨架,式(7-23)中的 d 或 d_e 应乘以系数 1.3;

ρ_{te}——纵向受拉钢筋的有效配筋率,当 $\rho_{te} > 0.1$ 时,取 $\rho_{te} = 0.1$;当 $\rho_{te} < 0.01$ 时,取 $\rho_{te} = 0.01$。对于矩形、T 形和 I 形截面构件,此量值的计算公式为:

$$\rho_{te} = \dfrac{A_s}{A_{te}} \tag{7-28}$$

式中:A_s——受拉区纵向钢筋截面面积;对于轴心受拉构件取全部纵向钢筋截面面积;对于受弯、偏心受拉及大偏心受压构件取受拉区纵向钢筋截面面积或受拉较强一侧的钢筋截面面积;

A_{te}——有效受拉混凝土截面面积。对于轴心受拉构件取构件截面面积;对于受弯、偏心受拉、偏心受压构件取 $2a_s b$,a_s 为受拉钢筋重心至受拉区边缘的距离,对于矩形截面,b 为截面宽度,对于翼缘位于受拉区的 T 形、I 形截面,b 为受拉区有效翼缘宽度。

由作用频遇组合引起的开裂截面中纵向受拉钢筋承受的应力 σ_{ss} 的计算方法如下。

(1)对矩形、T 形和 I 形截面的钢筋混凝土构件。

受弯构件:
$$\sigma_{ss} = \dfrac{M_s}{0.87 A_s h_0} \tag{7-30}$$

轴心受拉构件:
$$\sigma_{ss} = \dfrac{N_s}{A_s} \tag{7-29}$$

偏心受拉构件:
$$\sigma_{ss} = \dfrac{N_s e_s'}{A_s (h_0 - a_s')} \tag{7-31}$$

偏心受压构件:
$$\sigma_{ss} = \dfrac{N_s (e_s - z)}{A_s z} \tag{7-32}$$

其中:
$$z = \left[0.87 - 0.12(1 - \gamma_f') \left(\dfrac{h_0}{e_s} \right)^2 \right] h_0 \tag{7-33}$$

$$e_s = \eta_s e_0 + y_s \tag{7-34}$$

$$\gamma_f' = \dfrac{(b_f' - b) h_f'}{b h_0} \tag{7-35}$$

$$\eta_s = 1 + \frac{1}{1400 \times \dfrac{e_0}{h_0}} \left(\frac{l_0}{h}\right)^2 \tag{7-36}$$

式中：A_s——受拉区纵向钢筋截面面积，对于轴心受拉构件，取全部纵向钢筋截面面积；对于受弯、偏心受拉及大偏心受压构件，取受拉区纵向钢筋截面面积或受拉较强一侧的钢筋截面面积；

e'_s——轴向拉力作用点至受压区或受拉较弱侧纵向钢筋合力点的距离；

e_s——轴向压力作用点至纵向受拉钢筋合力点的距离；

z——纵向受拉钢筋合力点至截面受压区合力点的距离，此量值大于 $0.87h_0$ 时取 $0.87h_0$。

η_s——轴向压力的正常使用极限状态偏心距增大系数，当 $l_0/h \leqslant 14$ 时，取 $\eta_s = 1.0$；

y_s——截面重心至纵向受拉钢筋合力点的距离；

γ'_f——受压翼缘截面面积与腹板有效截面面积的比值；

b'_f、h'_f——受压翼缘的宽度、厚度，当 $h'_f > 0.2h_0$ 时，取 $h'_f = 0.2h_0$；

N_s、M_s——按作用频遇组合计算的轴向压力值、弯矩值；

其他变量含义参见前文。

（2）对圆形截面的钢筋混凝土偏心受压构件：

$$\sigma_{ss} = \frac{0.6\left(\dfrac{\eta_s e_0}{r}\right)^3}{\left(0.45 + 0.26\dfrac{r_s}{r}\right)\left(\dfrac{\eta_s e_0}{r} + 0.2\right)^2} \frac{N_s}{A_s} \tag{7-37}$$

$$\eta_s = 1 + \frac{1}{4000 \times \dfrac{e_0}{2r - a_s}} \left(\frac{l_0}{2r}\right)^2 \tag{7-38}$$

式中：A_s——全部纵向钢筋截面面积；

N_s——按作用频遇组合计算的轴向压力值；

r_s——纵向钢筋重心所在的钢筋截面的半径；

r——构件圆形截面的半径；

e_0——构件初始偏心距；

a_s——单根钢筋截面形心到构件边缘的距离；

η_s——轴向压力的正常使用极限状态偏心距增大系数，当 $l_0/2r \leqslant 14$ 时，取 $\eta_s = 1.0$；

其他变量含义参见前文。

【例 7.4】条件同【例 7.3】，最大容许裂缝宽度为 0.2mm。试验算该梁的裂缝宽度是否符合要求。

（1）对于带肋钢筋，$C_1 = 1$。

作用频遇组合：

$$M_s = 1207.12 \text{kN} \cdot \text{m}$$

作用准永久组合：

$$M_1 = M_{Gk} + \psi_{q1}M_{Q1k} + \psi_{q2}M_{Q2k}$$
$$= 751 + 0.4 \times 620 + 0.4 \times 55.30 = 1021.12 (kN \cdot m)$$
$$C_2 = 1 + 0.5 \frac{M_1}{M_s} = 1 + 0.5 \times \frac{1021.12}{1207.12} = 1.42$$

对于非板式受弯构件，$C_3 = 1.0$。

（2）钢筋应力 σ_{ss} 的计算：
$$h_0 = h - a_s = 1300 - 111 = 1189 (mm)$$
$$\sigma_{ss} = \frac{M_s}{0.87 h_0 A_s} = \frac{1207.12 \times 10^6}{0.87 \times 1189 \times 6836} = 170.71 (MPa)$$

（3）换算直径 d。

因为受拉区采用不同的钢筋截面直径，所以 d 应取换算截面直径 d_e，则可得到：
$$d = d_e = \frac{2 \times 16^2 + 8 \times 32^2}{2 \times 16 + 8 \times 32} = 30.22 (mm)$$

对于焊接钢筋骨架：$d = d_e = 1.3 \times 30.22 = 39.29 (mm)$

（4）纵向受拉钢筋的有效配筋率：
$$\rho_{te} = \frac{A_s}{A_{te}} = \frac{6890}{2 \times 111 \times 1500} = 0.02$$

（5）最大裂缝宽度 W_{cr}：
$$W_{cr} = C_1 C_2 C_3 \frac{\sigma_{ss}}{E_s} \left(\frac{c + d}{0.30 + 1.4 \rho_{te}} \right)$$
$$= 1 \times 1.42 \times 1 \times \frac{170.71}{2 \times 10^5} \times \left(\frac{20 + 39.29}{0.30 + 1.4 \times 0.02} \right)$$
$$= 0.22 > 0.2$$

按照《公路桥规》的规定，处于一般环境下的钢筋混凝土受弯构件，裂缝宽度不应超过 0.2mm，因此该梁不满足裂缝宽度要求，故需要重新进行设计计算，改用细直径钢筋可以使构件的裂缝宽度减小，从而满足相关规范要求。

【小结】

（1）对钢筋混凝土构件的裂缝宽度和变形的验算是为了保证结构的正常使用。

（2）钢筋混凝土受弯构件挠度验算的关键点有两个：一是利用最小刚度原则，二是求出任意一弯矩区段内绝对值最大弯矩截面的刚度。之后就可按结构力学方法求出构件的最大挠度，此量值不应超过《规范》规定的挠度限值。

（3）根据正常使用阶段对结构构件裂缝的要求不同，裂缝控制等级分为三级。

（4）在验算钢筋混凝土构件使用阶段的裂缝宽度时，应按作用的频遇组合考虑，并考虑荷载长期作用的影响，所求得的最大裂缝宽度不应超过《规范》规定的限值。

（5）《规范》和《公路桥规》有关刚度的计算方法有较大的区别。《规范》采用以平截面假定为基础的刚度分析法，《公路桥规》采用的是有效惯性矩法。在考虑荷载长期作用对挠度的影响时，《规范》引入一个"荷载长期作用对挠度增大的影响系数 θ"，而《公路桥规》则用"按荷载的频遇组合计算得到的挠度"乘以"挠度长期增大系数 η_θ"的办法来确定挠度的变化。

（6）《规范》和《公路桥规》有关裂缝宽度的计算方法有较大的区别。《规范》对于裂缝宽度的计算采用理论结合经验公式的方法；《公路桥规》对于裂缝宽度的计算采用数理统计经验公式。

（7）上述两个规范有关刚度与裂缝宽度的主要计算公式的比较如表 7.6 所示。

表 7.6　上述两个规范有关刚度与裂缝宽度的主要计算公式的比较

类型	《规范》	《公路桥规》
刚度	$B_s = \dfrac{E_s A_s h_0^2}{1.15\psi + 0.2 + \dfrac{6\alpha_E \rho}{1+3.5\gamma_f}}$	$B = \dfrac{M_k}{M_q(\theta-1)+M_k} B_s$	$B = \dfrac{B_0}{\left(\dfrac{M_{cr}}{M_s}\right)^2 + \left[1-\left(\dfrac{M_{cr}}{M_s}\right)^2\right]\dfrac{B_0}{B_{cr}}}$
裂缝宽度	$\omega_{max} = \alpha_{cr}\phi\dfrac{\sigma_s}{E_s}\left(1.9c_s + 0.08\dfrac{d_{eq}}{\rho_{te}}\right)$	$W_{cr} = C_1 C_2 C_3 \dfrac{\sigma_{ss}}{E_s}\left(\dfrac{c+d}{0.30+1.4\rho_{te}}\right)$

【操作与练习】

思考题

（1）对于钢筋混凝土受弯构件，其正常使用极限状态验算包括哪些内容？

（2）设计钢筋混凝土受弯构件结构时，为什么要对变形和裂缝宽度进行验算？在对变形和裂缝宽度进行验算时，应采取哪个应力阶段为依据？

（3）计算挠度时，刚度应该如何取值？为什么？

（4）什么是"最小刚度原则"？

（5）提高受弯构件刚度的措施有哪些？最有效的措施是什么？

（6）如果裂缝宽度超过规定的限值时，可以采取哪些措施来减小裂缝宽度？

（7）简述《规范》和《公路桥规》有关刚度和裂缝宽度计算的区别。

习题

（1）已知某钢筋混凝土简支梁，计算跨径 $l_0 = 7.5\text{m}$，$b \times h = 300\text{mm} \times 500\text{mm}$，混凝土强度等级为 C25，钢筋等级为 HRB335，梁承受均布荷载，其中永久荷载标准值为 $g_k = 12\text{kN/m}$，包括自重，可变荷载标准值为 $q_k = 10\text{kN/m}$，纵向受拉钢筋为 $4\phi22$ 钢筋，按一排布置，允许挠度值为 $[f] = l_0/250$，试验算其跨中挠度是否满足要求。

（2）已知某预制 T 形截面简支梁，安全等级为二级，$l_0 = 6\text{m}$，$b_f' = 600\text{mm}$，$b = 200\text{mm}$，$h_f' = 60\text{mm}$，$h = 500\text{mm}$，混凝土强度等级为 C30，采用 HRB335 级钢筋。各种荷载在跨中截面引起的弯矩标准值为：永久荷载 48kN·m；可变荷载 35kN·m；雪荷载 10kN·m。要求：①计算受弯正截面受拉钢筋的截面面积；②验算挠度是否满足要求。如不满足，可以采取哪些措施？

（3）数据同上题，最大裂缝宽度限值为 0.3mm，试验算该梁最大裂缝宽度是否满足要求。

（4）已知某钢筋混凝土屋架下弦，环境类别为一类，截面尺寸 $b \times h = 200\text{mm} \times 200\text{mm}$，按荷载标准组合计算的轴向拉力 $N_k = 115\text{kN}$，采用 C30 等级混凝土，采用 $4\phi 18$ 的 HRB335 级受拉钢筋（$A_s = 1017\text{mm}^2$），裂缝限值为 0.2mm，试验算裂缝宽度是否满足要求。

（5）某装配式钢筋混凝土 T 形截面梁桥，计算跨径为 20m，截面尺寸如图 7.8 所示，采用 C25 级混凝土，纵向受拉钢筋采用 HRB335 级，主筋规格为 $8\phi 32+2\phi 20$（$A_s = 7062\text{mm}^2$），其中 $8\phi 32$ 钢筋重心至梁底距离为 99mm，$2\phi 20$ 钢筋重心至梁底距离为 180mm，承受恒载产生的弯矩为 $M_{gk} = 700\text{kN} \cdot \text{m}$，汽车和人群荷载产生的弯矩为 $M_{qk} = 580\text{kN} \cdot \text{m}$，$I_0 = 12.93 \times 10^{10}\text{mm}^4$，$I_{cr} = 82.38 \times 10^9\text{mm}^4$，$W_0 = 14.35 \times 10^7\text{mm}^3$，$S_0 = 1.213 \times 10^8\text{mm}^3$。试验算挠度是否符合要求。

（6）处于室内正常环境下的钢筋混凝土矩形截面简支梁，截面尺寸 $b = 200\text{mm}$，$h = 500\text{mm}$，配置 HRB335 级钢筋 $4\phi 16$，混凝土强度等级为 C20，混凝土保护层厚度 $c = 25\text{mm}$。跨中截面弯矩 $M_k = 79.97\text{kN} \cdot \text{m}$，$M_q = 64.29\text{kN} \cdot \text{m}$。按照《公路桥规》验算该梁的最大裂缝宽度。

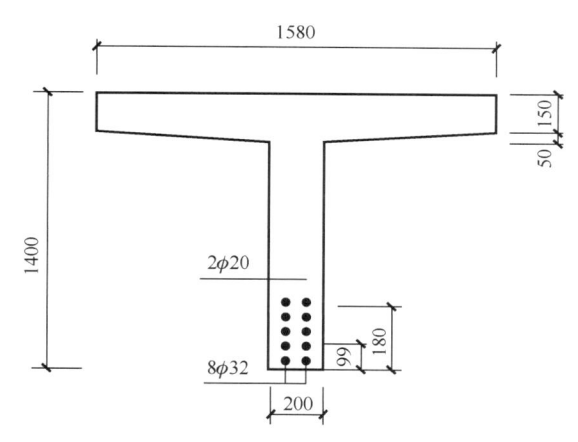

图 7.8 习题（5）图（长度单位：mm）

【课程信息化教学资源】

视频

裂缝宽度验算范例　　最小刚度原则　　裂缝概述　　进行变形控制的原因

课件PPT

裂缝概述　　　　受弯构件刚度计算原则　　　　最大裂缝宽度的验算　　　　进行变形控制的原因

项目八　预应力混凝土结构

项目描述

随着构件跨度和质量要求的提高，预应力混凝土结构目前应用越来越广泛，学习预应力混凝土相关知识十分必要。预应力混凝土结构是由预应力钢筋通过张拉或其他方法建立预应力而制成的结构。它从本质上改善了钢筋混凝土结构受力性能。本部分内容难点是理解混凝土构件中预应力钢筋承受的应力将出现损失。引起预应力损失的因素较多，各种预应力出现的时刻和延续的时间各不相同，先张法构件和后张法构件在同一应力阶段内发生的预应力损失也不尽相同，因而增强了计算的复杂性。本部分内容在介绍预应力混凝土基本原理的基础上，介绍预应力轴心受拉构件和预应力混凝土受弯构件设计的理论和计算方法。

知识目标

● 熟练掌握预应力混凝土结构的基本概念、各项预应力损失的意义和计算方法、预应力损失值的组合。

● 熟练掌握预应力轴心受拉构件各阶段的应力状态、设计计算方法和主要构造要求。

能力目标

掌握预应力混凝土受弯构件各阶段的应力状态、设计计算方法、主要构造要求及预应力混凝土施工方法。

思政亮点

预应力混凝土结构预先在结构内部形成一种应力状态，使结构在使用阶段产生拉应力的区域先受到压应力，从而限制裂缝的展开，提高结构的刚度和强度。同样，现实生活、工作和学习过程中，人们常会思考如何对待自己所遇到的困难、忧惧、负担等压力，如何让压力变成让自己进步的动力。在庸人的眼里，压力无疑是一种负担或拖累。而在强者眼里，压力却变成了动力，他们把在压力下取得的成功轨迹归结为：压力——动力——胜利。通过学习本部分内容，学生应深刻领会如何正确面对压力，培养变压力为动力的重要品质。

任务 8.1　预应力混凝土总论

8.1.1　预应力混凝土的基本原理

预应力混凝土从诞生到现在虽然只有几十年的历史，但是人们对预应力原理的应用却由来已久。如中国古代的工匠早就运用预应力原理来制作木桶，木桶的环向预压应力通过套紧竹箍的方法产生，只要水对桶壁产生的环向拉应力不超过环向预压应力，则桶壁木板之间将始终保持受压的紧密状态，木桶就不会开裂和漏水。

预应力混凝土结构（Pre-stressed concrete structure）是指在承受外荷载以前，预先采用人为的方法，在结构内部形成一种应力状态，使结构在使用阶段产生拉应力的区域先受到压应力的混凝土结构。这项压应力将与使用阶段荷载产生的拉应力抵消一部分或全部，从而推迟裂缝的出现，限制裂缝的展开，提高结构的刚度，如图8.1所示。

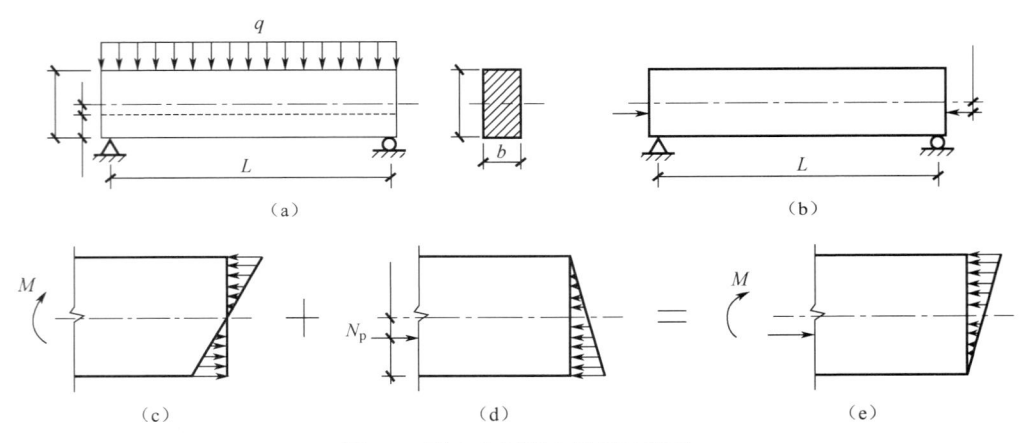

图 8.1　预应力混凝土原理示意图

以上定义说明了两个重要的问题：

（1）由于预先给混凝土结构施加了预应力，使其产生的拉应力完全或部分被预应力所抵消，因而可以避免或者推迟裂缝的产生。

（2）必须针对荷载作用下可能产生的应力状态来施加预应力，所需要施加的预应力不仅与荷载（或者说弯矩）的大小有关，而且也与预应力的作用位置（即偏心距的大小）有关。

在现代预应力混凝土结构学中，通常把在使用荷载作用下，沿预应力钢筋轴向的正截面始终不出现拉应力的预应力混凝土称为"全预应力混凝土"；把普通钢筋混凝土称为"非预应力混凝土（Non-pre-stressed structure）"；把介于非预应力混凝土与全预应力混凝土之间的预应力混凝土称为"部分预应力混凝土（Partially pre-stressed concrete structure）"。

（3）加筋混凝土结构的分类：国内通常把全预应力混凝土、部分预应力混凝土和非预应力混凝土总称为加筋混凝土。

国际预应力协会将加筋混凝土按预应力的大小划分为Ⅰ级、Ⅱ级、Ⅲ级、Ⅳ级，分别对应全预应力、有限预应力、部分预应力、非预应力混凝土,其中有限预应力也称为部分预应力 A 类,部分预应力也称为部分预应力 B 类。

① 预应力度(Degree of pre-stressed)的定义。

《公路桥规》中将预应力度定义为:由预应力大小确定的消压弯矩 M_0 与外荷载产生的弯矩 M_s 的比值,即:

$$\lambda = \frac{M_0}{M_s} \qquad (8-1)$$

式中: M_0 ——消压弯矩,即构件抗裂预压应力抵消到零时的弯矩;

M_s ——外荷载产生的弯矩,按作用短期效应组合计算;对于部分预应力混凝土构件,$0<\lambda<1$;对于全预应力混凝土构件,$\lambda \geqslant 1$;对于非预应力混凝土构件:不加预应力,即 $\lambda=0$。

② 按预应力混凝土有无黏结分类。

有黏结预应力混凝土结构指沿预应力钢筋全长,其周围均与混凝土黏结、包裹在一起的预应力混凝土结构。先张预应力结构及预留孔道穿筋压浆的后张预应力结构均属此类。

无黏结预应力混凝土结构指预应力钢筋伸缩、滑动自由,不与周围混凝土黏结的预应力混凝土结构。此类结构一般是将预应力钢筋的外表面涂以沥青、油脂或其他润滑防锈材料,以减小摩擦力并防锈蚀,并用塑料套管、纸带或塑料带包裹,以防止施工中碰坏涂层,并使之与周围混凝土隔离的,按后张法制作的预应力混凝土结构,其后张预应力钢筋在张拉时可沿纵向发生相对滑移。

无黏结预应力混凝土结构施工特点:不需要预留孔道,也不必灌浆,施工简便、快速,造价较低,易于推广应用。

8.1.2 钢筋混凝土的特点

由于混凝土的抗拉性能很差,使钢筋混凝土存在两个无法解决的问题:一是在使用荷载作用下,钢筋混凝土受拉、受弯等构件通常是带裂缝工作的;二是从保证结构耐久性出发,必须限制裂缝宽度,为了满足变形和裂缝控制的要求,则需要增大构件的截面尺寸和用钢量,这将导致自重过大,使钢筋混凝土结构用于大跨度或承受动力荷载的结构的可能性极低或很不经济。

理论上讲,提高材料强度可以提高构件的承载力,从而达到节省材料和减轻构件自重的目的。但在普通钢筋混凝土构件中,提高钢筋强度却难以收到预期的效果。这是因为,对配置高强度钢筋的钢筋混凝土构件而言,承载力可能已不是影响构件工作性能的最主要因素,起主导作用的因素可能是裂缝宽度或构件的挠度。当钢筋承受的应力达到 $500\sim1000\text{N/mm}^2$ 时,裂缝宽度将很大,使构件无法满足使用要求,因此,在钢筋混凝土构件中高强度钢筋是不能充分发挥其作用的,而提高混凝土强度等级对提高构件的抗裂性能和控制裂缝宽度的作用也极其有限。

混凝土的抗拉强度及极限拉应变值都很低,其抗拉强度只有抗压强度的 1/10~1/18,极限拉应变仅为 0.0001~0.00015,即 1m 只能拉长 0.1~0.15mm,超过此数值后混凝土就会出现裂缝。而钢筋达到屈服强度时的应变却要大得多,约为 0.0005~0.0015,如 HPB235 级钢筋的极限拉应变就达 1×10^{-3}。对使用上不允许开裂的构件,受拉钢筋承受的应力只能达到

$20\sim30\text{N/mm}^2$，其强度得不到充分利用。对于允许开裂的构件，当受拉钢筋承受的应力达到 250N/mm^2 时，裂缝宽度已达 $0.2\sim0.3\text{mm}$。

为了避免钢筋混凝土结构的裂缝过早出现，充分利用高强度钢筋及高强度混凝土，应设法在混凝土结构或构件承受使用荷载前，预先对受拉区的混凝土施加压力，这就是预应力混凝土产生的原因。

8.1.3 预应力混凝土的特点

1．有黏结预应力混凝土的优点

（1）提高了构件的抗裂性能和刚度。由于对构件施加预应力，在使用荷载作用下，构件可不出现裂缝，或使裂缝推迟出现，所以提高了构件的刚度，增加了结构的耐久性，具有良好的裂缝闭合性能和变形恢复性能。当结构卸载时，预应力能很好地使裂缝闭合及使变形恢复。

（2）减小自重，降低造价。有黏结预应力混凝土采用高强度材料，因此可减少钢筋用量和构件截面尺寸，节省钢材和混凝土，降低结构自重，对大跨度和重荷载结构而言，采用有黏结预应力混凝土有着明显的优越性。

（3）提高构件的抗剪能力。采用有黏结预应力混凝土可提高构件的抗剪能力。试验表明，纵向预应力钢筋起着锚栓的作用，阻碍着构件斜裂缝的出现与扩展，而且预应力混凝土梁的曲线钢筋（束）合力的竖向分力将部分地抵消剪力。

（4）提高受压构件的稳定性。当受压构件长细比较大时，在受到一定的压力后便容易被压弯，以致失稳而破坏。如果对钢筋混凝土构件施加预应力，使纵向受力钢筋张拉得很紧，不但预应力钢筋本身不容易被压弯，而且可以帮助周围的混凝土提高抗弯能力。

（5）增强构件耐久性。由于预应力混凝土能使构件不出现裂缝或减小裂缝宽度，因而可以减少大气或侵蚀性介质对钢筋的侵蚀，从而延长构件的使用期限。预应力混凝土构件具有承受强大预应力的钢筋，其在使用阶段因加载或卸载所引起的应变变化幅度相对较小，故此可提高抗疲劳强度，这对承受动荷载的结构来说是很有利的。

（6）具有良好的经济性。对于适合采用预应力技术的结构，采用预应力混凝土构件可以比采用普通构件省20%～40%的混凝土和30%～60%的纵筋；与采用钢结构相比则可以减少一半以上的材料费。

（7）能促进桥梁新体系的发展。承载力的大幅度提高，使构件跨越能力明显增强，尤其和连续梁体系配合使用，更能发挥其优越性。

2．无黏结预应力混凝土的优点

（1）结构自重轻，造价较低。
（2）施工简便，速度快，不需要预留孔道。
（3）不必灌浆，抗腐蚀能力强。
（4）使用性能良好，易于推广应用。

3. 无黏结预应力混凝土的缺点

（1）工艺较复杂，对质量要求高，因而需要配备一支技术较熟练的专业队伍。
（2）需要一定的专门设备，如张拉机具、灌浆设备等。
（3）预应力反拱不易控制。
（4）设计要求高。
（5）预应力混凝土结构的开工费用较大，对构件数量少的工程来说成本较高。

任务 8.2　预应力混凝土材料与施工

8.2.1　对预应力钢筋性能的要求

（1）强度高。预应力混凝土结构中预应力的大小主要取决于预应力钢筋的数量及其能够承受的张拉应力。考虑到构件在制作和使用过程中，由于各种因素的影响，会出现各种预应力损失，因此需要采用较高的张拉应力，这就要求预应力钢筋的强度要高，否则，就不能有效地建立预应力。

（2）有较好的塑性。为了保证结构在破坏之前有较好的变形能力，必须保证预应力钢筋有足够的塑性性能。

（3）具有良好的黏结性能。

（4）具有低松弛性能。考虑预应力钢筋的特性时主要的两点是 $\sigma\text{-}\varepsilon$ 曲线和应力松弛。

① 应力松弛概念：钢筋受到一定的张拉应力后，在长度保持不变的条件下，其承受的应力随着时间的增长而降低的现象称为应力松弛，因此导致的应力降低值称为应力松弛损失。

② 应力松弛的特点：初期发展快。钢丝和钢绞线的应力松弛率大于热处理钢筋和精轧螺纹钢筋。应力初值越大，应力松弛损失也越大。应力松弛损失程度随温度的升高急剧增加。

8.2.2　预应力钢筋的种类

《公路桥规》推荐使用的预应力钢筋有钢绞线、消除应力钢丝和精轧螺纹钢筋。钢绞线和消除应力钢丝单向拉伸 $\sigma\text{-}\varepsilon$ 曲线无明显的流幅，精轧螺纹钢筋的 $\sigma\text{-}\varepsilon$ 曲线则有明显的流幅。随着现代科学技术的发展出现了新型非金属预应力材料，主要指纤维增强预应力塑料筋。

1. 钢绞线

钢绞线是由 2、3 或 7 根高强度钢丝扭结而成并消除内应力的盘卷状钢丝束，最常用的是由 6 根外围钢丝围绕一根芯丝顺一个方向扭结而成的 7 股钢绞线。芯丝截面直径常比外围钢丝截面直径大 5%～7%，以使各钢丝紧密接触，钢丝扭矩一般为钢绞线公称截面直径的 12～16 倍。钢绞线具有截面集中、比较柔软、盘弯运输方便、与混凝土黏结性能良好等特点，可大大简化现场成束的工序，是一种较理想的预应力钢筋（如图 8.2 所示）。

2. 消除应力钢丝

预应力混凝土结构常用的消除应力钢丝是将 7 根截面直径为 3～8mm 的优质碳素钢（含碳量为 0.7%～1.4%）钢丝缠绕在一起；经高温铅浴淬火处理后，再冷拉加工而成的钢丝。对于采用冷拔工艺生产的消除应力钢丝，冷拔后还需要经过回火矫直处理，以消除因冷拔而产生的内部应力，提高其比例极限、屈服强度和弹性模量。

3. 精轧螺纹钢筋

精轧螺纹钢筋在轧制时沿钢筋纵向全部轧有规律性的螺纹肋条，连接时可用螺丝套筒连接和螺母锚固，因此不需要加工螺丝，也不需要焊接。这种钢筋仅用于中、小型预应力混凝土构件或作为箱梁的竖向、横向预应力钢筋，截面直径：25～32mm（如图 8.3 所示）。

图 8.2　钢绞线 　　　　　图 8.3　精轧螺纹钢筋

8.2.3　预应力钢筋的检验

钢材进场应有质保书或试验报告单，使用前按规定频率复试。部分厂家按国外标准生产钢绞线，购买时应注意截面直径、破断荷载等参数与国内产品的差异。

试验数据应符合国家标准《预应力混凝土用热处理钢筋》《预应力混凝土用钢丝》及《预应力混凝土用钢绞线》等。如有一项指标不合格，则应取双倍试样，再次进行试验，若仍有一件试样指标不合格，则该批产品全部判定为不合格。进行力学性能测试时，应同时测定弹性模量，以校核张拉延伸值。

8.2.4　预应力混凝土构件中常用混凝土强度等级要求

我国预应力混凝土构件采用的混凝土等级为 C40、C50 和 C60。在先张法构件中，混凝土强度等级不应低于 C40。当采用消除应力钢丝、钢铰线、精轧螺纹钢筋作为预应力钢筋时，混凝土强度等级不应低于 C40。

预应力混凝土构件对混凝土的要求如下：
（1）强度高。
（2）匀质性好。
（3）快硬、早强。
（4）收缩和徐变小，以减小预应力损失。

8.2.5　混凝土的收缩与徐变

混凝土的收缩和徐变使预应力混凝土构件缩短，引起预应力钢筋中储备的预应力下降，称为预应力损失（Loss of pre-stress）。

1．混凝土的收缩

混凝土的收缩包括两部分：一部分为凝缩，系水泥凝结硬化时所产生的收缩变形；另一部分为干缩，系混凝土干硬出水后产生的收缩变形。

2．混凝土的徐变

混凝土在受力后立即产生的变形称为急变，包括弹性变形（Elastic deformation）和一部分塑性变形（Plastic deformation）。在应力不变的情况下，随时间增长的塑性变形称为徐变。

影响徐变的主要因素是应力的大小和加载时混凝土的龄期（Age of concrete）。

当应力小于（0.5~0.55）f_{cd}时，徐变程度与应力成正比，为线性徐变，但当应力大于$0.55f_{cd}$时，徐变程度与应力不成正比，为非线性徐变。

在预应力混凝土构件中，应采用与高强度钢筋相配合的较高强度等级的混凝土，只有这样才能充分发挥高强度钢筋的抗拉强度，有效地减小构件截面尺寸，继而减轻结构自重。特别对于先张法构件，混凝土强度等级的提高可增大混凝土的黏结强度，以保证预应力钢筋在混凝土中有较好的自锚性能。

8.2.6　预应力锚具

1．对预应力锚具的要求

（1）受力安全可靠。
（2）预应力损失小。
（3）构造简单，制作方便，用钢量少，价格便宜。
（4）施工设备简便，张拉锚固方便迅速。

2．原理概述

（1）预应力锚具可分为靠摩擦阻力锚固的锚具和依靠承压锚固的锚具。
（2）先张法自锚构件和后张法自锚构件中的预应力钢筋是利用钢筋与混凝土之间的黏结力进行锚固的。

3．几种常用的预应力锚具

1）锥形锚

锥形锚如图8.4所示，其工作原理是通过顶压锥形的锚塞，将钢丝卡在锚圈与锚塞之间，当千斤顶（Stressing jack）放松钢丝后，钢丝向梁内回缩时带动锚塞向锚圈内锲紧，这样钢丝通过摩擦阻力将预应力传到锚圈，然后由锚圈承压，将预应力传到混凝土构件上。

图 8.4 锥形锚

2）镦头锚

镦头锚如图 8.5 所示，其工作原理：先使钢丝逐一穿过锚杯的蜂窝眼，然后用专门的镦头机将钢丝端头镦粗，使镦粗头直接承压，将钢丝固定于锚杯上。锚杯的外圆车有螺纹，穿束后，在固定端将锚圈（螺帽）拧上，即可将钢丝束锚固于梁端。在张拉端，则先将与千斤顶连接的拉杆旋入锚杯内进行张拉，待锚杯带动钢丝伸长到设计需要时，将锚圈沿锚杯外的螺纹旋紧，顶在构件表面，再慢慢放松千斤顶，退出拉杆，于是钢丝束的回缩力就通过锚圈、垫板传到梁体混凝土上而获得锚固。

3）钢筋螺纹锚具

当采用高强度的粗钢筋作为预应力钢筋时，可采用钢筋螺纹锚具固定，即借助粗钢筋两端的螺纹，在粗钢筋张拉后直接拧上螺帽进行锚固，将粗钢筋的回缩力由螺帽经支撑垫板承压传递给梁体而获得预应力，如图 8.6 所示。

图 8.5 镦头锚　　　　　　图 8.6 钢筋螺纹锚具

4）夹片锚具

将预应力钢筋用夹片锲紧在锥形锚孔中的锚具称为夹片锚具，适用于单根或多根预应力钢筋的锚固，其结构如图 8.7 所示。

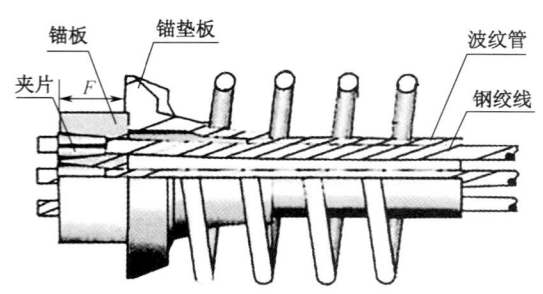

图 8.7 夹片锚具的结构

XM 型预应力张拉锚固工具如图 8.8 所示。

图 8.8　XM 型预应力张拉锚固工具

扁形夹片锚具如图 8.9 所示。

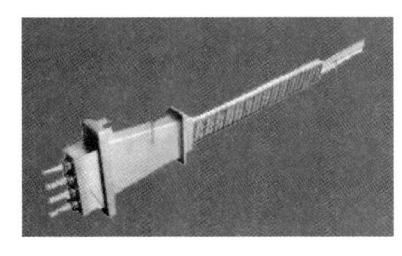

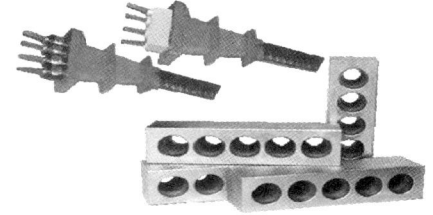

图 8.9　扁形夹片锚具

5）固定端锚具

（1）挤压式锚具。挤压式锚具利用压头机，将套在钢绞线端头上的软钢（一般为 45 号钢）套筒与钢绞线一起强行顶压，使其通过规定的模具孔时受到挤压而形成锚固，如图 8.10 所示。

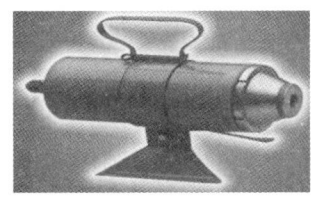

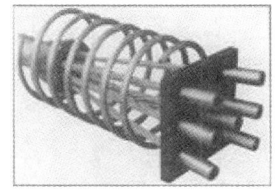

图 8.10　压头机和挤压式锚具成形原理

（2）压花锚具如图 8.11 所示。

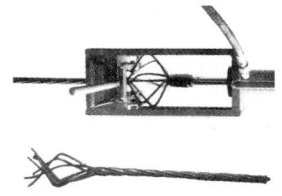

图 8.11　压花锚具

压花锚具是用压花机将钢绞线端头压制成梨形花头的一种黏结型锚具，张拉前应将其预先埋入混凝土构件中。

（3）轧花锚具。轧花锚具是一种固定锚具，利用混凝土对钢绞线的握裹力将后张力传至混凝土构件。钢绞线的末端利用压花机压成球形花，这些球形花以正方形或长方形排列，并用网格钢筋固定位置。为了防止混凝土局部开裂，在钢绞线从波纹管出来开始散开的位置，用螺旋钢筋和约束环加强。轧花锚具的结构如图 8.12 所示。

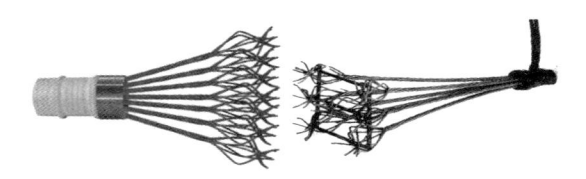

图 8.12 轧花锚具的结构

6）连接器

连接器有两种：钢绞线束锚固后，需要再连接钢绞线束时，可采用锚头连接器（如图 8.13 所示）。当两段未张拉的钢绞线束需要直接接长时，则可采用接长连接器。

图 8.13 锚头连接器

4．预应力锚具的检验

（1）预应力锚具应有出厂合格证，其上写明型号、尺寸、钢号、热处理方式、抽样试验结果。相关指标应符合相关国家标准的规定。

（2）同一批预应力锚具，不超过 1000 套为一验收批。

（3）外观检查：检查一验收批总数的 10%且不少于 10 套，检查其外观、尺寸和锥度配套情况。

（4）硬度检查：预应力锚具不可太硬（会导致断丝），也不可太软（会导致滑丝）。检查一验收批总数的 5%且不少于 5 件，对于多孔夹片锚具，每套应至少检查 5 片夹片，每个零件检查 3 点。

（5）对于体外预应力索锚具和重要结构承受动载的预应力锚具，应该做疲劳试验。

（6）提倡采用知名品牌。

8.2.7 其他预应力设备

1．制孔器

预制后张法构件时，须预先留好待混凝土结硬后筋束穿入的孔道。目前，国内桥梁构件预留孔道所用的制孔器主要有两种：螺旋金属波纹管（如图 8.14 所示）与抽拔橡胶管（如图 8.15 所示）。

图 8.14 螺旋金属波纹管　　　　　　　图 8.15 抽拔橡胶管

2．穿索机

在桥梁悬臂施工和尺寸较大的构件中，一般都采用后穿法穿束。对于大跨度桥梁有的筋束很长，人工穿束十分吃力，故采用穿索（束）机（如图 8.16 所示）。穿索机有两种类型：一是液压式；二是电动式，桥梁施工中多用前者。

图 8.16 穿索机

3．水泥搅拌机及压浆机

水泥搅拌机及压浆机如图 8.17 和图 8.18 所示。

图 8.17 水泥搅拌机　　　　　　　图 8.18 压浆机

4．千斤顶

各种锚具都必须配置相应的张拉设备，才能顺利地进行张拉、锚固。与夹片锚具配套的张拉设备是一种大直径的穿心单作用千斤顶，如图 8.19 所示。YDC 型千斤顶外形如图 8.20 所示。

图 8.19　千斤顶　　　　　　　图 8.20　YDC 型千斤顶

千斤顶在锚固时采用的顶压器有液压顶压器与弹性顶压器两种。

(1) 液压顶压器采用并联多孔式油缸,每个穿心式顶压活塞对准锚具的一组夹片,钢绞线由其穿心孔中穿过,每个活塞在顶压时的压力为 25kN,采用同步顶压。液压顶压器的使用增加了锚固的可靠性,并减少了预应力损失。

(2) 弹性顶压器采用橡胶制成的筒形弹性元件,每个弹性元件对准一组夹片,钢绞线从弹性元件的中孔通过。张拉时,弹性顶压器的壳体把弹性元件压紧在一夹片上,由于弹性元件受夹片弹性压缩,钢绞线能正常拉出,张拉后利用钢绞线的回缩将夹片带动锚固。

为了方便施工,有时也可采用在预应力钢筋表面涂刷防锈蚀材料并用塑料套管或油纸包裹的方式形成无黏结后张预应力,但采用此方式时钢绞线的回缩值较采用液压顶压器的方式要大。

5. 张拉台座(如图 8.21 所示)

图 8.21　张拉台座

任务 8.3　预应力混凝土构件的施工方法

8.3.1　施工概述

张拉控制应力指张拉钢筋进行锚固前,千斤顶所指示的总拉力除以预应力钢筋截面面积所求得的钢筋应力值。钢筋的张拉控制应力与钢筋品种有关。

(1)《公路桥规》规定:预应力钢筋在构造端部(锚下)的张拉控制应力应符合下列规定:

对于消除应力钢丝、钢绞线：体内预应力 $\sigma_{con} \leqslant 0.75f_{pk}$，体外预应力 $\sigma_{con} \leqslant 0.70f_{pk}$；对于精轧螺纹钢筋：$\sigma_{con} \leqslant 0.85f_{pk}$（$f_{pk}$——预应力筋极限强度标准值）。

当对构件进行超张拉或者计入锚圈口摩擦损失时，预应力钢筋最大张拉控制应力值（千斤顶油泵上显示的值）可增加 $0.05f_{pk}$。

（2）《规范》规定：预应力钢筋在构造端部（锚下）的张拉控制应力应符合下列规定。

对于消除应力钢丝、钢绞线：$\sigma_{con} \leqslant 0.75f_{ptk}$

对于中等强度的预应力钢丝：$\sigma_{con} \leqslant 0.70f_{ptk}$

对于精轧螺纹钢筋：$\sigma_{con} \leqslant 0.85f_{pyk}$

式中：f_{ptk}——极限强度标准值；f_{pyk}——屈服强度标准值。

消除应力钢丝、钢绞线、中等强度的预应力钢丝的张拉控制应力值不应小于 $0.4f_{ptk}$；精轧螺纹钢筋的张拉控制应力值不宜小 $0.5f_{pyk}$。当符合下列情况之一时，上述张拉控制应力限值可相应提高 $0.05f_{ptk}$（$0.05f_{pyk}$）：

① 要求提高构件在施工阶段的抗裂性能而在使用阶段于受压区内设置的预应力钢筋。

② 要求部分抵消由于应力松弛、摩擦、钢筋分批张拉及预应力钢筋与张拉台座之间的温差等因素产生的预应力损失。

施加预应力时，所需的混凝土立方体抗压强度应经计算确定，但不宜低于设计的混凝土强度等级值的 75%，当张拉预应力钢筋是为防止混凝土早期出现收缩裂缝时，可不受上述限制，但应符合局部受压承载力的规定。

预应力施工按施工顺序不同可以分为先张法和后张法。

1. 先张法

在混凝土浇筑之前，先将预应力钢筋张拉到产生某一规定量值的应力，并用锚具将其锚固于台座两端支墩上，接着安装模板、构造钢筋和零件，然后浇筑混凝土并进行养护。当混凝土达到规定强度后，放松两端支墩，通过黏结力将预应力钢筋中的张拉应力传给混凝土而产生预压应力。先张法以采用长的台座（其长度可超过 100m）较为有利，因此有时此法也被称作长线法。

2. 后张法

后张法是先浇筑混凝土构件，然后在混凝土构件上直接施加预应力的方法。一般做法多是先安置后张预应力钢筋穿孔的套管、构造钢筋和零件，然后安装模板和浇筑混凝土。预应力钢筋可先穿入套管也可以后穿。等混凝土达到预定强度后，用千斤顶将预应力钢筋张拉到产生要求的应力并锚固于梁的两端，预压应力通过两端锚具传给混凝土构件。为了保护预应力钢筋不受腐蚀和恢复预应力钢筋与混凝土之间的黏结，预应力钢筋与套管之间的空隙必须用水泥浆灌实。水泥浆除起防腐作用外，也有利于恢复预应力钢筋与混凝土之间的黏结力。为了方便施工，有时也可采用在预应力钢筋表面涂刷防锈蚀材料并用塑料套管或油纸包裹的无黏结后张法。

8.3.2 先张法施工工艺

采用先张法生产构件可利用台座（长度在 50～150m 之间）进行，也可利用钢模和机组流水生产，下面将分别叙述先张法施工设施与设备的相关知识。

1. 台座

台座是主要的承力构件，它必须具有足够的承载力、刚度和稳定性，以免因台座的变形、倾覆和滑移而引起预应力的损失，以确保先张法生产构件的质量。

台座的形式繁多，因地制宜，但一般可分为墩式台座和槽式台座两种。

1）墩式台座

墩式台座主要由承力架、台面与横梁三部分组成，其长度宜为 50～150m（如图 8.22 所示）。台座应根据构件张拉力的大小，按台座每米宽度的承载力为 200kN～500kN 设计。

（1）承力架。承力架一般埋置在地下，由现浇钢筋混凝土做成，用于确保台座具有足够的承载力、刚度和稳定性。承力架的稳定性验算包括抗倾覆验算和抗滑移验算。

（2）台面。台面一般是在夯实的碎石垫层上浇筑一层厚度为 60～100mm 的混凝土而成的。

（3）横梁。横梁用于固定预应力钢筋，一般用型钢制作，在设计横梁时，应考虑有一定的强度，特别要注意其变形，以减少预应力损失。

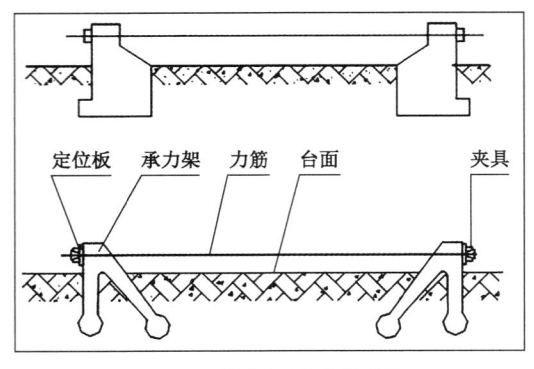

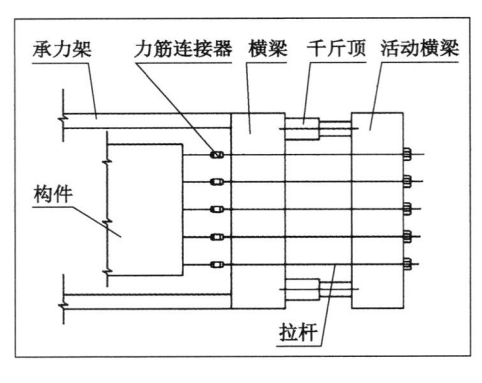

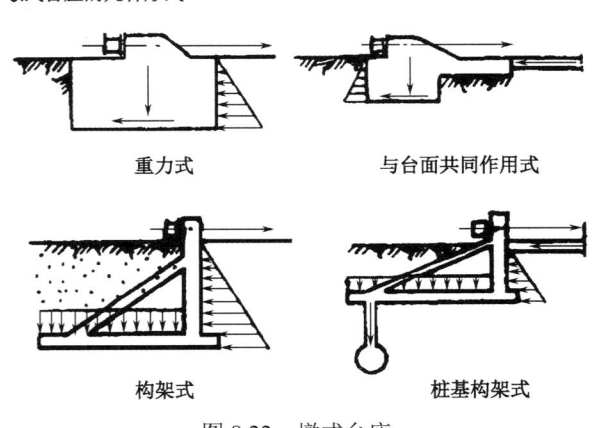

图 8.22 墩式台座

2）槽式台座

槽式台座主要由压杆、上下横梁及台面组成，如图 8.23 所示，其长度一般不超过 50m，承载力可达 1000kN 以上。为了便于浇筑混凝土和蒸汽养护，槽式台座底部一般低于地面。在施工现场还可利用已预制的柱、桩等构件装配成简易的槽式台座。

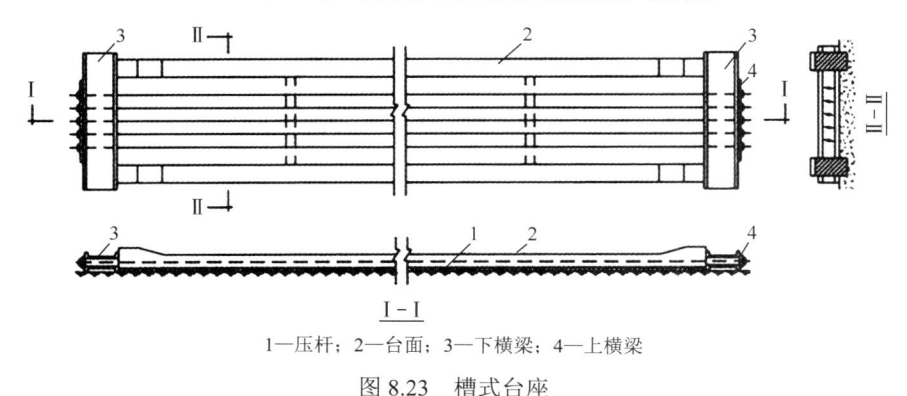

1—压杆；2—台面；3—下横梁；4—上横梁

图 8.23　槽式台座

2．张拉机具和夹具

先张法构件生产中，常采用的预应力钢筋有钢丝或钢筋两种。张拉钢丝时，一般直接采用卷扬机或电动螺杆张拉机。张拉钢筋时，在槽式台座中常采用四横梁式成组张拉装置，用千斤顶张拉。

预应力钢筋张拉后用锚固夹具将其直接锚固于横梁上，锚固夹具都可以重复使用，要求工作可靠、加工方便、成本低或可多次周转使用。预应力钢丝的锚固夹具常采用圆锥齿板式锚固夹具，预应力钢筋常采用螺丝端杆锚固钢筋。

3．施工工艺

先张法工艺流程如图 8.24 所示。

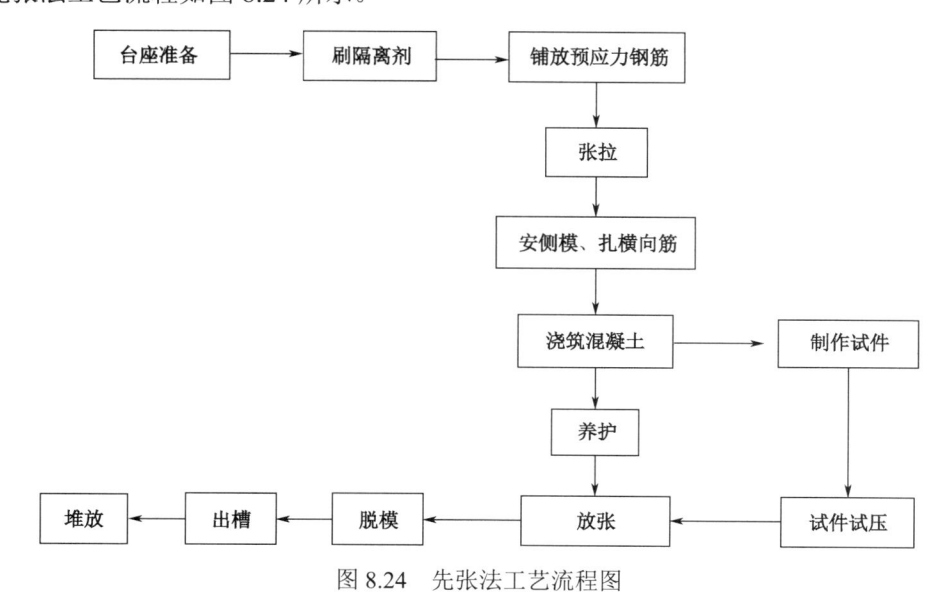

图 8.24　先张法工艺流程图

1）准备台座

先张法墩式台座结构应符合下列规定：

（1）承力架应具有足够的强度和刚度，其抗倾覆系数应不小于 1.5，抗滑移系数应不小于 1.3。

（2）横梁应有足够的刚度，受力后挠度应不大于 2mm。

（3）在台座上铺放预应力钢筋时，应采取措施防止将其弄脏。

（4）张拉前，应对台座、横梁及各张拉设备进行详细检查，符合要求后方可进行操作。

2）张拉

预应力钢筋的张拉方法有超张拉法和一次张拉法两种。

超张拉法：$0 \rightarrow 1.05\sigma_{con}$ 持荷 2min$\rightarrow \sigma_{con}$

一次张拉法：$0 \rightarrow 1.03\sigma_{con}$

σ_{con} 为张拉控制应力，一般由设计方案决定。采用超张拉法的目的是为了减少预应力钢筋的应力松弛损失。应力松弛损失的数值与张拉控制应力和延续时间有关，张拉控制应力高，应力松弛损失也大，所以同等条件下钢丝、钢绞线的应力松弛损失比钢筋大，应力松弛损失还随着时间的延续而增加，但在开始损失 1min 内可完成损失总值的 50%，24h 内则可完成 80%，所以采用超张拉法进行张拉时，先超张拉 5%再持荷 2min，则可减少 50%以上的应力松弛损失。而采用一次张拉法进行张拉时，因应力松弛损失大，故张拉力应比原设计控制应力提高 3%。

（1）多根预应力钢筋同时张拉时，应预先调整初应力，使其相互之间的应力一致。张拉锚固后，实际预应力值与工程设计规定检验值的相对允许偏差应在 5%以内。在张拉过程中预应力钢筋断裂或滑脱的数量严禁超过结构同一截面预应力钢筋总根数的 5%，且严禁相邻两根断裂或滑脱。采用先张法制作构件时，在浇筑混凝土前发生断裂或滑脱的预应力筋必须予以更换。张拉过程中，应按混凝土结构工程施工及验收规范要求填写施加预应力记录表，以便参考，先张法施工图例如图 8.25 所示。

图 8.25 先张法施工图例

（2）用台座生产构件时，一般常用弹簧测力计直接测定预应力钢筋的张拉力，伸长值可不进行校核，预应力钢筋张拉锚固后，应采用测力仪检查其预应力值。

（3）预应力钢筋张拉完毕后，与设计位置的偏差不得大于 5mm，同时不得大于构件截面最短边长的 4%。

（4）预应力钢筋的张拉应符合设计要求，设计无要求时，其张拉程序可按先张法的规定进行。

（5）张拉时，钢丝的断丝数量不得超过钢丝总数的1%（钢筋不容许断筋）。

（6）施工中应注意安全，张拉时，正对钢筋两端禁止站人，敲击锚具的锥塞或楔块时，不应用力过猛，以免损伤预应力钢筋而断裂伤人，但又要锚固可靠。寒冬期张拉预应力钢筋时，工作温度不宜低于-15℃，且应考虑预应力钢筋脆断的危险。

4．放张

放张过程是预应力的传递过程，是决定先张法构件能否获得良好质量的一个重要环节，应根据放张要求，确定合适的放张顺序、放张方法及相应的技术措施。

1）放张要求

放张时，混凝土强度必须符合设计要求，当设计无专门要求时，不得低于设计的混凝土强度标准值的75%。若放张过早，由于混凝土强度不足，会产生较大的混凝土弹性回缩而引起较大的预应力损失或预应力钢筋滑动。放张过程中，应使预应力混凝土构件自由压缩，避免过大的冲击与偏心。

2）放张方法

多根整批预应力钢筋的放张，可采用砂箱法或千斤顶法。用砂箱放张时，放砂速度应均匀一致；用千斤顶放张时，放张宜分数次完成。单根钢筋采用拧松螺母的方法放张时，宜先两侧后中间，不得一次性放松完。

当采用钢丝配筋时，若钢丝数量不多，钢丝放张可采用剪切、锯割或氧－乙炔焰熔断的方法，并应从靠近生产线中间处断开，这样产生的回弹比在靠近台座一端处断开要小，且有利于脱模。若钢丝数量较多，所有钢丝应同时放张，不允许采用逐根放张的方法，否则，最后几根钢丝将承受过大的应力而突然断裂，导致构件应力传递长度骤增，或使构件端部开裂。放张也可采用放张横梁来实现，即用千斤顶或预先设置在横梁支点处的放张装置（砂箱或楔块等）来放张。

预应力钢筋为粗钢筋时，应缓慢放张。当钢筋数量较少时，可逐根加热熔断或借预先设置在钢筋锚固端的楔块或穿心式砂箱等单根放张。当钢筋数量较多时，所有钢筋应同时放张。采用湿热养护的预应力混凝土构件宜采用热态放张方式，不宜降温后放张。长线台座上预应力钢筋的切断顺序：由放张端开始，逐次切向另一端。

3）放张顺序

预应力钢筋的放张顺序应符合设计要求，设计未规定时，应分阶段、对称、相互交错地放张。在放张之前，应将限制位移的侧模、翼缘模板或内模拆除；对承受轴心预应力的构件（如压杆、桩等），所有预应力钢筋应同时放张；对承受偏心预应力的构件，应先同时放张预应力较小区域的预应力钢筋，再同时放张预应力较大区域的预应力钢筋；当不能按上述规定放张时，应分阶段、对称、相互交错地放张。以防止在放张过程中构件产生弯曲、裂纹及预应力钢筋断裂等现象。放张后预应力钢筋的切断宜由放张端开始，逐次切向另一端。钢筋放张后，可用乙炔—氧气切割，但应采取措施防止烧坏钢筋端部。钢丝放张后，可用切割、锯断或剪断的方法切断；钢绞线放张后，可用砂轮锯切断。

5．先张法的工艺特点和施工要求

（1）预应力钢筋在浇筑混凝土前张拉，预应力的传递依靠预应力钢筋与混凝土之间的黏结力，为了获得良好质量，在整个生产过程中，除确保混凝土质量以外，还必须确保预应力钢筋与混凝土之间的良好黏结，使预应力混凝土构件获得符合设计要求的预应力值。

（2）对于消除应力钢丝，因其强度很高，且表面光滑，它与混凝土之间的黏结力较小，因此，必要时可采取刻痕和压波措施，以提高黏结力。

（3）为了便于脱模，在铺放预应力筋前，在台面及模板上应先刷隔离剂，但应采取措施，防止隔离剂污损预应力筋，影响黏结。

（4）预应力钢筋的张拉应根据设计要求，采用合适的张拉方法和张拉程序进行，并应有可靠的保证质量和安全的技术措施。

（5）预应力钢筋的张拉可采用单根张拉或多根同时张拉的方式，当预应力钢筋数量不多，张拉设备拉力有限时常采用单根张拉方式。当预应力钢筋数量较多且密集布筋，另外张拉设备拉力较大时，则可采用多根同时张拉的方式。在确定张拉顺序时，应考虑尽可能减少台座的倾覆力矩和偏心力，先张拉靠近台座截面重心处的预应力钢筋。

（6）在施工中为了提高构件的抗裂性能或为了部分抵消由于应力松弛、摩擦、钢筋分批张拉及预应力钢筋与张拉台座之间温度差异因素产生的预应力损失，张拉应力可设为比设计值提高 5%。但预应力钢筋的最大超张拉值应符合下列规定：对于冷拉钢筋不得大于 $0.95f_{pyk}$；对于碳素钢丝、刻痕钢丝、钢绞线不得大于 $0.80f_{pyk}$；对于热处理钢筋、冷拔低碳钢丝不得大于 $0.75f_{pyk}$（f_{pyk} 为冷拉钢筋的屈服强度标准值或预应力钢筋的极限抗拉强度标准值）。

8.3.3 后张法施工工艺

1. 有黏结预应力混凝土

先浇筑混凝土，待混凝土达到设计强度 75%以上，再张拉钢筋（钢筋束）。其主要张拉程序为：埋管、制孔→浇筑混凝土→抽管→养护、穿筋、张拉→锚固→灌浆（防止钢筋生锈）。其传力途径是依靠锚具阻止钢筋的弹性回弹，使混凝土获得预压应力，这种做法使钢筋与混凝土结为整体，称为有黏结预应力混凝土。

有黏结预应力混凝土由于黏结力（阻力）的作用使得预应力钢筋承受的拉应力降低，导致混凝土承受的压应力降低，所以应设法减少这种黏结。这种方法涉及的设备简单，不需要张拉台座，生产灵活，适用于大型构件的现场施工，后张法施工工艺图如图 8.26 所示。

2. 无黏结预应力混凝土

施工顺序：为预应力钢筋沿全长外表涂刷沥青等润滑防腐材料→包上塑料纸或套管（预应力钢筋与混凝土不建立黏结力）→浇筑混凝土、养护→张拉钢筋→锚固。

施工时跟制作普通混凝土一样，将钢筋放入设计位置后可以直接浇筑混凝土，不必预留孔洞，之后穿筋，灌浆，简化施工程序。无黏结预应力混凝土有效预压应力较大，造价较低，适用于跨度大的曲线配筋的梁体。

后张法施工应用的孔道灌浆剂产品特点如下。

（1）流动性好：出机浆体流动度为 184 秒，30 分钟后流动度小于 30 秒。

（2）稳定性好：浆体不分层，不沉淀，形成稳定一体的流体。

（3）无收缩：浆体具有无收缩或微膨胀的性能，与预应力孔道具有良好的黏结力。

（4）充盈度高：具有良好的充盈性能，能够完全充满整个孔道。

（5）强度高：具有很高的早期强度和后期强度，包括抗折强度和抗压强度，7天即可达到设计强度的70%以上。

（6）防腐：对预应力钢筋具有防腐阻锈性能。

（7）耐久性好：硬化后的浆体具有优异的抗冻融性能和抗氯离子渗透性能。

（8）施工方便：在夏季高温条件和冬季低温条件下均可施工，具有良好的施工性能。

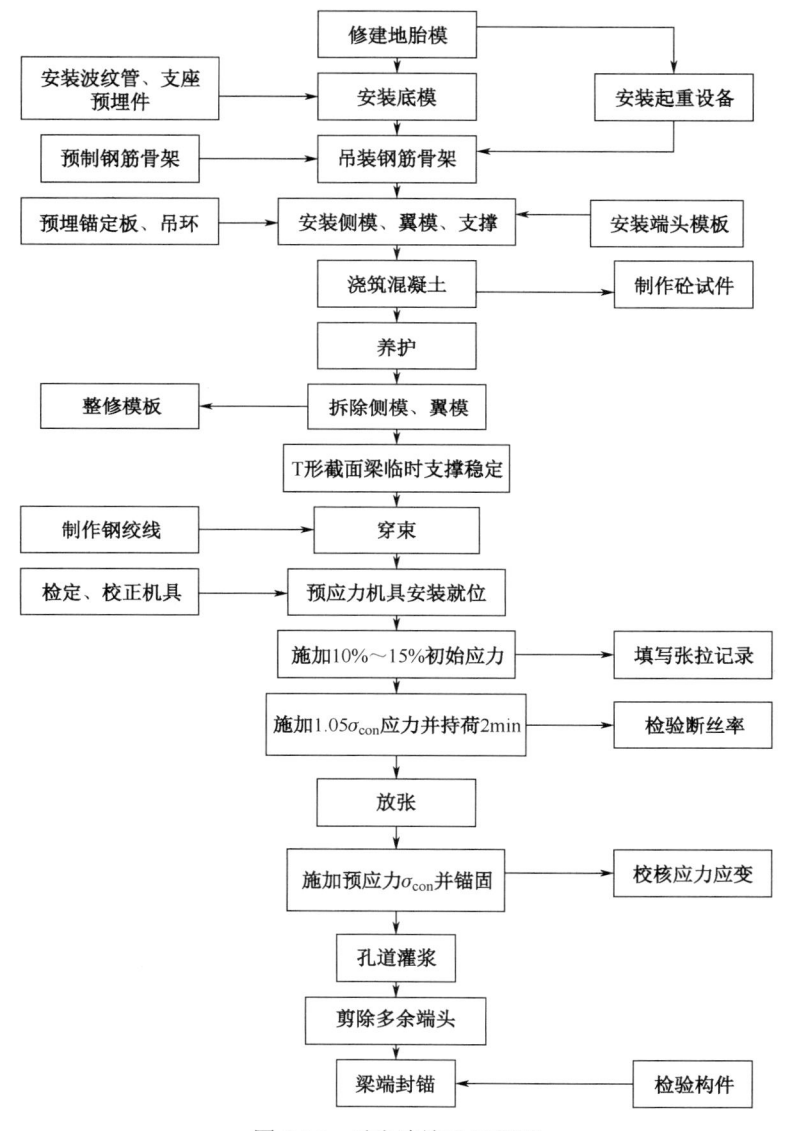

图 8.26　后张法施工工艺图

任务 8.4　预应力混凝土受弯构件的设计计算

8.4.1　概述

预应力混凝土结构由于事先人为地施加了预应力,在受力方面具有与普通钢筋混凝土结构不同的特点。预应力混凝土受弯构件从施加预应力到承受外荷载,可分为两个阶段,即施工阶段和使用阶段。就截面应力变化而言:可分为预加应力阶段、消压阶段、整体工作阶段、带裂缝阶段和破坏阶段。设计时应对各受力阶段进行受力分析,以便了解相应的计算目的、计算内容和计算方法。根据构件截面应力控制条件和裂缝控制等级的要求,可以将构件设计成全预应力混凝土(使用荷载下截面上不出现拉应力)或部分预应力混凝土(使用荷载下允许截面的一部分处于受拉状态,甚至出现裂缝)。

8.4.2　各受力阶段的特点

1. 施工阶段

依构件受力条件不同,施工阶段又可分为预加应力、运输安装两个阶段。预加应力阶段截面应力分布如图 8.27 所示。

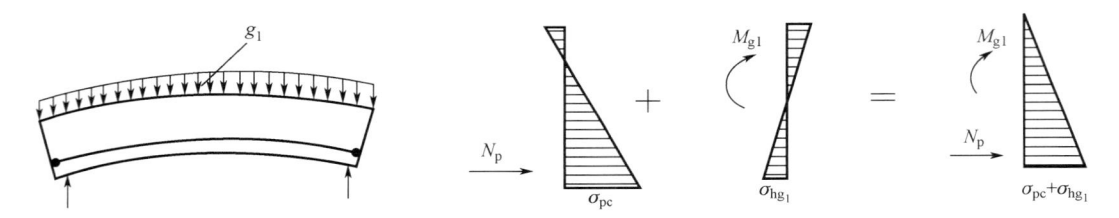

图 8.27　预加应力阶段截面应力分布

预加应力阶段至即传力锚固环节为止。
运输安装阶段指预应力混凝土构件在工厂制造完成后的运送及安装过程。

2. 使用阶段

该阶段指工程完工投入使用后的整个使用阶段。使用阶段各作用下的截面应力分布如图 8.28 所示。

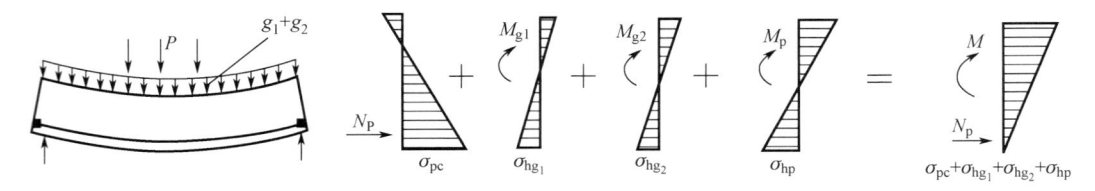

图 8.28　使用阶段各作用下的截面应力分布

本阶段根据构件受力后的特征，又可分为如下几个受力状态。

（1）加载至受拉边缘混凝土预压应力为零。

一般把在 σ_{pc} 作用下控制截面上的应力状态称为消压状态，而把 M_O 称为消压弯矩。

$$\sigma_{pc} - M_O/W_O = 0 \tag{8-2}$$

$$M_O = \sigma_{pc} \cdot W_O \tag{8-3}$$

式中：σ_{pc}——由永存预加应力 N_p 引起的受拉边缘混凝土的有效预压应力；

W_O——换算面对受力边的弹性抵抗力矩。

（2）加载至受拉区裂缝即将出现，此时的裂缝弯矩为：

$$M_{cr} = M_O + M_{tk} \tag{8-4}$$

式中：M_{tk}——同截面钢筋混凝土构件的开裂弯矩。

（3）加载至构件破坏。

试验表明：在正常配筋的范围内，预应力混凝土构件的破坏弯矩主要与构件的组成材料和受力性能有关，而与是否在受拉区钢筋中施加预拉应力关系不大。其破坏弯矩值与同等条件下普通钢筋混凝土构件的破坏弯矩值几乎相同。这说明预应力混凝土构件并不能创造出超越其本身材料强度之外的奇迹，而只是大大改善了结构在正常使用阶段的工作性能。

8.4.3 预应力与预应力损失

预应力钢筋张拉完毕或经历一段时间后，由于张拉工艺、材料性能和锚固等因素的影响，预应力钢筋中的拉应力将逐渐降低，这种现象称为预应力损失。预应力损失计算正确与否对构件的极限承载力影响很小，但对使用荷载下的性能（反拱、挠度、抗裂性能及裂缝宽度）有着相当大的影响。损失估计过小，会导致构件过早开裂。如何正确估算和尽可能减小预应力损失是设计预应力混凝土构件的重要问题。

在预应力混凝土结构发展初期，由于缺乏高强度材料和对预应力损失认识不足，相关研究屡遭失败，后来，人们才意识到，必须在设计和制作过程中充分了解引起预应力损失的各种因素。依据《规范》和《公路桥规》，在计算构件截面应力和确定钢筋的张拉控制应力时，应考虑由下列因素引起的预应力损失，下面分项讨论引起这些预应力损失的原因、损失值的计算方法及减小预应力损失的措施。

1. 预应力钢筋与孔道壁之间摩擦引起的预应力损失

（1）原因：这种预应力损失出现在后张法构件中。引起预应力损失的摩擦阻力由两部分组成：一是曲线布置的预应力钢筋在张拉时对管道内壁的垂直挤压力导致的摩擦阻力，其值随钢筋弯曲角度的增加而增加，这部分阻力较大；二是由于管道位置的偏差和不光滑所造成的阻力，这部分阻力相对小些，取决于钢筋的长度、钢筋与孔道之间的摩擦系数及孔道成形的施工质量等。曲线预应力钢筋由于锚具变形引起的预应力损失如图 8.29 所示。

（2）计算：

$$\sigma_{l1} = \sigma_{con} \left[1 - e^{-(\mu\theta + kx)} \right] \tag{8-6}$$

式中：σ_{con}——锚下张拉控制应力，其值为钢筋锚下张拉控制应力与预应力钢筋截面面积的比值；

θ ——从张拉端至计算截面间孔道平面弯曲角度之和,按绝对值相加,单位以弧度计。如孔道为竖直面内和水平面内同时弯曲的三维空间曲线管道,则 θ 取同段孔道水平面内弯曲角和竖直面内弯曲角的平方和的平方根;

x ——从张拉段至计算截面的孔道长度在构件纵轴上的投影长度或三维空间曲线孔道的长度(m);

k ——孔道每米长度的局部偏差对摩擦的影响系数,按表 8.1 取值;

μ ——钢筋与孔道壁间的摩擦系数,按表 8.1 取值;括号内的数据为《规范》参考值。

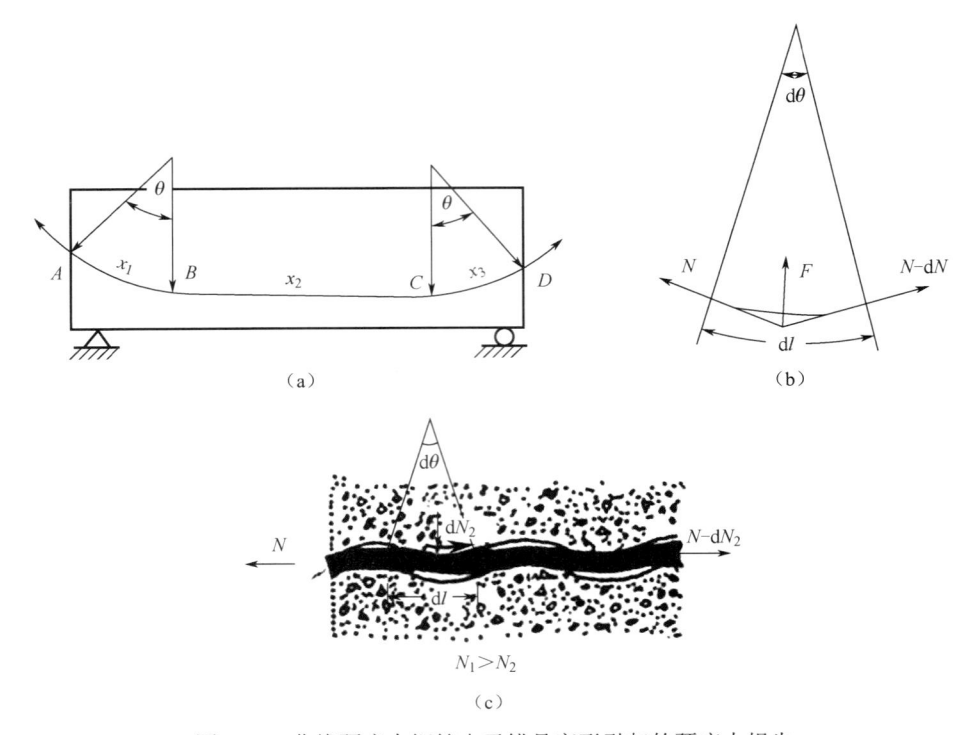

图 8.29 曲线预应力钢筋由于锚具变形引起的预应力损失

表 8-1 系数 k 和 μ 的取值

孔道成形方式	k	μ 钢绞线、钢丝束	精轧螺纹钢筋
预埋金属波纹管	0.0015	0.20~0.25（0.25）	0.50
预埋塑料波纹管	0.0015	0.15~0.20（0.15）	——
预埋铁皮管	0.0030	0.35（0.35）	0.4
预埋钢管	0.0010	0.25（0.30）	——
抽心成形	0.0014	0.55（0.55）	0.60
无黏结预应力钢筋	(0.0040)	(0.09)	——
体外预应力（钢管）	0	0.20~0.30 0.08~0.10	——
体外预应力（高密度聚乙烯管）	0	0.12~0.15 0.08~0.10	——

（3）为了减小摩擦阻力损失，一般可采用如下措施：

①两端同时张拉；②进行超张拉。

超张拉程序：预加力为 0→使应力达到 $0.1\sigma_{con}$ 并短暂保持→使应力达到 $0.5\sigma_{con}$ 并持荷 2 分钟→使应力达到 $0.85\sigma_{con}$ 并短暂保持→使应力达到 σ_{con}（锚固）

2. 锚具变形、钢筋回缩和接缝压缩引起的预应力损失

（1）原因：在后张法构件中，当张拉结束并开始锚固时，锚具开始受力，这时，锚具本身的变形、钢筋的滑动、垫板缝隙及分块拼装时的接缝压缩等因素，均会使已张拉好的钢筋略有松动，造成预应力损失。

（2）计算：

$$\sigma_{l2} = \frac{\sum \Delta l}{l} E_p \tag{8-5}$$

式中：$\sum \Delta l$——张拉端锚具变形、钢筋回缩和接缝压缩值之和（mm），此值可根据试验确定；没有试验资料可以按表 8.2 取值；

l——张拉端至锚固端之间的距离（mm）；

E_p——预应力钢筋的弹性模量。

表 8.2 锚具变形、钢筋回缩和接缝压缩值（mm）

锚具、接缝类型		Δl
钢丝束的钢制锥形锚具		6
夹片锚具	有顶压时	4（5）
	无顶压时	6（6-8）
带螺母锚具的螺母缝隙		1-3（1）
镦头锚具		1
每块后加垫板的缝隙		2（1）
水泥砂浆接缝		1
环氧树脂砂浆接缝		1

注：用带螺帽锚具进行一次张拉锚固时，Δl 宜取 2~3mm，进行二次张拉锚固时，Δl 可取 1mm；表中括号内数据为《规范》参考值。曲线预应力钢筋的 $\sum \Delta l$ 取值参考《公路桥规》附录 G。

3. 钢筋与台座之间温差引起的预应力损失

（1）原因：这项损失仅发生在先张法构件中。张拉钢筋是在常温下进行的，采用蒸汽和其他方法加热混凝土时，钢筋与台座之间会形成温差。钢筋将因温度升高而伸长，而台座埋在地下，温度基本上不发生变化。由于养护时混凝土尚未结硬，钢筋受热后可在混凝土中自由伸长。这样，预应力钢筋就被放松，等降温时，钢筋已与混凝土结成整体，无法恢复到原来的状态，于是产生了预应力损失。

（2）计算：

$$\sigma_{l3} = \alpha \Delta t E_p \tag{8-7}$$

式中：α——钢筋的线膨胀系数，一般可取 $\alpha = 1 \times 10^{-5}$；

Δt——加热前后的温差;

E_p——预应力钢筋弹性模量,取 $E_p = 2 \times 10^5$,则应力损失计算公式为:

$$\sigma_{l3} = 2\Delta t \tag{8-8}$$

注:为了减少温差引起的应力损失,可采用分阶段养护的养护措施。

4. 混凝土弹性压缩所引起的预应力损失

(1)原因:当混凝土构件受到预压应力而产生压缩应变时,则已经张拉并锚固于混凝土构件中的预应力钢筋亦将产生压缩应变 ε_p,其值等于"与该钢筋重心处于同一水平高度的混凝土"的压缩应变 ε_c,即 $\varepsilon_p = \varepsilon_c$,因而引起预拉应力损失,又称混凝土弹性压缩损失。

(2)计算:

对于先张法构件,此项损失的计算公式如下。

$$\sigma_l = \varepsilon_p E_p = \varepsilon_c E_p = \frac{\sigma_{pc}}{E_c} E_p = \alpha_{Ep} \sigma_{pc} \tag{8-9}$$

$$\sigma_{l4} = \alpha_{Ep} \sigma_{pc} \tag{8-10}$$

式中:σ_{pc}——在计算截面的钢筋重心处,由全部钢筋预加力产生的混凝土法向应力(MPa);

α_{Ep}——预应力钢筋弹性模量 E_p 与混凝土弹性模量 E_c 的比值。

σ_{pc} 可按下式计算:

$$\sigma_{pc} = \frac{N_{po}}{A_o} + \frac{N_{po} E_{po}}{I_o} \tag{8-11}$$

$$N_{po} = A_o \sigma_p^* \tag{8-12}$$

$$\sigma_p^* = \sigma_{con} - \sigma_{l2} - \sigma_{l3} - 0.5\sigma_{l5} \tag{8-13}$$

式中:N_{po}——全部钢筋的预加应力(扣除相应阶段的预加应力损失);

A_o、I_o——构件全截面的换算截面面积和换算截面惯性矩;

E_{po}——预应力钢筋重心至换算截面重心轴间的距离;

σ_{l5}——钢筋松弛引起的预应力损失;

σ_p^*——张拉锚固前预应力钢筋承受的预应力;

其他变量的含义见前文。

对于后张法构件,此项损失的计算公式如下。

后张法构件中,钢筋往往分批进行张拉锚固,故弹性压缩损失又称为分批张拉预应力损失。《公路桥规》规定,分批张拉应力损失可按下式计算:

$$\sigma_{l4} = \alpha_{EP} \sum \Delta \sigma_{pc} \tag{8-14}$$

式中:$\sum \Delta \sigma_{pc}$——在计算截面完成张拉的钢筋重心处,张拉下一批预应力钢筋时所产生的混凝土法向应力之和;

α_{Ep}——预应力钢筋弹性模量与混凝土弹性模量的比值。

在设计实践中可采用下面的假设进行近似计算(L 为构件全长):

① 对于简支梁，计算 L/4 截面的 σ_{l4} 并将其作为全梁各截面的预应力损失值。

② 假定同一截面（如 L/4 截面）内的所有预应力钢筋都集中布置于其合力作用点，并假定张拉各批钢筋时施加的张拉力都相等。求得每一批预应力钢筋对混凝土产生的正应力为：

$$\Delta\sigma_{pc} = \frac{N_p}{m}\left(\frac{1}{A_n} + \frac{e_{pn}^2}{I_n}\right) \quad (8\text{-}15)$$

式中：N_p——所有预应力（扣除相应阶段的预应力损失 σ_{l1} 与 σ_{l2} 后）的合力；

m——张拉预应力钢筋的总批数；

e_{pn}——N_p 作用点至净截面重心轴的距离；

A_n、I_n——混凝土梁的净截面面积和净截面惯性矩。

第 i 批预应力钢筋的预应力损失应为

$$\sigma_{l4} = (m-i)\alpha_{EP}\Delta\sigma_{pc} \quad (8\text{-}16)$$

③ 进一步假定以 L/4 截面上全部预应力钢筋重心处弹性压缩应力损失的平均值作为各批钢筋由混凝土弹性压缩引起的预应力损失值，则该项预应力损失最后的计算公式为：

$$\sigma_{l4} = \frac{\sigma_{l4}^1 + \sigma_{l4}^m}{2} = \frac{m-1}{2}\alpha_{EP}\Delta\sigma_{pc} = \sum_{i=1}^{m}(m-i)\alpha_{EP}\Delta\sigma_{pc} \quad (8\text{-}17)$$

式中：σ_{pc}——计算截面全部钢筋重心处由张拉所有预应力钢筋产生的混凝土法向应力。

分批张拉时，因为每批钢筋的预应力损失不同，所以其实际有效预应力不等。补救方法：对先张拉过的预应力钢筋进行重复张拉或超张拉。

5．钢筋松弛引起的预应力损失

（1）原因：试验指出，钢筋的应力松弛与钢筋的成分、加工方式、张拉力大小及其延续时间有关。

（2）计算：

① 《公路桥规》规定：由钢筋松弛引起的预应力损失按下式计算：

● 对于精轧螺纹钢筋。

一次张拉：$\sigma_{l5} = 0.05\sigma_{con}$

超张拉：$\sigma_{l5} = 0.035\sigma_{con}$

● 对于预应力钢丝、钢绞线。

$$\sigma_{l5} = \psi\cdot\zeta\left(0.52\frac{\sigma_{pe}}{f_{pk}} - 0.26\right)\sigma_{pe} \quad (8\text{-}18a)$$

式中：ψ——张拉系数，一次张拉时，$\psi=1.0$；超张拉时，$\psi=0.9$；

ζ——钢筋松弛系数，Ⅰ级松弛（普通松弛），$\zeta=1.0$；Ⅱ级松弛（低松弛），$\zeta=0.3$；

σ_{pe}——传力锚固时预应力钢筋承受的应力。对后张法构件 $\sigma_{pe} = \sigma_{con} - \sigma_{l1} - \sigma_{l2} - \sigma_{l4}$；对先张法构件 $\sigma_{pe} = \sigma_{con} - \sigma_{l2}$。

② 《规范》中预应力钢筋的预应力损失计算方法如下。

对于消除应力钢丝、钢绞线，当处于普通松弛状态时：

$$\sigma_{15} = 0.4\left(\frac{\sigma_{con}}{f_{ptk}} - 0.5\right)\sigma_{con} \tag{8-18b}$$

对于低松弛状态：当 $\sigma_{con} \leqslant 0.7 f_{ptk}$ 时

$$\sigma_{15} = 0.125\left(\frac{\sigma_{con}}{f_{ptk}} - 0.5\right)\sigma_{con} \tag{8-18c}$$

当 $0.7 f_{ptk} < \sigma_{con} \leqslant 0.8 f_{ptk}$ 时

$$\sigma_{15} = 0.2\left(\frac{\sigma_{con}}{f_{ptk}} - 0.575\right)\sigma_{con} \tag{8-18d}$$

对于中等强度预应力钢丝：$\sigma_{15}=0.08\sigma_{con}$
对于预应力螺纹钢筋：$\sigma_{15}=0.03\sigma_{con}$

6．混凝土收缩和徐变引起的预应力损失

（1）原因：混凝土在正常温度条件下，结硬时产生体积收缩，而在预应力作用下，混凝土又发生压力方向的徐变，使预应力混凝土构件缩短，预应力钢筋也随之回缩，从而使预应力钢筋所具有的预应力降低，造成预应力损失 σ_{16}。

（2）预应力损失计算。

① 《公路桥规》规定收缩、徐变预应力损失计算公式为：

$$\sigma_{16}(t) = \frac{0.9\left[E_p\varepsilon_{cs}(t,t_0) + \alpha_{Ep}\sigma_{pc}\phi(t,t_0)\right]}{1+15\rho\rho_{ps}} \tag{8-19}$$

$$\sigma_{16}'(t) = \frac{0.9\left[E_p\varepsilon_{cs}(t,t_0) + \alpha_{Ep}\sigma_{pc}'\phi(t,t_0)\right]}{1+15\rho'\rho_{ps}'} \tag{8-20}$$

式中：$\sigma_{16}(t)$、$\sigma_{16}'(t)$——构件受拉、受压区全部纵向钢筋截面重心处由混凝土收缩、徐变引起的预应力损失；

σ_{pc}、σ_{pc}'——构件受拉、受压区全部纵向钢筋截面重心处由预应力（扣除相应阶段的预应力损失）和结构自重产生的混凝土法向应力（MPa）。对于简支梁，一般可取跨中截面和构件全长的四分之一处截面的平均值作为全梁各截面的计算值；

E_p——预应力钢筋的弹性模量；

ρ、ρ'——构件受拉、受压区全部纵向钢筋配筋率；对先张法构件，$\rho = (A_p + A_s)/A$；对后张法构件，$\rho' = (A_p' + A_s')/A$；其中 A 为构件截面面积；A_p、A_s 分别为受拉区的预应力钢筋和非预应力筋的截面面积；A_p'、A_s' 分别为受压区的预应力钢筋和非预应力钢筋的截面面积；

α_{Ep}——结构自重产生的混凝土法向应力（MPa）。

$$\rho_{ps} = 1 + \frac{e_{ps}^2}{i^2} \tag{8-21}$$

$$\rho_{ps}' = 1 + \frac{e_{ps}'^2}{i^2} \tag{8-22}$$

式中：i——截面回转半径，$i^2 = I/A$。先张法构件取 $I = I_0$，$A = A_0$；后张法构件取 $I = I_n$，$A = A_n$；其中，I_0 和 I_n 分别为换算截面惯性矩和净截面惯性矩；

e_{ps}、e'_{ps}——构件受拉区预应力钢筋和非预应力钢筋截面重心至构件截面重心轴的距离；

$$e_{ps} = \frac{A_p e_p + A_s e_s}{A_p + A_s} \qquad e'_{ps} = \frac{A'_p e'_p + A'_s e'_s}{A'_p + A'_s} \qquad (8\text{-}23a)$$

e_p、e'_p——构件受拉、受压区预应力钢筋截面重心至构件截面重心的距离；

e_s、e'_s——构件受拉、受压区纵向非预应力钢筋截面重心至构件截面重心的距离；

$\varepsilon_{cs}(t,t_o)$——考虑的龄期为 t 时的混凝土收缩应变终极值，t_o 为预应力钢筋传力锚固龄期；

$\phi(t,t_o)$——考虑的龄期为 t 时的徐变系数终极值，t_o 为加载龄期。

② 《规范》中采用以下公式计算因收缩、徐变产生的预应力损失：

先张法构件：$\qquad \sigma_{l6} = \dfrac{60 + 340\dfrac{\sigma_{pc}}{f'_{cu}}}{1 + 15\rho} \qquad \sigma'_{l6} = \dfrac{60 + 340\dfrac{\sigma'_{pc}}{f'_{cu}}}{1 + 15\rho'} \qquad$（8-23b）

后张法构件：$\qquad \sigma_{l6} = \dfrac{55 + 300\dfrac{\sigma_{pc}}{f'_{cu}}}{1 + 15\rho} \qquad \sigma'_{l6} = \dfrac{55 + 300\dfrac{\sigma'_{pc}}{f'_{cu}}}{1 + 15\rho'} \qquad$（8-23c）

式中：f'_{cu}——施加预应力时的混凝土立方体抗压强度。

ρ、ρ'——受拉、受压区预应力钢筋和普通钢筋的配筋率：对于先张法构件，$\rho=(A_p+A_s)/A_0$，$\rho'=(A'_p+A'_s)/A_0$；对于后张法构件，$\rho=(A_p+A_s)/A_n$，$\rho'=(A'_p+A'_s)/A_n$，对于对称配置预应力钢筋和普通钢筋的构件，配筋率 ρ、ρ' 应按钢筋总截面面积的一半计算。

8.4.4 预应力钢筋有效预应力的计算

上述各项预应力损失不是同时产生的，而是按不同的张拉方法分批产生的。通常把混凝土预压结束前产生的预应力损失称为第一批预应力损失（σ_{lI}），把混凝土预压结束后产生的预应力损失称为第二批预应力损失（σ_{lII}）。预应力混凝土构件在各阶段预应力损失值的组合可按表 8.3 计算。

相关规范中规定预应力总损失取值小于下列数值时，应按下列数值取值：

先张法构件：100N/mm²

后张法构件：80N/mm²

表 8.3 各阶段预应力损失值的组合

预应力损失值组合	先张法构件	后张法构件或体内/体外/体内外混合预应力混凝土构件
传力锚固时的损失（第一批）σ_{lI}	$\sigma_{l2} + \sigma_{l3} + \sigma_{l4} + 0.5\sigma_{l5}$	$\sigma_{l1} + \sigma_{l2} + \sigma_{l4}$
传力锚固时的损失（第二批）σ_{lII}	$0.5\sigma_{l5} + \sigma_{l6}$	$0.5\sigma_{l5} + \sigma_{l6}$

任务 8.5　预应力混凝土受弯构件的应力计算

应力计算内容包括混凝土的正应力、剪应力和主应力及钢筋的应力。

8.5.1　正应力的计算

计算时的注意事项如下。
（1）预加应力 N_p 在不同阶段是个变值。
（2）计算截面特性时注意进行截面换算。
（3）在不同的工作阶段，计算的混凝土上、下缘应力各对应不同的控制值。

8.5.2　施工阶段的正应力的计算

1. 由预加应力产生的混凝土法向压应力及预应力钢筋承受的应力

（1）先张法构件：

$$\sigma_{pc}（或\ \sigma_{pt}）= \frac{N_{po}}{A_o} \pm \frac{N_{po}e_{po}}{I_o} y_o \tag{8-24}$$

式中：N_{po}——先张法构件的预应力钢筋的合力，$N_{po} = \sigma_{po} A_p$；

　　　　σ_{po}——受拉区预应力钢筋合力点处混凝土法向压应力等于零时预应力钢筋承受的应力；$\sigma_{po} = \sigma_{con} - \sigma_{l1} + \sigma_{l4}$，其中 σ_{l4} 为受拉区预应力钢筋由混凝土弹性压缩引起的预应力损失；σ_{l1} 为受拉区预应力钢筋传力锚固时的预应力损失；

　　　　A_p——受拉区预应力钢筋的截面面积；

　　　　e_{po}——预应力钢筋的合力对构件全截面换算截面重心的偏心距；

　　　　y_o——当前截面重心至构件全截面重心轴的距离；

　　　　I_o——构件全截面换算截面惯性矩；

　　　　A_o——构件全截面换算截面的面积。

预应力钢筋合力点处混凝土法向应力等于零时预应力钢筋承受的应力：

$$\sigma'_{po} = \sigma'_{con} - \sigma'_{l1} + \sigma'_{l4} \tag{8-25}$$

$$\sigma_{po} = \sigma_{con} - \sigma_{l1} + \sigma_{l4} \tag{8-26}$$

相应阶段预应力钢筋的有效预应力：

$$\sigma_{pc} = \sigma_{con} - \sigma_l \tag{8-27}$$

$$\sigma'_{pc} = \sigma'_{con} - \sigma'_l \tag{8-28}$$

$$N_{po} = \sigma_{po} A_p - \sigma'_{po} A'_p - \sigma_{l6} A_s - \sigma'_{l6} A'_s \tag{8-29}$$

$$e_{po} = \frac{\sigma_{po} A_p y_p - \sigma'_{po} A'_{po} y'_{po} - \sigma_{l6} A_s y_s + \sigma'_{l6} A'_{po} y'_s}{N_{po}} \tag{8-30}$$

（2）后张法构件：

$$\sigma_{pc}(或 \sigma_{pt}) = \frac{N_p}{A_n} \pm \frac{N_p e_{pn}}{I_n} \quad (8-31)$$

式中：N_p——后张法构件的预应力钢筋的合力，$N_p = \sigma_{pe} A_p$，对于配置曲线预应力钢筋的构件 A_p 取 $(A_p + A_{pb} \cos\theta_p)$，其中 A_{pb} 为弯起预应力钢筋的截面面积，θ_p 为计算截面上弯起的预应力钢筋的切线与构件轴线的夹角；σ_{pe} 为受拉区预应力钢筋的有效预应力；

e_{pn}——预应力钢筋的合力对构件净截面重心的偏心距；

I_n——构件净截面的惯性矩；

A_n——构件净截面的面积。

预应力钢筋合力点处混凝土法向应力等于零时的预应力钢筋应力：

$$\sigma_{po} = \sigma_{con} - \sigma_l + \alpha_{Ep} \sigma_{pc} \quad (8-32)$$

$$\sigma'_{po} = \sigma'_{con} - \sigma'_l + \alpha_{Ep} \sigma'_{pc} \quad (8-33)$$

相应阶段预应力钢筋的有效预应力

$$\sigma_{pe} = \sigma_{con} - \sigma_l \quad (8-34)$$

$$\sigma'_{pe} = \sigma'_{con} - \sigma'_l \quad (8-35)$$

$$N_{po} = \sigma_{po} A_p + \sigma'_{po} A'_p - \sigma_{l6} A_s - \sigma'_{l6} A'_s \quad (8-36)$$

$$e_{po} = \frac{\sigma_{po} A_p y_p - \sigma'_{po} A'_p y'_p - \sigma_{l6} A_s y_s + \sigma'_{l6} A'_s y'_s}{N_{po}} \quad (8-37)$$

2．由构件自重和施工荷载产生的法向应力

（1）先张法构件：

$$\sigma_{kt}(或 \sigma_{kc}) = \frac{M_k}{I_0} y_0 \quad (8-38)$$

（2）后张法构件：

$$\sigma_{kt}(或 \sigma_{kc}) = \frac{M_k}{I_n} y_n \quad (8-39)$$

式中：M_k——受弯构件的一期恒载产生的弯矩标准值。

8.5.3 运输吊装阶段

当吊机（车）行驶于桥梁之上并准备进行安装时，应对已安装到位的构件的承载力进行计算，吊机（车）荷载应乘以 1.15 的荷载系数，但当由吊机（车）产生的荷载效应设计值小于按持久状况承载力极限状态计算的荷载效应组合设计值时，则可不必进行上述计算。当进行构件运输和安装的承载力计算时，构件自重应乘以动力系数（1.2 或 0.85），并可视具体情况适当增减。

8.5.4 施工阶段混凝土应力控制

对预拉区不允许出现裂缝的构件或预压时全截面受压的构件，在预应力、自重及施工荷载（必要时应考虑动力系数）作用下，其截面边缘的混凝土法向应力应符合下列规定。

（1）对于混凝土压应力 σ'_{cc}：

$$\sigma'_{cc} \leqslant 0.7f'_{ck} \tag{8-40}$$

式中：f'_{ck}——制作、运输、安装各阶段的混凝土轴心抗压强度标准值。

（2）对于混凝土拉应力 σ^t_{ct}：

① 当 $\sigma^t_{ct} \leqslant 0.7f'_{ck}$ 时，预拉区应配置配筋率不小于 0.2% 的纵向钢筋。

② 当 $\sigma^t_{ct} = 1.15f'_{ck}$ 时，预拉区应配置配筋率不小于 0.4% 的纵向钢筋。

③ 当 $0.7f'_{ck} < \sigma^t_{ct} < 1.15f'_{ck}$ 时，预拉区应配置的纵向钢筋配筋率按以上两者的线性内插法计算结果取用。

④ σ^t_{ct} 不应超过 $1.15f'_{ck}$。

预应力混凝土构件预拉区纵向钢筋的配筋率应符合下列要求：

（1）对于施工阶段预拉区不允许出现裂缝的构件，预拉区纵向钢筋的配筋率不应小于 0.2%。

（2）对于施工阶段预拉区允许出现裂缝而在预拉区不配置纵向钢筋的构件，当 $\sigma^t_{ct} = 1.15f'_{ck}$ 时，预拉区纵向钢筋的配筋率不应小于 0.4%；当 $f'_{tk} < \sigma_{ct} < 2f'_{tk}$ 时，则预拉区纵向钢筋的配筋率在 0.2% 和 0.4% 之间按线性内插法确定。

（3）预拉区的纵向非预应力钢筋的截面直径不宜大于 14mm，并应沿构件预拉区的外边缘均匀配置。

（4）对于施工阶段预拉区不允许出现裂缝的板类构件，预拉区纵向钢筋的配筋率可根据具体情况按实践经验确定。

8.5.5 使用阶段应力的计算

1. 全预应力混凝土和部分预应力混凝土 A 类受弯构件

（1）混凝土法向压应力 σ_{kc} 和拉应力 σ_{kt}：

$$\sigma_{kc}(\sigma_{kt}) = M_k y_0 / I_0 \tag{8-41}$$

（2）预应力钢筋承受的应力：

$$\sigma_p = \alpha_{EP} \sigma_{kt} \tag{8-42}$$

上述式中变量含义参见前文。

2. 部分预应力混凝土 B 类受弯构件

计算简图如图 8.30 所示。

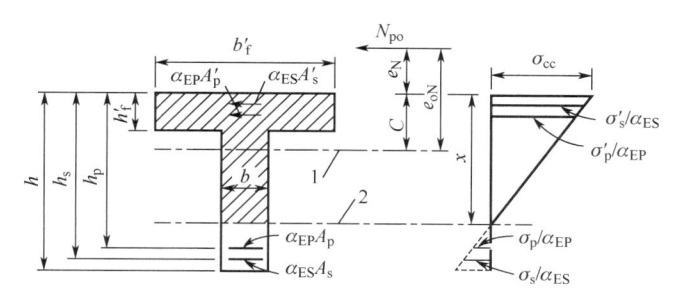

图 8.30 部分预应力混凝土 B 类受弯构件的计算简图

（1）开裂截面混凝土压应力：

$$\sigma_{cc} = \frac{N_{po}}{A_{cr}} + \frac{N_{po}e_{oN}C}{I_{cr}} \tag{8-43}$$

$$e_{oN} = e_N + C \tag{8-44}$$

$$e_N = \left(M_K \big/ N_{po}\right) - h_{ps} \tag{8-45}$$

$$N_{po} = \sigma_{po}A_p - \sigma_{l6}A_s + \sigma'_{po}A'_p - \sigma'_{l6}A'_s \tag{8-46}$$

（2）开裂截面预应力钢筋的应力增量：

$$h_{ps} = \frac{\sigma_{po}A_p h_p - \sigma_{l6}A_s h_s + \sigma'_{po}A'_p h'_p - \sigma'_{l6}A'_s h'_s}{N_{po}} \tag{8-47}$$

上述式中，σ_{cc}——混凝土承受的拉应力，对于允许开裂构件 $\sigma_{cc} \leq 0.5f_{ck}$；

N_{po}——先张法构件的预应力钢筋承受的合力，$N_{po}=\sigma_{po}A_p$；

A_{cr}——开裂截面的换算截面面积；

e_{oN}——N_{po} 作用点至开裂截面重心轴的距离；

C——截面受压区边缘至开裂截面的换算截面重心轴的距离；

I_{cr}——开裂截面的换算截面的惯性矩；

e_N——N_{po} 作用点至截面受压区边缘的距离，N_{po} 位于截面之外时此量值为正；N_{po} 位于截面之内时此量值为负；

h_{ps}——预应力钢筋与普通钢筋合力点至截面受压区边缘的距离；

σ_{po}，σ'_{po}——构件受拉区、受压区预应力钢筋合力点处混凝土法向应力等于零时预应力钢筋承受的应力，先张法构件的此量值按式（8-25）、式（8-26）计算；后张法构件的此量值按式（8-32）、式（8-33）计算；

h_p、a'_p——截面受拉区、受压区预应力钢筋合力点至截面受压区边缘的距离；

h_s、a'_s——截面受拉区、受压区普通钢筋合力点至截面受压区边缘的距离；

a_{EP}——预应力钢筋弹性模量与混凝土弹性模量的比值；

其他变量的定义参见前文。

3. 使用阶段的预应力钢筋和混凝土的应力控制

（1）受压区混凝土的最大压应力应满足下式：

$$\sigma_{\mathrm{p}} = \alpha_{\mathrm{EP}} \left[\frac{N_{\mathrm{po}}}{A_{\mathrm{cr}}} - \frac{N_{\mathrm{po}} e_{\mathrm{oN}} (h_{\mathrm{p}} - C)}{I_{\mathrm{cr}}} \right] \leqslant 0.5 f_{\mathrm{ck}} \quad (8\text{-}48)$$

（2）受拉区预应力钢筋承受的最大拉应力。

① 以下公式用于预应力钢筋为钢绞线、钢丝的情况。

对于不允许开裂的构件：

$$\sigma_{\mathrm{pe}} + \sigma_{\mathrm{p}} \leqslant 0.65 f_{\mathrm{pk}} \quad (8\text{-}49)$$

对于允许开裂的构件：

$$\sigma_{\mathrm{po}} + \sigma_{\mathrm{p}} \leqslant 0.65 f_{\mathrm{pk}} \quad (8\text{-}50)$$

② 以下公式用于预应力钢筋为精轧螺纹钢筋的情况。

对于不允许开裂的构件：

$$\sigma_{\mathrm{pe}} + \sigma_{\mathrm{p}} \leqslant 0.8 f_{\mathrm{pk}} \quad (8\text{-}51)$$

对于允许开裂的构件：

$$\sigma_{\mathrm{po}} + \sigma_{\mathrm{p}} \leqslant 0.8 f_{\mathrm{pk}} \quad (8\text{-}52)$$

式中：σ_{pe}——受拉区预应力钢筋扣除全部预应力损失后承受的有效应力；

σ_{p}——由作用（或荷载）产生的预应力钢筋承担的应力的增量；

f_{pk}——预应力钢筋抗拉强度标准值。

8.5.6 后张法构件锚下局部承载力的计算

对于后张法构件，需要计算锚下的局部承载力和局部承压区的抗裂情况，以防止构件在横向拉应力的作用下出现裂缝。

锚下局部承载力计算方法可参考项目九。此时，$N_{\mathrm{d}} = N_{\mathrm{p}}$，$N_{\mathrm{p}}$ 取传力锚固时的预加力，局部受压面积取锚具垫圈面积。

任务 8.6　预应力混凝土施工应用实例

8.6.1 采用先张法制作预应力混凝土空心板

1. 工程概况

本合同段内共有长度为 12.92m 的单孔预应力混凝土空心板 64 块，其中边板 16 块，中板 48 块。混凝土等级为 C40。详细情况如下。

（1）正交小桥。下部构造：薄壁桥台桩基础；上部构造：装配式混凝土空心板（中板12 块，边板 4 块）。

C40 级混凝土：117.6m³。

Ⅰ级钢筋 14918.7kg。

Ⅱ级钢筋 9495.6kg。

钢绞线（截面面积为 15.2mm²）：2788kg。

（2）正交中桥。下部采用肋式台、柱式墩，挖孔灌装桩基础，上部采用装配式钢筋混凝土空心板（中板36块，边板12块）。

C40 级混凝土：390.9m³。

Ⅰ级钢筋 44777.9kg。

Ⅱ级钢筋 33141.6kg。

钢绞线（截面面积为 15.2mm²）：8364kg。

（3）主材用量合计如下。

长度为 12.92m 的单孔预应力混凝土空心板：边板 16 块，中板 48 块。

C40 级混凝土：508.5m³。

Ⅰ级钢筋：59696.6kg，Ⅱ级钢筋：42637.2kg，钢绞线（截面面积为 15.2mm²）11152kg。

2．设备统计

（1）混凝土拌和机：JS500L（2 台）。

（2）25 吨吊车（1 台）。

（3）电动油泵：YBZ10-50A（2 台）；2YBZ2-49（3 台）。

（4）千斤顶：YDT3138-SA（4 台）；YDJC250-200（1 台）。

（5）充气胶囊（4 条）。

（6）长线混凝土张拉台座（64.5m/2 槽）。

（7）钢筋加工设备：3 台电焊机，2 台弯曲机，2 台切断机，1 台无齿切割机，2 台钢筋调直机。

3．预制场平面布置图（如图 8.31 所示）

图 8.31 预制场平面布置图

4．采用先张法进行预应力空心板梁施工的工艺

1）张拉台座的设置

本次施工采用长线墩式台座（两槽），台座长 64.5m，每槽预制 4 根梁。台座主要由传力墩、台面、承力横梁组成，台座采用钢筋混凝土结构。在平整、压实的场地内铺垫 25cm 厚的石灰土，再次平整、夯实后，再在其上浇筑 20cm 厚的 C25 级混凝土作为底板；底板下设钢筋混凝土锚梁，以增强底板整体刚度。传力墩主要用于承受预应力钢绞线的张拉力，为钢筋混凝土结构。台面为制作预应力混凝土空心板梁的底模，为现浇钢筋混凝土结构（混凝土等级：C30），其表面采用厚 3mm 的钢板。承力横梁将预应力钢绞线的张拉力传递给传力墩，并起控制钢绞线位置的作用。承力横梁用钢轨焊制，尺寸为 280mm×530mm×6400mm，

具有足够的刚度和强度,最大受弯挠度不大于 2mm。

2)模板的制备

模板采用 5mm 厚的定形钢模以保证耐用性和空心板梁几何尺寸要求。空心板梁内模采用充气胶囊,在使用前需要做承压试验,压力表数值达 0.02MPa 即为合格,另外,充气胶囊外径尺寸也应符合设计要求。

3)非预应力钢筋的制作

钢筋进场后,应存放在高出地面 30cm 以上的台座或支撑面上,并覆盖保存。质检时,从每批(总重量达 60 吨为一批)钢筋中任取 3 根,从其上各截取 3 段,分别用于钢筋拉伸试验、冷弯试验及可焊性试验。当试验结果满足相关规范要求并且得到监理工程师认可后,即可进行非预应力钢筋的制作(如图 8.32 所示)。

非预应力钢筋的制作程序:调直除锈→下料弯制→焊接绑扎成形。

为防止充气胶囊上浮,除设置限位钢筋外,充气胶囊顶部的钢筋必须绑扎牢固。钢筋笼下面放方墩形塑料垫块,保证钢筋有足够的净保护层和消除梁底板(混凝土底面)上的垫块痕迹。

图 8.32 非预应力钢筋的制作

5. 预应力钢绞线施工

(1)施工场景如图 8.33 所示。

图 8.33 预应力钢绞线施工场景

① 用于张拉钢绞线的千斤顶、油泵、油表必须定期按相关规范要求进行核验标定,若发现问题应及时维修或更换。

② 制作和安装承力横梁上的定位板时,应检查定位板上的钻孔位置和孔径大小。张拉钢绞线时,定位板孔眼与台面距离必须准确,以确保混凝土保护层厚度。

③ 准备锚具:锚具为单孔夹片锚具,按照相关规范要求,锚具应配有质量检验合格证,

施工期间应对其进行定期检查，确定质量合格后方可使用。

（2）钢绞线：采用国产高强度低松驰钢绞线（标准强度为 1860MPa）。

① 钢绞线进场后，应逐盘进行外观检查，表面不得有裂痕、刻伤、死弯、气孔、油污、锈蚀等缺陷；钢绞线内不应有折断、横裂或交叉等不良现象，否则不能使用。

② 钢绞线存放在干燥、清洁、距地面高度不小于 20cm 处，并加以覆盖，防止雨水和油污侵蚀。

③ 切割钢绞线应采用电动砂轮锯，不得采用加热、焊接和气割等方法；连接钢绞线必须采用连接器连接。

④ 为使承力横梁与台座轴线垂直，保证每根钢绞线张拉力一致，必须首先保证传力墩两端面在同一平面上，严格保证两台千斤顶同步供油且行程一致。

⑤ 钢绞线张拉时采用双控方法，即控制设计张拉力和钢绞线伸长值，并以控制设计张拉力为主，应准确施力，并认真做好张拉记录。

⑥ 为确保空心板梁预应力钢绞线对梁体的预应力效果和预拱度控制，空心板梁内部预应力钢绞线应按图纸要求，在距板端一定范围内按照一定尺寸加套塑料管，塑料管端头用胶布密封，以防进入水泥浆，应严格控制预应力钢绞线有效长度。

⑦ 张拉完成后，应检查钢绞线与钢筋骨架的相互位置，保证其位置准确。

预应力钢绞线的张拉如图 8.34 所示。

图 8.34 预应力钢绞线的张拉

6．混凝土的浇筑及养护

混凝土的浇筑及养护如图 8.35 所示。

图 8.35 混凝土的浇筑及养护

（1）施工场地及料场必须硬化，各种材料应分类堆放，不得混杂，并设醒目的标志牌。

应按相关规范要求定期进行抽样试验。

（2）安装并调试混凝土拌和机。

（3）使用监理工程师批准的预应力混凝土配合比（C40级），并掺入高效减水剂。

（4）浇筑混凝土时用插入式振动器进行振动，避免碰撞预应力钢材，并经常检查充气胶囊。每块板的浇筑分二层进行，先浇筑底板（第一层），振捣密实后铺设充气胶囊，再浇注上部混凝土（第二层），施工中应避免在气温较高的时段张拉和浇筑混凝土，同时要合理安排时间，保证张拉的准确性和施工质量。

（5）混凝土浇筑完成并初凝后，应立即开始养护，一般采用覆盖浇水法。

（6）安装并检查预埋件位置，保证准确。

（7）为便于控制构件强度，应做6组试件。其中3组随构件进行同条件养护，另外3组进行标养，以此测定28天强度。

7. 放张

（1）拆除模板和充气胶囊的时间参照合同要求、相关施工规范确定，一般在混凝土抗压强度达到 2.5MPa 后方可拆除；按照预制空心板梁混凝土抗压强度递增长期计算，在常温（21～30℃）条件下，混凝土浇筑8小时后其抗压强度可达到2.5MPa。模板拆除后，如混凝土表面有缺陷，应报监理工程师，并在监理工程师指导下及时修补。

（2）当混凝土强度达到要求的放张强度并经监理工程师批准后，开始放张。混凝土强度通过试压确定。一般情况下，放张强度为设计强度的90%（混凝土龄期大于7天）。

（3）放张程序：用千斤顶放张钢绞线时应分次进行，每次放张完成后应稍加停顿，待钢绞线稳定后，继续放张，总的放张时间控制在半小时以内。

（4）放张后，用切割机切断构件两端的钢绞线，先切割张拉端构件两端钢铰线，再切割固定端构件两端钢铰线，钢绞线两端刷防锈漆，以防锈蚀。

8. 封头施工

放张后，使用监理工程师批准的混凝土配比（混凝土等级为C30）及时进行梁两端的封头施工。混凝土表面要光滑、平顺，与梁端头处同一平面内，放张完成后还应及时检查构件尺寸，并认真做好记录。封头施工场景如图8.36所示。

图 8.36 封头施工场景

预制的预应力空心板梁，其码放时间一般较长，因此，观测和掌握空心板梁从钢绞线放张后至架设前的上拱度变化情况和具体数据尤为重要，这关系到桥面高程控制和路面纵坡控制。

空心板梁上拱度观测点选择于梁体跨中和距梁体端部 25cm 的梁底，共 3 点。在移梁码放时，距梁端 25cm 的两个支点处应保持水平，以利于直接观测；两支点存在高差时，跨中的上拱值应为观测值减去两支点高差的 1/2。

9．检查尺寸并记录

放张完成后应及时检查构件尺寸，并认真做好记录。

10．空心板梁的起吊、存放、养护

（1）起吊采用 25 吨吊车，起吊动作要慢，储梁场的场地应进行地基处理，空心板梁支座中心线处垫方木，并保证位置准确，上梁、下梁应在一条竖直线上，每块空心板梁标明结构名称、边板和中板、生产日期、交角。

（2）存放期间应持续进行养护，使其各项指标保持达标状态。

11．空心板梁的质量要求

空心板梁的质量要求如表 8.4 所示。

表 8.4　空心板梁的质量要求

项 目 要 求	注 释
梁体及封端混凝土在施工后 28 天的平均强度不得低于设计标号	梁板设计标号 50#，封端混凝土设计标号 20#
梁体及封端外观平整、密实、不露筋、无蜂窝、无空洞	若有空洞、蜂窝、漏浆、硬伤、掉角等缺陷，均应修补充好，并养护至其平均强度达到规定标号，对影响承载力的缺陷，应进行荷载试验
成品外形尺寸（容许误差）： 构件全长：-10mm～+5mm 梁面宽度（干接缝）：±10mm 以内 梁板高：±5mm 以内 表面垂度：小于 4mm	检查底板内外侧； 检查 1/4 跨及 2/4 跨截面； 检查两端； 检查两端的偏差

12．质量保证措施

1）工程质量目标

按照国家及各相关部委发布的现行的技术标准、规范，以及设计文件进行施工；一次验收合格率达到 100%，优良率达到 95% 以上，确保该工程获省级优质工程荣誉称号。

2）建立、健全质量管理组织机构

成立以项目经理为第一责任人的、各职能部门均参加的质量管理委员会。遵循全面质量管理的基本观点和方法，开展全员、全过程的质量管理活动，建立施工质量保证体系，并在体系运行过程中不断对其进行完善。各责任人（部门）职责如下：

（1）项目经理：对工程质量负全责，并进行组织、推动、决策、优化施工方案，积极应

用新技术，提高工程质量；对工程质量实行终身负责制。

（2）总工程师：负责技术管理日常工作，对工程质量进行技术指导和监督，贯彻 ISO9001 最新版质量认证文件，协助项目经理抓好工程的质量控制。

（3）质量安全部：具体落实拟定的质保措施、计划。

（4）施工队质检员：施工过程中对本队工程项目全过程的质量进行控制与检查，进行各分项工程的自检工作，填报自检表并在合格后填写监理工程师发布的相关表格，上报项目部质检工程师，会同项目部质检工程师配合监理工程师进行检查。

3）强化全面质量管理意识

对工程质量要高起点，严要求，把创优工作贯穿到施工生产的全过程。在施工队伍选配、机构设置、施工方案及管理制度的制定等方面都要紧紧围绕创优目标，以保证和提高工程质量为主线，从每道工序抓起，从分项工程做起，加强施工过程的控制，自始至终把好质量关，确保整个工程质量处于受控状态；全面进行优质建设。

4）建立质量检查制度

建立各级质量检查制度，项目经理部采取定期（每旬一次）和不定期相结合的方式，对制梁场进行质量检查。质量检查由主要领导组织有关部门人员参加，外业检测、内业检查分别进行。如发现问题应及时纠正，把质量隐患消灭在萌芽状态。

5）施工过程中的质量控制措施

（1）严格执行质量交底制度。

（2）建立"五不施工""三不交接"制度。"五不施工"即未进行技术交底不施工；图纸和技术要求不清楚不施工；测量桩和资料未经复核不施工；材料不合格不施工；工程环境污染未经检查签证不施工。"三不交接"即无自检记录不交接；不经专业人员验收合格不交接；施工记录不全不交接。

（3）对工序实行严格的"三检"。"三检"即自检、互检、交接检。例如，在模板制作与安装、钢筋加工及绑扎等环节，施工时上道工序不合格，不准进入下道工序，确保各道工序的工程质量。

（4）严格把控材料、成品和半成品的验收。对所有入场材料，必须按技术规范要求进行检查，质量检查记录和试验报告应保存备查。经检查验收发现不合格的材料、成品、半成品不得用于本工程中。

（5）加强原始资料的积累和保存。箱、梁预制必须由专职质检人员填写质量检测记录，工程结束时交档案资料员整理装订成册并归档。

（6）质量保证技术措施：

① 规范技术交底保证措施。开工前，应系统、全面地对设计文件进行审核，深入理解设计意图、熟悉设计文件，熟练掌握设计、施工规范和标准，并根据施工的情况，进行详细的技术交底，确保工程按设计实施。

通过试验选定最佳工艺参数，严格按其组织施工。对钢绞线张拉等特殊工序，应组织工前示范和专门讲解，加强施工人员的培训和考核，关键工序实行持证上岗。

② 严格控制原材料供应环节，保证质量。拌制混凝土采用的各项技术指标必须符合相应的国家标准，运到工地的水泥，应有供应单位提供的出厂试验报告单。验收时应按水泥品种、标号和出厂编号分批进行，逾期水泥应进行复验，不合格的水泥不得使用。

拌制混凝土应采用坚硬、耐久的天然中粗砂作为细骨料，运到工地的细骨料，应按不同的产地、规格、品种分批存放。试验部门应提供试验报告单。混凝土采用的粗骨料应为坚硬、耐久的碎石，其各项技术指标必须符合相关规范、标准的要求。拌制和养护混凝土用的水必须符合有关规定，凡能饮用的水，均可用于拌制和养护混凝土。

为改善混凝土的技术性能，可在拌制混凝土时适当掺入添加剂，各种添加剂应由专门的生产单位负责供应，运到工地的添加剂无论是固体、液体，均要有适当的包装容器，并随附产品鉴定合格证书，要分批分类存放，防止变质，在使用前必须认真校验、拌制、确认。

钢材的制作要求、验收标准和试验方法必须符合现行国家、部颁标准。进入工地的钢材，均应附有产品鉴定合格证书或验收报告单。工地的试验工程师应按有关规定对购入的钢材进行检验，填写"钢筋试验鉴定报告单"作为使用本批钢材的依据。在运输和存放过程中应防止锈蚀、污染，避免压弯，按厂名、级别、规格分批堆置在仓库内，并架离地面，悬挂识别标牌。

③ 制作模板、加工钢筋的质量保证措施。制作模板时应按技术交底内容保证构筑物各部位的设计形状、尺寸和相互间位置的正确性，保证其具有足够的强度、刚度和稳定性，能安全地承担浇筑混凝土施工中产生的各项荷载，制作过程应尽量简单，安装、拆卸要考虑方便和多次使用，模板应结合严密，不得漏浆，每使用一次，应指派专人整理，涂刷脱模剂，以备下一次使用。

钢筋在加工前应调直，表面油渍、铁锈应清除干净，下料及加工时应严格遵守相关规范的规定及设计要求。

④ 混凝土工程的质量保证措施。

混凝土的配比应保证混凝土硬化后能达到标号要求，拌制的混凝土必须具有良好的和易性。混凝土配比报告单由试验工程师制定，并经监理工程师认可后，方可交施工队实施。

混凝土的拌制设备及计量装置应保持良好的状态，计量装置应由具备相应资质的检验部门定期校定。

混凝土的搅拌应均匀且颜色一致，搅拌时间应符合规定。

混凝土在运输过程中不应发生离析、漏浆及泌水等现象。运输工具的内壁应平整光滑，运输时应尽量选择平顺的道路。

在浇筑混凝土前，应按规定做好各种检查及记录，清除模板和钢筋上的杂物。浇筑的厚度应适中，振捣混凝土时应使用附着式振捣器和插入式振捣器相结合的方式。混凝土浇筑施工中应设专人检查模板、钢筋、预埋件和预留孔洞等的状态。

⑤ 预应力施工质量保证措施。张拉前，编制详细的预应力张拉专项计算书和专项技术交底书。

安排富有经验的技术人员专职指导预应力张拉作业。所有操作预应力设备的人员都应进行上岗前培训，并通过设备实操进行规范化训练，以掌握操作技术。

作业前，对张拉设备、测力设施进行标定，并按相关规范要求，定期进行检查和标定。当气温低于5℃且无保温措施时，禁止进行张拉作业。

张拉时，使千斤顶张拉力的作用线与预应力钢绞线的轴线重合；对曲线预应力钢绞线，张拉力的作用线应与孔道中心线末端的切线重合，进行张拉作业时要详细记录。

进行张拉作业时应以缓慢、均匀的速度张拉，两端应同时进行，当张拉至设计规定值且达到监理工程师要求后，才可以实施锚固。

13. 安全保证措施

（1）设立安全生产目标。
（2）建立安全管理机构。
（3）设立安全生产目标的保证措施。
（4）设立施工操作的安全保证措施。
（5）设立施工现场安全措施。
（6）制定机电设备安全使用规定。
（7）设立针对季节性气候影响的施工安全措施。
（8）设立临时用电安全措施。
（9）设立起重安全措施。

8.6.2 采用后张法制作预应力混凝土 T 形截面梁

采用后张法制作预应力混凝土 T 形截面梁的施工示意图如图 8.37 所示。

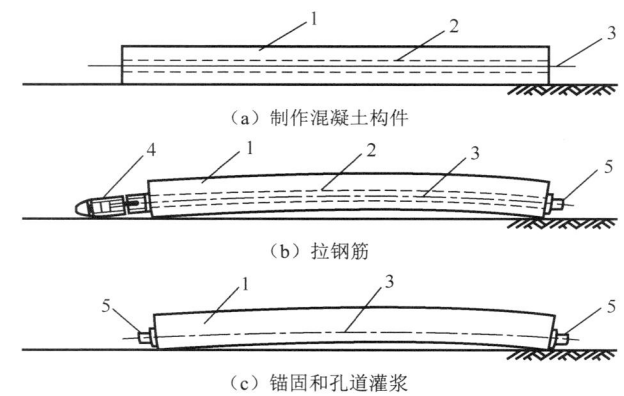

(a) 制作混凝土构件
(b) 拉钢筋
(c) 锚固和孔道灌浆
1—混凝土构件；2—预留孔道；3—预应力钢筋；4—千斤顶；5—锚具

图 8.37 采用后张法制作预应力混凝土 T 形截面梁的施工示意图

图 8.38～图 8.61 所示为预应力混凝土简支 T 形截面梁施工工艺过程。

图 8.38 放置预埋支座钢板，底模涂隔离剂，安装顶梁活动钢板

图 8.39 绑扎 T 形截面梁底部钢筋

项目八 预应力混凝土结构

图 8.40 绑扎 T 形截面梁梁身钢筋，穿预留孔道胶管

图 8.41 T 形截面梁预留孔道胶管的连接（关键工序）

图 8.42 标准的 T 形截面梁钢筋保护层垫块

图 8.43 加工制作 T 形截面梁预埋件（1）

图 8.44 加工制作 T 形截面梁预埋件（2）

图 8.45 批量加工制作 T 形截面梁钢筋

图 8.46 成品钢筋的堆放

图 8.47 T 形截面梁钢绞线的加工

图 8.48　T 形截面梁端头模板的制作

图 8.49　安装 T 形截面梁模板及附着式振捣器

图 8.50　调整 T 形截面梁模板

图 8.51　混凝土拌和机的使用

图 8.52　移动混凝土泵车灌注混凝土

图 8.53　T 形截面梁的蒸汽养护

图 8.54　拆模

图 8.55　T 形截面梁中钢绞线穿束及张拉

图 8.56　安装封锚板及浇筑封锚端混凝土

图 8.57　运送至梁场存梁

图 8.58　提梁（设备为 2 台 80T 龙门吊）及运输（设备为 DL1 型专用平板车）

图 8.59　T 形截面梁的移动

图 8.60　T 形截面梁的架设安放

图 8.61　架设好的 T 形截面梁

任务 8.7　其他预应力混凝土结构简介

8.7.1　部分预应力混凝土

1. 定义

所谓部分预应力混凝土，指其"预应力度"处于"以全预应力混凝土和非预应力混凝土为两个极端"的中间领域的预应力混凝土。也就是说，按正常使用极限状态设计时，在荷载短期组合作用下，部分预应力混凝土的截面受拉边缘将出现拉应力或出现裂缝。

2. 受力特性

如图 8.62 所示，曲线 a 代表全预应力混凝土梁；曲线 b 代表部分预应力混凝土梁；曲线 c 代表非预应力混凝土梁。

部分预应力混凝土梁（曲线 b）在荷载较小时，其受力特性与全预应力混凝土梁（曲线 a）相似；在有效预加力 N_p（扣除相应的预应力损失）作用下，它具有预应力反拱度（OA），但其值较全预应力混凝土梁的反拱度（OA'）小；当荷载（M）增加到 B 点时，表示外荷载作用下产生的向下挠度与预应力反拱度相等，两者正好相互抵消，梁的挠度为零。

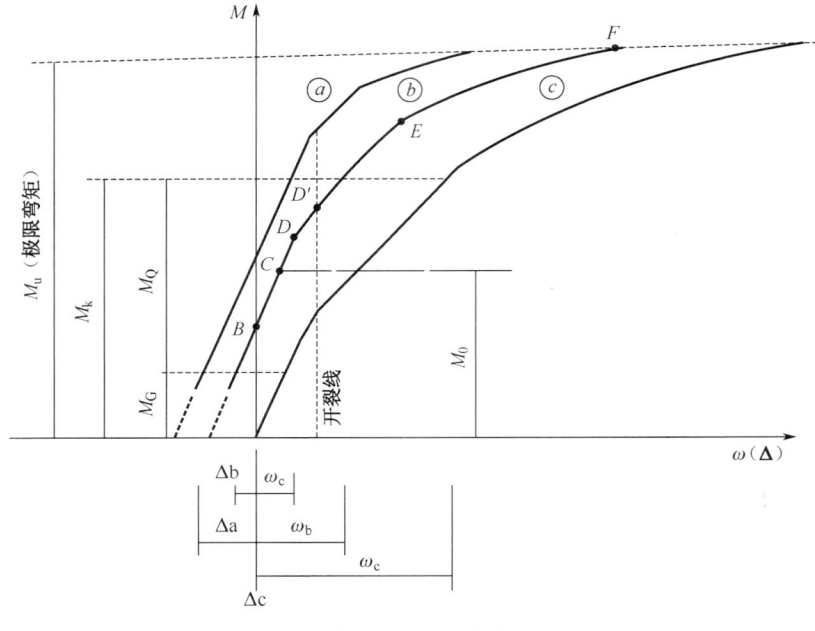

图 8.62 受力特性

D 点表示荷载继续增加后，混凝土的边缘拉应力达到极限抗拉强度；荷载再增加，受拉区混凝土就进入塑性阶段，构件刚度下降，达到 D' 点时表示构件即将出现裂缝，此时，相应的弯矩就称为部分预应力混凝土构件的抗裂弯矩 M_{pf}，显然（$M_{pf}-M_0$）就相当于相应的非预应力混凝土构件的截面抗裂弯矩 M_{cr}，即 $M_{cr}=M_{pf}-M_0$。E 点表示由于外荷载加大，裂缝扩展，刚度继续下降，挠度增加速度加快，而使受拉钢筋屈服；E 点以后，裂缝进一步扩展，刚度进一步降低，挠度增加速度更快，直至 F 点，构件达到极限承载状态而破坏。

此时受拉区边缘应力并不为零，只有当荷载继续增加，达到 C 点时，才表示外荷载产生的梁底混凝土拉应力正好与梁底有效预压应力互相抵消，使梁底受拉边缘的混凝土应力为零，此时相应的外荷载弯矩就称为消压弯矩 M_0。

此后，如果继续加载，部分预应力混凝土梁的受力特性就与普通钢筋混凝土梁（Steel string concrete beam）一样了。

3. 优点及缺点

优点：

（1）预加的应力改善了构件的使用性能。

（2）节省钢材，简化施工工艺，降低工程造价。

（3）提高构件的延性。

（4）可以合理地控制裂缝。

缺点：与全预应力混凝土相比，部分预应力混凝土抗裂性能略差，刚度较小，设计计算略为复杂；与非预应力混凝土相比，部分预应力混凝土所需的预应力工艺更复杂。

4. 构造要求

（1）部分预应力混凝土构件中采用高强度钢筋（或钢丝）时，一般宜采用混合配筋方案，即在配置高强度预应力钢筋的同时，也配置一定数量的中、低强度非预应力钢筋，并将非预应力钢筋布置在构件受拉区的外侧，以增大预应力钢筋的混凝土保护层厚度，一旦出现裂缝，可以由非预应力钢筋控制裂缝的扩展，以保护预应力钢筋不受腐蚀。

（2）采用混合配筋方案的受弯构件，其非预应力钢筋数量应根据预应力度的大小按下列原则配置。

① 当预应力度较高（$\lambda>0.7$）时，为了保证构件的安全和延性，宜采用较小截面直径及较密间距，按最小配筋率（对于受弯构件，最小配筋率为非预应力钢筋的截面面积与受拉区混凝土面积之比，此量值一般为 0.2%～0.3%）设置非预应力钢筋。

② 当预应力度为中等水平（$0.4\leqslant\lambda\leqslant0.7$）时，非预应力钢筋数量比 $\lambda>0.7$ 时明显增多，因此钢筋的截面直径，特别是最外排钢筋的截面直径应予以加大。

③ 当预应力度较低（$\lambda<0.4$）时，非预应力钢筋数量已超过预应力钢筋的数量，构件受力特性接近非预应力混凝土构件的特性，故可按一般钢筋混凝土的构造规定配置钢筋。

8.7.2 无黏结预应力混凝土

1. 概念

无黏结预应力混凝土中的钢筋由消除应力钢丝组成的钢丝束或扭结而成的钢铰线通过防锈、防腐的润滑油脂等涂层包裹，再装入塑料套管而构成。

2. 制作原理

无黏结预应力混凝土的制作采用的是后张法新工艺。其制作原理是利用无黏结钢筋与周围混凝土不黏结的特性，把预先组装好的无黏结预应力钢筋（简称无黏结筋）在浇筑混凝土之前与非预应力钢筋一起按设计要求铺放在模板内，然后浇筑混凝土。待混凝土达到设计强度的 70%后，利用无黏结预应力钢筋在结构内可沿纵向滑动的特性，进行张拉锚固，达到让结构产生预应力的效果。这种预应力钢筋的涂层材料要求化学稳定性高，与周围材料（如混凝土、钢材和包裹材料）不起化学反应；防腐性能好，润滑性能好，摩擦阻力小。对塑料套管要求具有足够的韧性，抗磨性强，对周围材料无侵蚀作用。

3. 施工方式

无黏结预应力混凝土结构的施工较简便,施工时可把预应力钢筋同非预应力钢筋一起按设计曲线铺设在模板内,待混凝土浇筑并达到强度要求后,张拉无黏结预应力钢筋并锚固,借助两端锚具,达到让结构产生预应力的效果。由于预应力全部由锚具传递,故此种结构的锚具至少应能使钢材承受的应力达到其实际极限强度的 95%且不产生超过预期的变形。施工后必须用混凝土或砂浆妥加保护,以保证其防腐蚀及防火要求。

4. 工程应用

无黏结预应力混凝土结构适用于跨度大于 6m 的平板,如跨度为 6~9m,跨高比约为 45 的单向板。对跨度在 7~12m,可变荷载在 5kN/m² 以下的楼盖,可采用跨高比约为 40~45 的双向平板或带有宽扁梁的板。

无黏结预应力混凝土也可应用在跨度较大的扁梁、井字梁或密肋梁上,对于梁的高跨比:中间楼层不超过 25;顶层不超过 28。采用无黏结预应力混凝土有利于降低建筑物层高和减轻结构自重;改善结构的使用功能,使楼板挠度较小,这样就能使楼板几乎不出现裂缝。对于大跨度楼板,采用无黏结预应力混凝土可增加使用面积,如想改变楼层用途也较为容易,此外,采用无黏结预应力混凝土后,可用平板代替肋形楼盖而降低层高,取得较好的经济效益和社会效益。无黏结预应力混凝土结构适用于办公楼、商场、旅馆、车库、仓库和其他高层建筑。

8.7.3 体外预应力混凝土构件

1. 体外预应力概念

体外预应力即对构件施加预应力的钢束(筋)在构件外部,这也是体外预应力结构和体内预应力结构在结构构造上的根本区别。对于体外预应力结构,其体外索的应力是由结构的整体变形所决定的。体外预应力体系构造如图 8.63 所示。

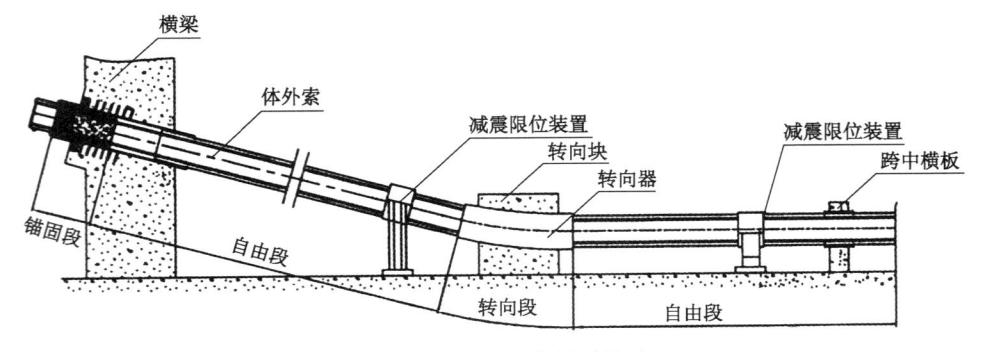

图 8.63 体外预应力体系构造

2. 体外预应力混凝土结构的特点

体外预应力结构是后张法预应力结构体系的重要分支之一。

体外预应力混凝土结构的优点:

（1）其预应力钢筋的 σ-ε 曲线相对于其他结构更简单，分析起来更方便。
（2）预应力钢筋仅在锚固段和转向段与结构相连，减小了摩擦阻力损失。
（3）提高了预应力使用效率，预应力的布置较为灵活，根据桥梁特点可以进行全桥加固也可以进行局部加固。
（4）锚固构件尺寸小，自重增加少，可有效地大幅提高结构承载力。
（5）与原结构无黏结，应力变化值小，对结构受力有利。
（6）体外索可调可换，便于使用期间进行维护。

体外预应力混凝土结构的缺点：
（1）体外索布置在截面外，防腐、保护相对较困难，易受外界影响。
（2）锚固段及转向段容易产生应力集中，局部应力大，对锚固施工要求高。
（3）体外索张拉较小，不能充分发挥体外索强度高的优点，对锚具及夹片的要求很高。
（4）预应力钢筋的变形特性和混凝土的变形特性不一致，容易造成预应力损失。

依据传统的观点，体内预应力钢筋是不被看作一个单独构件的，而体外预应力钢筋在混凝土外，自然成为一个相对独立的构件，与体内预应力钢筋相比，其更受重视。在承受动力荷载的体外预应力混凝土结构设计中，必须考虑到预应力钢筋与主体结构是各自独立振动的，应防止二者共振，因为共振可导致锚具的疲劳破坏和转向构件处的预应力钢筋的弯折疲劳破坏。如果施工地点在地震区，设计时还应考虑适当提高整体结构的抗震性能。

3. 体外预应力混凝土结构的工程应用

（1）施工工艺流程：预埋件安装→密封装置及外套管安装→张拉施工准备→体外索穿索→体外索张拉→喇叭管及预埋导向管内防腐→安装锚头防腐及保护罩→安装减震限位装置→外套管连接。

（2）体外预应力混凝土结构不仅可以应用于预应力连续梁桥、人行天桥等新建工程，还适用于旧结构的改造与加固。体外预应力混凝土结构布置灵活，安全可靠，特别是可以在结构正常工作情况下实现调索和换索，这是其他结构形式所无法比拟的优点。体外预应力混凝土结构以其施工方便、节省材料、降低造价、方便检修且可以大幅提高桥梁承载力等优点，在新时期的桥梁建设及加固过程中发挥了巨大的作用，得到了广泛的应用，取得了良好的社会效益和经济效益。体外预应力混凝土结构的相关理论不断进步、新型材料和新型锚固体系的发展，为体外预应力混凝土结构的应用奠定了理论基础并带来了新的活力，使其获得更加广泛的发展应用前景。

【小结】

（1）本项目介绍了预应力混凝土的基本概念、分类及特点。
（2）本项目主要介绍了预应力钢筋、锚具的使用要求、类型及检验方法。
（3）本项目介绍了预应力混凝土的性能要求，以及预应力施工设备的类型、施工工艺。
（4）本项目介绍了预应力混凝土正截面和斜截面的计算应用。
（5）本项目介绍了部分预应力混凝土的定义、特点、受力特性及计算原理，以及无黏结预应力混凝土的定义、工作原理和特点。

【操作与练习】

思考题

（1）简述预应力混凝土的概念。预应力混凝土结构的特点是什么？

（2）什么是预应力度？《公路桥规》对预应力混凝土构件是怎么分类的？

（3）按锚具的受力原理可以把锚具划分为哪几类？

（4）预应力混凝土结构对锚具有哪些要求？在设计、制造或选择锚具时，应注意什么？

（5）建造预应力混凝土结构时对预应力钢筋有哪些要求？工程中常用的预应力钢筋有哪些？

（6）预应力混凝土施工有哪几种方法？其施工工艺分别是怎样的？

（7）预应力损失主要有哪些？引起各项预应力损失的主要原因是什么？如何减小各项预应力损失？

（8）后张法构件中，对预应力钢筋孔道的设置有哪些要求？

（9）什么是部分预应力混凝土？部分预应力混凝土有何结构特点？

（10）部分预应力混凝土结构的受力特性是什么？

（11）在部分预应力混凝土结构中非预应力钢筋有何作用？

（12）无黏结预应力混凝土的工作原理和特点是什么？

【课程信息化教学资源】

8.1 预应力混凝土原理及分类　　8.2 预应力混凝土施工要求　　8.3 预应力混凝土结构的类型　　8.4 预应力损失计算

项目九　钢结构的设计

项目描述

本项目包括四个部分，第一部分讲述钢结构的特点及应用；第二部分讲述钢结构的材料；第三部分讲述钢结构的连接；最后讲述钢结构轴心受力作用。

学习要求

以我国现行钢结构相关规范为依据，学习钢结构的基本理论、基本概念、基本设计原理和方法，以及钢结构的设计计算相关知识。

知识目标

- 掌握钢材的力学性能、理解结构设计方法。
- 掌握各类构件的受力性能及其计算方法。
- 掌握焊接的方法及焊缝的计算方法。
- 掌握螺栓连接的计算方法。
- 能看懂钢结构施工图等。

能力目标

- 了解钢结构构件受力性能。
- 掌握其计算原理和设计方法。
- 获得钢结构设计的基本技能。

思政亮点

钢结构具有强度高，重量轻，塑性和韧性好的特点，适用于建造跨度大、承载重的建筑。塑性好，建筑就不会因少量超载而突然破坏；韧性好，建筑就能在动力荷载作用下仍有很好的工作性能。钢结构还有良好的工艺性能，能被加工成多种结构形式，适应多种工作环境。与钢结构类似，一个人的能力也应是多样化的，既要有强度去攻坚克难，又要有韧性以百折不挠；既要能承担多种人生角色，又要能适应多种工作环境。钢铁意志、钢铁精神应是当代大学生重点培养的核心素质。

任务 9.1　钢结构的特点和材料

9.1.1　钢结构的特点

（1）强度高，适用于建造跨度大、承载重的建筑；塑性好，在一般条件下不会因超载而突然破坏；韧性好，适宜在动力荷载下工作。

（2）重量轻。

（3）材质均匀，其实际受力情况和力学计算的结果比较吻合。

（4）制作简便，连接简单，安装方便，施工周期短。

（5）水密性和气密性较好，适于建造密闭的板壳结构。

（6）容易腐蚀，处于较强腐蚀性介质内的建筑物不宜采用钢结构。

（7）耐低热但不耐高温。温度在 200℃ 以内时，钢结构主要力学性能降低不多。温度超过 200℃ 后，钢结构不仅强度逐步降低，还会发生蓝脆和徐变现象。温度达 600℃ 时，钢结构进入塑性状态不能继续承载。

（8）在低温和其他条件下，可能发生脆性断裂。

9.1.2　钢结构的材料

1. 对钢结构用料的基本要求

（1）较高的抗拉强度 f_u 和屈服点 f_y。

（2）较高的塑性和韧性。

（3）良好的工艺性能。

（4）根据具体工作条件，有时还要求钢材具有适应低温、高温和腐蚀性环境的能力。

2. 钢材的主要性能

钢材受力的 $\sigma - \varepsilon$ 曲线如图 9.1 所示。

1）强度性能

比例极限：OP 段为直线，表示钢材具有完全弹性性质，P 点对应的应力 f_p 称为比例极限。

屈服点：随着荷载的增加，曲线延伸至 ES 段，S 点对应的应力 f_y 称为屈服点。

抗拉强度或极限强度：超过屈服台阶（C 点之前的部分），材料出现应变硬化，曲线上升，直至曲线最高处的 B 点，这点对应的应力 f_u 称为抗拉强度或极限强度。

当以屈服点的应力 f_y 作为强度限值时，抗拉强度 f_u 称为材料的强度储备。

2）塑性性能

伸长率：试件被拉断时的绝对变形值与试件原标距之比的百分数称为伸长率。伸长率代表材料在单向拉伸时的塑性应变能力。

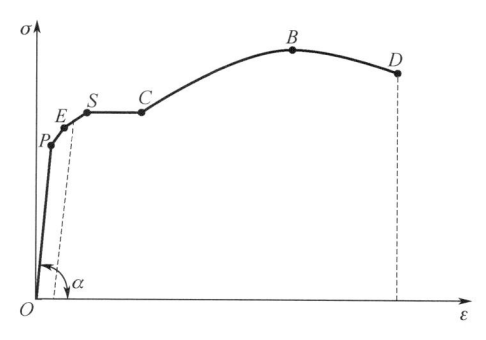

图 9.1　钢材受力的 σ-ε 曲线

3）冷弯性能

冷弯性能由冷弯试验确定。试验时使试件弯成180°，如试件外表面不出现裂纹和分层，即为合格。冷弯性能是鉴定钢材在弯曲状态下的塑性应变能力和钢材质量的综合指标。

4）冲击韧性

冲击韧性是衡量钢材强度和塑性的综合指标。

由于低温对钢材的脆性破坏有显著影响，在寒冷地区建造的钢结构不但要求钢材具有常温（20℃）冲击韧性指标，还要求具有负温（0℃、-20℃或-40℃）冲击韧性指标，以保证钢结构具有足够的抗脆性破坏能力。

3．各种因素对钢材主要性能的影响

1）化学成分

碳含量直接影响钢材的强度、塑性、韧性和可焊性等。碳含量增加，钢的强度提高，而塑性、韧性和疲劳强度下降，同时恶化钢的可焊性和抗腐蚀性。

硫和磷是钢中的有害成分，它们降低钢材的塑性、韧性、可焊性和疲劳强度。在高温时，硫使钢变脆，称为**热脆**；在低温时，磷使钢变脆，称为**冷脆**。

2）冶金缺陷

常见的冶金缺陷有偏析、非金属夹杂、气孔、裂纹及分层等。

3）钢材的硬化

冷加工使钢材产生很大的塑性变形，从而提高了钢的屈服点，同时降低了钢的塑性和韧性，这种现象称为冷作硬化（或应变硬化）。

在钢结构中，一般不利用硬化提高钢材强度，以保证钢结构具有足够的抗脆性破坏能力。另外，应将局部硬化部分用刨边或扩钻予以消除。

4）温度的影响

钢材性能随温度变动而有所变化。总的趋势是温度升高，钢材强度降低，应变增大；反之，温度降低，钢材强度会略有增加，塑性和韧性却会降低而使钢材变脆。

在250℃左右，钢材的强度略有提高，同时塑性和韧性均下降，钢材有转脆的倾向，其表面氧化膜呈现蓝色，称为**蓝脆现象**。钢材应避免在蓝脆温度范围内进行热加工。

当温度在260℃～320℃时，在应力持续不变的情况下，钢材以很缓慢的速度继续变形，此种现象称为**徐变现象**。

当温度从常温开始下降，特别是在负温度范围内时，钢材强度虽有提高，但其塑性和韧

性降低，钢材逐渐变脆，这种性质称为**低温冷脆**。

5）应力集中

构件中有时存在着孔洞、槽口、凹角、截面角度突变及钢材内部缺陷等。此时，构件中的应力分布将不再保持均匀，而是在某些区域产生局部高峰应力，在另外一些区域则应力降低，形成**应力集中现象**。

承受静力荷载作用的钢结构在常温下工作时，在计算中可不考虑应力集中的影响。但在负温或动力荷载作用下工作的钢结构，应力集中的不利影响将十分突出，往往是引起脆性破坏的根源，故在设计中应采取措施避免或减小其影响，并选用质量优良的钢材。

6）反复荷载作用

在直接的连续反复的动力荷载作用下，钢材的强度将降低，低于一次静力荷载作用下的拉伸试验的极限强度，这种现象称为**钢材的疲劳**。疲劳破坏表现为突然发生的**脆性断裂**。

材料总是有"缺陷"的，在反复荷载作用下，先在其缺陷处发生塑性变形和硬化而生成一些极小的裂痕，此后这种微观裂痕逐渐发展成宏观裂纹，结构强度被削弱，而在裂纹根部出现应力集中现象，使材料处于三向拉伸应力状态，塑性变形受到限制，当反复荷载达到一定的循环次数时，材料终于破坏，并表现为突然的脆性断裂。

4．钢材的破坏形式

塑性破坏：变形超过了钢材最大的应变能力而产生的破坏。此破坏仅在钢材的应力达到了钢材的抗拉强度 f_u 后才发生。发生塑性破坏前，由于总有较大的塑性变形发生，且变形持续的时间较长，很容易被及时发现而采取措施予以补救，不致引起严重后果。

脆性破坏：破坏前塑性变形很小，甚至没有塑性变形，计算应力可能小于钢材的屈服点，断裂从应力集中处开始的破坏。由于发生脆性破坏前没有明显的预兆，无法及时被觉察和采取补救措施，所以此类破坏危害一般较大。

5．钢材的疲劳计算

钢材的疲劳断裂是微观裂纹在连续重复荷载作用下不断扩展直至钢材断裂的脆性破坏。钢材的疲劳强度取决于应力集中和应力循环次数。循环次数超过 5×10^4 时应进行疲劳计算。

6．钢材的种类和规格

1）钢材的种类

按脱氧方法，钢材可分为沸腾钢（F）、半镇静钢（b）、镇静钢（Z）和特殊镇静钢（TZ），镇静钢和特殊镇静钢的代号可以省去。镇静钢脱氧充分，沸腾钢脱氧较差，半镇静钢介于镇静钢和沸腾钢之间。钢结构一般采用镇静钢。

按化学成分，钢材可分为碳素钢和合金钢。在建筑工程中采用的是碳素结构钢、低合金高强度结构钢和优质碳素结构钢。

（1）碳素结构钢按质量等级分为 A、B、C、D 四级，A 级钢只保证抗拉强度、屈服点、伸长率，必要时尚可满足冷弯性能要求。B、C、D 级钢均保证抗拉强度、屈服点、伸长率、冷弯性能和冲击韧性（+20℃、0℃及-20℃）等力学性能。

钢的牌号由代表屈服点的字母 Q、屈服点数值、质量等级符号（A、B、C、D）、脱氧方法符号等部分按顺序组成。根据钢材厚度（截面直径）小于 16mm 时的屈服点数值，钢材可分为 195、215、235、255、275 等级别，钢结构一般仅用 235 级钢材，钢的牌号根据需要可为 Q235A；Q235B；Q235C；Q235D 等。

（2）低合金高强度结构钢根据钢材厚度（截面直径）小于 16mm 时的屈服点大小，分为 295、345、390、420、460 等级别。钢结构一般采用 345、390、420 级钢材，钢的牌号中，除 A、B、C、D 四个等级外增加一个等级 E，此等级要求钢材具备-40℃条件下的冲击韧性。钢的牌号有 Q345B、Q390C 等。低合金高强度结构钢一般为镇静钢，因此钢的牌号中不注明脱氧方法。

A 级钢应进行冷弯试验，其他质量级别的钢材，如供货方能保证弯曲试验结果符合规定要求，可不进行冷弯试验。

（3）优质碳素结构钢以不进行热处理或热处理（退火、正火或高温回火）状态交货均可，要求热处理状态交货的应在合同中注明，未注明者，按不进行热处理交货，如用于高强度螺栓的 45 号优质碳素结构钢需要经热处理，热处理后其强度较高，对塑性和韧性又无显著影响。

2）钢材的选择

选择钢材时考虑的因素有：

（1）结构的重要性。重要结构应考虑选用质量好的钢材；一般工业与民用建筑结构，可选用普通质量的钢材。

（2）荷载情况。直接承受动力荷载的结构和强烈地震区的结构，应选用综合性能好的钢材；一般承受静力荷载的结构则可选用价格较低的 Q235 钢。

（3）连接方法。焊接结构对连接的要求应严格一些。

（4）结构所处的温度和环境。在低温条件下工作的结构，尤其是焊接结构，应选用具有良好抗低温脆断性能的镇静钢。

（5）钢材厚度。厚度大的焊接结构应采用材质较好的钢材。

任务 9.2　钢结构的焊接连接

钢结构的连接方法可分为焊接连接、螺栓连接和铆钉连接三种。焊接连接是现代钢结构最主要的连接方法。它的优点是：（1）焊件间可直接相连，构造简单，制作加工方便；（2）不削弱截面，用料经济；（3）连接的密闭性好，结构刚度大；（4）可实现自动化操作，提高焊接结构的质量。缺点是：（1）在焊缝附近的热影响区内，钢材的材质变脆；（2）焊接残余应力和变形使受压构件承载力降低；（3）焊接结构对裂纹很敏感，低温时冷脆的问题较为突出。

9.2.1　焊缝的形式

1. 角焊缝

角焊缝按其截面形式可分为直角角焊缝和斜角角焊缝。两焊脚边的夹角为 90°的焊缝称为**直角角焊缝**，直角边边长 h_f 称为**角焊缝的焊脚尺寸**，$h_e=0.7h_f$ 为直角角焊缝的**计算厚度**。

斜角角焊缝常用于钢漏斗和钢管结构中。两焊脚边的夹角大于 135°或小于 60°的斜角角焊缝不宜用作受力焊缝（钢管结构除外）。直角角焊缝截面如图 9.2 所示，斜角角焊缝截面如图 9.3 所示。

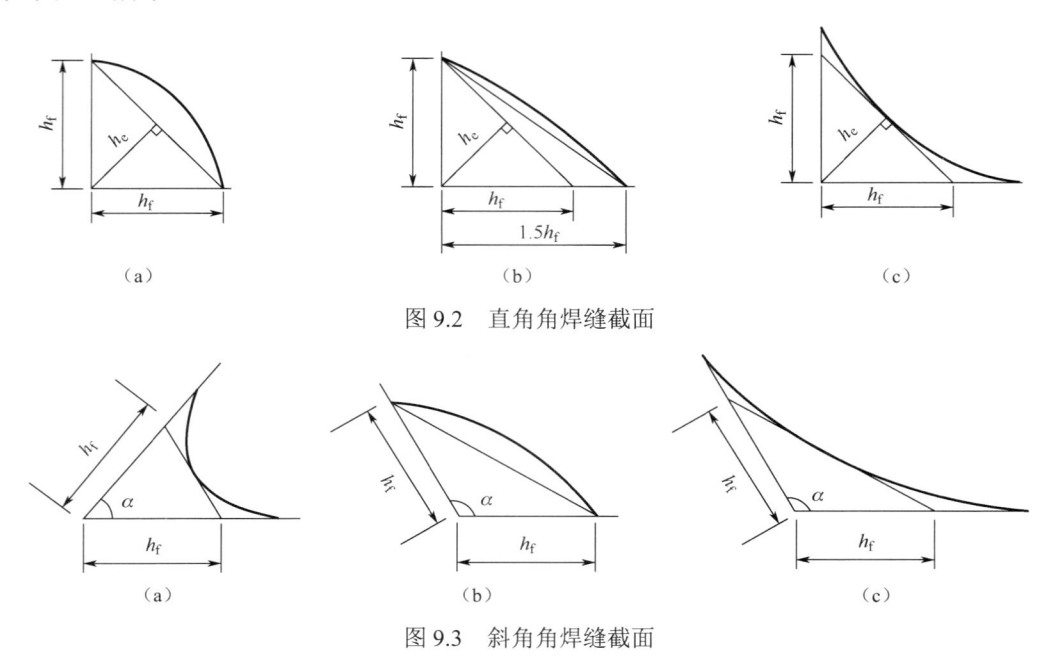

图 9.2 直角角焊缝截面

图 9.3 斜角角焊缝截面

2．对接焊缝

用对接焊缝连接的焊件常须加工出坡口，故此类焊缝又叫坡口焊缝。焊缝金属填充在坡口内，所以对接焊缝是被连接件的组成部分。

坡口形式与焊件厚度有关。当焊件厚度 t 很小（手工焊 $t \leqslant 6mm$，埋弧焊 $t \leqslant 10mm$）时，可用直边缝。对于一般厚度（$10mm < t \leqslant 20mm$）的焊件可采用具有斜坡口的单边 V 形或 V 形焊缝。斜坡口和离缝共同组成一个焊条能够运转的施焊空间，使焊缝易于焊透；钝边 p 有托住熔化金属的作用。对于较厚的焊件（$t > 20mm$），则采用 U 形、K 形和 X 形坡口。对于 V 形缝和 U 形缝须对焊缝根部进行补焊。对接焊缝坡口形式的选用，应根据板厚和施工条件按《建筑结构焊接规程》的要求进行，如图 9.4 所示。

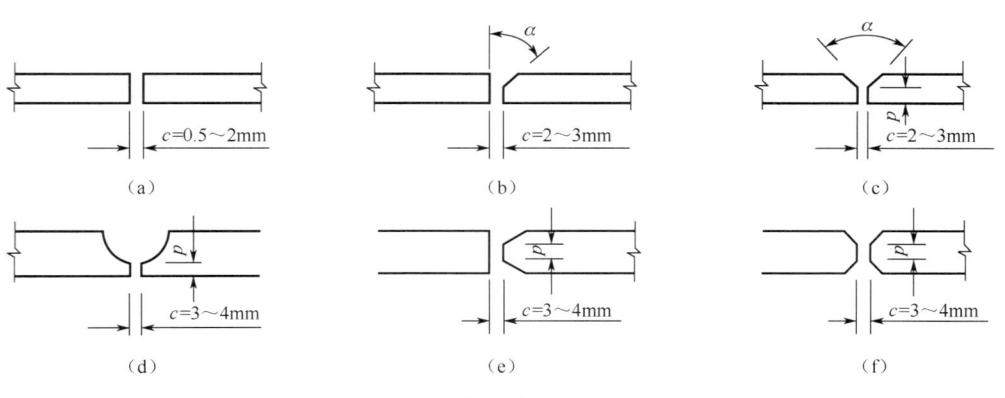

图 9.4 对接焊缝的坡口形式

凡以 T 形、十字形或角接接头连接的对接焊缝称为对接与角接组合焊缝。

3．焊缝质量检验

《钢结构工程施工质量验收标准》规定焊缝按其检验方法和质量要求分为一级、二级和三级。三级焊缝只要求对全部焊缝进行外观检查；一级、二级焊缝则除外观检查外，还要求进行一定数量的超声波检验。焊缝质量的外观检验主要检查外观缺陷和几何尺寸，超声波检验主要检查内部缺陷。

9.2.2　直角角焊缝的构造与计算

角焊缝按其与作用力的关系可分为正面角焊缝、侧面角焊缝和斜焊缝。**正面角焊缝**的焊缝长度方向与作用力方向垂直，**侧面角焊缝**的焊缝长度方向与作用力方向平行，**斜焊缝**的焊缝长度方向与作用力方向斜交，由正面角焊缝、侧面角焊缝和斜焊缝组成的混合焊缝，通常称作围焊缝。

侧面角焊缝主要承受剪力，塑性较好，强度较低。应力沿焊缝长度方向的分布不均匀，呈两端大而中间小的状态。焊缝越长，应力分布不均匀性越显著。

正面角焊缝受力复杂，其破坏强度高于侧面角焊缝，但塑性变形能力差。

斜焊缝的受力性能和强度值介于正面角焊缝和侧面角焊缝之间。

1．角焊缝的构造要求

（1）最小焊脚尺寸：

$$h_f \geqslant 1.5\sqrt{t_2} \tag{9-1}$$

式中：t_2——较厚焊件厚度，单位为 mm。

计算时，最小焊脚尺寸取整数。

自动焊熔深较大，最小焊脚尺寸可减小 1mm；T 形连接的单面角焊缝，最小焊脚尺寸应增加 1mm；当焊件厚度小于或等于 4mm 时，则取最小焊脚尺寸与焊件厚度相同。

（2）最大焊脚尺寸：

$$h_f \leqslant 1.2 t_1 \tag{9-2}$$

式中：t_1——较薄焊件的厚度，单位为 mm。

对板件边缘的角焊缝，当板件厚度 $t>6$mm 时，取 $h_f \leqslant t-(1\sim2)$mm；当 $t \leqslant 6$mm 时，取 $h_f \leqslant t$，如图 9.5 所示。

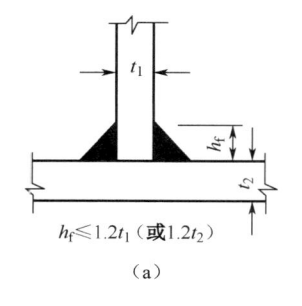

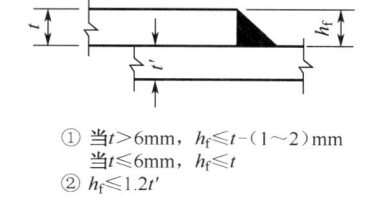

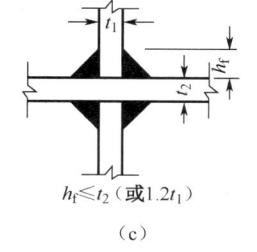

图 9.5　最大焊脚尺寸

（3）角焊缝的最小计算长度。侧面角焊缝或正面角焊缝的最小计算长度不得小于 $8h_f$ 和 40mm 中的较大者。

（4）侧面角焊缝的最大计算长度。

侧面角焊缝在弹性阶段沿长度方向受力不均匀，两端大而中间小，可能首先在焊缝的两端破坏，故规定侧面角焊缝的最大计算长度 $l_w \leqslant 60h_f$，如图 9.6 所示。若内力沿侧面角焊缝全长分布，可不受上述限制。

（5）焊接连接的构造要求。

当板件端部仅由两条侧面角焊缝连接时，应使每条焊缝的长度不小于两焊缝之间的距离。两焊缝之间的距离也不宜大于 16t（t>12mm）或 190mm（t≤12mm），t 为较薄焊件的厚度。当仅采用正面角焊缝时，其搭接长度不得小于焊件较小厚度的 5 倍，也不得小于 25mm，如图 9.7 所示。

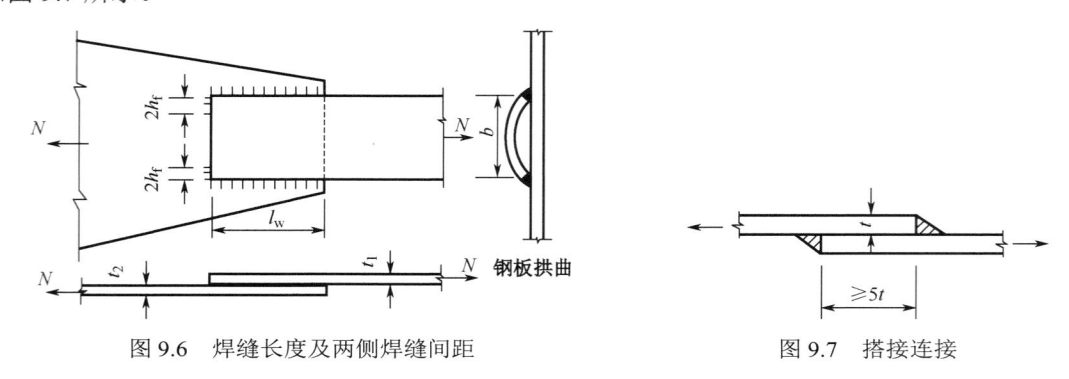

图 9.6　焊缝长度及两侧焊缝间距　　　　　图 9.7　搭接连接

（6）间断角焊缝的构造要求。

间断角焊缝只能用于一些次要构件的连接或受力很小的连接中。间断角焊缝的间断距离 l 不宜过长，以免连接不紧密。一般在受压构件中应满足 $l \leqslant 15t$；在受拉构件中 $l \leqslant 30t$，t 为较薄焊件的厚度。

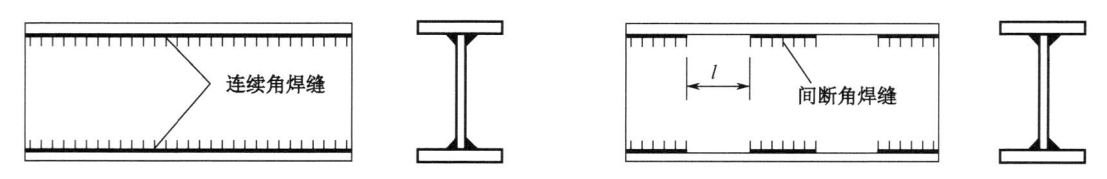

图 9.8　连续角焊缝和间断角焊缝

（7）减小角焊缝应力集中的措施。

杆件端部搭接采用三面围焊时，所有围焊的转角处必须连续施焊。对于非围焊情况，当角焊缝的端部在构件转角处时，可连续地进行长度为 $2h_f$ 的绕角焊。

2．确定直角角焊缝强度的基本公式

$$\sqrt{\left(\frac{\sigma_f}{\beta_f}\right)^2 + \tau_f^2} \leqslant f_f^w \tag{9-3}$$

式中：σ_f——垂直于焊缝长度方向的应力；

τ_f——平行于焊缝长度方向的应力;

β_f——正面角焊缝的强度增大系数,一般取 β_f =1.22;对于直接承受动力荷载的结构中的角焊缝, β_f =1.0;

f_f^w——角焊缝的强度设计值。

式(9-3)为直角角焊缝强度的基本计算公式。只要将焊缝应力分解为垂直于焊缝长度方向的应力 σ_f 和平行于焊缝长度方向的应力 τ_f ,上述基本公式可适用于任何受力状态。

对于正面角焊缝, τ_f =0,得

$$\sigma_f = \frac{N}{h_e l_w} \leqslant \beta_f f_f^w \tag{9-4}$$

对于侧面角焊缝, σ_f =0,得

$$\tau_f = \frac{N}{h_e l_w} \leqslant f_f^w \tag{9-5}$$

式中:h_e——直角角焊缝的有效厚度,h_e =0.7h_f ;

l_w——焊缝的计算长度,考虑起灭弧缺陷,按各条焊缝的实际长度每端减去 h_f 计算。

3.角焊缝连接强度的计算

1)承受轴心力作用的角焊缝连接强度的计算

(1)采用盖板连接。当轴心力通过焊缝中心时,可认为焊缝应力是均匀分布的,如图 9.9 所示。

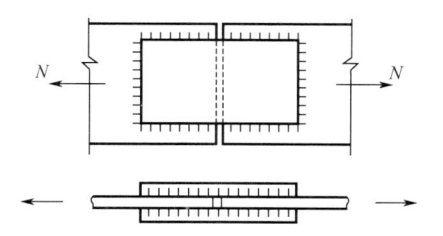

图 9.9 承受轴心力的盖板连接

当只有侧面角焊缝时应力按式(9-5)计算。

当只有正面角焊缝时应力按式(9-4)计算。

当采用三面围焊时,先计算正面角焊缝所承担的内力

$$N_1 = \beta_f f_f^w \sum h_e l_{w1}$$

式中:$\sum l_{w1}$——连接一侧正面角焊缝计算长度的总和。

再确定侧面角焊缝的强度

$$\tau_f = \frac{N - N_1}{\sum h_e l_w} \leqslant f_f^w$$

式中:$\sum l_w$——连接一侧侧面角焊缝计算长度的总和。

(2)承受斜向轴心力。将应力 N 分解为垂直于焊缝和平行于焊缝的分力 $N_x = N\sin\theta$; $N_y = N\cos\theta$

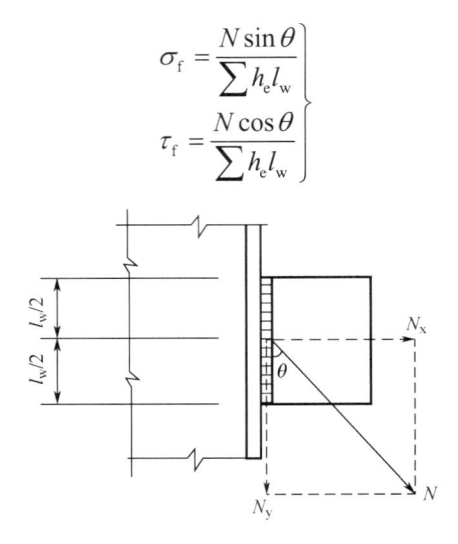

$$\left.\begin{array}{l}\sigma_{f}=\dfrac{N\sin\theta}{\sum h_{e}l_{w}}\\ \tau_{f}=\dfrac{N\cos\theta}{\sum h_{e}l_{w}}\end{array}\right\}$$

图 9.10 承受斜向轴心力

完成计算后将结果代入式（9-3）验算焊缝强度。

（3）承受轴心力的角钢角焊缝计算。钢桁架中角钢的腹杆与节点板的连接焊缝一般采用两面侧焊或三面围焊，特殊情况也可采用 L 形围焊。腹杆受轴心力作用，为了避免焊缝偏心受力，焊缝所传递的合力的作用线应与腹杆的轴线重合。角钢与节点板的连接如图 9.11 所示。

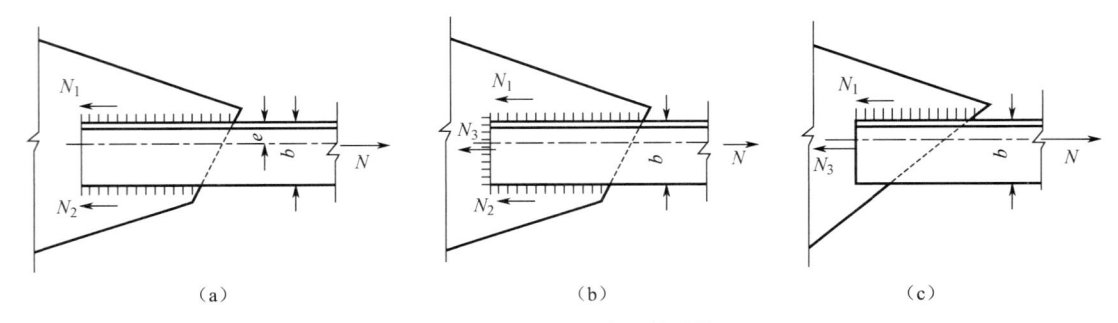

图 9.11 角钢与节点板的连接

对于三面围焊，可先假定正面角焊缝的焊脚尺寸 h_{f3}，求出正面角焊缝所分担的轴心力 N_3。当腹杆为双角钢组成的 T 形截面，且肢宽为 b 时：

$$N_3 = 2 \times 0.7 h_{f3} b \beta_f f_f^w \tag{9-6}$$

由平衡条件（$\sum M = 0$）可得：

$$N_1 = \frac{N(b-e)}{b} - \frac{N_3}{2} = k_1 N - \frac{N_3}{2} \tag{9-7}$$

$$N_2 = \frac{Ne}{b} - \frac{N_3}{2} = k_2 N - \frac{N_3}{2} \tag{9-8}$$

式中：N_1、N_2——角钢肢背和肢尖的侧面角焊缝所承受的轴向压力；

e——角钢的形心距；

k_1、k_2——角钢肢背和肢尖焊缝的内力分配系数。

对于两面侧焊，因 $N_3=0$，则：

$$N_1 = k_1 N \quad (9\text{-}9)$$
$$N_2 = k_2 N \quad (9\text{-}10)$$

求得各条焊缝所受的内力后，按构造要求假定肢背和肢尖焊缝的焊脚尺寸，即可求出焊缝的计算长度。对双角钢截面有

$$l_{w1} = \frac{N_1}{2 \times 0.7 h_{f1} f_f^w} \quad (9\text{-}11)$$

$$l_{w2} = \frac{N_2}{2 \times 0.7 h_{f2} f_f^w} \quad (9\text{-}12)$$

式中：h_{f1}、l_{w1}——一个角钢肢背上的侧面角焊缝的焊脚尺寸及计算长度；

h_{f2}、l_{w2}——一个角钢肢尖上的侧面角焊缝的焊脚尺寸及计算长度。

一般情况下，焊缝实际长度为计算长度加 $2h_f$。对于三面围焊，焊缝实际长度为计算长度加 h_f；对于采用绕角焊的侧面角焊缝，焊缝实际长度等于计算长度（$2h_f$ 不进入计算）。

当腹杆受力很小时，可采用 L 形围焊。由于只有正面角焊缝和角钢肢背上的侧面角焊缝，令 $N_2=0$，得：

$$N_3 = 2 k_2 N \quad (9\text{-}13)$$
$$N_1 = N - N_3 \quad (9\text{-}14)$$

角钢端部的正面角焊缝的长度已知，可按下式计算其焊脚尺寸：

$$h_{f3} = \frac{N_3}{2 \times 0.7 l_{w3} \beta_f f_f^w} \quad (9\text{-}15)$$

式中：$l_{w3} = b - h_f$。

2）承受弯矩、轴心力或剪力共同作用的角焊缝的强度计算

图 9.12 所示的双面角焊缝连接承受偏心斜拉力 N 作用，计算时，可将作用力 N 分解为 N_x 和 N_y 两个分力。角焊缝同时承受轴心力 N_x、剪力 N_y 和弯矩 $M = N_x \cdot e$ 的共同作用。焊缝计算截面上的应力分布如图 9.12（a）所示，图中 A 点应力最大，为控制设计点。此处垂直于焊缝长度方向的应力由两部分组成，即由轴心拉力 N_x 产生的应力：

$$\sigma_N = \frac{N_x}{A_e} = \frac{N_x}{h_e l_w}$$

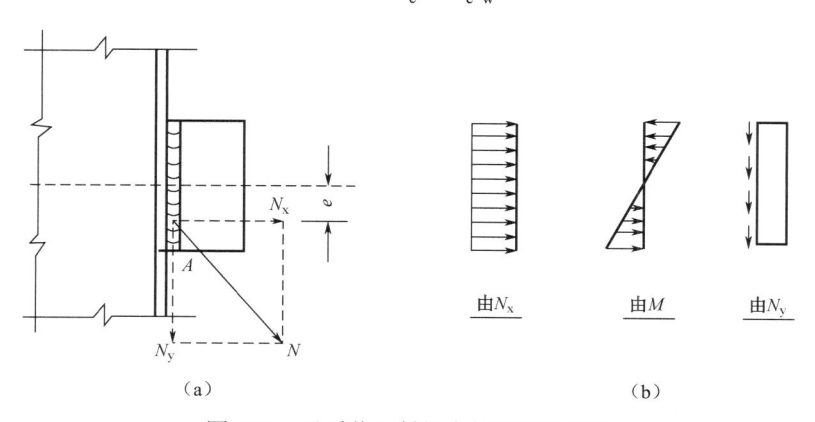

图 9.12 承受偏心斜拉力的双面角焊缝

由弯矩 M 产生的应力：

$$\sigma_\mathrm{M}=\frac{M}{W_\mathrm{e}}=\frac{6M}{h_\mathrm{e}l_\mathrm{w}^2}$$

这两部分应力由于在 A 点处的方向相同，可直接叠加，故 A 点垂直于焊缝方向的应力：

$$\sigma_\mathrm{f}=\frac{N_\mathrm{x}}{2h_\mathrm{e}l_\mathrm{w}}+\frac{6M}{2h_\mathrm{e}l_\mathrm{w}^2}$$

剪力 N_y 在 A 点处产生平行于焊缝长度方向的应力：

$$\tau_\mathrm{f}=\frac{N_\mathrm{y}}{A_\mathrm{e}}=\frac{N_\mathrm{y}}{2h_\mathrm{e}l_\mathrm{w}}$$

则焊缝的强度计算式为：

将上述结果代入式（9-3）可确定焊缝的强度。当焊缝直接承受动力荷载作用时，取 $\beta_\mathrm{f}=1.0$。

工字形截面梁（或牛腿梁）与钢柱翼缘的角焊缝连接，通常承受弯矩 M 和剪力 V 的共同作用，如图9.13所示。计算时通常假设腹板焊缝承受全部剪力，弯矩则由全部焊缝承受。

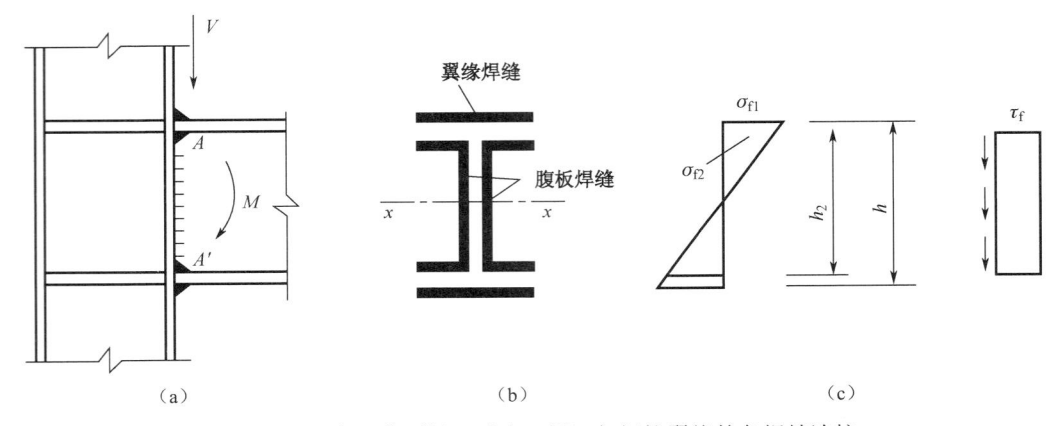

图9.13 工字形截面梁（或牛腿梁）与钢柱翼缘的角焊缝连接

翼缘焊缝的最大弯曲应力发生在翼缘焊缝的最外侧，此应力满足角焊缝的强度条件：

$$\sigma_\mathrm{f1}=\frac{M}{I_\mathrm{w}}\cdot\frac{h}{2}\leqslant\beta_\mathrm{f}f_\mathrm{f}^\mathrm{w}$$

式中：M——全部焊缝所承受的弯矩；

I_w——全部焊缝有效截面对中性轴的惯性矩。

腹板焊缝承受两种应力的共同作用，即弯矩和剪力，设计控制点为翼缘焊缝与腹板焊缝的交点 A，此处的弯矩和剪力分别按下式计算：

$$\sigma_\mathrm{f2}=\frac{M}{I_\mathrm{w}}\cdot\frac{h_2}{2}$$

$$\tau_\mathrm{f}=\frac{V}{\sum(h_\mathrm{e2}l_\mathrm{w2})}$$

式中：$\sum(h_\mathrm{e2}l_\mathrm{w2})$——腹板焊缝有效截面面积之和。

腹板焊缝在 A 点的强度验算式为：

$$\sqrt{\left(\frac{\sigma_{f2}}{\beta_f}\right)^2+\tau_f^2}\leqslant f_f^w$$

3）承受扭矩（及剪力）的角焊缝的强度计算

（1）环形角焊缝承受扭矩 T。在有效截面的任意一点上所受的切线方向的剪力 τ_f 应按下式确定：

$$\tau_f=\frac{T\times r}{I_p}<f_f^w \tag{9-16}$$

式中：r——截面圆心至焊缝有效截面中线的距离；

　　　I_p——焊缝有效截面的惯性矩，$I_p=2\pi h_e r^3$。

（2）围焊承受剪力和扭矩作用。图 9.14 所示为受剪力和扭矩作用的角焊缝。该角焊缝承受竖向剪力 $V=F$ 和扭矩 $T=F(e_1+e_2)$ 作用。

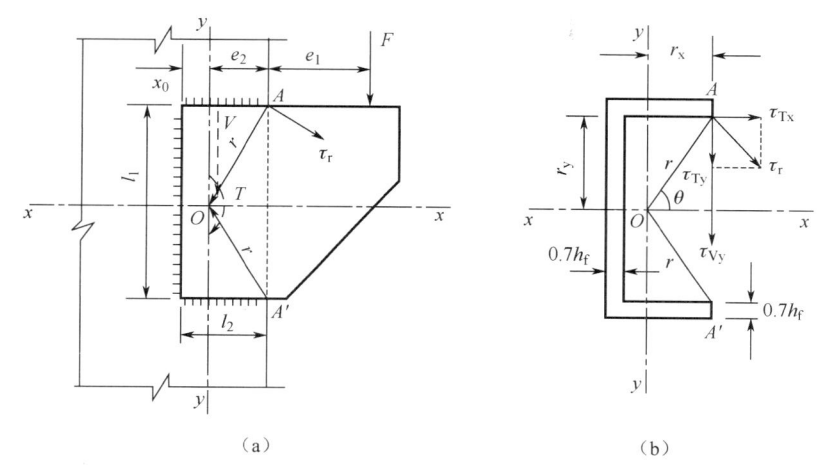

图9.14　受剪力和扭矩作用的角焊缝

计算角焊缝在扭矩 T 作用下产生的应力时，应基于下列假定：

① 焊件是绝对刚性的，它有绕焊缝形心 O 旋转的趋势，而角焊缝是弹性的。

② 角焊缝上任意一点的应力方向垂直于该点与形心的连线，且应力大小与连线长度 r 成正比。

图9-14 中 A 点与 A' 点距形心 O 点最远，故 A 点和 A' 点由扭矩 T 引起的剪力 τ_T 最大，故 A 点和 A' 点为设计控制点。

在扭矩 T 作用下，A 点（或 A' 点）的应力：

$$\tau_T=\frac{T\times r}{I_p}=\frac{T\times r}{I_x+I_y} \tag{9-17}$$

将 τ_T 沿 x 轴和 y 轴分解：

$$\tau_{Tx}=\tau_T\cdot\sin\theta=\frac{T\times r}{I_p}\cdot\frac{r_y}{r} \tag{9-18}$$

$$\tau_{Ty}=\tau_T\cdot\cos\theta=\frac{T\times r}{I_p}\cdot\frac{r_x}{r} \tag{9-19}$$

由剪力 V 在焊缝上引起的剪力 τ_V 均匀分布，则在 A 点（或 A' 点）引起的应力 τ_{Vy}：

$$\tau_{Vy} = \frac{V}{\sum h_e l_w}$$

则 A 点受到垂直于焊缝长度方向的应力：

$$\sigma_f = \tau_{Ty} + \tau_{Vy}$$

设沿焊缝长度方向的应力为 τ_{Tx}，则 A 点的应力满足的强度条件：

$$\sqrt{\left(\frac{\tau_{Ty} + \tau_{Vy}}{\beta_f}\right)^2 + \tau_{Tx}^2} \leqslant f_f^w$$

当焊缝直接承受动态荷载时，取 $\beta_f = 1.0$。

9.2.3 斜角角焊缝的强度计算

$60° \leqslant \alpha \leqslant 135°$（$\alpha$ 为两焊脚边夹角）的 T 形接头的斜角角焊缝的强度计算采用与直角角焊缝相同的计算公式。但不考虑焊缝的方向，一律取 β_f（或 β_{f0}）=1.0。

9.2.4 对接焊缝的构造和计算

1．对接焊缝的强度

焊接缺陷对受压、受剪的对接焊缝影响不大，故可认为受压、受剪的对接焊缝与母材强度相等，但受拉的对接焊缝对缺陷甚为敏感，由于三级焊缝允许存在的缺陷较多，故其抗拉强度为母材强度的 85%，而一、二级焊缝的抗拉强度可认为与母材强度相等。

2．对接焊缝的构造和计算

1）对接焊缝的构造

对接焊缝的焊接处，当焊件的宽度不同或厚度在同一侧相差 4mm 以上时，应分别沿宽度方向或厚度方向从一侧或两侧做出坡度不大于 1:2.5（直接承受动力荷载且需要进行疲劳计算时不大于 1:4）的斜角，以减小应力集中，如图 9.15、图 9.16 所示。

焊接时一般应设置引弧板和引出板，如图 9.17 所示，焊后再将其割除。对受静力荷载的结构设置引弧（出）板有困难时，允许不设置引弧（出）板，此时可令焊缝计算长度等于实际长度减 $2t$。

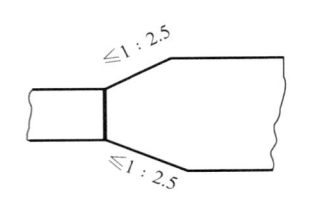

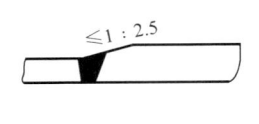

图 9.15 斜角（双侧）　　图 9.16 斜角（单侧）　　图 9.17 引弧板及引出板

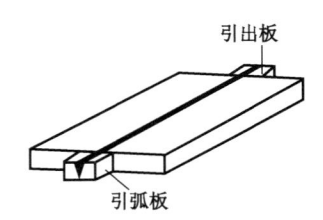

2）对接焊缝的计算

对接焊缝分焊透和部分焊透两种。

（1）焊透的对接焊缝的计算。对接焊缝是焊件截面的组成部分，其强度计算方法与构件的强度计算一样。

① 对于承受轴心力的对接焊缝：

$$\sigma = \frac{N}{l_w t} \leqslant f_t^w \text{（或} f_c^w \text{）} \tag{9-20}$$

式中：N——轴心拉力或压力设计值；

l_w——焊缝的计算长度。当未采用引弧板时，取实际长度减去 $2t$；

t——对接接头中为连接件的较小厚度；T 形接头中为腹板厚度；

f_t^w、f_c^w——对接焊缝的抗拉、抗压强度设计值。

② 对于承受弯矩和剪力的对接焊缝（如图 9.18 所示），正应力与剪力的最大值应分别满足下列强度条件：

$$\sigma = \frac{M}{W_w} = \frac{6M}{l_w^2 t} \leqslant f_t^w \tag{9-21}$$

$$\tau = \frac{VS_w}{I_w t} = \frac{3}{2} \cdot \frac{V}{l_w t} \leqslant f_v^w \tag{9-22}$$

式中：W_w——焊缝的截面模量；

S_w——焊缝的截面面积矩；

I_w——焊缝的截面惯性矩。

工字形截面梁的接头采用对接焊缝时，除应分别验算最大正应力和剪力外，对于同时承受较大正应力和较大剪力处，如腹板与翼缘的交点，还应按下式验算：

$$\sqrt{\sigma_1^2 + 3\tau_1^2} \leqslant 1.1 f_t^w \tag{9-23}$$

式中：σ_1、τ_1——验算点处焊缝的正应力和剪力；

1.1——考虑到最大折算应力只在局部出现，而将强度设计值适当提高的系数。

③ 对于轴心力、弯矩和剪力共同作用的对接焊缝，焊缝的最大正应力应为轴心力和弯矩引起的应力之和，剪力、折算应力仍分别按式（9-22）和式（9-23）验算。

（2）部分焊透的对接焊缝。部分焊透的对接焊缝必须在设计图上注明坡口的形式和尺寸。其强度计算方法与前述直角角焊缝相同，在垂直于焊缝长度方向的压力作用下，取 $\beta_f=1.22$，其他受力情况取 $\beta_f=1.0$。

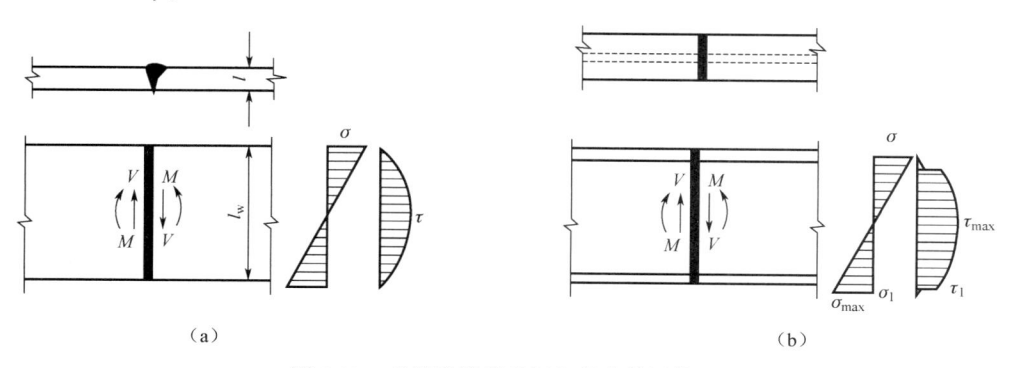

图 9.18 对接焊缝受弯矩和剪力共同作用

任务 9.3 钢结构的螺栓连接

螺栓连接分普通螺栓连接和高强度螺栓连接两大类。

1）普通螺栓连接

普通螺栓分为 A、B、C 三级。A 级与 B 级为精制螺栓，C 级为粗制螺栓。

A、B 级螺栓表面光滑，尺寸准确，对成孔质量要求高，制作和安装复杂，价格较高，已很少在钢结构中采用。A、B 级螺栓的区别仅是螺杆长度不同。

C 级螺栓一般可用于沿螺杆轴方向受拉的连接中，以及次要结构的抗剪连接或安装时的临时固定。

2）高强度螺栓连接

高强度螺栓连接有摩擦型连接和承压型连接两种类型。

摩擦型连接：只依靠被连接件间强大的摩擦力传力，以摩擦力被克服作为连接承载力的极限状态。为了提高摩擦力，对连接件的接触面应进行处理。

承压型连接：允许接触面发生相对滑移，以螺杆被剪破坏或被压破坏作为连接承载力的极限状态。

高强度螺栓性能等级包括 8.8 级和 10.9 两种。

摩擦型连接的螺栓孔径比螺栓公称直径大 1.5～2.0mm，承压型连接的螺栓孔径比螺栓公称直径大 1.0～1.5mm。

承压型连接的承载力比摩擦型连接高，可节约螺栓。但其剪切变形大，故不得用于承受动力荷载的结构中。

9.3.1 螺栓连接排列的构造要求

根据受力、构造和施工要求，我国相关规范规定了连接件上螺栓和铆钉的最大和最小容许距离，除应满足上述要求外，尚应充分考虑拧紧螺栓时的净空要求。

9.3.2 普通螺栓连接的工作性能和相关计算

1. 单个普通螺栓的抗剪连接

1）抗剪连接的工作性能

螺栓抗剪连接达到承载极限时，可能的破坏形式有四种，依次如图 9.19（a）～（d）所示：

① 当螺杆截面直径较小时，螺杆可能先被剪断。

② 当螺杆截面直径较大，板件较薄时，板件可能先被挤坏，由于螺杆和板件的挤压是相对的，故也可把这种破坏叫作螺栓承压破坏。

③ 板件截面可能因螺栓孔削弱太多而被拉断。

④ 端距太小，端距范围内的板件有可能被螺杆冲剪破坏。

第③种破坏形式可通过构件的强度计算避免；第④种破坏形式可通过保证螺栓端距不小

于 $2d_0$（d_0 为螺杆截面直径）避免。因此，抗剪连接的计算只考虑第①、②种破坏形式。

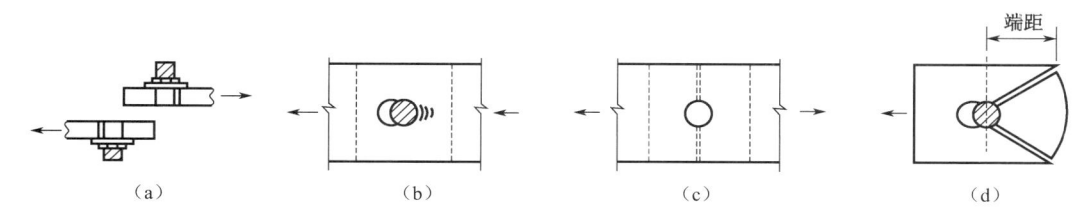

图 9.19 螺栓抗剪连接的破坏形式

2）单个普通螺栓的抗剪承载力

计算单个普通螺栓的抗剪承载力，应考虑螺杆受剪和孔壁承压两种情况。假定螺栓受剪面上的剪力是均匀分布的，则单个普通螺栓的抗剪承载力设计值：

$$N_v^b = n_v \frac{\pi d^2}{4} f_v^b \tag{9-24}$$

式中：n_v——受剪面数目，单剪 $n_v=1$，双剪 $n_v=2$，四剪 $n_v=4$；

d——螺杆截面的公称直径；

f_v^b——螺栓抗剪强度设计值。

假定螺栓承压应力均匀分布于螺栓截面上，则单个普通螺栓的承压承载力设计值：

$$N_c^b = d \sum t f_c^b \tag{9-25}$$

式中：$\sum t$——在同一受力方向上的承压构件的较小总厚度；

f_c^b——螺栓承压强度设计值。

实际单个普通螺栓抗剪承载力设计值取 N_v^b 与 N_c^b 的较小者。

2. 普通螺栓群的抗剪连接

1）普通螺栓群轴心受剪

普通螺栓群在长度方向上各螺栓受力不均匀，两端大中间小，如图 9.20 所示。为防止端部螺栓提前破坏，当 $l_1>15d_0$ 时，螺栓的抗剪和承压承载力设计值应乘以折减系数 η 予以降低：

$$\eta = 1.1 - \frac{l_1}{150 d_0} \tag{9-26}$$

$l_1>60d_0$ 时，$\eta=0.7$。

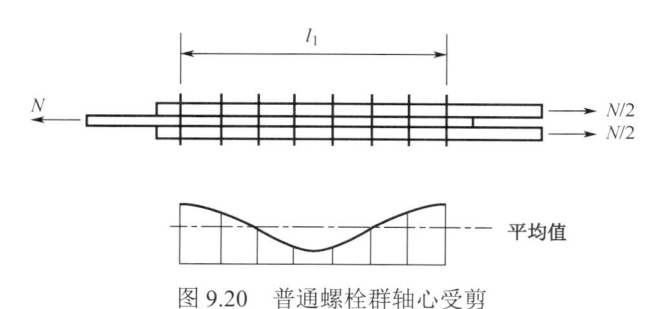

图 9.20 普通螺栓群轴心受剪

普通螺栓群轴心受剪时，可认为轴心力 N 由每个螺栓平均分担。

2）普通螺栓群偏心受剪

图 9.21 所示为普通螺栓群承受偏心剪力的情形，剪力 F 的作用线至普通螺栓群中心线的距离为 e，故普通螺栓群同时受到轴心力 F 和扭矩 $T=F \cdot e$ 的共同作用。

在轴心力作用下可认为每个螺栓平均受力，则

$$N_{1F} = \frac{F}{n} \tag{9-27}$$

在扭矩 $T=Fe$ 作用下，每个螺栓均受剪。之后的计算基于下列假设：

① 连接件为绝对刚性的，螺栓为弹性的。

② 连接件绕普通螺栓群形心旋转，各螺栓所受剪力大小与该螺栓至形心距离 r_i 成正比，其方向与该螺栓至形心连线垂直。

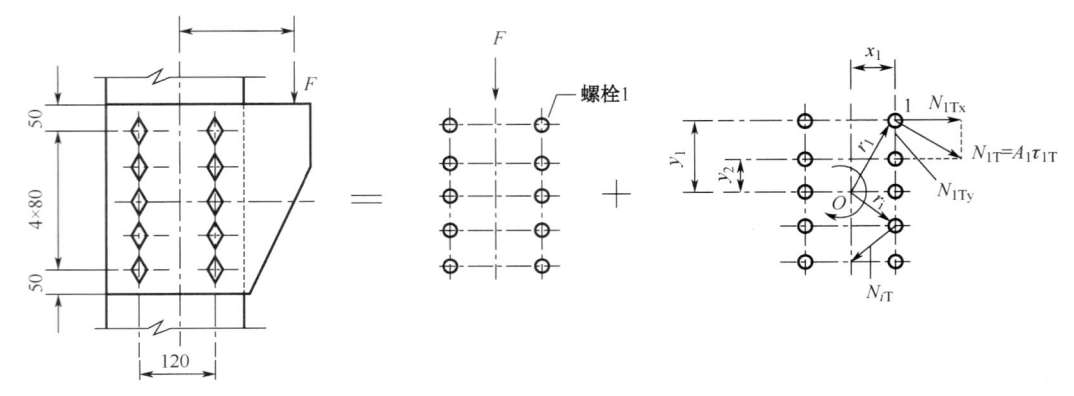

图 9.21 普通螺栓群的偏心受剪（长度单位：mm）

设 O 为普通螺栓群形心，螺栓 1 距形心 O 最远，其所受剪力 N_{1T} 最大：

$$N_{1T} = \frac{Tr_1}{\sum r_i^2} = \frac{Tr_1}{\sum x_i^2 + \sum y_i^2} \tag{9-28}$$

将 N_{1T} 分解为水平分力 N_{1Tx} 和垂直分力 N_{1Ty}

$$N_{1Tx} = N_{1T} \frac{y_1}{r_1} = \frac{Ty_1}{\sum r_i^2} = \frac{Ty_1}{\sum x_i^2 + \sum y_i^2} \tag{9-29}$$

$$N_{1Ty} = N_{1T} \frac{x_1}{r_1} = \frac{Tx_1}{\sum r_i^2} = \frac{Tx_1}{\sum x_i^2 + \sum y_i^2} \tag{9-30}$$

由此可得受力最大的螺栓 1 所受合力：

$$\sqrt{N_{1Tx}^2 + \left(N_{1Ty} + N_{1F}\right)^2} = \sqrt{\left(\frac{Ty_1}{\sum x_i^2 + \sum y_i^2}\right)^2 + \left(\frac{Tx_1}{\sum x_i^2 + \sum y_i^2} + \frac{F}{n}\right)^2} \leqslant N_{\min}^b \tag{9-31}$$

当普通螺栓群布置在一个狭长带，$y_1 > 3x_1$ 时，可取 $x_i=0$ 以简化计算，则上式变为：

$$\sqrt{\left(\frac{Ty_1}{\sum y_i^2}\right)^2 + \left(\frac{F}{n}\right)^2} \leqslant N_{\min}^b \tag{9-32}$$

3. 普通螺栓的抗拉连接

1）单个普通螺栓的抗拉承载力

在拉力作用下，普通螺栓连接的破坏形式为螺杆被拉断。单个普通螺栓的承载力设计值为：

$$N_t^b = \frac{\pi d_e^2}{4} f_t^b \tag{9-33}$$

式中：d_e——螺栓的有效截面直径；

f_t^b——螺栓抗拉强度设计值。

为了考虑撬力的影响，《规范》规定普通螺栓抗拉强度设计值 f_t^b 取螺栓钢材抗拉强度设计值 f 的 0.8 倍（即 $f_t^b = 0.8 f$）。

2）普通螺栓群轴心受拉

图 9.22 所示为普通螺栓群轴心受拉的情况，通常假定每个螺栓平均受力，则连接所需螺栓数为：

$$n = \frac{N}{N_t^b} \tag{9-34}$$

式中：N_t^b——一个螺栓的抗拉承载力设计值。

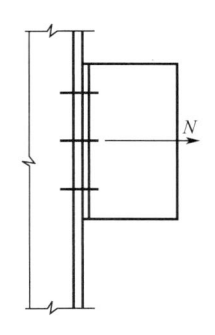

图 9.22 普通螺栓群轴心受拉

3）普通螺栓群在弯矩作用下受拉

图 9.23 所示为普通螺栓群在弯矩作用下受拉的情况（剪力 V 通过承托板传递）。当设定中性轴穿过普通螺栓群形心时，所求得的端板受压区高度 c 总是很小，实际上中性轴通常在弯矩指向的那一侧最外排螺栓附近的某个位置。因此，实际计算时可近似地取中性轴位于最下排螺栓 O 处，即认为产生应变时，整体绕 O 处水平轴转动，此时螺栓承受的拉力与离 O 点的垂直方向距离 y 成正比：

$$N_1/y_1 = N_2/y_2 = \cdots = N_i/y_i = \cdots = N_n/y_n$$
$$M = N_1 y_1 + N_2 y_2 + \cdots + N_i y_i + \cdots + N_n y_n$$
$$= (N_1/y_1) y_1^2 + (N_2/y_2) y_2^2 + \cdots + (N_i/y_i) y_i^2 + \cdots + (N_n/y_n) y_n^2$$

故得螺栓 i 承受的拉力为：

$$N_i = M y_i / \sum y_i^2 \tag{9-35}$$

设计时要求受力最大的最外排螺栓 1 的拉力不超单个螺栓的抗拉承载力设计值：

$$N_1 = My_1 / \sum y_i^2 \leqslant N_t^b \tag{9-36}$$

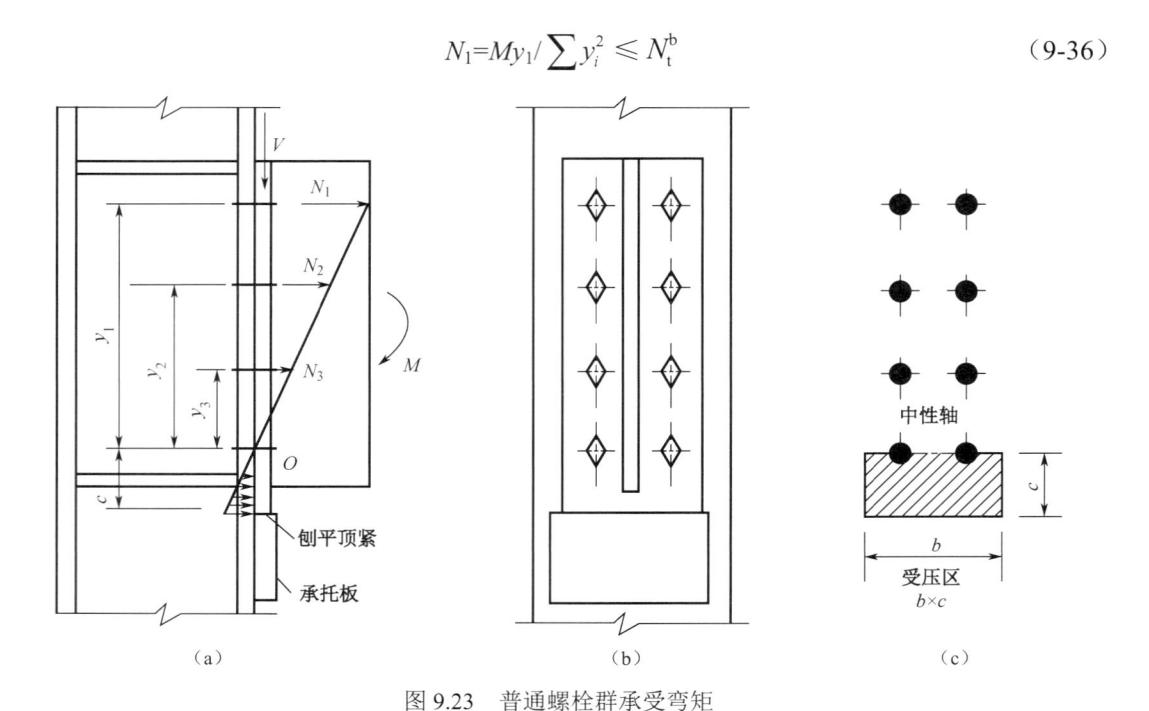

图 9.23 普通螺栓群承受弯矩

4）普通螺栓群偏心受拉

由图 9.24（a）可知，普通螺栓群偏心受拉相当于承受轴心拉力 N 和弯矩 $M=N \cdot e$ 的共同作用。按弹性设计法，根据偏心距的大小可能出现小偏心受拉和大偏心受拉两种情况。

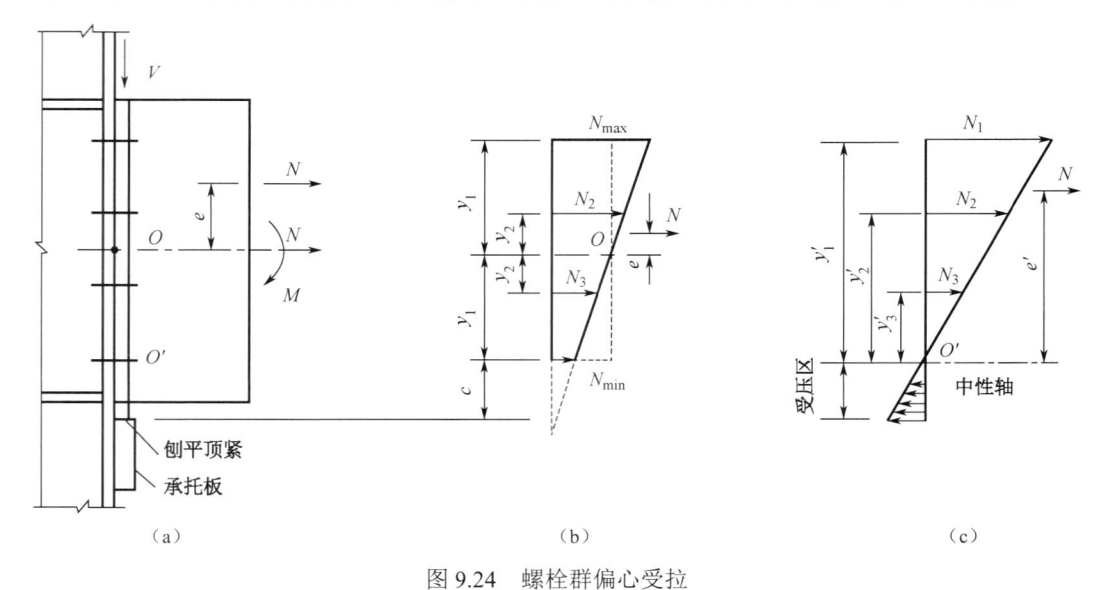

图 9.24 螺栓群偏心受拉

（1）小偏心受拉。

小偏心受拉如图 9.24（b）所示，所有螺栓均承受拉力作用，端板与柱翼缘有分离趋势，故在计算时轴心拉力 N 由各螺栓均匀承受；而弯矩 M 则引起以形心 O 处水平轴为中性轴的三角形重新进行应力分布，使上部螺栓受拉，下部螺栓受压；叠加后则全部螺栓均受拉。这样可得最大和最小受力螺栓承受的拉力和满足设计要求的公式如下（各 y_i 均自 O 点算起）：

$$N_{\max} = N/n + Ney_1/\sum y_1^2 \leqslant N_t^b \tag{9-37}$$

$$N_{\min} = N/n - Ney_1/\sum y_1^2 \geqslant 0 \tag{9-38}$$

式（9-37）表示最大受力螺栓承受的拉力不超过一个螺栓的承载力设计值；式（9-38）则表示全部螺栓受拉，不存在受压区。由此式可得 $N_{\min} \geqslant 0$ 时的偏心距 $e \leqslant \sum y_i^2/(ny_1)$。令 $\rho = \dfrac{W_e}{nA_e} = \sum y_i^2/(ny_1)$ 为螺栓有效截面组成的核心距，即 $e \leqslant \rho$ 时为小偏心受拉。

（2）大偏心受拉。

当偏心距 e 较大时，即 $e > \rho = \sum y_i^2/(ny_1)$ 时，则端板底部将出现受压区，如图 9.24（c）所示。

考虑安全性偏向，近似取中性轴位于最下排螺栓 O' 处，按与上述相似的步骤写出对 O' 处水平轴的弯矩平衡方程，可得（e' 和各 y_i' 自 O' 点算起，最上排螺栓 1 承受的拉力最大）：

$$N_1/y_1' = N_2/y_2' = \cdots = N_i/y_i' = \cdots = N_n/y_n'$$

$$M = N_1 y_1' + N_2 y_2' + \cdots + N_i y_i' + \cdots + N_n y_n'$$

$$= (N_1/y_1') y_1'^2 + (N_2/y_2') y_2'^2 + \cdots + (N_i/y_i') y_i'^2 + \cdots + (N_n/y_n') y_n'^2$$

$$N_1 = Ne'y_1'/\sum y_i'^2 \leqslant N_t^b \tag{9-39}$$

4．普通螺栓群受剪力和拉力的共同作用

图 9.25 所示为普通螺栓群承受剪力和偏心力（即轴心拉力 N 和弯矩 $M = N \cdot e$）的共同作用。

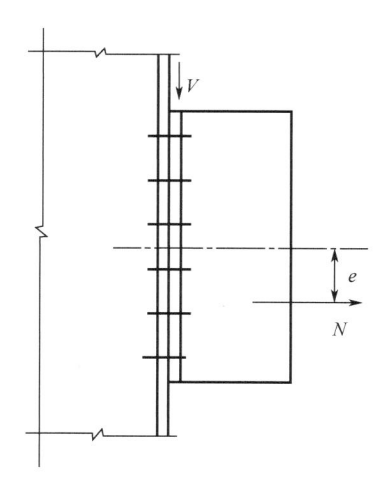

图 9.25　普通螺栓群受剪力和拉力共同作用

承受剪力和拉力共同作用的普通螺栓群应考虑两种可能的破坏形式：一是螺杆受剪兼受拉破坏；二是孔壁承压破坏。

要避免螺杆破坏，应满足：

$$\sqrt{\left(\frac{N_v}{N_v^b}\right)^2+\left(\frac{N_t}{N_t^b}\right)^2}\leqslant 1 \tag{9-40}$$

式中：N_v——一个螺栓承受的剪力设计值。一般假定剪力 V 由每个螺栓平均承担；

N_t——受拉力最大螺栓的拉力设计值。由偏心拉力引起的螺栓承受的最大拉力 N_t 仍按上述方法计算；

N_v^b、N_t^b——一个螺栓的抗剪和抗拉承载力设计值。

要避免孔壁承压破坏，应满足：

$$N_v \leqslant N_c^b \tag{9-41}$$

式中：N_c^b——一个螺栓孔壁承压承载力设计值。

9.3.3 高强度螺栓连接的工作性能和计算

1. 高强度螺栓连接的工作性能

高强度螺栓连接按其受力特征分为摩擦型连接和承压型连接两种类型。摩擦型连接依靠连接件之间的摩擦力传递内力，并以荷载设计值引起的剪力不超过摩擦力作为设计准则。螺栓的预拉力、摩擦面间的抗滑移系数和钢材种类等都直接影响高强度螺栓连接的承载力。

1）预拉力的确定

高强度螺栓的预拉力设计值 P 由式（9-42）计算，结果取 5kN 的整数倍值。

$$P=\frac{0.9\times 0.9\times 0.9}{1.2}A_e f_u \tag{9-42}$$

式中：A_e——螺栓螺纹的有效面积；

f_u——螺栓经热处理后的最低抗拉强度。

式（9-42）中的系数考虑了以下几个因素：

① 拧紧螺帽时螺栓同时受到由预拉力引起的拉应力和扭矩作用。试验表明，若考虑上述不利影响，应引入系数 1.2。

② 施工时为了弥补高强度螺栓预拉力的松弛损失，一般超张拉 5%～10%，为此引入一个超张拉系数 0.9。

③ 考虑螺栓材质的不均匀性，引进一折减系数 0.9。

④ 由于以螺栓的抗拉强度为准，为确保安全再引入一个附加安全系数 0.9。

2）高强度螺栓摩擦面抗滑移系数

高强度螺栓摩擦面抗滑移系数的大小与摩擦面的处理方法和构件的材质有关。试验表明，此系数随摩擦面间的压力减小而降低。

2. 高强度螺栓抗剪连接的工作性能

1）高强度螺栓摩擦型连接

单个高强度螺栓摩擦型连接的抗剪承载力设计值为：

$$N_v^b=0.9n_f\mu P \tag{9-43}$$

式中：0.9——抗力分项系数 r_R 的倒数；

n_f——传力摩擦面数目：单剪时，$n_\mathrm{f}=1$；双剪时，$n_\mathrm{f}=2$；

P——单个高强度螺栓的设计预拉力；

μ——摩擦面抗滑移系数。

2）高强度螺栓承压型连接

高强度螺栓承压型连接受剪时，计算方法与普通螺栓承压型连接相同，仍可用式（9-24）和式（9-25）计算单个螺栓的抗剪承载力设计值，只是应采用高强度螺栓的强度设计值。当剪切面在螺纹处时，高强度螺栓承压型连接的抗剪承载力应按螺纹处的有效截面计算。

3．高强度螺栓抗拉连接的工作性能

计算表明，当加于螺杆上的外拉力 N_t 为预拉力 P 的 80% 时，螺杆内的拉力增加很少，因此可认为此时螺杆的预拉力基本不变。因此，为使连接件间保留一定的压力，《规范》规定，在螺杆轴向受拉的高强度螺栓摩擦型连接中，单个高强度螺栓抗拉承载力设计值取为：

$$N_\mathrm{t}^\mathrm{b}=0.8P \tag{9-44}$$

4．高强度螺栓同时承受剪力和拉力时的工作性能

1）高强度螺栓摩擦型连接

单个高强度螺栓摩擦型连接同时承受剪力和拉力作用时的承载力应符合以下条件：

$$\frac{N_\mathrm{v}}{N_\mathrm{v}^\mathrm{b}}+\frac{N_\mathrm{t}}{N_\mathrm{t}^\mathrm{b}}\leqslant 1 \tag{9-45}$$

2）高强度螺栓承压型连接

同时承受剪力和螺杆轴向拉力的高强度螺栓承压型连接的承载力条件与普通螺栓相同，即

$$\sqrt{\left(\frac{N_\mathrm{v}}{N_\mathrm{v}^\mathrm{b}}\right)^2+\left(\frac{N_\mathrm{t}}{N_\mathrm{t}^\mathrm{b}}\right)^2}\leqslant 1 \tag{9-46}$$

对于兼受剪力和螺杆轴向拉力的高强度螺栓承压型连接，除按式（9-46）计算螺栓的强度外，尚应按下式计算孔壁承压：

$$N_\mathrm{v}\leqslant N_\mathrm{c}^\mathrm{b}/1.2=\frac{1}{1.2}d\sum t\cdot f_\mathrm{c}^\mathrm{b} \tag{9-47}$$

式中：N_c^b——只承受剪力时孔壁承压承载力设计值；

f_c^b——高强度螺栓承压型连接在无拉力作用时的 f_c^b 值。

5．高强度螺栓群的抗剪计算

1）轴心力作用时

高强度螺栓群抗剪连接所需螺栓数目由下式确定

$$n\geqslant \frac{N}{N_\mathrm{min}^\mathrm{b}} \tag{9-48}$$

对摩擦型连接，$N_\mathrm{v}^\mathrm{b}=0.9n_\mathrm{f}\mu P$

对承压型连接，$N_\mathrm{min}^\mathrm{b}$ 取分别按式（9-24）与式（9-25）计算的较小值。当剪切面在螺纹

处时式（9-24）中应将 d 改为 d_e。

2）扭矩或扭矩、剪力共同作用时

高强度螺栓群在扭矩或扭矩、剪力共同作用时的抗剪计算方法与普通螺栓群相同，但应采用高强度螺栓承载力设计值进行计算。

6. 高强度螺栓群的抗拉计算

1）轴心力作用时

高强度螺栓群连接所需螺栓数目

$$n \geqslant \frac{N}{N_t^b} \tag{9-49}$$

式中：N_t^b——在螺杆轴向受拉时，单个高强度螺栓（摩擦型连接或承压型连接）的承载力设计值。

2）高强度螺栓群因弯矩受拉

一般认为中性轴在螺栓群的形心轴上（如图 9.26 所示），最外排螺栓受力最大。高强度螺栓群因弯矩受拉时，最大拉力及其验算式为：

$$N_1 = \frac{M y_1}{\sum y_i^2} \leqslant N_t^b \tag{9-50}$$

式中：y_1——螺栓群形心轴至螺栓的最大距离；

$\sum y_i^2$——形心轴上、下各螺栓至形心轴距离的平方和。

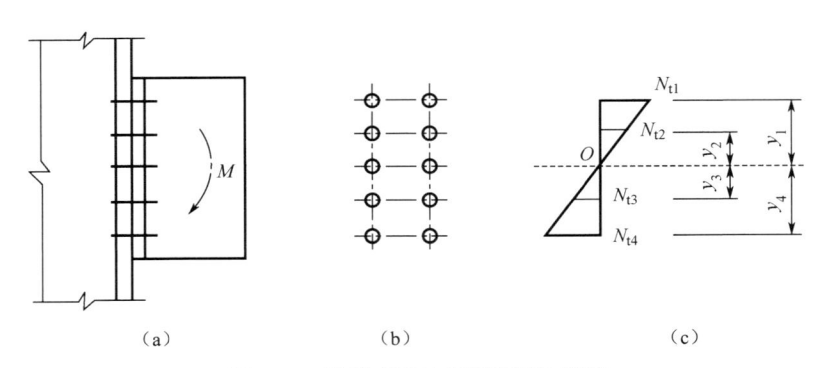

图 9.26 承受弯矩的高强度螺栓连接

3）高强度螺栓群偏心受拉

高强度螺栓群的偏心受拉可按普通螺栓群小偏心受拉计算，即：

$$N_1 = \frac{N}{n} + \frac{N \cdot e}{\sum y_i^2} \leqslant N_t^b \tag{9-51}$$

4）高强度螺栓群承受拉力、弯矩和剪力的共同作用

图 9.27 所示为高强度螺栓群摩擦型连接承受拉力、弯矩和剪力共同作用时的情况。此时，单个螺栓抗剪承载力设计值也可以表达为：

$$N_v^b = 0.9 n_f \mu (P - 1.25 N_t) \tag{9-52}$$

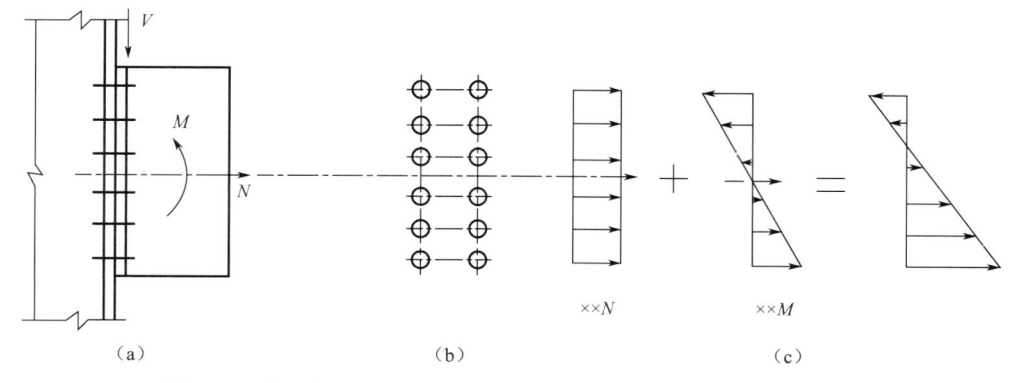

图 9.27　高强度螺栓群摩擦型连接承受拉力、弯矩和剪力共同作用

由图 9.27（c）可知，每行螺栓所受拉力 N_{ti} 各不相同，故应按下式计算其抗剪强度：

$$V \leqslant n_0(0.9n_f \mu P) + 0.9n_f \mu[(P-1.25N_{t1}) + (P-1.25N_{t2}) + \ldots] \quad (9\text{-}53)$$

式中：n_0——受压区（包括中性轴处）的高强度螺栓数；

N_{t1}、N_{t2}——受拉区高强度螺栓所承受的拉力。

也可将式（9-53）写成下列形式：

$$V \leqslant 0.9n_f \mu(nP - 1.25\Sigma N_{ti}) \quad (9\text{-}54)$$

式中：n——连接的螺栓总数；

ΣN_{ti}——螺栓承受拉力的总和。

此外，螺栓最大拉力应满足：

$$N_{ti} \leqslant 0.8P$$

对高强度螺栓群承压型连接，应按下式计算：

$$\sqrt{\left(\frac{N_v}{N_v^b}\right)^2 + \left(\frac{N_t}{N_t^b}\right)^2} \leqslant 1$$

同时还应按下式验算孔壁承压：

$$N_v \leqslant \frac{N_c^b}{1.2}$$

任务 9.4　轴心受力构件

设计轴心受拉构件时须进行强度和刚度的验算，设计轴心受压构件时须进行强度、整体稳定、局部稳定和刚度的验算。

9.4.1　轴心受力构件的强度和刚度

1. 轴心受力构件的强度计算

轴心受力构件的强度以截面的平均应力达到钢材的屈服点为承载力极限状态：

$$\sigma = \frac{N}{A_n} \leqslant f \quad (9\text{-}55)$$

式中：N——构件的轴心拉力或压力设计值；
　　　A_n——构件的净截面面积；
　　　f——钢材的抗拉强度设计值。

采用高强度螺栓摩擦型连接的构件，验算最外列螺栓处危险截面的强度时，按下式计算：

$$\sigma = \frac{N'}{A_n} \leqslant f \qquad (9\text{-}56)$$

$$N' = N\left(1 - 0.5 \times \frac{n_1}{n}\right) \qquad (9\text{-}57)$$

式中：n——连接一侧的高强度螺栓总数；
　　　n_1——计算截面（最外列螺栓处）上的高强度螺栓数；
　　　0.5——孔前传力系数。

采用高强度螺栓摩擦型连接的拉杆，除按式（9-56）验算净截面强度外，还应按下式验算毛截面强度：

$$\sigma = \frac{N}{A} \leqslant f \qquad (9\text{-}58)$$

2．轴心受力构件的刚度计算

轴心受力构件的刚度通过限制其长细比保证：

$$\lambda = [\lambda] \qquad (9\text{-}59)$$

式中：λ——构件的最大长细比；
　　　$[\lambda]$——构件的容许长细比。

9.4.2　轴心受压构件的整体稳定

1．理想轴心受压构件的屈曲形式

理想轴心受压构件可能以三种屈曲形式丧失稳定：
① 弯曲屈曲：双轴对称截面构件最常见的屈曲形式。
② 扭转屈曲：长度较小的十字形截面构件可能发生的屈曲形式。
③ 弯扭屈曲：单轴对称截面杆件绕对称轴屈曲时发生的屈曲形式。

2．理想轴心受压构件的弯曲屈曲临界力

若只考虑弯曲变形，临界力计算公式即为著名的欧拉临界力公式，表达式为

$$N_E = \frac{\pi^2 EI}{l^2} = \frac{\pi^2 EA}{\lambda^2} \qquad (9\text{-}60)$$

式中各变量含义参见前文。

3．初始缺陷对轴心受压构件承载力的影响

实际工程中的构件不可避免地存在初弯曲、初偏心和残余应力等初始缺陷，这些缺陷会降低轴心受压构件的稳定承载力。

1）残余应力的影响

当轴心受压构件截面的平均应力 $\sigma > f_p$ 时，杆件截面内将出现部分塑性区和部分弹性区。由于截面塑性区应力不可能再增加，能够产生抵抗力矩的只是截面的弹性区，此时的临界力和临界应力应为：

$$N_{cr} = \frac{\pi^2 EI_e}{l^2} = \frac{\pi^2 EI}{l^2} \cdot \frac{I_e}{I} \quad (9-61)$$

$$\sigma_{cr} = \frac{\pi^2 E}{\lambda^2} \cdot \frac{I_e}{I} \quad (9-62)$$

式中：I_e——弹性区的截面惯性矩（或有效惯性矩）；

I——全截面的惯性矩。

2）初弯曲的影响

具有初弯曲的轴心受压构件的承载力具有如下特点：

① 具有初弯曲的压杆，压力一开始作用，压杆就产生挠曲，并且挠度随着荷载的增大而增加，开始挠度增加慢，随后迅速增长，当压力接近欧拉临界力时，中点挠度趋于无限大。

② 压杆的初挠度值越大，相同压力情况下，压杆的挠度越大。

③ 初弯曲即使很小，轴心受压构件的承载力也总是低于欧拉临界力。

3）初偏心的影响

具有初偏心的轴心受压构件的承载力特点与具有初弯曲压杆的承载力特点相同。可以认为初偏心的影响与初弯曲的影响类似。

由于初偏心与初弯曲的影响类似，各国在制定设计标准时，通常只考虑其中一个缺陷来模拟两个缺陷的影响。

4．实际轴心受压构件的承载力和柱子曲线

以压杆跨中截面边缘屈服时的承载力作为最大承载力，称为"边缘屈服准则"。实际上当实际承载力超过最大承载力后，压力还可增加，此时压杆进入弹塑性阶段，随着截面塑性区的不断扩展，变形值增加得更快，直至压杆不能维持稳定平衡，这才是具有初弯曲压杆真正的极限承载力，以此为准则计算压杆稳定性，称为"最大强度准则"，采用此准则进行计算时，通常考虑影响最大的残余应力和初弯曲两种缺陷的影响。

压杆失稳时临界应力 σ_{cr} 与长细比 λ 之间的关系曲线称为柱子曲线。《规范》所采用的轴心受压柱子曲线是按最大强度准则确定的。

5．轴心受压构件的整体稳定性计算

轴心受压构件所受应力不应大于保持整体稳定的临界应力（考虑抗力分项系数 γ_R），即：

$$\sigma = \frac{N}{A} \leqslant \frac{\sigma_{cr}}{\gamma_R} = \frac{\sigma_{cr}}{f_y} \cdot \frac{f_y}{\gamma_R} = \phi f \quad (9-63)$$

《规范》对轴心受压构件的整体稳定性计算采用下列形式：

$$\frac{N}{\phi A} \leqslant f \quad (9-64)$$

式中：ϕ——轴心受压构件的整体稳定系数，$\phi = \dfrac{\sigma_{cr}}{f_y}$。

ϕ 值应根据构件的截面分类和构件的长细比从《规范》中查得。

构件长细比 λ 应按照下列规定确定。

（1）截面为双轴对称或极对称的构件：

$$\left.\begin{array}{l}\lambda_x = l_{0x}/i_x \\ \lambda_y = l_{0y}/i_y\end{array}\right\} \tag{9-65}$$

式中：l_{0x}、l_{0y}——构件相对于主轴 x 和 y 的计算长度；

i_x、i_y——构件截面相对于主轴 x 和 y 的回转半径。

对双轴对称十字形截面构件，λ_x 或 λ_y 取值不得小于 $5.07b/t$（其中 b/t 为悬伸板件宽厚比）。

（2）截面为单轴对称的构件：此类构件绕对称轴失稳时将发生弯扭屈曲。在相同情况下，弯扭失稳比弯曲失稳的临界应力要低。因此，单轴对称截面绕对称轴（设为 y 轴）的稳定性计算应以换算长细比 λ_{yz} 代替 λ_y：

$$\lambda_{yz} = \frac{1}{\sqrt{2}}\left[\left(\lambda_y^2 + \lambda_z^2\right) + \sqrt{\left(\lambda_y^2 + \lambda_z^2\right)^2 - 4\left(1 - e_0^2/i_0^2\right)\lambda_y^2\lambda_z^2}\right]^{1/2} \tag{9-66}$$

$$\lambda_z^2 = i_0^2 A / \left(I_t/25.7 + I_\omega/l_\omega^2\right) \tag{9-67}$$

单角钢截面和双角钢组合 T 形截面绕对称轴的换算长细比可采用简化方法确定。

无任何对称轴且又非极对称的截面（单面连接的不等边单角钢除外）不宜用作轴心受压构件。

对单面连接的单角钢轴心受压构件，考虑折减系数后，可不考虑弯扭效应。当槽形截面用于格构式构件的分肢，计算分肢绕对称轴（y 轴）的稳定性时，不必考虑扭转效应。

9.4.3 轴心受压构件的局部稳定

一般组成轴心受力构件的板件的厚度与板的宽度相比都较小，如果这些板件过薄，则在压力作用下，板件将离开平面位置而发生凸曲现象，这种现象称为板件丧失局部稳定。

一般通过限制组成截面的板件的宽（高）厚比来保证轴心受压构件的局部稳定。

（1）工字形截面的受压翼缘悬伸部分的宽厚比 b/t 应满足下式：

$$\frac{b}{t} \leq (10 + 0.1\lambda)\sqrt{\frac{235}{f_y}} \tag{9-68}$$

式中：λ 为构件两方向长细比的较大值。当 $\lambda<30$ 时，取 $\lambda=30$；当 $\lambda>100$ 时，取 $\lambda=100$。

（2）工字形截面的腹板高厚比 h_0/t_w 应满足下式：

$$\frac{h_0}{t_w} \leq (25 + 0.5\lambda)\sqrt{\frac{235}{f_y}} \tag{9-69}$$

当工字形截面的腹板高厚比 h_0/t_w 不满足式（9-69）的要求时，除了加厚腹板外，还可采用有效截面的概念进行计算。计算时腹板截面面积仅考虑两侧宽度各为 $20t_w\sqrt{235/f_y}$ 的部分，如图 9.28 所示，但计算构件的稳定系数 ϕ 时仍可用全截面数据。

当腹板高厚比不满足要求时，亦可在腹板中部设置纵向加强肋，用纵向加强肋加强后的腹板仍按式（9-55）计算，但 h_0 应取翼缘与纵向加强肋之间的距离，如图 9.29 所示。

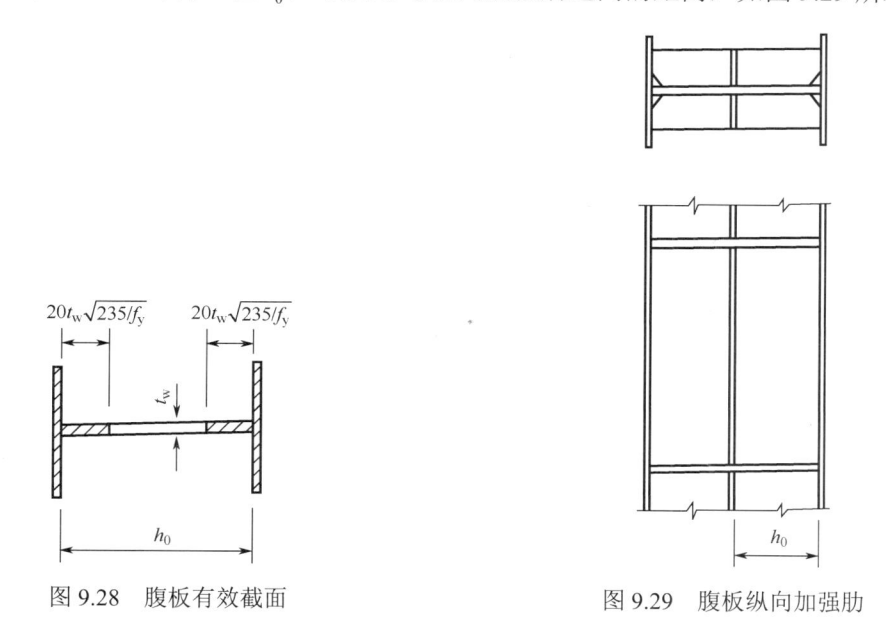

图 9.28 腹板有效截面

图 9.29 腹板纵向加强肋

9.4.4 实腹式轴心受压构件的截面设计

实腹式轴心受压构件一般采用双轴对称截面，以避免弯扭失稳。常用截面形式有型钢截面和组合截面两种形式。

选择实腹式轴心受压构件截面形式时应主要考虑以下原则：面积应尽量大，以增加截面的惯性矩和回转半径，提高柱的整体稳定承载力和刚度；两个主轴方向尽量保持等稳定性，以达到经济的效果；便于与其他构件进行连接；尽可能构造简单，制造省工，取材方便。

1. 截面设计

首先应根据轴心压力的设计值、计算长度选定合适的截面形式，再初步确定截面尺寸，然后进行强度、整体稳定、局部稳定、刚度等的验算。具体步骤如下：

（1）假定柱的长细比 λ，求出需要的截面面积 A。一般假定 $\lambda=50\sim100$，当压力大而计算长度小时取较小值，反之取较大值。根据 λ、截面分类可查得稳定系数 φ，则需要的截面面积为：

$$A = \frac{N}{\varphi f} \quad (9-70)$$

（2）求两个主轴所需要的回转半径：

$$\begin{cases} i_x = \dfrac{l_{0x}}{\lambda} \\ i_y = \dfrac{l_{0y}}{\lambda} \end{cases} \quad (9-71)$$

（3）根据上述计算结果选择钢材时优先选用轧制型钢。当现有型钢规格不满足所需截面尺寸时，可以采用组合截面，这时须先确定截面的轮廓尺寸，一般是根据回转半径确定所需截面的高度 h 和宽度 b。

$$\begin{cases} h \approx \dfrac{i_x}{\alpha_1} \\ b \approx \dfrac{i_y}{\alpha_2} \end{cases} \quad (9\text{-}72)$$

式中：α_1、α_2 为系数，表示 h、b 和回转半径 i_x、i_y 之间的近似正比关系，常用截面的此项系数可由相关表格查得。例如，由三块钢板组成的工字形截面 $\alpha_1=0.43$，$\alpha_2=0.24$。

（4）由所需要的 A、h、b 等考虑构造要求、局部稳定及钢材规格等，确定截面的初选尺寸。

（5）构件强度、稳定和刚度验算。

局部稳定：对于热轧型钢截面，由于其板件的宽厚比较小，一般能满足要求，可不验算。对于组合截面，则应对板件的宽厚比进行验算。

2．构造要求

当实腹式轴心受压构件的腹板高厚比 $h_0/t_w > 80$ 时，应设置横向加强肋。横向加强肋的间距不得大于 $3h_0$，其截面尺寸要求为双侧加强肋的外伸宽度 b_s 应不小于 $(h_0/30+40)$ mm，厚度 t_s 应大于外伸宽度的 1/15。

实腹式轴心受压构件的纵向焊缝（翼缘与腹板的连接焊缝）受力很小，不必计算，可按构造要求确定焊缝尺寸。

9.4.5 格构式轴心受压构件的设计

格构式轴心受压构件一般由两个肢件组成，肢件间用缀条或缀板连成整体。格构柱两肢件间距离的确定以两个主轴的稳定性相同为准则。

在柱的横截面上穿过肢件腹板的轴称为实轴，穿过两肢件之间缀材面的轴称为虚轴。

缀条一般用单根角钢做成，而缀板通常用钢板做成。

1．双肢格构式轴心受压构件绕虚轴的换算长细比

格构式轴心受压构件绕实轴的稳定性计算与实腹式轴心受压构件相同，但绕虚轴的整体稳定临界力比长细比相同的实腹式轴心受压构件的对应数值低。

对于双肢格构式轴心受压构件，当绕虚轴失稳时，采用换算长细比计算缀材剪切变形对稳定性的影响。

（1）采用缀条时。

换算长细比为：

$$\lambda_{0x} = \sqrt{\lambda_x^2 + 27\dfrac{A}{A_1}} \quad (9\text{-}73)$$

式中：λ_x——整个构件对虚轴的长细比；

A——整个构件的毛截面面积；

A_1——一个节间内两侧斜缀条毛面积之和。

需要注意的是式（9-73）的适用范围为斜缀条与柱轴线间的夹角在 40°～70°之间。

（2）采用缀板时。

换算长细比：

$$\lambda_{0x} = \sqrt{\lambda_x^2 + \lambda_1^2} \qquad (9-74)$$

式中：λ_1——分肢的长细比；

2. 格构式轴心受压构件的缀材设计

（1）最大剪力。

格构式轴心受压构件绕虚轴失稳发生弯曲时，缀材要承受横向剪力的作用。最大剪力的计算式：

$$V = \frac{Af}{85}\sqrt{\frac{f_y}{235}} \qquad (9-75)$$

在设计中，将剪力 V 沿柱长度方向取为定值。

（2）缀条的设计。

缀条可视为以分肢为弦杆的平行弦桁架的腹杆，其内力的计算方法与桁架腹杆相同。在横向剪力作用下，一个斜缀条的轴心力为：

$$N_1 = \frac{V_1}{n\cos\theta} \qquad (9-76)$$

式中：V_1——分配到一个缀材面上的剪力；

n——承受剪力 V_1 的斜缀条数。单系缀条时，$n=1$；交叉缀条时，$n=2$；

θ——缀条的倾角（如图 9.30 所示）。

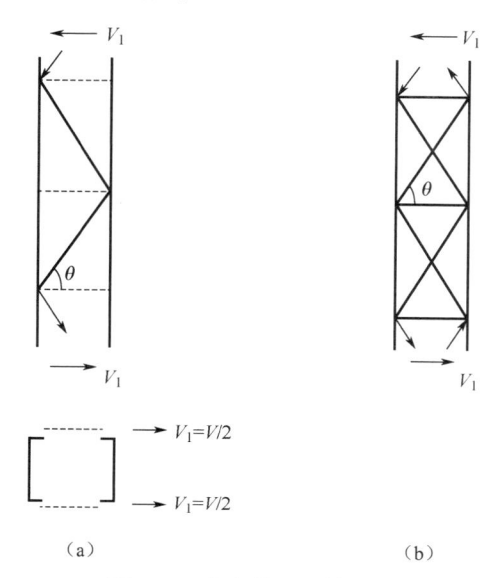

图 9.30 缀条设计计算简图

斜缀条可能受拉也可能受压，应按轴心压杆选择截面。

缀条一般采用单角钢制成，与柱单面连接，考虑到受力时的偏心和受压时的弯扭，当按轴心受力构件设计时，应按钢材强度设计值乘以下列折减系数 η：

① 按轴心受力计算构件的强度和连接时 η =0.85。

② 按轴心受压计算构件的稳定性时：

等边角钢 η =0.6+0.0015λ，但不得大于 1.0。

短边相连的不等边角钢 η =0.5+0.0025λ，但不得大于 1.0。

长边相连的不等边角钢 η =0.7。

上述式中，λ 为缀条的长细比，对中间无联系的单角钢压杆，按最小回转半径计算，当 λ<20 时，取 λ=20。交叉缀条体系的横缀条受压力按 $N=V_1$ 计算。为了减小分肢的计算长度，单系缀条也可加横缀条，其截面尺寸一般与斜缀条相同，也可按容许长细比（[λ]=l50）确定其截面尺寸。

（3）缀板的设计。

缀板可视为一多层框架。缀板内力的计算公式如下。

剪力：
$$T = \frac{V_1 l_1}{a} \tag{9-77}$$

弯矩（与肢件连接处）：
$$M = T \cdot \frac{a}{2} = \frac{V_1 l_1}{2} \tag{9-78}$$

式中：l_1——缀板中心线间的距离；

a——肢件与轴件间的距离。

缀板与肢体间用角焊缝相连，角焊缝承受剪力和弯矩的共同作用。

缀板应有一定的刚度。《规范》规定，同一截面处两侧缀板刚度之和不得小于一个分肢线刚度的 6 倍。一般取宽度 $d \geq 2a/3$；厚度 $t \geq a/40$，并不小于 6mm，端缀板宜适当加宽，取 $d=a$。缀板计算简图如图 9.31 所示。

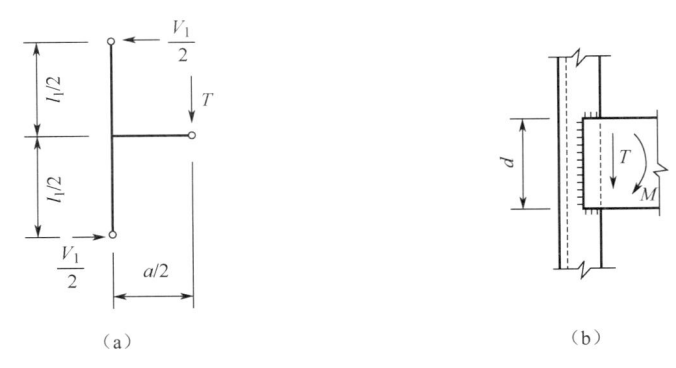

图 9.31 缀板计算简图

3．构件的横隔

格构式轴心受压构件应每隔一段距离设置横隔。另外，大型实腹式构件（工字形或箱形）也应设置横隔。横隔的间距不得大于构件较大宽度的 9 倍或 8m，且每个运送单元的端部均应设置横隔。

当构件某一处受较强水平集中力作用时，也应在该处设置横隔。

4．格构式轴心受压构件的设计步骤

设计格构式轴心受压构件应首先选择分肢截面和缀材的形式，中小型柱可采用缀板或缀条柱，大型柱宜用缀条柱。横隔的设置如图 9.32 所示。

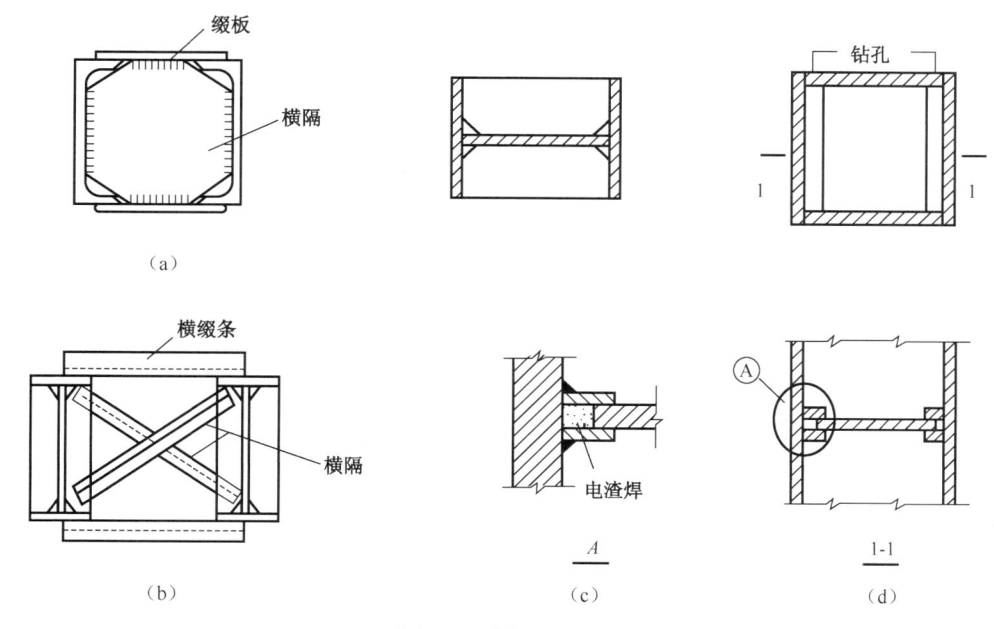

图 9.32　横隔的设置

（1）按对实轴（$y\text{-}y$ 轴）的整体稳定选择柱的截面，方法与实腹式构件的计算相同。
（2）按对虚轴（$x\text{-}x$ 轴）的整体稳定确定两分肢的距离。

为了获得等稳定性，应使两方向的长细比相等，即使 $\lambda_{0x} = \lambda_y$。

缀条柱（双肢）：

$$\lambda_{0x} = \sqrt{\lambda_x^2 + 27\frac{A}{A_1}} = \lambda_y \tag{9-79}$$

即

$$\lambda_x = \sqrt{\lambda_y^2 - 27\frac{A}{A_1}} \tag{9-80}$$

缀板柱（双肢）：

$$\lambda_{0x} = \sqrt{\lambda_x^2 + \lambda_1^2} = \lambda_y \tag{9-81}$$

即

$$\lambda_x = \sqrt{\lambda_y^2 - \lambda_1^2} \tag{9-82}$$

对缀条式构件应预先确定斜缀条的截面面积 A_1；对缀板式构件应先假定分肢长细比 λ_1。按式（9-80）或式（9-82）计算得出 λ_x 后，即可得到对虚轴的回转半径：

$$i_x = l_{0x}/\lambda_x \tag{9-83}$$

构件在缀材方向上的宽度 $b \approx i_x/\alpha_1$，此宽度数值亦可由已知截面的几何量直接算出。

（3）验算构件对虚轴的整体稳定性，不合适时应修改构件在缀材方向上的宽度 b，再进

行验算。

（4）设计缀条或缀板（包括它们与分肢的连接）。

进行以上计算时应注意：

（1）校对实轴的长细比 λ_y 和对虚轴的换算长细比 λ_{0x} 均不得超过容许长细比 $[\lambda]$。

（2）缀条构件的分肢长细比 $\lambda_1=l_1/i_1$ 不得超过构件两方向长细比（对虚轴为换算长细比）较大值的 0.7 倍，否则分肢可能先于整体失稳。

（3）缀板构件的分肢长细比 $\lambda_1=l_{01}/i_1$ 不应大于 40，并不应大于构件两方向长细比（对虚轴为换算长细比）较大值 λ_{max} 的 0.5 倍（当 $\lambda_{max}<50$ 时，取 $\lambda_{max}=50$），这也是为了保证分肢不先于整体失稳。

9.4.6 轴心受压柱的柱头和柱脚

1. 轴心受压柱的柱头

梁与轴心受压柱铰接时，梁可支撑于柱顶，亦可连于柱的侧面。梁支于柱顶时，梁的支座反力通过柱的顶板传给柱身。顶板与柱用焊缝连接，顶板厚度一般取 16~20mm。为了便于安装定位，梁与顶板用普通螺栓连接。

多层框架中间的梁柱连接中，横梁只能连于柱的侧面。梁的反力由端加强肋传给支托，支托与柱翼缘用角焊缝相连。支托与柱的连接焊缝强度按梁支座反力的 1.25 倍计算。

梁与柱的铰接连接如图 9.33 所示。

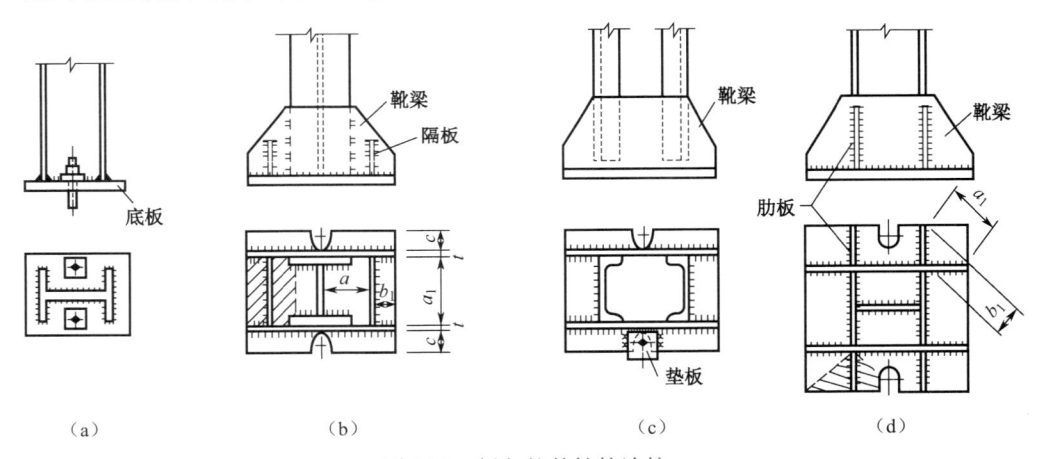

图 9.33 梁与柱的铰接连接

2. 轴心受压柱柱脚

轴心受压柱的柱脚主要传递轴心压力，与基础的连接一般采用铰接。

图 9.34（a）所示是最简单的柱脚构造形式，柱下端仅焊一块底板，柱中压力由焊缝传至底板，再传给基础。这种柱脚只能用于小型柱。一般的铰接柱脚常采用图 9.34（b）~（d）所示的形式，在柱端部与底板之间增设一些中间传力零件，如靴梁、隔板和肋板等，以增加柱与底板的连接焊缝长度，并且将底板分隔成几个区格，使底板的弯矩减小，厚度减薄。

柱脚是利用预埋在基础中的锚栓固定其位置的。铰接柱脚只沿着一条轴线设立两个连接于底板上的锚栓。

（a） （b） （c）

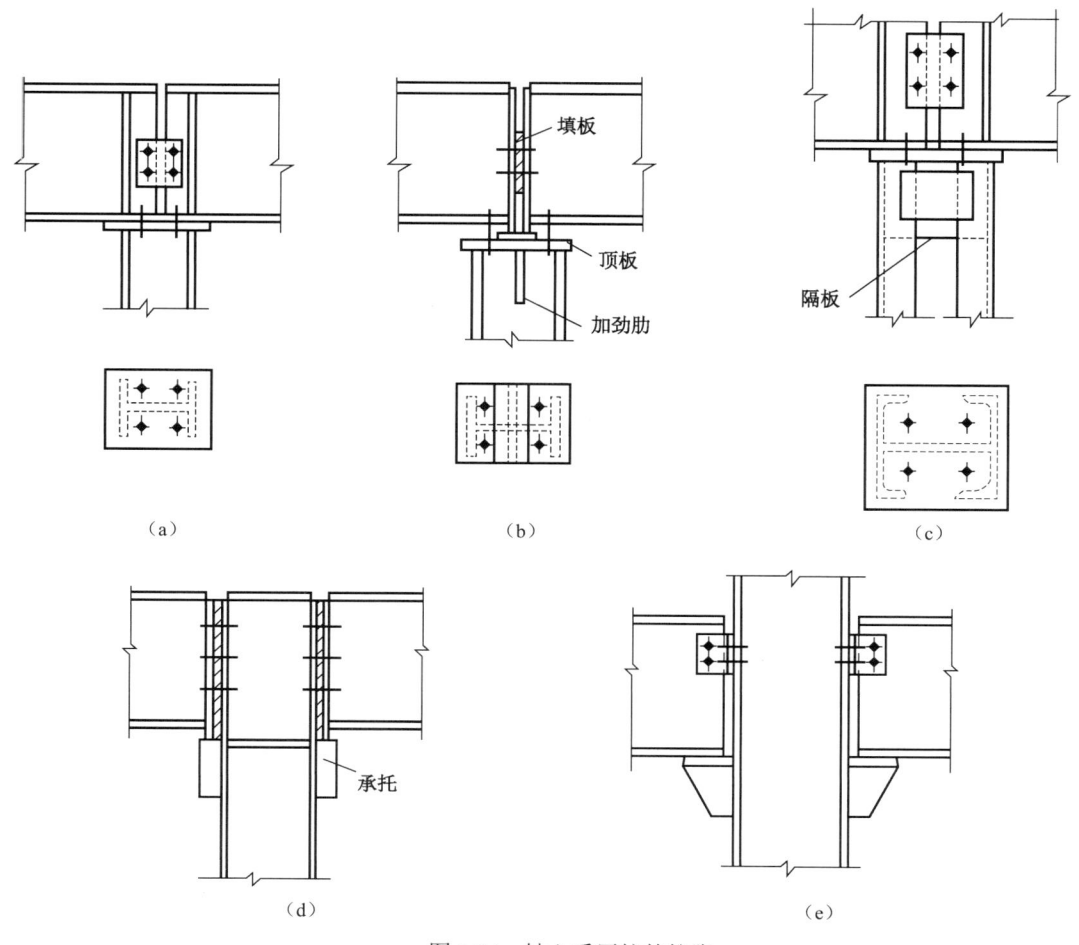

（d） （e）

图 9.34 轴心受压柱的柱脚

铰接柱脚的剪力通常由底板与基础表面的摩擦力传递。当此摩擦力不足以传递水平剪力时，应在柱脚底板下设置抗剪键。

1）底板的相关计算

（1）底板的面积。底板的面积决定于基础材料的抗压能力，基础对底板的压应力可近似认为是均匀分布的，这样，所需要的底板净面积 A_n 应按下式确定：

$$A_n \geqslant N/f_c \tag{9-84}$$

式中：f_c——基础混凝土的轴心抗压强度设计值，应考虑基础混凝土局部受压时的强度提高系数。

（2）底板的厚度。底板的厚度由板的抗弯强度决定。底板可视为一支撑在靴梁、隔板和柱端的平板，它承受基础传来的均匀反力。靴梁、肋板、隔板和柱的端面均可视为底板的支撑边，并将底板分隔成不同的区格，其中有四边支撑、三边支撑、两相邻边支撑和一边支撑等区格。

这些区格承受的弯矩一般不相同，取各区格中的最大弯矩 M_{max} 来确定板的厚度 t：

$$t \geqslant \sqrt{\frac{6M_{max}}{f}} \tag{9-85}$$

设计时要注意靴梁和隔板的布置应尽可能使各区格的弯矩相差不要太大，以免所需的底板过厚。

底板的厚度通常为 20～40mm，最薄一般不得小于 14mm，以保证底板具有必要的刚度，从而满足"基础反力是均布的"这一假设。

2）靴梁的计算

靴梁的高度由其与柱边连接所需的焊缝长度决定，此焊缝承受柱身传来的压力。靴梁的厚度比柱翼缘厚度略小。

靴梁的相关计算按支撑于柱边的双悬臂梁取值，即根据双悬臂梁所承受的最大弯矩和最大剪力值，验算靴梁的抗弯和抗剪强度。

3）隔板与肋板的计算

隔板的厚度不得小于其宽度的 1/50，隔板一般比靴梁略薄些，高度略小些。

隔板可视为支撑于靴梁的简支梁，设计时应验算隔板与靴梁的连接焊缝及隔板本身的强度。注意：隔板内侧的焊缝不易施焊，计算时不能考虑受力。

肋板的相关计算按悬臂梁取值，即肋板与靴梁间的连接焊缝及肋板本身的强度均应按悬臂梁承受的弯矩和剪力计算。

【小结】

（1）了解钢结构同其他结构相比的特点。掌握钢结构的设计方法。

（2）掌握钢结构对材料的基本要求及常用建筑钢材的种类、牌号。理解钢材的塑性破坏和脆性断裂的机理。掌握钢材的主要性能指标，了解影响钢材主要性能的因素。掌握钢材疲劳破坏的概念及疲劳强度验算方法。

（3）掌握钢结构的连接方法及各方法的适用条件。掌握角焊缝、对接焊缝（焊透和部分焊透）的构造和计算。了解焊接应力和焊接变形产生的原因及对构件承载力的影响。掌握普通螺栓连接和高强度螺栓连（摩擦型连接和承压型连接）的构造和计算。

（4）掌握轴心受力构件强度和刚度的计算。理解轴心受压构件整体稳定的基本概念，了解影响整体稳定的因素及相关计算方法。理解轴心受压构件局部稳定的基本概念，掌握局部稳定性的计算方法。掌握实腹式和格构式轴心受压构件的截面设计。掌握典型轴心受压柱的柱头和的柱脚的设计。

【操作与练习】

思考题

（1）影响钢材性能的主要因素是什么？

（2）设计梁时，对于梁的截面高度应考虑哪些条件？

（3）保证梁的局部稳定的措施主要有哪些？

（4）轴心受压构件的整体稳定系数 φ 需要根据哪几个因素确定？

（5）钢结构的性能特点是什么？

（6）按照《碳素结构钢》的规定，碳素结构钢牌号如何表示？

（7）如图 9.35 所示的双盖板连接中，焊脚尺寸 h_f=8mm，钢材牌号为 Q235，f=215N/mm²，焊条规格为 E43，采用手工焊，$f_f^w=160\text{N/mm}^2$，每块盖板厚 10mm，主板厚 18mm，求此双盖板连接的承载力。

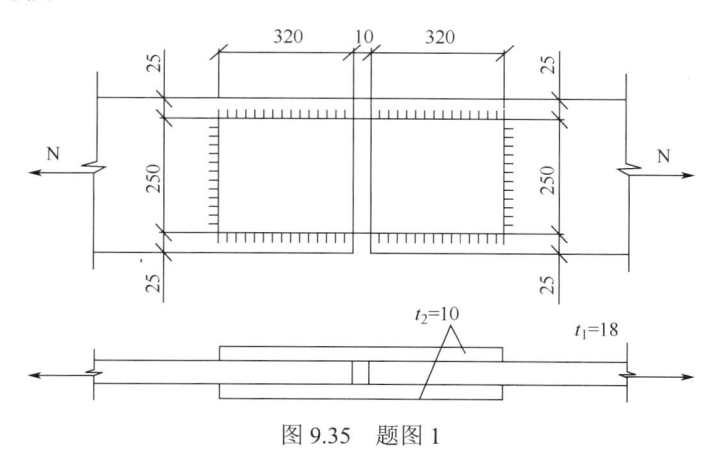

图 9.35　题图 1

（8）如图 9.36 所示 T 形截面牛腿梁与柱翼缘用对接焊缝相接。已知作用竖向力设计值 F=150kN，偏心距 e=160mm。钢材牌号为 Q345、焊条规格为 E50，采用手工焊，要求焊缝质量为三级，施焊时不用引弧板。试对焊缝强度进行验算（已知 $f_t^w=265\text{N/mm}^2$，$f_c^w=310\text{N/mm}^2$，$f_v^w=180\text{N/mm}^2$）。

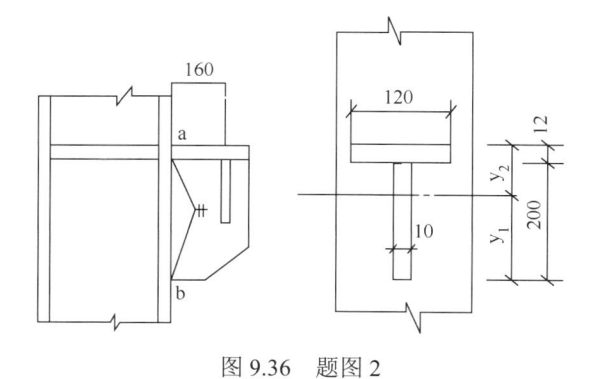

图 9.36　题图 2

【课程信息化教学资源】

钢结构设计 01　　钢结构设计 02　　钢结构设计 03　　钢结构设计 04

项目十　桥梁常用支架设计

📋 项目描述

支架一般指就地现浇桥梁、房屋和隧道施工中搭设的临时结构物，是施工中不可缺少的施工手段和设备工具，它为大型混凝土结构施工提供模板支撑和为现场施工人员提供工作平台，其重要性不言而喻。本项目从桥梁常用支架的安全性、稳定性和承载力出发，依托实际工程案例，介绍支架设计与计算要点。

🎯 学习要求

通过了解桥梁常用支架类型，根据前面所学结构设计的基本思想和知识，初步认识和掌握常用的碗扣式支架和贝雷片支架设计的计算方法。

🌐 知识目标

- 掌握桥梁常用支架的作用、类型和适应性；碗扣式支架设计的设计计算方法、计算要点、施工管理内容。
- 掌握贝雷片支架设计的设计计算方法和要点。

🌍 能力目标

能根据施工现场实际情况合理选择支架类型，能设计简单的桥梁施工支架。

🌸 思政亮点

支架是工程施工当中最常见的临时设施，支架搭设得好坏直接影响工程结构的施工和稳定。支架的类型多种多样，在不同的施工环境选择适宜的支架类型既可以方便搭设、降低成本，同时也能为施工提供极大便利。这就类似我们的工作一样，在不同的阶段会经历形形色色、各不相同的工作任务，为顺利完成每一个工作任务，我们要学会主动分析工作环境，做好上下衔接，左右贯通；要谨慎选择不同的应对方案，以快速便捷、保质保量地完成各项任务，同时还要学会最大程度地节约社会资源。无论我们身处何种岗位，都要努力为社会创造价值，将自我价值的实现与国家社会的发展融为一体。

任务 10.1　支架概述

10.1.1　支架的作用

支架常用于现浇桥梁工程、房建工程、隧道工程等大型结构施工，它既要满足施工的需要，又要为保证工程质量和提高工作效率创造条件，其主要作用如下。

(1) 为结构施工提供必要的支撑,保证施工连续性。
(2) 能满足施工操作需要的运料和堆料要求,并方便操作。
(3) 对高空作业人员进行安全防护,确保作业人员的人身安全。
(4) 使操作不至影响施工效率和工程质量。
(5) 能满足多层作业、交叉作业、流水作业和多工种之间配合作业的要求。

10.1.2 支架的分类及特点

支架的种类非常多,材质以钢为主。目前常用于桥梁施工的支架有:扣件式支架、碗扣式支架、门式支架、万能杆件支架、贝雷片支架、CUPLOK 支架等,通常按以下几种方式分类。

1. 按构造分类

按构造不同,支架可分为立柱式支架(也叫满堂支架)、梁式支架、梁柱式支架,如图 10.1~图 10.3 所示。立柱式支架主要依靠立柱承受轴心压力,而横向和纵向水平杆件则可以在节点位置分担一部分荷载。梁式和梁柱式支架由于配有工字钢、钢板、钢桁梁及贝雷片,当施工荷载均布在支架的横梁上时,使横梁向下产生一定的挠度而受弯变形。

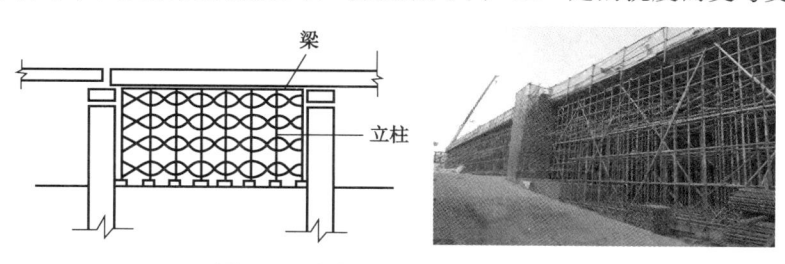

图 10.1 立柱式支架(满堂支架)

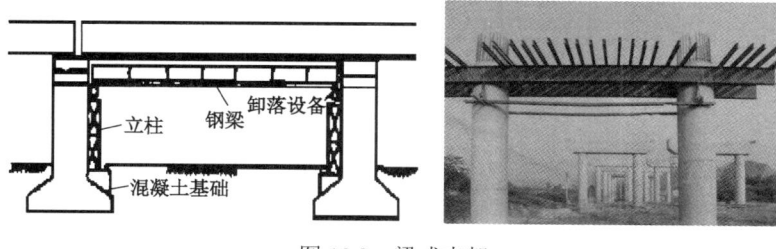

图 10.2 梁式支架

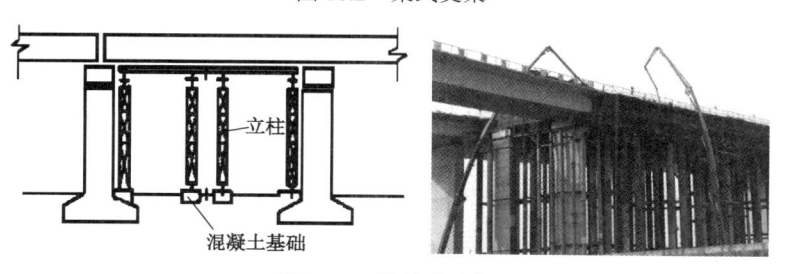

图 10.3 梁柱式支架

2. 按支架用途分类

1）结构工程作业支架

结构工程作业支架又称作业施工平台，它是为了满足主体结构工程修补、高墩柱架立、盖梁施工等的作业需要而设置的临时施工作业平台。

2）支撑和承重支架

支撑和承重支架又称模板支撑架，它是为支撑模板及其荷载或为满足其他承重要求而设置的整体支架系统。

3）防护和爬梯支架

防护和爬梯支架又称作业防护系统，是包括作业区域维护隔离、临时通道防护棚、桥梁施工上下爬梯及桥梁临边临空等功能的支架系统，主要是为了保证从业人员施工安全。

任务 10.2 碗扣式支架的设计计算

10.2.1 碗扣式支架相关知识

碗扣式支架又称碗扣式钢管脚手架，是节点采用碗扣方式连接的钢管脚手架，其结构如图 10.4 所示，根据其主要用途可分为双排脚手架和模板支撑架两类。

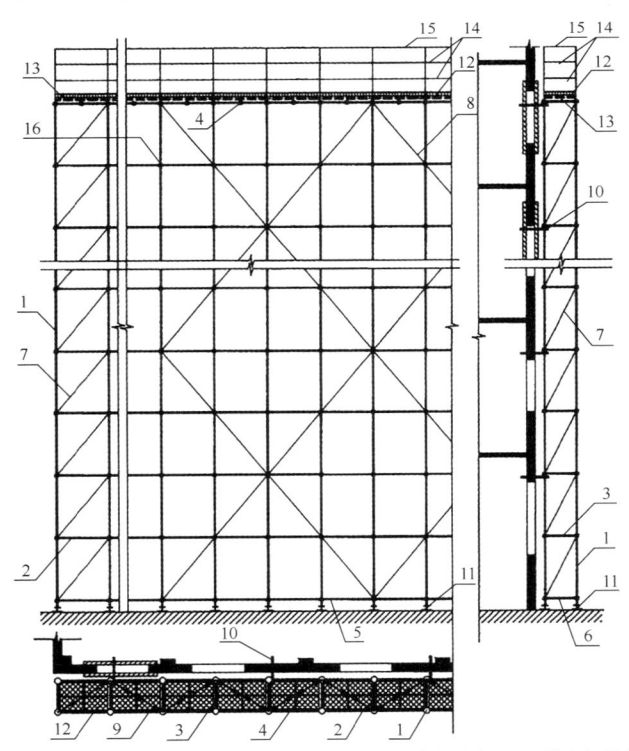

1—立杆；2—纵向水平杆；3—横向水平杆；4—中间水平杆；5—纵向扫地杆；6—横向扫地杆；7—纵向斜撑杆；8—剪刀撑；9—水平斜撑杆；10—连墙件；11—底座；12—脚手板；13—挡脚板；14—栏杆；15—扶手；16—碗扣节点

图 10.4 碗扣式支架的结构

碗扣式支架主要由碗扣节点、立杆、扫地杆、水平杆、斜撑杆、底座等组成，其中碗扣节点是核心部件，它是由上碗扣、下碗扣、水平杆接头和限位销等组成的盖固式承插节点，如图10.5所示。

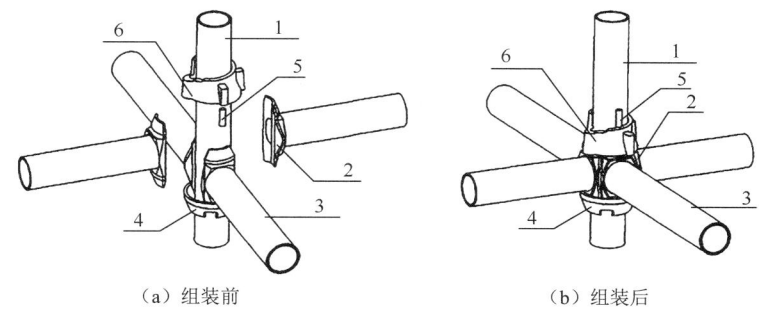

（a）组装前　　　　　　　　（b）组装后
1—立杆；2—水平杆接头；3—水平杆；4—下碗扣；5—限位销；6—上碗扣

图10.5　碗扣节点构造图

碗扣节点的间距按0.6m（0.5m）的倍数设置，下碗扣和上碗扣限位销直接焊在立杆上。当上碗扣的缺口对准限位销时，上碗扣可沿杆向上滑动。连接横杆时，将横杆接头插入下碗扣的圆槽内，将上碗扣沿限位销滑下，扣住横杆接头，并顺时针旋转扣紧，用铁锤敲击几下即能牢固锁紧，从而形成牢固的框架结构。

钢管的特性指标应按表10.1规定采用，其他参数如表10.2所示。

表10.1　钢管的特性指标

外径 ϕ（mm）	壁厚 t（mm）	截面积 A（cm^2）	截面惯性矩 I（cm^4）	截面模量 W（cm^3）	回转半径 i（cm）
48.3	3.5	4.93	12.43	5.15	1.59

表10.2　碗扣式支架除钢管特性外的其他指标

名称	常用型号	主要规格（mm）	材质	理论重量（kg）
立杆	LG-A-120	ϕ48.3×3.5×1200	Q235	7.05
	LG-A-180	ϕ48.3×3.5×1800	Q235	10.19
	LG-A-240	ϕ48.3×3.5×2400	Q235	13.34
	LG-A-300	ϕ48.3×3.5×3000	Q235	16.48
	LG-B-80	ϕ48.3×3.5×800	Q345	4.30
	LG-B-100	ϕ48.3×3.5×1000	Q345	5.50
	LG-B-130	ϕ48.3×3.5×1300	Q345	6.90
	LG-B-150	ϕ48.3×3.5×1500	Q345	8.10
	LG-B-180	ϕ48.3×3.5×1800	Q345	9.30
	LG-B-200	ϕ48.3×3.5×2000	Q345	10.50
	LG-B-230	ϕ48.3×3.5×2300	Q345	11.80
	LG-B-250	ϕ48.3×3.5×2500	Q345	13.40
	LG-B-280	ϕ48.3×3.5×2800	Q345	15.40
	LG-B-300	ϕ48.3×3.5×3000	Q345	17.60

续表

名称	常用型号	主要规格（mm）	材质	理论重量（kg）
水平杆	SPG-30	$\phi48.3\times3.5\times300$	Q235	1.32
	SPG-60	$\phi48.3\times3.5\times600$	Q235	2.47
	SPG-90	$\phi48.3\times3.5\times900$	Q235	3.69
	SPG-120	$\phi48.3\times3.5\times1200$	Q235	4.84
	SPG-150	$\phi48.3\times3.5\times1500$	Q235	5.93
	SPG-180	$\phi48.3\times3.5\times1800$	Q235	7.14
中间水平杆	JSPG-90	$\phi48.3\times3.5\times900$	Q235	4.37
	JSPG-120	$\phi48.3\times3.5\times1200$	Q235	5.52
	JSPG-120+30	$\phi48.3\times3.5\times(1200+300)$ 用于窄挑梁	Q235	6.85
	JSPG-120+60	$\phi48.3\times3.5\times(1200+600)$ 用于宽挑梁	Q235	8.16
斜撑杆	WXG-0912	$\phi48.3\times3.5\times1500$	Q235	6.33
	WXG-1212	$\phi48.3\times3.5\times1700$	Q235	7.03
	WXG-1218	$\phi48.3\times3.5\times2160$	Q235	8.66
	WXG-1518	$\phi48.3\times3.5\times2340$	Q235	9.30
	WXG-1818	$\phi48.3\times3.5\times2550$	Q235	10.04
窄挑梁	TL-30	$\phi48.3\times3.5\times300$	Q235	1.53
宽挑梁	TL-60	$\phi48.3\times3.5\times600$	Q235	8.60
限位销	LJX	$\phi10$	Q235	0.18
可调底座	KTZ-45	T38×5.0，可调范围≤300	Q235	5.82
	KTZ-60	T38×5.0，可调范围≤450	Q235	7.12
	KTZ-75	T38×5.0，可调范围≤600	Q235	8.50
可调托撑	KTC-45	T38×5.0，可调范围≤300	Q235	7.01
	KTC-60	T38×5.0，可调范围≤450	Q235	8.31
	KTC-75	T38×5.0，可调范围≤600	Q235	9.69

注：表中所列立杆型号标识为"-A"的代表节点间距按 0.6m 倍数（Q235 材质立杆）设置；标识为"-B"的代表节点间距按 0.5m 倍数（Q345 材质立杆）设置。

10.2.2 碗扣式支架的设计计算

1．计算荷载

1）荷载的分类

支架上的荷载分为永久荷载和可变荷载。

（1）永久荷载。永久荷载包括模板重量、钢筋混凝土重量、支架的结构自重（包括立柱、纵向水平杆、横向水平杆、支撑部件和扣件的自重）。

① 模板重量标准值：木材重度 6~7kN/m³，胶合板重度 7.3kN/m³，钢材重度 78.5kN/m³。

② 钢筋混凝土重量标准值：普通钢筋混凝土重度取 24kN/m³，钢筋混凝土的重度可取 25~26kN/m³（以体积计算的配筋量≤2%时，重度取 25kN/m³；配筋量＞2%时，重度取

$26kN/m^3$）。

③ 支架的结构自重：详见表10.2。

（2）可变荷载。可变荷载分为施工荷载和风荷载。

① 施工荷载指施工阶段为验算桥梁结构或构件安全度所考虑的临时荷载，如施工人员及设备荷载、振捣混凝土时产生的荷载。

a. 施工人员及设备荷载标准值：对支架系统取 $1.0kN/m^2$。

b. 振捣混凝土时产生的荷载标准值：对水平模板取 $2kN/m^2$；对垂直面模板（侧模）取 $4kN/m^2$（作用范围在新浇混凝土侧压力的有效压头高度之内），用 FH_1 表示。

② 风荷载标准值指作用于支架上的水平荷载标准值，计算公式为：

$$\omega_k = \mu_z \mu_s \omega_0 \tag{10-1}$$

式中：ω_k——风荷载标准值（kN/m^2）；

μ_z——风压高度变化系数，应按表10.3计算；

μ_s——风荷载体型系数，应按表10.4计算；

ω_0——基本风压，参照《规范》附录X取值。

表 10.3 风压高度变化系数 μ_z

离地面高度（m）	μ_z			
	A	B	C	D
5	1.09	1.00	0.65	0.51
10	1.28	1.00	0.65	0.51
15	1.42	1.13	0.65	0.51
20	1.52	1.23	0.74	0.51
30	1.67	1.39	0.88	0.51
40	1.79	1.52	1.00	0.60
50	1.89	1.62	1.10	0.69
60	1.97	1.71	1.20	0.77
70	2.05	1.79	1.28	0.84
80	2.12	1.87	1.36	0.91
90	2.18	1.93	1.43	0.98
100	2.23	2.00	1.50	1.04
150	2.46	2.25	1.79	1.33
200	2.64	2.46	2.03	1.58
250	2.78	2.63	2.24	1.81
300	2.91	2.77	2.43	2.02
350	2.91	2.91	2.60	2.22
400	2.91	2.91	2.76	2.40
450	2.91	2.91	2.91	2.58
500	2.91	2.91	2.91	2.74
≥550	2.91	2.91	2.91	2.91

注：① A 类指江河、湖岸地区；

② B 类指田野、乡村、丛林、丘陵及房屋比较稀疏的乡镇和城市郊区；

③ C类指有密集建筑群的城市市区；
④ D类指有密集建筑群且房屋较高的城市市区；
⑤ 两高度之间的风压高度变化系数按表中数据采用线性插值确定。

表 10.4 风荷载体型系数

背靠建筑物的状况	全封闭墙	敞开、框架和开洞墙
双排脚手架	1.0ϕ	1.3ϕ
模板支撑架	\multicolumn{2}{c}{μ_{stw} 或 μ_{st}}

注：① ϕ 为脚手架挡风系数，一般脚手架迎风面挡风面积与脚手架迎风面轮廓面积比值的1.2倍；
② 当采用密目安全网全封闭时，取 $\phi=0.8$，μ_s 最大值取 1.0；
③ μ_{st} 为单榀桁架风荷载体型系数，μ_{stw} 为多榀平行桁架整体风荷载体型系数，μ_{st} 和 μ_{stw} 应按现行国家标准的相关规定计算。

荷载分项系数的取值应符合表 10.5 的规定。

表 10.5 荷载分项系数

脚手架种类	验算项目	荷载分项系数		可变荷载分项系数 γ_Q
		永久荷载分项系数 γ_G		
双排脚手架	强度、稳定性	1.2		1.4
	地基承载力	1.0		1.0
	挠度	1.0		1.0
模板支撑架	强度、稳定性	由可变荷载控制的组合	1.2	1.4
		由永久荷载控制的组合	1.35	
	地基承载力	1.0		1.0
	挠度	1.0		0
	倾覆	有利	0.9	有利 0
		不利	1.35	不利 1.4

2）荷载效应组合

（1）设计脚手架时，根据使用过程中在架体上可能同时出现的荷载，应按承载力极限状态和正常使用极限状态分别进行荷载组合，并应取各自最不利的组合进行设计。

（2）脚手架结构设计应根据脚手架种类、搭设高度和荷载采用不同的安全等级。脚手架安全等级划分应符合表 10.6 的规定。

表 10.6 脚手架的安全等级

双排脚手架		模板支撑架		安全等级
搭设高度（m）	荷载标准值（kN）	搭设高度（m）	荷载标准值	
≤40	—	≤8	≤15kN/m² 或≤20kN/m（或最大集中荷载≤7kN）	Ⅱ
>40	—	>8	>15kN/m² 或>20kN/m（或最大集中荷载>7kN）	Ⅰ

（3）对承载力极限状态，应按荷载的基本组合计算荷载组合的效应设计值，并采用下列设计表达式进行设计：

$$\gamma_0 S_d \leqslant R_d \tag{10-2}$$

式中：γ_0——结构重要性系数，对安全等级为Ⅰ级的脚手架取 1.1，对安全等级为Ⅱ级的脚手架取 1.0；

S_d——荷载组合的效应设计值；

R_d——架体结构或构件的抗力设计值。

（4）考虑脚手架结构及构件承载力极限状态时，应按下列规定采用荷载的基本组合：

① 双排脚手架荷载的基本组合应按表 10.7 的规定采用。

表 10.7　双排脚手架荷载的基本组合

计算项目	荷载的基本组合
水平杆及节点连接强度	永久荷载+施工荷载
立杆稳定承载力	永久荷载+施工荷载+ψ_w×风荷载
连墙件强度、稳定承载力和连接强度	风荷载+N_0
立杆地基承载力	永久荷载+施工荷载

注：① 表中的"+"仅表示各项荷载参与组合，而不表示代数相加；

② 立杆稳定承载力计算在室内或无风环境不组合风荷载；

③ 强度计算项目包括连接强度计算；

④ ψ_w 为风荷载组合值系数，取 0.6；

⑤ N_0 为连墙件约束脚手架平面外变形所产生的轴向压力设计值。

② 模板支撑架荷载的基本组合应按表 10.8 的规定采用。

表 10.8　模板支撑架荷载的基本组合

计算项目	荷载的基本组合	
立杆稳定承载力	由永久荷载控制的组合	永久荷载+ψ_c×施工荷载+ψ_w×风荷载
	由可变荷载控制的组合	永久荷载+施工荷载+ψ_w×风荷载
立杆地基承载力	由永久荷载控制的组合	永久荷载+ψ_c×施工荷载+ψ_w×风荷载
	由可变荷载控制的组合	永久荷载+施工荷载+ψ_w×风荷载
门洞转换横梁强度	由永久荷载控制的组合	永久荷载+ψ_c×施工荷载
	由可变荷载控制的组合	永久荷载+施工荷载
倾覆	永久荷载+风荷载	

注：① 同表 10.7 注①～注④；

② ψ_c 为施工荷载及其他可变荷载组合值系数，取 0.7；

③ 立杆地基承载力计算在室内或无风环境不组合风荷载；

④ 计算倾覆时，当可变荷载对抗倾覆有利时，抗倾覆荷载组合计算可不计入可变荷载。

（5）对正常使用极限状态，应按荷载的标准组合计算荷载组合的效应设计值，并应采用下列设计表达式进行设计：

$$S_d \leqslant C \tag{10-3}$$

式中：C——架体构件的容许变形值。

（6）考虑脚手架结构及构件正常使用极限状态设计时，应按表 10.9 的规定采用荷载的标准组合。

表 10.9　荷载的标准组合

计算项目	荷载标准组合
双排脚手架水平杆挠度	永久荷载+施工荷载
模板支撑架门洞转换横梁挠度	永久荷载

2．设计计算的基本要求

1）设计计算项目

脚手架的结构设计应按概率极限状态设计法要求，采用分项系数设计表达式进行计算。脚手架的设计应确保架体为稳定结构体系，并具有足够的承载力、刚度和整体稳定性。

（1）双排脚手架的设计计算内容：

① 水平杆及节点连接强度和挠度。

② 立杆稳定承载力。

③ 连墙件强度、稳定承载力和连接强度。

④ 立杆地基承载力。

（2）模板支撑架：

① 立杆稳定承载力。

② 立杆地基承载力。

③ 当设置门洞时，进行门洞转换横梁强度和挠度计算。

④ 必要时进行架体抗倾覆能力计算。

2）设计计算基本原则

设计脚手架结构时，应先对架体结构进行受力分析，明确荷载传递路径，选择有代表性的最不利杆件或构件作为设计单元。计算单元的选取应符合下列规定：

① 应选取受力最大的杆件、构件。

② 应选取跨距、步距增大部位的杆件、构件。

③ 应选取门洞等架体构造变化处或薄弱处的杆件、构件。

④ 当脚手架上有集中荷载作用时，尚应选取集中荷载作用范围内受力最大的杆件、构件。

3）脚手架杆件长细比应符合下列规定：

① 脚手架立杆长细比不得大于 230。

② 斜撑杆和剪刀斜撑杆长细比不得大于 250。

③ 受拉杆件长细比不得大于 350。

3．设计计算参数

碗扣式支架的主要指标如表 10.1～表 10.2 所示,受弯构件的容许挠度应按表 10.10 采用。钢材的强度与弹性模量应按表 10.11 采用。脚手架杆件连接点及可调节托撑、底座的承载力设计值应按表 10.12 采用。

表 10.10 受弯构件的容许挠度（l 为构件长度，单位：mm）

构件类别	容许挠度
双排脚手架脚手板和纵向水平杆、横向水平杆	l/150 与 10mm 取较小值
双排脚手架悬挑受弯杆件	l/400
模板支撑架受弯构件	l/400

表 10.11 钢材的强度与弹性模量

Q235 钢的抗拉、抗压和抗弯强度设计值 f（MPa）	205
Q345 钢的抗拉、抗压和抗弯强度设计值 f（MPa）	300
弹性模量（MPa）	2.06×10^5

表 10.12 脚手架杆件连接点及可调托撑、底座的承载力设计值（kN）

项目		承载力设计值
碗扣节点	水平向抗拉（抗压）	30
	竖向抗压（抗剪）	25
立杆插套连接抗拉		15
可调托撑抗压		80
可调底座抗压		80
碗扣节点抗剪（抗滑）	单扣件	8
	双扣件	12

4．双排脚手架的计算

（1）双排脚手架作业层水平杆抗弯强度应符合下式要求：

$$\frac{\gamma_0 M_s}{W} \leqslant f \tag{10-4}$$

$$M_s = 1.2 M_{Gk} + 1.4 M_{Qk} \tag{10-5}$$

式中：M_s——水平杆弯矩设计值（N·mm）；

W——水平杆的截面模量（mm³）；

f——钢材的抗弯强度设计值，按表 10.11 采用；

M_{Gk}——水平杆由脚手板自重产生的弯矩标准值（N·mm）；

M_{Qk}——水平杆由施工荷载产生的弯矩标准值（N·mm）。

（2）双排脚手架作业层水平杆的挠度应符合下式要求：

$$v \leqslant [v] \tag{10-6}$$

式中：v——水平杆挠度；

$[v]$——容许挠度，按表 10.10 采用。

计算双排脚手架水平杆的内力和挠度时，水平杆按简支梁计算，计算跨度应取对应方向的立杆间距。

（3）双排脚手架立杆稳定性应符合下列公式要求。

① 当无风荷载时：

$$\frac{\gamma_0 N}{\phi A} \leqslant f \tag{10-7}$$

② 当有风荷载时：
$$\frac{\gamma_0 N}{\phi A}+\frac{\gamma_0 M_\mathrm{W}}{W} \leqslant f \qquad (10\text{-}8)$$

式中：N——立杆的轴向压力设计值（N），按式（10-9）计算；

ϕ——轴心受压构件的稳定系数，根据立杆长细比 λ，可查《规范》附表 X 确定；

λ——长细比，$\lambda=\dfrac{l_0}{i}$；

l_0——立杆计算长度（mm）；

i——截面回转半径（mm），按表 10.1 采用；

A——立杆的截面面积（mm^2），按表 10.1 采用；

W——立杆的截面模量（mm^3），按表 10.1 采用；

M_W——立杆由风荷载产生的弯矩设计值（N·mm）；

f——连墙件钢材的强度设计值（$\mathrm{N/mm}^2$），按表 10.11 采用。

（4）双排脚手架立杆的轴向压力设计值应按下式计算：
$$N = 1.2\sum N_\mathrm{Gk1} + 1.4 N_\mathrm{Qk} \qquad (10\text{-}9)$$

式中：$\sum N_\mathrm{Gk1}$——立杆由架体结构及附件自重产生的轴向压力标准值总和；

N_Qk——立杆由施工荷载产生的轴向压力标准值。

（5）双排脚手架立杆由风荷载产生的弯矩设计值应按下式计算：
$$M_\mathrm{w}=1.4\times 0.6 M_\mathrm{wk} \qquad (10\text{-}10)$$
$$M_\mathrm{wk}=0.05\xi w_\mathrm{k} l_\mathrm{a} H_\mathrm{c}^2 \qquad (10\text{-}11)$$

式中：M_w——立杆由风荷载产生的弯矩设计值（N·mm）；

M_wk——立杆由风荷载产生的弯矩标准值（N·mm）；

ξ——弯矩折减系数，当连墙件设置为二步距时，取 0.6；当连墙件设置为三步距时，取 0.4；

w_k——风荷载标准值（$\mathrm{N/mm}^2$）；

l_a——立杆纵向间距（mm）；

H_c——连墙件间竖向垂直距离（mm）。

（6）双排脚手架立杆计算长度应按下式计算：
$$l_0 = k\mu h \qquad (10\text{-}12)$$

式中：k——立杆计算长度附加系数，取 1.155，当验算立杆允许长细比时，取 1；

μ——立杆计算长度系数，当连墙件设置为二步三跨时，取 1.55；当连墙件设置为三步三跨时，取 1.75；

h——步距。

（7）双排脚手架杆件连接点承载力应符合下式要求：
$$\gamma_0 F_\mathrm{J} \leqslant F_\mathrm{JR} \qquad (10\text{-}13)$$

式中：F_J——作用于脚手架杆件连接节点的荷载设计值；

F_JR——脚手架杆件连接节点的承载力设计值，按表 10.12 采用。

（8）双排脚手架连墙件杆件的强度及稳定性应符合下列公式。

① 强度：
$$\frac{\gamma_0 N_\mathrm{L}}{A_\mathrm{n}} \leqslant 0.85 f \qquad (10\text{-}14)$$

② 稳定性：
$$\frac{\gamma_0 N_L}{\phi A} \leq 0.85 f \quad (10\text{-}15)$$
$$N_L = N_{LW} + N_0 \quad (10\text{-}16)$$
$$N_{LW} = 1.4 \omega_k L_c H_c \quad (10\text{-}17)$$

式中：N_L——连墙件轴向压力设计值（N）；

N_{LW}——连墙件由风荷载产生的轴向压力设计值（N）

N_0——连墙件约束脚手架平面外变形所产生的轴向压力设计值（N），取 3000N；

A_n——连墙件的净截面面积（mm²）；

A——连墙件的毛截面面积（mm²）；

ϕ——轴心受压构件的稳定系数，根据长细比，按《规范》附录 X 采用；

L_c——连墙件间水平投影距离（mm）；

H_c——连墙件间竖向垂直距离（mm）；

f——连墙件钢材的强度设计值（N/mm²），按表 10.11 采用。

（9）双排脚手架连墙件与架体、连墙件与建筑结构连接的承载力应符合下式要求：
$$\gamma_0 N_L \leq N_{LR} \quad (10\text{-}18)$$

式中：N_L——连墙件轴向压力设计值；

N_{LR}——连墙件与双排脚手架、连墙件与建筑结构连接的受拉（压）承载力设计值，根据连接方式按国家现行相应标准规定计算。

5．模板支撑架的计算

1）模板支撑架立杆稳定性验算应符合的规定

（1）当无风荷载时，应按式（10-6）验算，立杆的轴向压力设计值应按式（10-19）、式（10-20）分别计算，并应取较大值。

（2）当有风荷载时，应分别按式（10-6）、式（10-7）验算，并同时满足稳定性要求。立杆的轴向压力设计值和弯矩设计值应符合下列规定：

① 当按式（10-6）计算时，立杆的轴向压力设计值应按式（10-21）、式（10-22）分别计算，并应取较大值。

② 当按式（10-7）计算时，立杆的轴向压力设计值应按式（10-19）、式（10-20）分别计算，并应取较大值；立杆由风荷载产生的弯矩设计值，按《规范》规定计算。

2）模板支撑架立杆的轴向压力设计值计算

（1）不组合由风荷载产生的附加轴向压力时，应按下列公式计算：

① 由可变荷载控制的组合：
$$N = 1.2\left(\sum N_{Gk1} + \sum N_{Gk2}\right) + 1.4 N_{Qk} \quad (10\text{-}19)$$

② 由永久荷载控制的组合：
$$N = 1.35\left(\sum N_{Gk1} + \sum N_{Gk2}\right) + 1.4 \times 0.7 N_{Qk} \quad (10\text{-}20)$$

（2）组合风荷载产生的附加轴向压力时，应按下列公式计算：

① 由可变荷载控制组合：
$$N = 1.2\left(\sum N_{Gk1} + \sum N_{Gk2}\right) + 1.4\left(N_{Qk} + 0.6 N_{wk}\right) \quad (10\text{-}21)$$

② 由永久荷载控制的组合：

$$N = 1.35\left(\sum N_{Gk1} + \sum N_{Gk2}\right) + 1.4\left(0.7 N_{Qk} + 0.6 N_{wk}\right) \quad (10\text{-}22)$$

式中：$\sum N_{Gk1}$——立杆由架体结构及附件自重产生的轴向压力标准值总和；

$\sum N_{Gk2}$——模板支撑架立杆由模板及支撑梁自重和混凝土及钢筋自重产生的轴向压力标准值总和；

N_{Qk}——立杆由施工荷载产生的轴向压力标准值；

N_{wk}——模板支撑架立杆由风荷载产生的最大附加轴向压力标准值，按规范《建筑施工碗扣式脚手架安全技术规范》（JGJ166-2016）计算。

3）立杆稳定性计算部位的确定

（1）当模板支撑架采用相同的步距、立杆纵距、立杆横距时，应计算底层与顶层立杆段；

（2）当架体的步距、立杆纵距、立杆横距有变化时，除计算底层立杆段外，还必须对出现最大步距、最大立杆纵距、立杆横距等部位的立杆段进行验算；

（3）当架体上有集中荷载作用时，还需计算集中荷载作用范围内受力最大的立杆段。

4）模板支撑架立杆计算长度

$$l_0 = k\mu(h + 2a) \quad (10\text{-}23)$$

式中：h——步距；

a——立杆伸出顶层水平杆长度，可按650mm取值；当 $a=200$mm 时，取 $a=650$mm 对应承载力的1.2倍；当 200mm＜a＜650mm 时，承载力可按线性插入；

μ——立杆计算长度系数，步距为0.6m、1.0m、1.2m、1.5m 时，取1.1；步距为1.8m、2.0m 时，取1.0；

k——立杆计算长度附加系数，按表10.13采用。

表 10.13 模板支撑架立杆计算长度附加系数

架体搭设高度 H（m）	H≤8	8＜H≤10	10＜H≤20	20＜H≤30
k	1.155	1.185	1.217	1.291

注：当验算立杆允许长细比时，取 $k = 1$。

5）当模板支撑架设置门洞时

其验算方法按照《建筑施工碗扣式钢管脚手架安全技术规范》执行。

6. 地基基础计算

（1）脚手架立杆地基承载力应按式（10-24）计算：

$$\frac{N}{A_g} \leqslant \gamma_u f_a \quad (10\text{-}24)$$

式中：N——立杆的轴向压力设计值；分别按式（10-19）～式（10-22）等计算；

A_g——立杆基础底面面积（mm²），当基础底面面积大于 0.3m² 时，计算所采用的取值不超过 0.3m²；

γ_u——永久荷载和可变荷载分项系数加权平均值，当按永久荷载控制组合时，取 1.363；当按可变荷载控制组合时，取 1.254；

f_a——修正后的地基承载力特征值（MPa）。

（2）修正后的地基承载力特征值应按下式计算：

$$f_a = m_f f_{ak} \tag{10-25}$$

式中：m_f——地基承载力修正系数，参照规范《建筑施工碗扣式钢管脚手架安全技术规范》；

f_{ak}——地基承载力特征值，/可由荷载试验、其他原位测试、公式计算或结合工程实践经验按地质勘查报告提供的数据选用等方法综合确定。

任务 10.3 工程检算案例

10.3.1 工程概况

1. 结构形式

宋家堡安宁和双线特大桥 3#墩～6#墩台（36+64+36）m 预应力混凝土连续梁跨安宁河，全长 137.55m。该桥为成昆铁路复线客货共线铁路桥，梁体为单箱单室、变高度、变截面结构，梁顶面宽度 11.9m。其中边跨现浇段长度 3.65m，顶宽 12.2m，底宽 6.4m，中心梁高 2.9m，3#墩和 6#台高分别为 17m 和 3.5m；腹板厚度 54～70cm，底板和顶板厚 42～35cm；施工支架及平台采用碗扣支架，支架立杆纵横间距 60cm×60cm，腹板尺寸为 60cm×30cm，步距为 120cm，上面横向布设 15cm×15cm 大方木，纵向铺设 10cm×10cm 小方木，在腹板下间距为 20cm，箱室底板下为 25cm，并用可调 U 形托调整底板标高，最后顶面铺设 15mm 厚胶合板作为底模；外侧用 4cm 厚木板各铺设 0.9m 宽的作业过道和工作平台，整个支架每 4～6 排纵横交叉设置剪刀撑，剪刀撑采用扣件和普通钢管，支架下支垫枕木。箱梁横截面如图 10.6 所示。

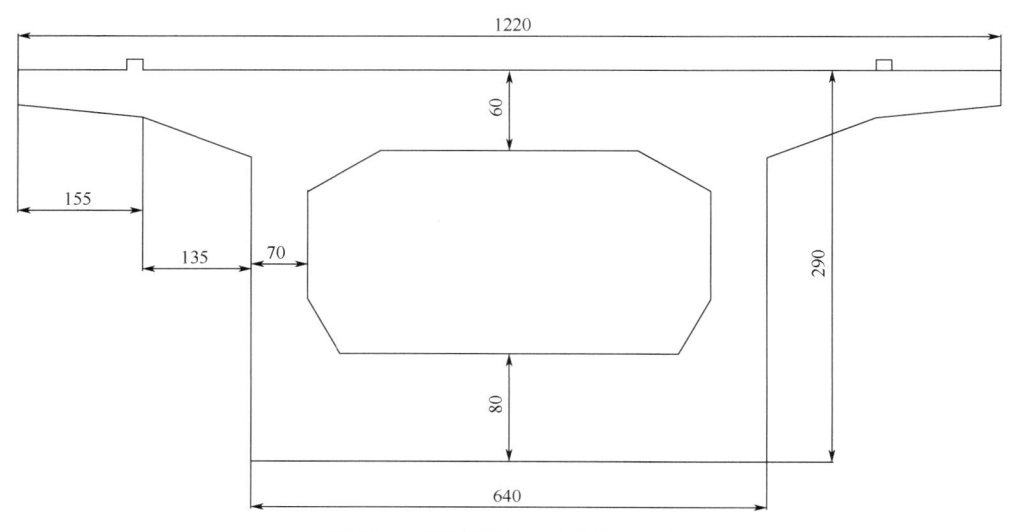

图 10.6 箱梁横截面（单位：cm）

2. 材料参数

材料参数如表 10.14 所示。

表 10.14 材料参数

材料名称	截面尺寸（mm）	壁厚（mm）	强度（MPa）	弹性模量（MPa）	惯性矩（mm^4）	抵抗矩（mm^3）	回转半径（mm）
竹胶板	——	15	27	10000	281250	37500	——
大方木	15×15	——	13	10000	42187500	5625000	——
小方木	10×10	——	13	10000	8333333	166666.7	——
钢管	48.3	3.5	205	2.06×10^5	12.43×10^4	5.15×10^3	15.9

3．荷载

（1）隔板及腹板区：（h=2.9m）P_1=75.4kPa
（2）箱室顶底板：（h=1.4m）P_2=36.4kPa
（3）胶合板 P_3=0.3kPa
（4）内模及支撑 P_4=2.2kPa
（5）外模及支撑 P_5=1.8kPa
（6）10cm×10cm 方木：P_6=0.8kPa
（7）15cm×15cm 方木：P_7=0.4kPa
（8）碗扣支架：P_8=4kPa
（9）砼施工倾倒荷载：P_9=2.0kPa
（10）砼施工振捣荷载：P_{10}=2.0kPa
（11）施工机具和人员荷载：P_{11}=2.5kPa

10.3.2 相关计算

1）腹板和隔板区

（1）竹胶板底模。腹板最大宽度为 70cm，高度为 2.9m，底模板采用 15mm 厚胶合板，下设 10cm×10cm 小方木，间距为 20cm，支撑在墩顶上，则胶合板所受荷载组合为（安全系数取 1.3）：

$P_J=(P_1+P_3+P_4+P_9+P_{10}+P_{11})\times1.3=(75.4+0.3+2.2+2.0+2.0+2.5)\times1.3=109.7(\text{kPa})$

转换为竹胶合板每米横向线荷载：q =109.7(kN/m)

竹胶合板力学性能指标取值如下：

$[\sigma]$ = 27MPa，$[\tau]$ =1.5MPa，E =10000MPa。竹胶合板厚度选用 15mm，每 1m 宽竹胶合板的力学性能指标如下：

$I = \dfrac{1}{12}bh^3 = \dfrac{1}{12}\times1000\times15^3 = 281250(\text{mm}^4)$

$W = \dfrac{1}{6}bh^2 = \dfrac{1}{6}\times1000\times15^2 = 37500(\text{mm}^3)$

胶合板计算跨度取 10cm（取两方木边到边的距离）。

按照简支梁计算胶合板：

$$M_{\max} = \frac{1}{8}ql^2 = \frac{1}{8} \times 109.7 \times 0.1^2 = 0.14(\text{kN} \cdot \text{m})$$

$$Q_{\max} = \frac{1}{2}ql = \frac{1}{2} \times 109.7 \times 0.1 = 5.49(\text{kN})$$

$$\sigma_{\max} = \frac{M_{\max}}{W} = \frac{140000}{37500} = 3.73(\text{MPa}) < [\sigma] = 27(\text{MPa}) \quad （可）$$

$$\tau_{\max} = \frac{Q_{\max} \times S}{I \times b} = \frac{Q_{\max} \times \frac{1}{8}bh^2}{\frac{1}{12}bh^3 \times b} = \frac{3}{2}\frac{Q_{\max}}{bh} = \frac{1.5 \times 5490}{100 \times 100} = 0.82(\text{MPa}) < [\tau] = 1.5(\text{MPa}) \quad （可）$$

$$\omega_{\max} = \frac{5ql^4}{384EI} = \frac{5 \times 109.7 \times 100^4}{384 \times 10000 \times 281250} = 0.05(\text{mm}) < \frac{l}{400} = 0.25(\text{mm}) \quad （可）$$

（2）胶合板下 10cm×10cm 小方木。间距为 20cm，腹板下为横向 15cm×15cm 大方木，间距为 60cm，方木所受的荷载组合为（安全系数取 1.3）：

$P_X = (P_1+P_3+P_4+P_5+P_6+P_9+P_{10}+P_{11}) \times 1.3 = (75.4+0.3+2.2+1.8+0.8+2.0+2.0+2.5) \times 1.3 = 113.1(\text{kPa})$

转换为方木线荷载：$q = 113.1 \times 0.2 = 22.62(\text{kN/m})$

10cm×10cm 方木采用油松，其力学指标如下：

$[\sigma] = 12\text{MPa}$，$[\tau] = 1.3\text{MPa}$，$E = 9000\text{MPa}$，截面几何力学特性计算如下：

$$I = \frac{1}{12}bh^3 = \frac{1}{12} \times 100 \times 100^3 = 8.33 \times 10^6 (\text{mm}^4)$$

$$W = \frac{1}{6}bh^2 = \frac{1}{6} \times 100 \times 100^2 = 1.67 \times 10^5 (\text{mm}^3)$$

方木长 4m，按照四等跨连续梁计算：

$$M_{\max} = K_m ql^2 = 0.107 \times 22.62 \times 0.6^2 = 0.87(\text{kN} \cdot \text{m})$$

$$Q_{\max} = K_Q ql = 0.607 \times 22.62 \times 0.6 = 8.24(\text{kN})$$

$$\sigma_{\max} = \frac{M_{\max}}{W} = \frac{870000}{1.67 \times 10^5} = 5.2(\text{MPa}) \quad （可）$$

$$\tau_{\max} = \frac{Q_{\max} \times S}{I \times b} = \frac{Q_{\max} \times \frac{1}{8}bh^2}{\frac{1}{12}bh^3 \times b} = \frac{3}{2}\frac{Q_{\max}}{bh} = \frac{1.5 \times 8240}{100 \times 100} = 1.23(\text{MPa}) \quad （可）$$

$$\omega_{\max} = K_w \frac{ql^4}{100EI} = 0.623 \times \frac{22.62 \times 600^4}{100 \times 9000 \times 8.33 \times 10^6} = 0.24(\text{mm}) < \frac{l}{400} = 1.5(\text{mm}) \quad （可）$$

（3）15cm×15cm 方木间距为 60cm，下为碗口支架，间距为 60cm×30cm，每根方木所受荷载组合为（安全系数为 1.3）：

$P_d = (P_1+P_3+P_4+P_5+P_6+P_7+P_9+P_{10}+P_{11}) \times 1.3 = (75.4+0.3+2.2+1.8+0.8+0.4+2.0+2.0+2.5) \times 1.3 = 113.62(\text{kPa})$

转换为线荷载 $q = 113.62 \times 0.6 = 68.17(\text{kN/m})$

15cm×15cm 方木采用油松，其力学性能指标如下：

$[\sigma] = 12\text{MPa}$，$[\tau] = 1.3\text{MPa}$，$E = 9000\text{MPa}$，截面力学特性计算如下所示：

$$I = \frac{1}{12}bh^3 = \frac{1}{12} \times 150 \times 150^3 = 42187500(\text{mm}^4)$$

15cm×15cm 下碗扣式支架横向间距 30cm，按四等跨连续梁计算。

$$M_{\max} = K_m q l^2 = 0.107 \times 68.17 \times 0.3^2 = 0.66(\text{kN}\cdot\text{m})$$

$$Q_{\max} = K_Q q l = 0.607 \times 68.17 \times 0.3 = 12.41(\text{kN})$$

$$\sigma_{\max} = \frac{M_{\max}}{W} = \frac{660000}{562500} = 1.17 \text{Mpa} < [\sigma] = 12(\text{MPa}) \quad （可）$$

$$\tau_{\max} = \frac{Q_{\max} \times S}{I \times b} = \frac{Q_{\max} \times \frac{1}{8}bh^2}{\frac{1}{12}bh^3 \times b} = \frac{3}{2}\frac{Q_{\max}}{bh} = \frac{1.5 \times 12410}{150 \times 150} = 0.83(\text{MPa}) < [\tau] = 1.3(\text{MPa}) \quad （可）$$

$$\omega_{\max} = K_w \frac{ql^4}{100EI} = 0.632 \times \frac{68.17 \times 300^4}{100 \times 9000 \times 42187500} = 0.01(\text{mm}) < \frac{l}{400} = 0.75(\text{mm}) \quad （可）$$

（4）腹板下立杆计算。

可变荷载控制时荷载组合：

$$P_j' = \left[1.2 \times (P_1 + P_3 + P_4 + P_5 + P_6 + P_7 + P_8) + 1.4 \times (P_9 + P_{10} + P_{11})\right] = 111(\text{kPa})$$

永久荷载控制时荷载组合：

$$P_j = \left[1.35 \times (P_1 + P_3 + P_4 + P_5 + P_6 + P_7 + P_8) + 1.4 \times 0.7 \times (P_9 + P_{10} + P_{11})\right] = 121(\text{kPa})$$

可见永久荷载控制下荷载组合最大。

每根立杆承受的竖向荷载：$N = 121 \times 0.6 \times 0.3 = 21.8(\text{kN}\cdot\text{m})$

立杆间距为 0.6m×0.3m，步距为 1.2m，采用钢筋规格为 ϕ48.3×3.5，回转半径 i=15.9mm。

$$l_0 = k\mu(h + 2a) = 1.155 \times 1.1 \times (1.2 + 2 \times 0.65) = 3.17(\text{m})$$

$$\lambda = \frac{l_0}{i} = \frac{3170}{15.9} = 199.4$$

强度及计算：$\sigma = \dfrac{N}{A} = \dfrac{21800}{4.93 \times 10^2} = 44.2(\text{MPa}) < 300(\text{MPa}) \quad （可）$

查《建筑施工碗扣式钢管脚手架安全技术规范》附表可知安全系数 $\phi = 0.182$。

稳定性验算：$\sigma = \dfrac{N}{\phi A} = \dfrac{21800}{0.182 \times 4.93 \times 10^2} = 242.3(\text{MPa}) < 300(\text{MPa}) \quad （可）$

2）箱室底板区

（1）胶合板计算：

箱室底板最大厚度为 80cm，顶板最大厚度为 60cm，底板采用 15mm 厚竹胶合板，下设 10cm×10cm 方木，间距为 25cm，立杆间距为 60cm×60cm，胶合板所受荷载组合为（安全系数取 1.3）：

P_j=1.3×(P_2+P_3+P_4+P_9+P_{10}+P_{11})=1.3×(36.4+0.3+2.2+2+2+2.5)=59(kPa)

1m 宽胶合板所受的线荷载为：Q_j=59(kN/m)，计算跨径选取 15cm，按照简支梁计算：

$$I = \frac{1}{12}bh^3 = \frac{1}{12} \times 1000 \times 15^3 = 281250(\text{mm}^4)$$

$$W = \frac{I}{h/2} = \frac{2 \times 281250}{15} = 37500(\text{mm}^3)$$

$$M_{\max} = \frac{1}{8}ql^2 = \frac{1}{8} \times 59 \times 0.15^2 = 0.17(\text{kN}\cdot\text{m})$$

$$Q_{\max} = \frac{1}{2}ql = \frac{1}{2} \times 59 \times 0.15 = 4.4 \text{(kN)}$$

$$\sigma_{\max} = \frac{M_{\max}}{W} = \frac{170 \times 10^3}{37500} = 4.53\text{(MPa)} < [\sigma] = 27\text{(MPa)} \quad （可）$$

$$\tau_{\max} = \frac{Q_{\max} \times S}{I \times b} = \frac{3}{2} \times \frac{Q_{\max}}{A} = \frac{3}{2} \times \frac{4400}{1000 \times 15} = 0.44\text{(MPa)} < [\tau] = 1.5\text{(MPa)} \quad （可）$$

$$w_{\max} = \frac{5ql^4}{384EI} = \frac{5 \times 59 \times 150^4}{384 \times 10000 \times 281250} = 0.14\text{(mm)} < \frac{l}{400} = 0.38\text{(mm)} \quad （可）$$

（2）纵向方木：

纵向方木间距为 10cm×10cm，其下为 15cm×15cm 横向方木，立杆间距为 60cm，方木所受荷载组合为（安全系数 1.3）：

P_x=1.3×(P_2+P_3+P_4+P_5+P_6+P_9+P_{10}+P_{11})=1.3×(36.4+0.3+2.2+1.8+0.8+2.0+2.0+2.5)=62.4(kPa)

转换为线荷载：q=62.4×0.25=15.6(kN/m)

10cm×10cm 方木截面特性：

$$I = \frac{1}{12}bh^3 = \frac{1}{12} \times 100 \times 100^3 = 8.33 \times 10^6 \text{(mm}^4\text{)}$$

$$W = \frac{1}{6}bh^2 = \frac{1}{6} \times 100 \times 100^2 = 1.67 \times 10^5 \text{(mm}^3\text{)}$$

10cm×10cm 方木按照四跨连续梁计算：

$$M_{\max} = kql^2 = 0.107 \times 15.6 \times 0.6^2 = 0.6\text{(kN·m)}$$

$$Q_{\max} = kql = 0.607 \times 15.6 \times 0.6 = 5.7\text{(kN)}$$

$$\sigma_{\max} = \frac{M_{\max}}{W} = \frac{0.6 \times 10^6}{1.67 \times 10^5} = 3.6\text{(kPa)} < [\sigma] = 12\text{(kPa)} \quad （可）$$

$$\tau_{\max} = \frac{Q_{\max} \times S}{I \times b} = \frac{3}{2}\frac{Q_{\max}}{A} = \frac{1.5 \times 5700}{100 \times 100} = 0.9\text{(kPa)} < [\tau] = 1.3\text{(kPa)} \quad （可）$$

$$w_{\max} = k\frac{ql^4}{100EI} = 0.632 \times \frac{15.6 \times 600^4}{100 \times 9000 \times 8.33 \times 10^6} = 0.2\text{(mm)} < \frac{l}{400} = 1.5\text{(mm)} \quad （可）$$

（3）横向方木：

方木间距为 15cm×15cm，下为碗口支架，间距为 60cm，每根方木所受荷载组合为（安全系数为 1.3）：

P=1.3×(P_2+P_3+P_4+P_5+P_6+P_7+P_9+P_{10}+P_{11})=1.3×(36.4+0.3+2.2+1.8+0.8+0.4+2+2+2.5)=62.9(kPa)

转换为线荷载 q=62.9×0.6=37.7(kN/m)

15cm×15cm 方木力学特性：

$$I = \frac{1}{12}bh^3 = \frac{1}{12} \times 150 \times 150^3 = 42187500 \text{(mm}^4\text{)}$$

$$W = \frac{1}{6}bh^2 = \frac{1}{6} \times 150 \times 150^2 = 562500 \text{(mm}^3\text{)}$$

按照三跨连续梁计算：

$$M_{\max} = kql^2 = 0.1 \times 37.7 \times 0.6^2 = 1.4\text{(kN·m)}$$

$$Q_{\max} = kql = 0.6 \times 37.7 \times 0.6 = 13.6\text{(kN)}$$

$$\sigma_{max} = \frac{M_{max}}{W} = \frac{660000}{562500} = 1.17(\text{MPa}) < [\sigma] = 12(\text{MPa}) \quad (可)$$

$$\tau_{max} = \frac{Q_{max} \times S}{I \times b} = \frac{3}{2} \times \frac{Q_{max}}{A} = \frac{1.5 \times 13600}{150 \times 150} = 0.9(\text{MPa}) < [\tau] = 1.3(\text{MPa}) \quad (可)$$

$$w_{max} = k\frac{ql^4}{100EI} = 0.677 \times \frac{37.7 \times 600^4}{100 \times 9000 \times 42187500} = 0.1(\text{mm}) < \frac{l}{400} = 1.5(\text{mm}) \quad (可)$$

（4）底板立杆承载力计算：
可变荷载控制时的荷载组合：
$$P_j = \left[1.2 \times (P_2 + P_3 + P_4 + P_5 + P_6 + P_7 + P_8) + 1.4 \times (P_9 + P_{10} + P_{11})\right] = 64.2(\text{kPa})$$

永久荷载控制时的荷载组合：
$$P_j = \left[1.35 \times (P_2 + P_3 + P_4 + P_5 + P_6 + P_7 + P_8) + 1.4 \times 0.7 \times (P_9 + P_{10} + P_{11})\right] = 69.7(\text{kPa})$$

取永久荷载控制的荷载组合。
底板下立杆最大轴向压力：$N = 69.7 \times 0.6 \times 0.6 = 25(\text{kN})$
立杆间距为0.6m，步距为1.2m，采用钢材规格为$\phi 48.3 \times 3.5$，回转半径$i = 15.9(\text{mm})$
$$l_0 = k\mu(h + 2a) = 1.155 \times 1.1 \times (1.2 + 2 \times 0.65) = 3.17(\text{m})$$
$$\lambda = \frac{l_0}{i} = \frac{3170}{15.9} = 199.4$$

强度验算：$\sigma = \dfrac{N}{A} = \dfrac{25000}{4.93 \times 10^2} = 50.7(\text{MPa}) < 300(\text{MPa})$

稳定承载力验算：$\sigma = \dfrac{N}{\phi A} = \dfrac{25000}{0.182 \times 4.93 \times 10^2} = 278.6(\text{MPa}) < 300(\text{MPa})$

【小结】

（1）了解桥梁施工中常用的支架类型，掌握支架的主要作用。
（2）常用的桥梁支架按照构造不同，可分为立柱式支架（也叫满堂支架）、梁式支架、梁柱式支架。
（3）掌握碗扣式支架结构计算的基本步骤。
（4）应了解：支架结构计算应注重结构的合理简化，注意荷载的计算。

【操作与练习】

思考题

（1）支架的分类方式有哪几种？
（2）支架计算的荷载有哪些？
（3）支架设计的要点有哪些？
（4）支架验算内容有哪些？

（5）保证支架的稳定性的措施有哪些？

【课程信息化教学资源】

碗扣式支架基本知识　　碗扣式支架计算的基本项目　　支架概述　　碗扣式支架的设计计算

项目十一　钢便桥的设计与验算

项目描述

桥梁施工中，当设计桥位跨越河流或者沟谷时，为了方便施工机具和物资运输，常常会用到如临时钢便桥、支架或支墩、鹰架、托架、吊索塔架等辅助结构。本部分内容以典型的辅助结构钢便桥为例，介绍公路桥梁施工中常用的装配式钢便桥的设计与检算要点。

学习要求

（1）掌握常用钢便桥结构的类型、功能、优缺点。
（2）掌握钢便桥常备结构类型的选择、组装和使用方法。
（3）掌握钢便桥的结构形式、一般设计理论简算方法和制作、拼装、拆卸方法。
（4）掌握钢便桥计算方法和验算要点。

知识目标

掌握钢便桥常见的结构形式和组成，了解结构验算的基本步骤。

能力目标

了解钢便桥的基本结构特点，能进行钢便桥主梁、纵横梁的结构计算。

思政亮点

钢便桥是桥梁等跨水工程结构施工所搭设的大型临时设施，对辅助主体工程施工具有至关重要的作用。水下的管桩基础是便桥施工的难点，也是保证桥梁承载力的关键所在，与其相比，我们人生亦如此，打好基础是支撑发展的关键，但打牢基础却难上加难。在学校，知识的积累就是日后发展的基础，只有基础打得牢，在走上工作岗位后才能从容面对各种难题。所以，各位同学一定要发奋图强，努力学习，打牢自身发展基础。

任务 11.1　钢便桥概述

11.1.1　钢便桥的特点

公路桥梁施工中常用的钢便桥的主要结构形式为贝雷钢桥（也称装配式公路钢桥、组合钢桥），即由单销连接桁架单元作为桥跨结构主梁的下承式桥梁，如图 11.1 所示。其结构简单，适应性强、互换性好、拆装方便、架设速度较快、载重量大；主要用于架设单跨临时性桥梁，保障履带式荷载 500kN、轮胎式荷载 300kN（轴压力 130kN）以下的各种车辆通过江河、断桥、沟谷等障碍，并可用于抢修被破坏的桥梁，还可用于构筑施工塔架、支撑架、龙门架等多种装配式钢结构。

图 11.1　钢便桥

11.1.2　钢便桥的作用与安装要求

钢便桥是一种为工程施工和运输需要而修建的临时性桥梁。在山区跨越深沟山谷，或桥位处两岸的陆运与水运均不能满足施工和运输要求时，须修建施工钢便桥。钢便桥也可用于战时交通运输，抗震救灾、水毁等桥梁的应急抢修，浮桥架设，危桥加固等。

钢便桥结构简单、构件轻巧、拆装方便、造价低，用简单的工具和人力就能迅速建成，适用性强且用途广泛，但设计和安装时应保证安全、牢固，以满足工程施工和运输的要求。

11.1.3　钢便桥的组成与构造

钢便桥主要由桥面、折装梁、桁架式主梁（贝雷梁）、限位角钢、栏杆、横联等组成，如图 11.2 所示。

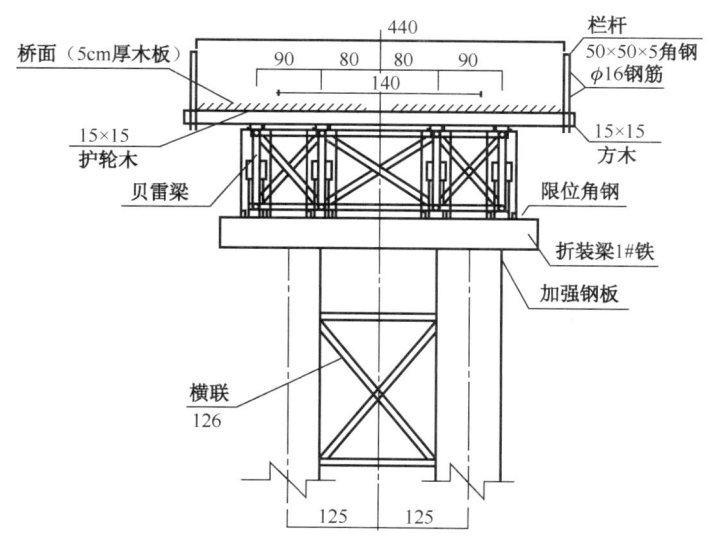

图 11.2　钢便桥构成图（长度单位：cm）

（1）钢便桥桥面常用木板、钢板铺装，也可加铺泥灰碎石，如图 11.3 所示。

图 11.3 桥面

（2）钢便桥桥面纵横梁由型钢和方木构成，方木或者型钢规格依据计算确定，如图 11.4 所示。

图 11.4 桥面纵横梁

（3）主梁主要由万能杆件、型钢或者贝雷梁（军用梁）、轨束梁、型钢梁或木材等构成，如图 11.5 所示。贝雷梁的结构如图 11.6 所示。

图 11.5 主梁

(a) 桁架单元

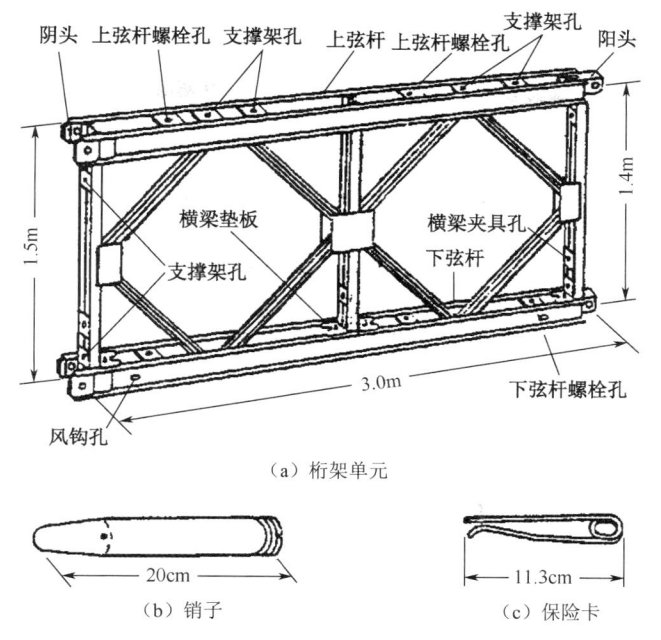

(b) 销子

(c) 保险卡

图 11.6 贝雷梁的结构

（4）钢便桥下部结构常采用明挖基础配合枕木垛或排架，或钢筋混凝土桩基础、钢管桩基础配合排架及钢塔架等，如图 11.7 所示。

图 11.7 钢便桥下部结构

（5）钢便桥常用的临时连接设备如图 11.8 所示。

图 11.8 常用的临时连接设备

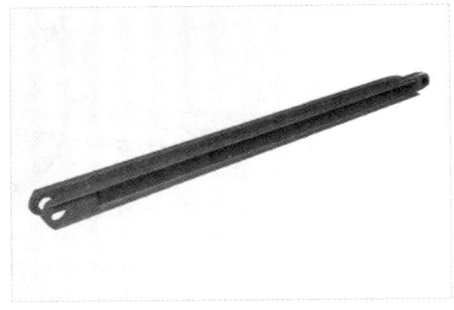

图 11.8　常用的临时连接设备（续）

任务 11.2　钢便桥的设计及计算

11.2.1　钢便桥的设计

1. 纵断面设计

（1）总长度：更加现场地址、地形和水文条件确定便桥长度。
（2）分孔：根据地形、水文条件、本单位实际情况，经济情况，综合选择孔跨布置形式。
（3）桥梁高度：地形坡度，水文，通行能力等因素考虑。
（4）桥下净空高度：根据地址，水文和行车方便安全性综合考虑。
（5）建筑高度：根据跨径，建筑材料力学性能、通航要求等。

2. 横断面设计

（1）桥梁宽度：一般视栈桥长度，运输量和走行机具车辆的规格来确定，各类便桥均应保证有足够的宽度，并设置工作人员的安全往返通道。
（2）主梁类型与片数拟定：根据桥梁跨度和主梁材料几何尺寸及力学性能综合拟定。
（3）桥墩横行间距与根数：根据桥梁跨度和主梁支点反力，以及桥墩材料力学性能考虑。

11.2.2　钢便桥的计算

钢便桥的计算包括贝雷梁、支墩及帽梁的计算等，基于荷载传递过程的力学分析计算。

1. 计算荷载

① 恒载：桥面自重，包括枕木、方木、走行道板，可按均布荷载计算。主梁自重，当为万能杆件时，可取 $9kN/m^2$，再化为线荷载。当主梁为型钢、军用梁或轨束梁时，均可查相关表格，获得材料的单位长度重量后再进行计算。

② 活载：分别计算竖向活载和水平活载。其中竖向活载包括小平车、牵引车或吊机的自重加上最大载重或吊重产生的轮压。施工活载通常按 $2kN/m^2$ 计，并化为线荷载。而水平荷载包括作用在小车、吊车及其装载物上各部分挡风面积上的风力所产生的轮压，这时应考

虑水平冲击力。

（2）荷载组合=恒荷载+$(1+\mu)$可变荷载

其中：μ为冲击系数，通常取 1.2。

（3）计算简图。便桥的上部结构与下部结构的连接通常比较简单，如主梁与排架墩的帽梁之间并不设支座连接，而是将主梁直接支撑在帽梁上，故对主梁进行计算时应视实际情况将构件之间的约束进行合理的简化。当单跨主梁为工字钢、轨束梁时应按简支构件计算，视最不利情况计算其所受荷载；当主梁为军用梁、万能杆件组装而成桁架，计算桁架各杆件轴向压力时，为简化计算，可按平面桁架计。图 11.9 所示为一简支桁架的计算简图。计算上弦杆轴向压力时，由于枕木或方木不一定放在桁架节点上，其连续梁的反力按单跨简支梁计算，如桥面荷载引起的某一点反力 R_i，其节点反力 R_i 即为桁架的节点荷载 P（图 11.9）。至于弦杆的其他内力（弯矩、剪力），严格讲，由于上弦杆的截面加强以将上弦杆各节点连成整体，故应按多跨连续梁计算如图 11.9（b）所示。但为简化计算，仍按每节间为简支梁计算。这样偏于安全。

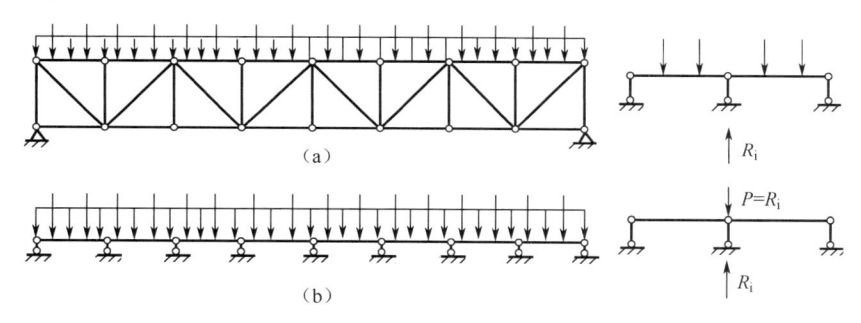

图 11.9　桁架计算简图

（4）内力的计算。对于简支桁架梁，在恒载作用下，可将恒载化为节点荷载（如图 11.10 所示）。计算出各杆件的轴向压力。在活载作用下，先画出在单位力作用下各杆件的内力影响线，再根据走行设备的轮距、轮数、排列形式，计算出各种活载作用下的轮压（注意风荷载应考虑桁架按一边加压，一边减压计算），然后确定轮压荷载布置的最不利位置，求出各杆在活载作用下的内力，最后叠加各杆在恒载和活载作用下的内力即可。

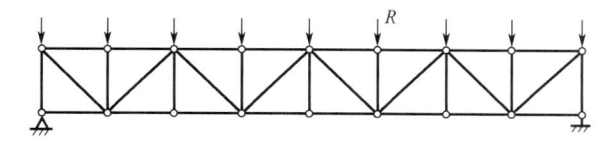

图 11.10　简支桁架计算简图

对于连续桁架梁，如图 11.11 所示的两孔一联的桁架梁，外部为一次超静定，要计算超静定桁架在活载作用下的内力，可按结构力学中的方法进行。先画出多余未知力的影响线，再画出各杆的内力影响线。如要计算某一杆件在恒载作用下的内力，先将各种恒载化为节点荷载，再将各节点荷载数值乘以该杆影响线对应的纵坐标值即为所求。如要计算某一杆件在活载作用下的内力，先将各种活载作用下产生的轮压反力值求出，再将轮压按最不利位置求出该杆内力即为最后结果。跨度较小时可以按照型钢梁计算方法，按照受弯构件计算。

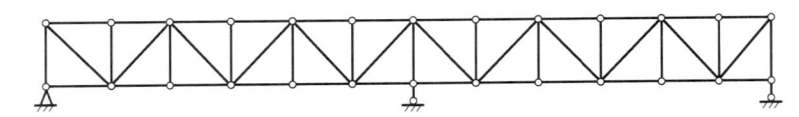

图 11.11　连续桁架计算简图

(5) 截面选择：
① 有的桁架上弦端杆为纯弯曲杆件（轴向压力为零），应按受弯构件计算。
② 上弦各杆在桁架平面内的计算属于压弯（偏心受压）构件。因为整个上弦有正负弯矩，所以应按压弯构件计算。上弦杆平面外的计算按轴心受压构架计算。
③ 腹杆属于轴心受压或受拉构件。
④ 下弦杆一般为轴心受拉构件。

2. 桥面应力的计算

按照受弯构件计算，如式（11-1）所示：

$$\sigma_{max} = \frac{M_{max}}{W} \leqslant [\sigma] \qquad (11\text{-}1)$$

式（11-1）也用于计算纵横梁、主梁及帽梁的应力。

3. 桥墩基础计算

按照轴心受压构件计算：

$$\sigma = \frac{N}{A} \leqslant [\sigma] \qquad (11\text{-}2)$$

11.2.3　计算实例

钢便桥的主梁无论是采用拆装式钢桁梁杆件还是万能杆件，一般都可在满铺的枕木垛上或临时增设的支墩上进行，水深处也可采用悬臂拼装。此时应尽量降低悬臂端部杆件的应力，如将某些杆件暂不安装，控制施工活载数值，特别是拼装到最后一、二个节点时，更应控制施工活载的最小值。当下弦杆到达支墩时，立即将支点锁定，然后再拼上弦杆及端竖杆。采用悬臂拼装，应检算最大伸臂长度，支撑处上弦杆的应力和下弦杆处的应力，以决定是否需要临时加固。除上述计算外，还须做倾覆计算，以保证稳定系数大于 1.3，若不能满足，则须增加压重；做施工挠度计算，控制施工挠度不能超过限值，避免挠度过大引起杆件次应力增加。计算方法因多种相关文献均有阐述，此处不再赘述。

11.2.4　钢便桥的结构计算

1. 钢便桥结构概述

某桥梁结构形式为 5 跨钢便桥，桥面净宽 4.5m，跨径为 9m+10m+16m+10m+9m，钢便桥全长 54m。

桥墩基础采用外径为 480mm 的钢管桩（壁厚 8mm），每墩矩形设置 6 根钢管桩，横向每排设置 3 根钢管桩，中心间距为 2.45m。纵向设置 2 排钢管桩，中心间距为 1m，河中墩桩长 15.5m，台桩设置为单排 3 根钢管桩，岸上桩长 12m（8m）不等，入土深度为 8.0m。每一桥墩台处的钢管桩顶部采用双拼 I32B 工字钢作为横梁，与钢桩焊接牢固。横梁顶部两侧分别布置两片间距 45cm 的贝雷梁，两贝雷梁间每 3m 设置一道支撑片，中孔 16m 通航孔设置单层三排型贝雷梁，间距为 22.5cm。贝雷梁上设置 I32A 型工字钢，间距为 100cm：顶层纵向分配梁设间距 22cm 的 I14 型工字钢：顶层桥面板采用 10mm 厚钢板。

钢便桥设计荷载等级：公路-Ⅰ级。

钢便桥纵横向断面图如图 11.12 所示。

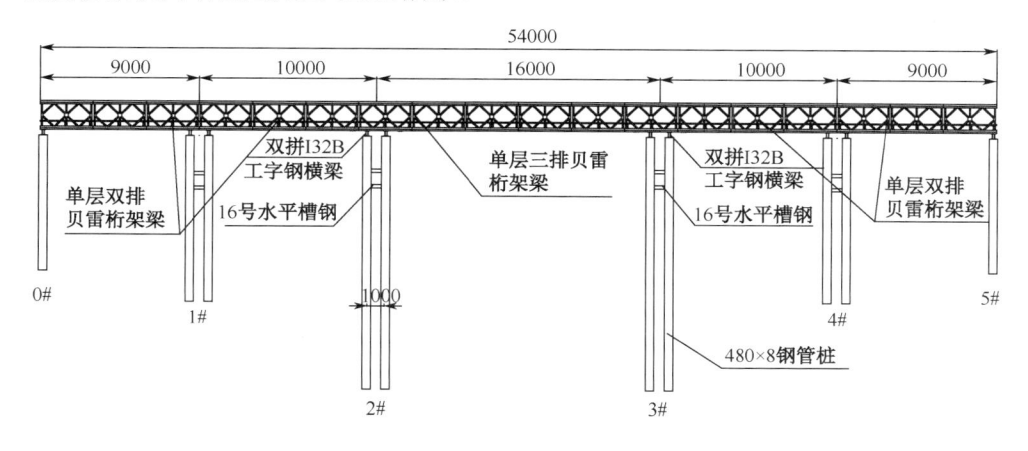

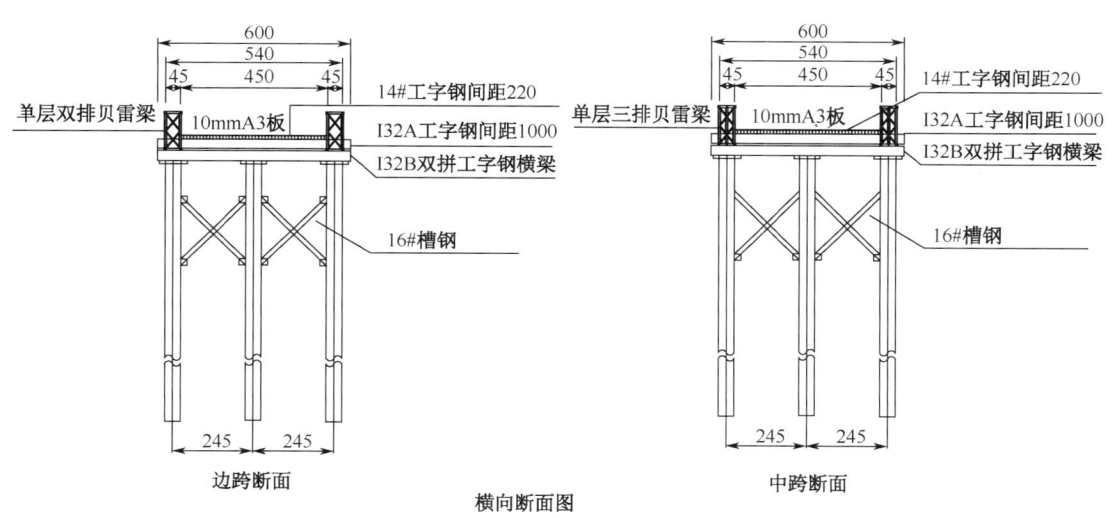

图 11.12　钢便桥纵横向断面图（长度单位：mm）

2．荷载参数

δ=10mm 桥面钢板：$54 \times 4.5 \times 0.01 \times 78.6 = 19.09$(T)

纵梁：Ⅰ14 工字钢 $54 \times 22 \times 16.89 = 200.65$(kN)

横梁：Ⅰ32A 型工字钢 $6 \times 54 \times 52.717 = 170.8$(kN)

盖梁：Ⅰ32B 型工字钢 $6 \times 20 \times 52.741 = 63.3(kN)$

$\phi 480$ 钢管桩：（δ=8mm）：$A = 118.6 cm^2$，$I = 33044.6 cm^4$，$i = 16.7 cm$

贝雷梁：

（1）贝雷片：便桥跨径组合为：9+10+16+10+9=54(m)，主跨通航孔上方贝雷片组采用单层三排贝雷组，边跨均采用单层双排贝雷组，共计 84 片，每片重 0.27T，总重 22.68T。

（2）支撑架：72 副，重 1.512T。

（3）销子：336 个，重 1.008T。

3．桩长的计算

主要计算中跨桥墩承载力：

恒载取中跨最大荷载，活载取 500kN，考虑 1.5 倍的荷载系数，（按照 2 墩，每墩 6 根桩承受最不利荷载）每根桩所承受的荷载如下。

1）恒载

单排三层贝雷梁自重：0.54×16=8.64(T)

横梁：0.316（每延米钢便桥）×16=5.06(T)

纵梁：0.372（每延米钢便桥）×16=5.945(T)

桥面钢板：0.354×16（每延米钢便桥）=5.664(T)

桩顶盖梁：8×6×0.05217=2.53(T)

合计：8.64+5.06+5.945+5.664+2.53=27.84T=278.4(kN)

2）活载

取最不利情况，500kN 全部作用至 1 个墩上。

P=(278.4/12+500/6)×1.5=159.8(kN)

取 P 作为钢管桩的承载力，从而确定桩承载力即 $[P] = 159.8 kN$。根据当地地质情况，极限摩擦阻力取 $\tau = 40 kPa$，查《路桥施工计算手册》可知承载力基本容许值 $[\sigma] = 140 kPa$。

$$[P] = 1/2 \left(u \sum_{i=1}^{n} a_i l_i \tau_{ik} + a_r A_p \sigma_{rk} \right)$$

式中：$u = 3.14 \times 0.48 = 1.508$，$A_p = \pi \times R^2 = 3.14 \times 0.24^2 = 0.181$。

再将 $a_i = 1$，$[P] = 1589.8$ 代入上式，可得 $L=4.6(m)$

考虑河床底部表层土质较差及冲刷影响，河床以下 2m 不计摩擦阻力，钢管桩入土深度取 6.5m，为增加安全系数，施工时桩长按 8m 控制。

钢管桩长：

若桥下净空按 4.5m，水深按 3m 考虑，钢管桩总长度为：8+3+4.5=15.5(m)

则水中 ϕ480mm 钢管桩取 15.5m 一根。岸上 ϕ480mm 钢管桩按实际净空加入土深度计算，实际施工时根据现场水深确定最终桩长。

4．钢管稳定性、承载力的计算

每根桩承受荷载 P=159.8kN

1）承载力验算

取荷载最大的工况进行计算，即荷载位于主墩时。

$$A_p = \pi \times R^2 = 3.14 \times 0.24^2 = 0.181(m^2)$$

$$\sigma = 1.4 \times \frac{N}{A} = 1.4 \times \frac{159.8 \times 10^3}{118.6 \times 10^2} = 18.86 Mpa < [\sigma] = 210(MPa)$$

所以钢管具备足够的内部强度。

2）稳定性验算

钢管受力高度为 7.5m，按 $h_0 = 7.5(m)$ 计算：

$A = 118.6(cm^2)$； $I = 33044.6(cm^4)$

钢管换算截面回转半径：

$$i = \sqrt{\frac{I}{A}} = 166.9(mm)$$

钢管长细比：按两端铰支撑，取调整系数 $k=1.0$。

$$\lambda = \frac{\mu h_0}{i} = \frac{1.0 \times 7500}{166.9} = 45$$

根据长细比查得立杆稳定系数 $\phi=0.937$。

钢管稳定承载力容许最大值：

$f = 210(MPa)$

$$N_{max} = \phi A f = 0.937 \times 118.6 \times 10^2 \times 210 = 2333.7(kN) > 工作状态下最大应力 159.8(kN)$$

承载力容许最大值远大于钢管工作应力，**钢管稳定性满足要求。**

5．纵横向工字钢强度的计算

（1）桩顶以上、贝雷梁以下盖梁双拼 I32B 型工字钢考虑受力方向基本为轴心受压，不必计算，故合格。

（2）横向 I32A 型工字钢验算：

I32A 工字钢截面惯性矩：$I = 11080.3(cm^4)$；

I32A 工字钢截面抵抗矩：$W = 692.5(cm^3)$；

I32A 工字钢腹板厚度：$\delta = 9.5(mm)$；

桥面横梁布置间距：$b = 1.0(m)$；

支点跨度：$l = 4.5(m)$；（取横梁最大跨径验算挠度，墩顶横梁最大跨度为 2.45m，故不予验算）；

容许剪应力：$[\tau] = 85(MPa)$；

容许弯曲应力：$[\sigma_w] = 145(MPa)$；

弹性模量：$E = 2.1 \times 10^5(MPa)$；

恒载：$q_1 = 7.0(kN)$（取上部分配梁及每延米钢板重量）；

活载：$q_2 = \frac{500}{4} = 125(kN)$；按 2 根横梁同时承担一个轴重活载；

换算均布荷载：

$$q = (q_1 \times i_{恒} + q_2 \times i_{活})/l = (7 \times 1.1 + 125 \times 1.2)/4.5 = 35.04(kN/m)$$

跨中最大弯矩：$M_{max} = \frac{1}{8} q l^2 = \frac{1}{8} \times 35.04 \times 4.5^2 = 88.70(kN \cdot m)$；

支座处最大剪力：$V_{\max} = \dfrac{ql}{2} = \dfrac{1}{2} \times 35.04 \times 4.5 = 78.84(\text{kN})$；

支座处总剪力值：
$$\tau_{\max} = \dfrac{V_{\max} \times S}{I \times \delta} = \dfrac{78.84 \times 475}{11080.3 \times 10} = 33.8(\text{MPa}) < [\tau] = 1.3 \times 85 = 110.5(\text{MPa}) \quad （安全）$$

弯矩正应力：
$$\sigma_{\max} = \dfrac{M_{\max}}{W} = \dfrac{88.7 \times 10^6}{692.5 \times 10^3} = 128.09(\text{MPa}) < [\sigma_w] = 1.3 \times 145 = 188.5(\text{MPa}) \quad （安全）$$

容许挠度：$[f] = \dfrac{l}{400} = \dfrac{4.5 \times 1000}{400} = 11.25(\text{mm})$

跨中挠度：
$$f = \dfrac{5ql^4}{384EI} = \dfrac{5 \times 35.04 \times (4.5 \times 10^3)^4}{384 \times 2.1 \times 10^5 \times 11080.3 \times 10^4} = 8(\text{mm}) < [f] = 11.25(\text{mm}) \quad （刚度满足要求）$$

（3）纵向 I14 型工字钢的相关计算。

工字钢数量：$n=22$(根)；

支点跨度：$l = 1.0(\text{m})$；

截面惯性矩：$I = 711.6(\text{cm}^4)$；

截面抵抗矩：$W = 101.7(\text{cm}^3)$；

中性轴的静矩：$S_x = 59.3(\text{cm}^3)$；

工字钢腹板厚度：$\delta = 5.5(\text{mm})$；

恒载：$q_1 = 3.00(\text{kN})$；

活载：$q_2 = 500(\text{kN})$；

换算成一根工字钢的均布荷载：

$q = (q_1 \times i_{恒} + q_2 \times i_{活})/1/6$

$= (3.00 \times 1.1 + 500 \times 1.2)/1/6 = 100.55(\text{kN/m})$

跨中最大弯矩：$M_{\max} = \dfrac{1}{8}ql^2 = \dfrac{1}{8} \times 100.55 \times 1^2 = 12.6(\text{kN}\cdot\text{m})$

支座处最大剪力：$V_{\max} = \dfrac{ql}{2} = \dfrac{1}{2} \times 100.55 \times 1 = 50.28(\text{kN})$

支座处总剪力值：
$$\tau_{\max} = \dfrac{V_{\max} \times S}{I \times \delta} = \dfrac{50.28 \times 10^3 \times 59.3 \times 10^3}{711.6 \times 10^4 \times 5.5} = 76.2(\text{MPa}) < [\tau] = 1.3 \times 85 = 110.5(\text{MPa}) \quad （安全）$$

弯矩正应力：
$$\sigma_{\max} = \dfrac{M_{\max}}{W} = \dfrac{12.6 \times 10^6}{101.7 \times 10^3} = 123.9(\text{MPa}) < [\sigma_w] = 1.3 \times 145 = 188.5(\text{MPa}) \quad （安全）$$

容许挠度：$[f] = l/400 = 1 \times 1000/400 = 2.5\text{mm}$；

跨中挠度：
$$f = \dfrac{5ql^4}{384EI} = \dfrac{5 \times 100.55 \times (1 \times 10^3)^4}{384 \times 2.1 \times 10^5 \times 711.6 \times 10^4} = 0.88(\text{mm}) < [f] = 2.5(\text{mm}) \quad （刚度满足要求）$$

6．主跨贝雷梁强度验算

（1）钢便桥主跨弯矩。

恒载：单排三层贝雷梁自重：0.27×6/3=0.54(T/m)

横梁：0.316(T/m)（按每米1根计算）

纵梁：0.372(T/m)

桥面钢板：0.354(T/m)

q=1.582(T/m)

活载：荷载按集中荷载取 50T，当活载作用在跨中时，便桥承受的荷载为最不利荷载。荷载冲击系数取 0.3，计算简图如图 11.13 所示。

$$M = \frac{ql^2}{8} + \frac{Pl}{4}$$
$$= \frac{1.582 \times 16^2}{8} + \frac{50 \times 16 \times 1.3}{4}$$
$$= 310.6(T)$$

根据表 11.1，单层三排结构容许弯矩[M]=224.6×2=449.2(T·m)，M=310.6(T·m)＜[M]=449.2(T·m)（安全）

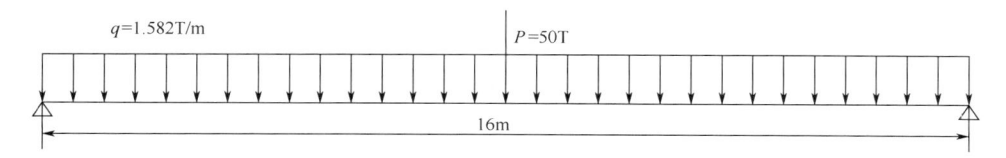

图 11.13 计算简图

（2）实际剪力计算：
$$Q = k(p+ql)/2 = 1.2 \times (50+1.582 \times 16)/2 = 45.2(T)$$

[Q]=69.8＞Q=45.2(T)（**剪力满足要求**）

（3）挠度计算：

[f] = l/400 = 16000/400 = 40(mm)

$$f = \frac{5ql^4}{384EI} + \frac{pl^3}{48EI} = \frac{5 \times 15.82 \times 16^4 \times 10^{12}}{384 \times 2.1 \times 10^5 \times 2328964.8 \times 10^4} + \frac{500 \times 10^3 \times 16^3 \times 10^9}{48 \times 2.1 \times 10^5 \times 2328964.8 \times 10^4} = 11.5(mm)$$

[f]＞f（挠度满足要求）

桁架结构容许内力表如表 11.1 所示。

表 11.1 桁架结构容许内力表

结构型式	标准结构型					加强结构型				
	单排单层	双排单层	三排单层	双排双层	三排双层	单排单层	双排单层	三排单层	双排双层	三排双层
	SS	DS	TS	DD	TD	SSR	DSR	TSR	DDR	TDR
弯矩（kN·m）	788	1576	2246	3265	4653	1687	3375	4809	6750	9618
剪力（kN）	245	490	698	490	698	245	490	698	490	698

【小结】

（1）了解钢便桥（贝雷钢桥）的特点和类型。

（2）钢便桥主要由桥面、折装梁、桁架式主梁（贝雷梁）、限位角钢、栏杆、横联等组成。

（3）常用的桁架单元 3m 一节，其主要由上下弦杆、腹杆组成。

【操作与练习】

（1）钢便桥的类型有哪些？
（2）钢便桥承载力验收的内容是什么？
（3）钢便桥主梁的类型有哪些？
（4）钢便桥稳定性验收的内容是什么？
（5）贝雷梁的规格有那些？

【课程信息化教学资源】

钢便桥计算实例1　　钢便桥计算实例2　　钢便桥设计及计算要点　　钢便桥概述

项目十二　钢板桩设计

项目描述

为保证地下结构施工及基坑周边环境的安全，需要对基坑侧壁及周边环境进行必要的支护，其中钢板桩是常用的一种深基坑支护方式，其结构形式为带有缩口的一种型钢，截面有直板形、槽形及Z形等，有各种大小尺寸及联锁形式。使用时将其打入土层后和必要的支撑或拉锚体系组成钢板桩支护结构，抵抗水、土压力确保地下工程的施工安全。

学习要求

（1）了解钢板桩的概念、类型和优缺点。
（2）掌握常见的钢板桩支护结构形式。
（3）掌握钢板桩设计检算要点。

知识目标

了解钢板桩的基本概念、类型和结构形式，掌握钢板桩的支护方式。

能力目标

能掌握钢板桩的基本组成特点，能识别钢板桩的支护结构形式。

思政亮点

钢板桩是在深基坑开挖时打入地下，以抵抗土层和水所产生的水平压力，并依靠与土层的水平阻力和钢板桩上部的拉锚或支撑来保持其稳定的施工临时设施。从钢板桩的受力分析来看，人生也有很多类似之处。要努力使自己把根扎牢，通过不断学习、埋头苦干、提升自我来应对工作和生活上的各种压力，在平凡中铸就非凡人生；要学会团队协作和依靠外界的帮助，来完成社会赋予的使命任务。现代社会没有任何一个人、任何一件事是孤岛，都有其外在的联系。因此，社会的发展是越来越需要具有团队精神的人，同时也需要我们善于借助外界的帮助来盘活事业发展，齐心协力干大事、干成事。

任务 12.1　钢板桩概述

12.1.1　钢板桩的概念

钢板桩（Steel sheet piling）是一种带锁口或钳口的热轧（或冷弯）型钢，靠锁口或钳口相互连接咬合,形成连续的钢板桩墙,用来挡土和挡水;具有强度高,容易打入坚硬土层;可在深水中施工,必要时加斜支撑成为一个围笼。防水性能好;能按需要组成各种外形的围堰,并可多次重复使用,其适用范围为深水或深基坑,流速较大的砂类土、黏性土、碎石土及风化岩等坚硬河床。

钢板桩断面形式很多,英、法、德、美、日本、卢森堡、印度等国的钢铁集团都制定有各自的规格标准。常用的钢板桩截面形式有 U 型、Z 型、直线型及组合型等,参见图 12.1。

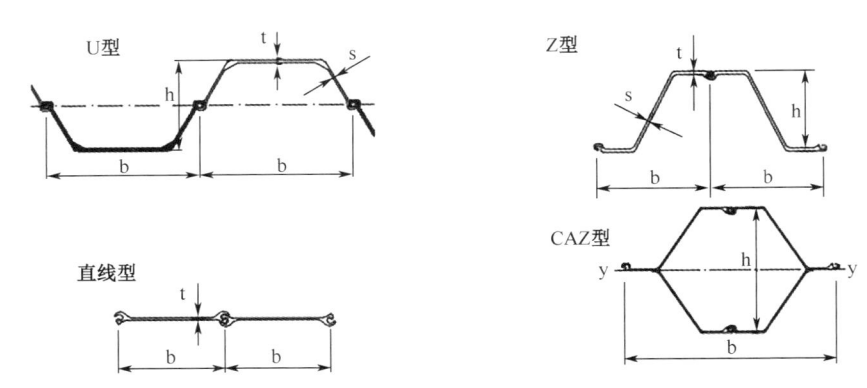

图 12.1 常用钢板桩截面形式

图 12.2 钢板桩围堰

由于种种原因,以前我国国内生产钢板桩规格很少,仅鞍钢等少数钢厂生产过小规格的"拉森"式(U 型)钢板桩,在沿海地区港口工程中多使用日本、卢森堡等国钢铁集团生产的钢板桩,而进口钢板桩的价格较高,这些因素都限制了在我国国内钢板桩的大规模应用。近年来随着国民经济的高速发展,国内各种建设项目钢板桩的用量逐年递增,钢板桩应用水平也在不断提高,带动了钢板桩行业的发展。为此在 2007 年,由中国钢铁工业协会牵头,制定了国内热轧 U 型钢板桩标准《热轧 U 型钢板桩》,为大力推广国产钢板桩的生产和应用打下了良好的基础。

近年来钢板桩朝着宽、深、薄的方向发展,使得钢板桩的效率(截面模量/重量之比率)不断提高,此外还可采用高强度钢材代替传统的低碳钢或是采用大截面模量的组合型钢板桩,这都极大地拓展了钢板桩的应用领域。

12.1.2 钢板桩的分类

钢板桩产品按生产工艺划分有冷弯薄壁钢板桩和热轧钢板桩两种类型。

1. 热轧钢板桩（Hot rolled steel piling）

对钢坯加热，经轧机轧制而成，截面为Z形、U形、直线形或其他形状，并能通过两侧锁口或连接件交互联接的型钢构件，国内主要为U形钢板桩，具有尺寸规范、性能优越、截面合理、锁口咬合严密等优点，但技术难度较大、生产成本高。

2. 冷弯钢板桩（Cold formed steel sheet piling）

对钢带进行连续辊弯变形，形成截面为Z形、U形、帽形或其他形状，并能通过两侧锁口或连接件交互连接的型钢构件。其优点为生产线投资少，生产成本较低，产品定尺控制灵活。劣势：桩体各部位厚度相同，截面尺寸无法优化导致用钢量增加，锁口部位形状难控制，联接处卡扣不严、无法止水，桩体使用过程中易产生撕裂。

此外还有通过钢板桩与钢板桩，或钢板桩与其他型式钢材经焊接或拼装形成的组合式钢板桩（Combined steel sheet piling）。

12.1.3 钢板桩支护结构

钢板桩支护结构由打入土层中的钢板桩和必要的支撑或拉锚体系组成，以抵抗水、土压力并保持周围地层的稳定，确保地下工程施工的安全。从使用的角度可分为永久性结构和临时性结构两大类，永久性结构主要应用于码头、船坞坞壁、河道护岸、道路护坡等工程中；临时性结构则多用于高层建筑、桥梁、水利等工程的基础施工中，施工完成后钢板桩可拔除。本部分内容中主要述及后者，重点介绍作为临时工程的钢板桩支护结构的设计和施工的要点。

根据基坑开挖深度、水文地质条件、施工方法以及邻近建筑和管线分布等情况，钢板桩支护结构型式主要可分为悬臂板桩、单撑（单锚）板桩和多撑（多锚）板桩等，此外常见的围护（挡土、挡水）结构还有桩板式结构、双排或格型钢板桩围堰等。

1. 悬臂式支护结构（Cantilevered retaining structure of steel sheet pile）

悬臂式钢板桩挡墙无撑无锚，完全依靠板桩的结构强度和入土深度保持挡墙的稳定和体的安全。坑侧土体易于产生变形，围护结构的桩顶位移和弯矩值均较大。此外，该结构形式要求坑底及板桩底部土体有足够的强度以抵抗产生的反力，因此，在基坑底部被动区土体地质条件不良时，可考虑采用土体加固的方式以提高被动区土压力。

2. 支撑式钢板桩支护结构（Strutted retaining structure of steel sheet pile）

支撑式钢板桩结构分为单撑式和多撑式钢板桩支护结构。单撑式结构由钢板桩围护体系和单道内支撑组成。内支撑可以采用钢筋砼支撑或钢支撑。多撑式钢板桩支护结构由钢板桩围护体系和多道内支撑组成。内支撑增多使得该结构形式可适用于较大开挖深度的基坑围护中。

图 12.3 悬臂式支护结构

由于钢板桩间锁口相互咬合,锁口处止水技术的发展使得单撑或多撑式的钢板桩支护结构也可应用于临水的基坑工程中,临水基坑钢板桩支护结构是在水上施打钢板桩,钢板桩自身（或与陆域结构）形成封闭的的围护体系,并通过设置单道（或多道）钢（或钢筋砼）内支撑（或圆形环梁）形成的支护结构。

图 12.4 单撑（锚）式结构　　图 12.5 多撑（锚）式结构

3. 锚拉式钢板桩支护结构（Anchored retaining structure of steel sheet piling）

锚拉式钢板桩结构分为单锚式和多锚式钢板桩支护结构。单锚式结构由钢板桩围护体系墙后锚拉结构组成。墙后锚拉结构根据地基条件的不同可以采用锚杆或(钢或钢筋砼)拉杆连接锚桩（或锚碇墙）构成。单锚式钢板桩支护结构同一般的板式内支撑结构类似,但它属于无内支撑支护结构,后方须有足够的场地条件以设置锚拉结构。

多锚式钢板桩支护结构由钢板桩围护体系和多道墙后锚拉结构组成,锚拉结构的增多使得该结构形式可适用于较大开挖深度的基坑围护中。主要适用于开挖较大型、深度不大的或使用机械挖土,不能安设横撑的基坑。

4. 桩板式支护结构

桩板式支护结构是采用工字钢、钢管桩或箱型钢板桩等结合横档板构成,根据需要设内支撑体系或拉锚结构。该支护结构主要由钢桩承受土压力，由于不能挡水，只能用于能干施工的情况下。该结构形式曾常用于浅埋地下铁道、箱涵等施工中。

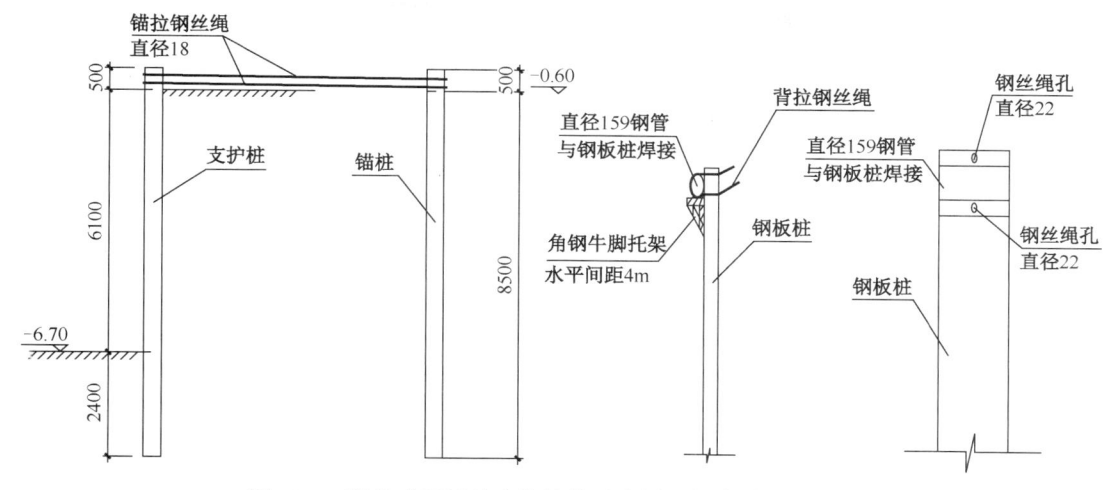

图 12.6　背拉式钢板桩支护结构示意图（长度单位：mm）

5．其他钢板桩结构形式

双排钢板桩围堰（如图 12.7 所示）是将钢板桩围护结构呈两排打入地基中，顶部依靠（钢筋砼或钢）拉杆相连，内部填充砂土形成一定宽度的墙体。格型钢板桩围堰则是将直线型钢板桩打设成圆形或圆弧形，在其中间充填砂土以形成连续墙体。两者均可视为一种"自力式"的重力体，以钢板桩结构强度和内部填充物的自重和抗剪能力来抵抗外力。常用于水利基坑开挖的临时支护、码头岸壁结构或圈围造地的围护结构。

图 12.7　双排钢板桩围堰

任务 12.2　钢板桩支护结构设计

12.2.1　钢板桩支护结构设计参考资料

钢板桩支护属传统的板式支护结构之一，由于具有施工速率快、可重复利用等明显的优点，世界各国应用均较为广泛，也展开了较为全面的研究。世界大型的钢板桩制造商如ARCELORMITTAL、新日本制铁株社等有自行编制的钢板桩的设计施工手册，具有很好的借鉴意义。

此外，进行相关设计时也可参照我国《建筑基坑支护技术规程》《钢围堰工程技术标准》、日本建筑学会《挡土墙设计施工准则》及《深基坑工程设计施工手册》等规范或专著。

12.2.2 钢板桩支护结构的荷载作用

1. 水土压力概念

钢板桩所受土压力和水压力与土层性质有密切关系，一般砂土地基要求水土分算，而黏土和粉土地基一般要求水土合算。支护结构承受的土压力，与土层地质条件、地下水状况、支护结构各构件的刚度以及施工工况、方法、质量等因素密切相关，且呈现出时空效应，由于这些因素千变万化，十分复杂，因此难于计算土压力的精确值，目前国内外常用的计算土压力方法仍以库仑公式或朗肯公式为基本计算公式，具体土压力模式及计算公式如下。

2. 水土压力基本计算公式

（1）对于地下水位以上或水土合算的土层：

$$p_{ak} = \sigma_{ak} K_{a,i} - 2c_i \sqrt{K_{a,i}} \qquad (12\text{-}1)$$

$$K_{a,i} = \tan^2\left(45° - \frac{\phi_i}{2}\right) \qquad (12\text{-}2)$$

$$p_{pk} = \sigma_{pk} K_{p,i} + 2c_i \sqrt{K_{p,i}} \qquad (12\text{-}3)$$

$$K_{p,i} = \tan^2\left(45° + \frac{\phi_i}{2}\right) \qquad (12\text{-}4)$$

式中：p_{ak}——支护结构外侧，第 i 层土中计算点的主动土压力强度标准值（kPa）；当 $p_{ak}<0$ 时，应取 $p_{ak}=0$；

σ_{ak}、σ_{pk}——分别为支护结构外侧、内侧计算点的土中竖向应力标准值（kPa），按《建筑基坑支护技术规程 JGJ120-2012》第 3.4.5 条的规定计算；

$K_{a,i}$、$K_{p,i}$——分别为第 i 层土的主动土压力系数、被动土压力系数；

c_i、ϕ_i——第 i 层土的粘聚力（kPa）、内摩擦角（°）；

p_{pk}——支护结构内侧，第 i 层土中计算点的被动土压力强度标准值（kPa）。

（2）对于水土分算的土层：

$$p_{ak} = \left(\sigma_{ak} - u_a\right) K_{a,i} - 2c_i \sqrt{K_{a,i}} + u_a \qquad (12\text{-}5)$$

$$p_{pk} = \left(\sigma_{pk} - u_p\right) K_{p,i} + 2c_i \sqrt{K_{p,i}} + u_p \qquad (12\text{-}6)$$

式中：u_a、u_p——分别为支护结构外侧、内侧计算点的水压力（kPa），按按《建筑基坑支护技术规程 JGJ120-2012》第 3.4.4 条的规定取值。

3．水流、波浪的作用力

临水基坑钢板桩结构一侧或多侧临水，围护结构可能承受水流的作用力及周期性波浪作用力。而在潮汐河口或河流中，受潮汐作用影响，水压力将处于实时变动之中；此外，临水基坑可能一侧临水，一侧挡水土，本身两侧压力不均。因此，水上基坑钢板桩支护结构同陆上基坑有所不同，应考虑对基坑围护结构两侧压力不平衡所带来的影响。

受潮汐影响的临水基坑，基坑外设计水位一般取设计高、低水位，二十五年一遇极端高、低水位（基坑使用周期较长，基坑破坏损失严重时可考虑使用五十年一遇）进行校核计算。不受潮汐影响的基坑，其临水侧坑外设计水位按对应水体的设计高、低水位取值，并应考虑暴雨预降水位工况。当有防洪、防汛要求的基坑，坑外设计水位应按相应防洪、防汛要求选用。

临水基坑钢板桩结构上的水流的作用力可按照下式进行计算：

$$F = C_w V^2 \rho A / 2 \tag{12-7}$$

式中：F——水流作用力（kN）；

V——水流设计流速（m/s），取基坑所处范围内可能出现的最大平均流速；

C_w——水流阻力系数，根据表 12.1 取值；

ρ——水的密度（t/m³），淡水取 1.0，海水取 1.025；

A——钢板桩围护结构与流向垂直平面上的投影面积（m²）。

钢板桩迎水侧水流的作用力可考虑采用倒三角形分布，即上式水流的作用力作用点作用于水面下 1/3 水深处。

表 12.1　水流阻力系数

截面形状	长/宽	1.0	1.5	2.0	≤3.0
矩形	C_w	1.50	1.45	1.30	1.10
圆形		0.73			

若钢板桩支护结构需要考虑波浪作用时，设计波浪的重现期可取为二十五年一遇。由于波峰作用时，钢板桩结构受压力作用；而波谷作用时，钢板桩结构受吸力作用，因此，应根据可能出现的不同工况，按最不利的组合进行计算。

4．其他作用力

同其他支护形式的基坑一样，在基坑设计时还需要考虑施工车辆荷载及基坑周边的超载、建筑基础荷载等荷载。而临水基坑的钢板桩支护结构中，钢板桩除受波浪、水流荷载作用外，还可能出现其他环境荷载，特别是当钢板桩在水面以上的悬臂段较长时，风荷载成为不可忽略的因素，风荷载的可参照相关规范计算。

上述支护结构计算所用的荷载计算理论或方法，虽经长期实践证明是可行的，但从安全、经济等因素综合评价，尚有不足之处。因为基坑土方开挖，钢板桩围护墙两侧土压和水压的平衡即被破坏，使钢板桩受力发生变形，圈梁支撑等相继承受作用力，随着土方向下继续开挖，变形不断发展，结构承受的作用力亦不断发生变化，因此，整个土方开挖及支护结构施工过程中，支护系统呈现复杂的受力状态。本节中上述各种荷载的计算方法没有反映出支护结构所承受的侧压力随基坑开挖而变化的实际状态，因此，有条件时最好采用能动态反映支护结构受力的弹塑性法进行设计。

12.2.3 钢板桩支护结构计算

钢板桩支护结构的计算方法很多，包括古典的静力平衡法、等值梁法等，和解析求解的弹性法到弹性地基梁法（平面/空间）、连续介质数值计算方法等，本节主要介绍古典计算方法。

古典的静力平衡法、等值梁法均不考虑墙体及支撑变形，将土压力作为外力施加于支护结构，然后通过求解水平方向合力及支撑点弯矩为零的方程得到结构内力，虽然这些方法未考虑墙体变形及墙体与土的相互作用，但在工程界仍广泛运用，在国内外的板式支护结构、钢板桩结构的计算规范或手册中均有推荐。此处主要介绍悬臂式钢板桩和单撑（锚）式钢板桩支护结构计算基本原理。

1. 悬臂式钢板桩支护结构计算

悬臂式钢板桩挡墙无撑无锚，完全依靠钢板桩的入土深度保持挡墙的稳定。一般用于开挖支护深度不大的基坑工程中。

静力平衡法（自由支撑法）的计算假定：

（1）为简化计算，常用土压力等于零点的位置来代替正负弯矩转折点的位置，并设为铰接点。

（2）计算时取 1m 宽单位宽度钢板桩。

（3）在土处于饱和水状态下，为简化计算且偏于安全考虑，不考虑土的黏聚力。

（4）假设钢板桩在封底混凝土面以下 0.5m 处固结。

悬臂式板桩的入土深度和最大弯矩的计算通常按以下步骤进行。

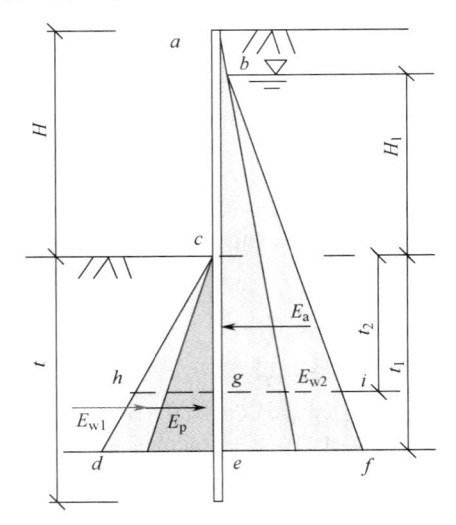

图 12.8 悬臂式钢板桩计算简图

（1）试算确定埋入深度 t_1，各力对 e 点取矩，满足防倾覆的安全系数不小于 2，即

$$(E_{w1} + E_p)\frac{t_1}{3} \geq 2\left[E_{w2} \times (H_1 + t_1)/3 + E_a \times (H + t_1)/3\right] \tag{12-8}$$

（2）确定实际所需的深度 t，在 t_1 的基础上增加 15%，确保板桩的稳定。

（3）计算剪力为 0 的 g 点。g 点以上部分板桩内外压力相等。主动土压+水压=被动土压+水压，据此计算出 t_2。

（4）计算最大弯矩。等于板桩内外压力对 g 点弯矩之差。

（5）选择板桩截面。根据求得的最大弯矩和钢板桩材料的容许应力（钢板桩取钢材屈服应力的 1/2），计算板桩的最小横截面积，确定板桩型号。

2. 单撑（单锚）钢板桩计算

1）单撑（锚）浅埋钢板桩支护结构计算

假定上端为简支，下端为自由支撑。这种板桩相当于单跨简支梁，作用在板桩后的土压力为主动土压力，作用在墙前的为被动土压力。

为使钢板桩保持稳定，作用在板桩上的力 R_a、E_a、E_p 必须平衡，对 a 点取矩等于零，

$$\sum M_a = E_a H_a - E_p H_p = 0 \tag{12-9}$$

$$\sum x = R_a - E_a + E_p = 0 \tag{12-10}$$

$$e_a = \gamma K_a (H+t) \tag{12-11}$$

$$E_a = \frac{1}{2} e_a (H+t) \tag{12-12}$$

$$e_p = \gamma t K_p \tag{12-13}$$

$$E_a = \frac{1}{2} e_p t \tag{12-14}$$

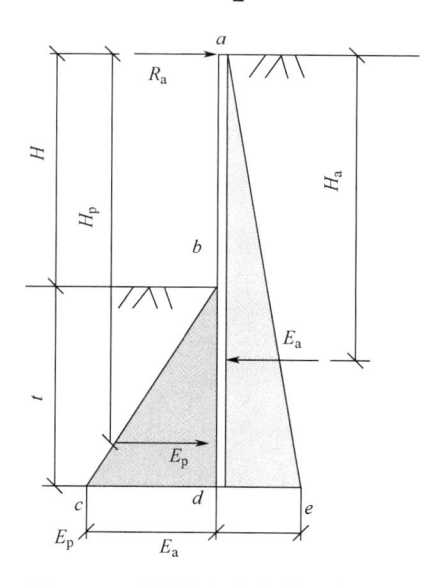

图 12.9 单锚浅埋钢板桩计算简图

利用弯矩方程可以求得入土深度 t 和支撑反力 R_a，可计算并绘出钢板桩的内力图，依此求得剪力为零的点，该点截面处的弯矩即为板桩最大弯矩 M_{max}，据此最大弯矩和钢板桩材料的的允许应力选择板桩的截面。

2）单撑（锚）深埋钢板桩支护结构计算

单撑深埋板桩上端为简支，下端为固定支撑，用等值梁法计算较为简便。其计算简图

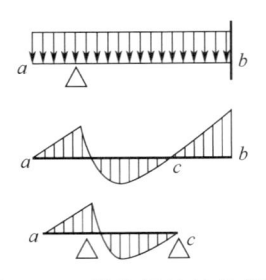

如图 12.10 所示。

图 12.10 等值梁法计算简图

图中 ab 梁一端固定一端简支，弯矩图的正负弯矩在 c 点转折，若将 ab 梁在 c 点切断，并于 c 点加一自由支撑形成 ac 梁，则 ac 梁上的弯矩将保持不变，即称 ac 梁为 ab 梁上 ac 段上的等值梁。

用等值梁法计算钢板桩时，为简化计算，常用土压力等于零点的位置来代替反弯点的位置。其计算步骤如下：

（1）计算作用于钢板桩上的土压力强度，并绘出土压力分布图，计算土压力强度时，应考虑板桩墙与土的摩擦作用，将板桩墙前和墙后的被动土压力分别乘以修正系数为安全起见，对主动土压力则不予折减。

（2）计算土压力为 0 的点离挖土面的距离 y：

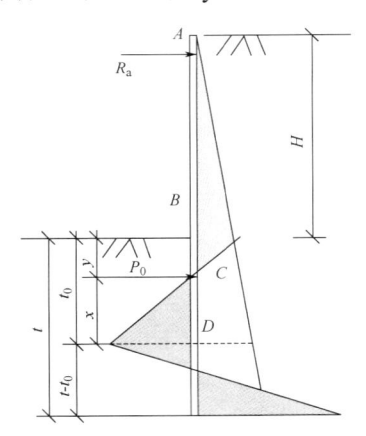

图 12.11 单撑（锚）深埋钢板桩支护结构计算简图

$$\gamma K \cdot K_P y = \gamma K_a (H + y) = \gamma K_a y + P_B \quad (12\text{-}15)$$

$$y = \frac{P_B}{\gamma (K \cdot K_P - K_a)} \quad (12\text{-}16)$$

式中：P_B——挖土面处板桩墙后的主动土压力强度值；其余符号意义同前。

（3）按简支梁计算等值梁的最大弯矩 M_{max} 和两个支点的反力（即 R_a 和 P_0）。

（4）计算板桩墙的最小入土深度 t_0

$$t_0 = y + x \quad (12\text{-}17)$$

x 可根据 P_0 和墙前被动土压力对钢板桩 D 点力矩相等求得，即：

$$P_0 x = \frac{1}{2}\gamma x \left(KK_\mathrm{P} - K_\mathrm{a}\right) \cdot \frac{x}{3} \cdot x \qquad (12\text{-}18)$$

$$x = \sqrt{\frac{6P_0}{\gamma\left(KK_\mathrm{P} - K_\mathrm{a}\right)}} \qquad (12\text{-}19)$$

钢板桩下端的实际埋深应位于 x 之下，所需要的实际钢板桩入土深度为：

$$t = (1.1 \sim 1.2) t_0 \qquad (12\text{-}20)$$

一般情况下 t 取 $1.1\,t_0$，当钢板桩后面为填土时取 $1.2\,t_0$。

任务12.3 钢板桩结构计算

12.3.1 钢板桩设计资料

1. 工程概况

本标段施工范围内共有 75 个承台，分 8 种类型。

- A 类承台：下部采用 9 根 $\phi 1.0$m 钻孔灌注桩，承台尺寸为 8.4m×7m（横×顺），厚 2.4m。主要适用于 30m+30m 跨径组合。
- B 类承台：下部采用 9 根 $\phi 1.2$m 钻孔灌注桩，承台尺寸为 8.4m×8.2m（横×顺），厚 2.6m。主要适用于 40m+40m 跨径组合。
- C 类承台：下部采用 8 根 $\phi 1.0$m 钻孔灌注桩，承台尺寸为 8.4m×7m（横×顺），厚 2.4m。主要适用于 25m+25m 跨径组合。
- D 类承台：下部采用 8 根 $\phi 1.2$m 钻孔灌注桩，承台尺寸为 8.4m×8.2m（横×顺），厚 2.6m。主要适用于 30m+40m 跨径组合。
- E 类承台：下部采用 6 根 $\phi 1.2$m 钻孔灌注桩，承台尺寸为 8.4m×5.34m（横×顺），厚 2.5m。主要适用于 25m+30m 跨径组合（斜交 20°）。
- F 类承台：下部采用 9 根 $\phi 1.2$m 钻孔灌注桩，承台尺寸为 8.4m×8.34m（横×顺），厚 2.6m。主要适用于 33.5m+33.5m 跨径组合（斜交 20°）。
- G 类承台：下部采用 9 根 $\phi 1.2$m 钻孔灌注桩，承台尺寸为 8.4m×8.872m（横×顺），厚 3.0m。主要适用于 40m+40m 跨径组合（斜交 40°）。
- H 类承台：下部采用 10 根 $\phi 1.0$m 钻孔灌注桩，承台尺寸为 27m×4.5m（横×顺），厚 1.5m。主要适用于桥台基础；拟采用拉森Ⅳ型钢板桩实施围护，以确保基坑安全开挖、承台结构和墩身结构的顺利施工。

2. 地质情况

根据地质勘察报告显示，勘察深度范围内（河床底至钻孔桩底）可分为 7 个地质单元层，钢板桩插入部分的土层成分如下：

（1）近代人工堆填土。
（2）黄～灰黄色黏土和灰黄～灰色砂质粉土。
（3）灰色粉质黏土。

12.3.2 相关计算

1. 钢板桩施工方案

1）钢板桩的选用

根据工程所在地场地特点，结合钢板桩的特性、施工方法等方面进行考虑，选用拉森Ⅳ型钢板桩。拉森Ⅳ型 WUR13 型冷弯钢板桩桩宽度适中，抗弯性能好，依地质资料及作业条件决定选用钢板桩长度。

2）打桩设备

拟采用 Z550 型液压振动沉桩机，作为沉设钢板桩的主要动力。投入钢板桩打拔桩机 1 台用于施工。打拔桩机为挖掘机加液压高频振动锤改装而成，激振力 220kN。

现对承台钢板桩围堰设计进行计算如下：

（1）上海 A8 三标桩基 658 根，承台 75 个。承台宽 8.4m，长 5.34～8.872m（0#台除外，0#台长×宽为 4.5m×27m）。根据地质勘察报告显示：勘察深度范围内（河床底至钻孔桩底）可分为 7 个地质单元层。

（2）现场实际情况施工现场已经打设 9m 长拉森Ⅳ型钢板桩，并提供以下数据：打设钢板桩尺寸为沿道路方向承台尺寸两侧各加 0.5m；钢板桩露出地面高度为 0.5m。

（3）单支撑钢板桩计算。支撑层数和间距的布置是钢板桩施工中的重要问题，根据现场的支撑材料和开挖深度，拟采取在钢板桩内侧加一层围堰并设置支撑，按单支撑进行钢板桩计算。围堰采用拉森Ⅳ型钢板桩，$W=1346\text{cm}^3$，$[f]=350\text{MPa}$。

（4）土的重度为 18.8kN/m³，内摩擦角为 20.1°。

（5）距板桩外 1.5m 均布荷载按 20kN/m² 计。基坑开挖深度为 4m。

钢板桩平面布置、板桩类型选择，支撑布置形式，板桩入土深度、基底稳定性设计计算如下：

（1）作用于板桩上的土压力强度及压力分布。

$$K_a = \tan^2\left(45 - \frac{\phi}{2}\right) = \tan^2\left(45 - \frac{20.1}{2}\right) = 0.49$$

$$K_P = \tan^2\left(45 + \frac{\phi}{2}\right) = \tan^2\left(45 + \frac{20.1}{2}\right) = 2.05$$

板桩外侧均布荷载换算填土高度 h_1

$$h_1 = \frac{q}{\gamma} = \frac{20}{18.8} = 1.06(\text{m})$$

基坑顶面压力：

$$P_{a0} = \sigma_{a0}K_a = qK_a = 20 \times 0.49 = 9.8(\text{kPa})$$

基坑底土压力强度：

$$P_{a1} = \sigma_{a1}K_a = \gamma(h_1+H)K_a = 18.8 \times (1.06+4) \times 0.49 = 46.6(\text{kPa})$$

则钢板桩土压力分布如图 12.12 所示。

项目十二 钢板桩设计

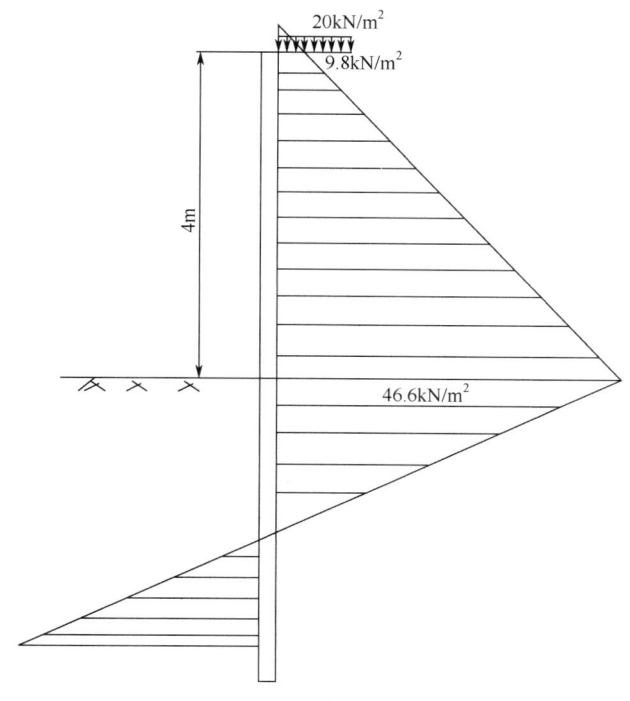

图 12.12 钢板桩土压力分布

（2）计算钢板桩土压力强度等于零的点离挖土面的距离 y，在 y 处钢板桩墙前的被动土压力等于钢板桩墙后的主动土压力，被动土压力修正系数如表 12.2 所示。

表 12.2 钢板桩的被动土压力修正系数

土的内摩擦角	40°	35°	30°	25°	20°	15°	10°
被动土压力修正系数（墙前）	2.3	2.0	1.8	1.7	1.6	1.4	1.2
被动土压力修正系数（墙后）	0.35	0.4	0.47	0.55	0.64	0.75	1.0

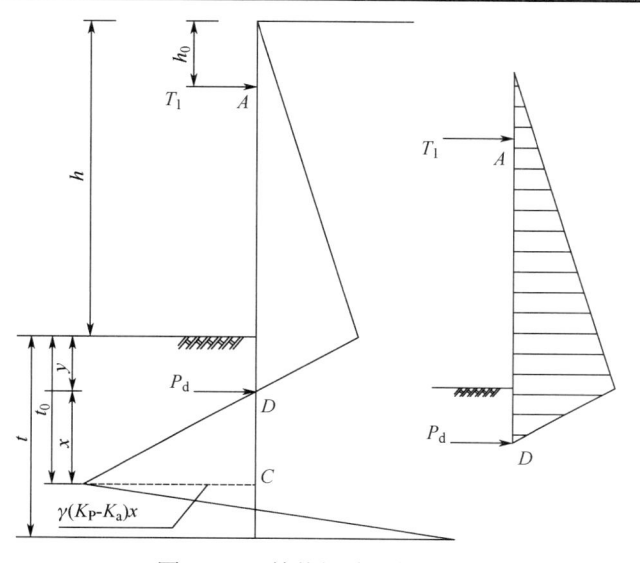

图 12.13 等值梁法计算简图

采用内插法计算可得 $K=1.602$，计算公式如下：
$$\gamma K \cdot K_{\mathrm{p}} y = \gamma K_{\mathrm{a}}(H + h_1 + y) = \gamma K_{\mathrm{a}} y + P_{\mathrm{a}1} \quad (12\text{-}21)$$

$$y = \frac{P_{\mathrm{a}1}}{\gamma(KK_{\mathrm{p}} - K_{\mathrm{a}})} = \frac{46.6}{18.8 \times (1.602 \times 2.05 - 0.49)} = 0.89(\mathrm{m})$$

（3）求支点反力。

水平方向力平衡： $T_1 + P_D = b \times \left[\left(\dfrac{qK_{\mathrm{a}} + \gamma HK_{\mathrm{a}}}{2} \cdot H\right) + \dfrac{1}{2} y\gamma HK_{\mathrm{a}}\right] \quad (12\text{-}22)$

对 D 点求矩：

$$T_1(H - h_0 + y) = b \times \left[\frac{(P_{\mathrm{a}0} + P_{\mathrm{a}1}) \times H}{2} \times \frac{H}{3} \times \frac{2P_{\mathrm{a}0} + P_{\mathrm{a}1}}{P_{\mathrm{a}0} + P_{\mathrm{a}1}} + \frac{1}{2} \times P_{\mathrm{a}1} \times \frac{2}{3} y^2\right] \quad (12\text{-}23)$$

取钢围堰单位计算宽度 1m，计算得：$T_1 = 58(\mathrm{kN})$；$P_D = 75.5(\mathrm{kN})$

图 12.13 中 AD 段弯矩如图 12.14 所示，$M_{\max} = 93.54(\mathrm{kN \cdot m})$

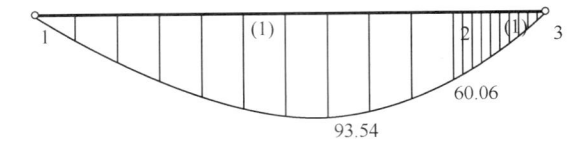

图 12.14 土压力作用下等值梁弯矩图

（4）计算钢板桩最小入土深度 t_0，在 T_1 作用下，嵌入段得土压力分布更接近于简单分布形式，即在 C 点以上得嵌入段作用着被动土压力和主动土压力之差，所以对 C 点取矩，设 C 点到 D 点距离为 x，由：

$$P_D x = \frac{1}{2}\gamma x(KK_{\mathrm{p}} - K_{\mathrm{a}}) \times \frac{x}{3} \times x \quad (12\text{-}24)$$

$$x = \sqrt{\frac{6P_D}{\gamma(KK_{\mathrm{p}} - K_{\mathrm{a}})}} = \sqrt{\frac{6 \times 75.5}{18.8 \times (1.602 \times 2.05 - 0.49)}} = 2.94(\mathrm{m})$$

最小入土深度 $t_0 = y + x = 0.89 + 2.94 = 3.83(\mathrm{m})$

所需实际钢板桩入土深度为：$t = 1.1t_0 = 4.21(\mathrm{m})$

（5）验算钢板桩的弯曲应力：

结构重要性系数取 1.0，作用基本组合的综合分项系数 γ_{F} 不应小于 1.25。

$$\sigma = \frac{\gamma_0 \gamma_{\mathrm{F}} M_{\max}}{W} = \frac{1.0 \times 1.25 \times 93.54 \times 10^3}{1346} = 86.9(\mathrm{MPa}) < [f] = 310(\mathrm{MPa})，符合要求。$$

2. 基坑底部隆起验算

根据《建筑基坑支护技术规程》4.2.4 条锚拉式支挡结构和支撑式支挡结构，其嵌固深度应满足坑底隆起稳定性要求，抗隆起稳定性可按下列公式验算：

$$\frac{\gamma_{\mathrm{m}2} D N_{\mathrm{q}} + c N_{\mathrm{c}}}{\gamma_{\mathrm{m}1}(h + D) + q_0} \geqslant K_{\mathrm{he}} \quad (12\text{-}25)$$

$$N_{\mathrm{q}} = \tan^2\left(45° + \frac{\phi}{2}\right) e^{\pi \tan \phi} \quad (12\text{-}26)$$

$$N_{c}=\left(N_{q}-1\right)/\tan\phi \tag{12-27}$$

式中：K_{he}——抗隆起安全系数；安全等级为一级、二级、三级的支护结构，此数值分别不应小于 1.8、1.6、1.4；

γ_{m1}——基坑外挡土构件底面以上土的重度（kN/m³）；对地下水位以下的砂土、碎石土、粉土取浮重度；对多层土取各层土按厚度加权的平均重度；

γ_{m2}——基坑内挡土构件底面以上土的重度（kN/m³）；对地下水位以下的砂土、碎石土、粉土取浮重度；对多层土取各层土按厚度加权的平均重度；

D——基坑底面至挡土构件底面的土层厚度（m）；

h——基坑深度（m）；

q_0——地面均布荷载（kPa）；

N_c、N_q——承载力系数；

c、ϕ——挡土构件底面以下土的粘聚力（kPa）、内摩擦角（°），按《建筑基坑支护技术规程》第 3.1.14 条的规定取值。

本算例相应参数取值如下：

$D=4.21\mathrm{m}$，$h=4\mathrm{m}$，$q=20\mathrm{kN/m^2}$，$\phi=20.1°$，$\gamma_1=18.8\mathrm{kN/m^3}$，$\gamma_2=18.8\mathrm{kN/m^3}$，安全系数 $K_{he}=1.6$。

$$N_q=\tan^2\left(45°+\frac{\phi}{2}\right)e^{\pi\tan\phi}=\tan^2\left(45°+\frac{20.1}{2}\right)e^{\pi\tan 20.1}=6.54$$

$$N_c=\left(N_q-1\right)/\tan\phi=14.97$$

$$\frac{\gamma_{m2}DN_q+cN_c}{\gamma_{m1}(h+D)+q_0}=\frac{18.8\times 4.21\times 6.54}{18.8\times(4+4.21)+20}=2.97>1.6$$，不会隆起。

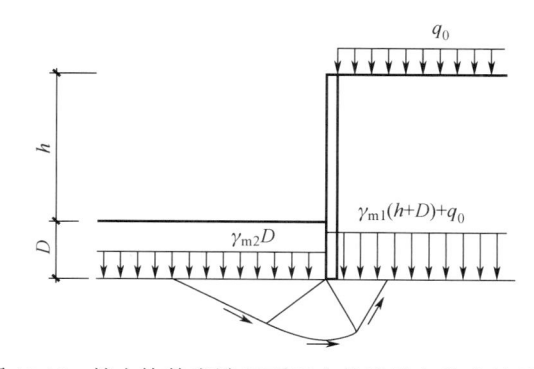

图 12.15 挡土构件底端平面下土的抗隆起稳定性验算

【小结】

（1）掌握钢板桩的基本概念。

（2）钢板桩分热轧钢板桩和冷弯钢板桩。

（3）常用的钢板桩支护结构有悬臂式支护结构、单撑（锚）式支护结构、锚拉式钢板桩支护结构等。

（4）掌握钢板桩埋入土层后的土压力分布，掌握单撑式结构检算的基本步骤。

【操作与练习】

思考题

（1）钢板桩支护结构从使用角度可分为哪两大类？
（2）悬臂式钢板桩挡墙无撑无锚，如何保证其稳定和整体安全？
（3）钢板桩所受的水土压力计算，哪些土质适合水土分算？哪些土质适合水土合算？
（4）试阐述悬臂式钢板桩静力平衡法计算的基本步骤。
（5）单撑（单锚）钢板桩计算时，当入土深度较浅时，钢板桩的支撑方式如何简化？当入土深度较深时，钢板桩的支撑方式如何简化？

习题

一、工程概况

董家庄大桥，中心里程 DK144+005.80，桥跨布置：5-31.5m 简支梁，桥全长 178m。本桥承台 6 个，其中 1#、2#、3#、张台承台基坑开挖深度均超过 5m，地层主要为新黄土；按设计要求 1#、2#墩位于沥青路处，承台基坑开挖时采用钢板桩防护。高程数据如表 12.2 所示。

表 12.2　高程数据

桥名	编号	地面实测高程（m）	承台底高程（m）	高差（m）
董家庄大桥	京台	647.4734	642.914	4.559
	1#	639.56	633.42	6.14
	2#	637.761	632.518	5.243
	3#	639.421	634.116	5.305
	4#	641.312	637.215	4.097
	张台	655.342	644.448	5.894

二、地质特点

线路地质主要为新黄土、粉质粘土、粉砂、细角砾土、卵石土、粗角砾土、弱风化砂岩、杂填土、新黄土、粉质粘土、粉砂，下伏基岩主要为凝灰岩、弱风化砂岩、全～强风化凝灰岩。特殊岩土为湿陷性黄土，主要分布于宣化盆地二级以上阶地或山前倾斜平原区、部分丘陵区及坡麓地带，为非自重湿陷性黄土，湿陷等级一般为Ⅰ～Ⅱ级，局部可达Ⅲ～Ⅳ级。局部地区分布的侏罗系泥质粉砂岩、泥岩、凝灰岩中部分夹层具有中等膨胀性。

三、钢板桩计算

根据当地质条件查知基坑内外均为粉质粘土，天然容重加权平均值 $\gamma=18kN/m^3$，内摩擦角加权平均值为 $\psi=20°$，粘聚力加权平均值 $C=10\text{kPa}$，取最大开挖高度 6.14m 验算。基坑开挖对钢板桩稳定性要求最高的断面如图 12.16 所示，试计算钢板桩的最小入土深度，并验算其稳定性。

图 12.16　钢板桩断面图（单位：cm）

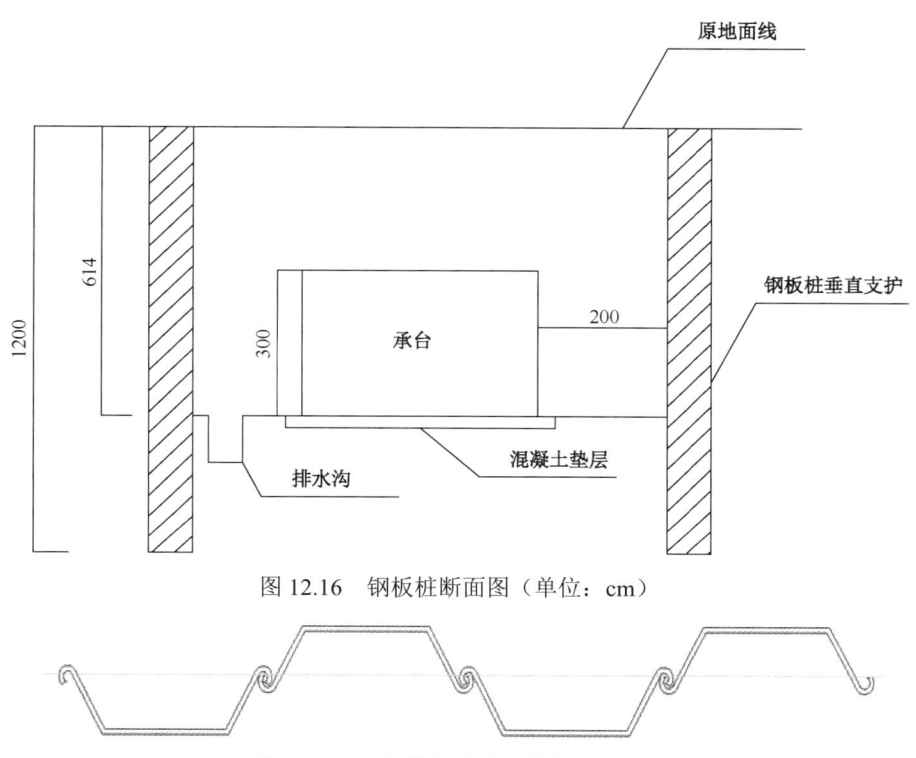

图 12.17　钢板桩稳定性验算布置示意图

【课程信息化教学资源】

钢板桩的强度计算 1　　钢板桩的强度计算 2　　钢板桩支护结构类型　　钢板桩的基本概念

附 表

附表 1　混凝土强度标准值（N/mm²）

强度	混凝土强度等级													
	C15	C20	C25	C30	C35	C40	C45	C50	C55	C60	C65	C70	C75	C80
f_{ck}	10.0	13.4	16.7	20.1	23.4	26.8	29.6	32.4	35.5	38.5	41.5	44.5	47.4	50.2
f_{tk}	1.27	1.54	1.78	2.01	2.20	2.39	2.51	2.64	2.74	2.85	2.93	2.99	3.05	3.11

附表 2　混凝土强度设计值（N/mm²）

强度	混凝土强度等级													
	C15	C20	C25	C30	C35	C40	C45	C50	C55	C60	C65	C70	C75	C80
f_c	7.2	9.6	11.9	14.3	16.7	19.1	21.1	23.1	25.3	27.5	29.7	31.8	33.8	35.9
f_t	0.91	1.10	1.27	1.43	1.57	1.71	1.80	1.89	1.96	2.04	2.09	2.14	2.18	2.22

注：① 计算现浇钢筋混凝土轴心受压及偏心受压构件时如截面的长边或直径小于 300mm 则表中混凝土的强度设计值应乘以系数 0.8；当构件质量（如混凝土成型、截面和轴线尺寸等）确有保证时，可不受此限制；
② 离心混凝土的强度设计值应按专门标准取用。

附表 3　混凝土弹性模量（10⁴N/mm²）

混凝土强度等级	C15	C20	C25	C30	C35	C40	C45	C50	C55	C60	C65	C70	C75	C80
E_c	2.20	2.55	2.80	3.00	3.15	3.25	3.35	3.45	3.55	3.60	3.65	3.70	3.75	3.80

注：① 当有可靠试验依据时，弹性模量可根据实测数据确定；
② 当混凝土中掺有大量矿物掺合料时，弹性模量可按规定龄期根据实测数据确定。

附表 4　普通钢筋强度标准值（N/mm²）

牌号	公称截面直径 d（mm）	屈服强度标准值 f_{yk}	极限强度标准值 f_{tk}
HPB300	6～22	300	420
HRB335 HRBF335	6～50	335	455
HRB400 HRBF400 RRB400	6～50	400	540
HRB500 HRBF500	6～50	500	630

附表5　普通钢筋强度设计值（N/mm²）

牌号	抗拉强度设计值	抗压强度设计值
HPB300	270	270
HRB335、HRBF335	300	300
HRB400、HRBF400、RRB400	360	360
HRB500、HRBF500	435	410

附表6　预应力钢筋强度标准值（N/mm²）

种类		符号	公称截面直径（mm）	屈服强度标准值 f_{prk}	极限强度标准值 f_{ptk}
中强度预应力钢丝	光面 螺旋肋	ϕ^{PM} ϕ^{HM}	5、7、9	620	800
				780	970
				980	1270
预应力螺纹钢筋	螺纹	ϕ^{T}	18、25、32、40、50	785	980
				930	1080
				1080	1230
消除应力钢丝	光面 螺旋肋	ϕ^{P} ϕ^{H}	5	—	1570
				—	1860
			7	—	1570
			9	—	1470
				—	1570
钢绞线	1×3（三股）	ϕ^{S}	8.6、10.8、12.9	—	1570
				—	1860
				—	1960
	1×7（七股）		9.5、12.7、15.2、17.8	—	1720
				—	1860
				—	1960
			21.6	—	1860

注：极限强度标准值为1960N/mm²的钢绞线用于后张预应力配筋时，应有可靠的工程经验。

附表7　预应力钢筋强度设计值（N/mm²）

种类	极限强度标准值 f_{pk}	抗拉强度设计值	抗压强度设计值
中等强度预应力钢丝	800	510	410
	970	650	
	1270	810	
消除应力钢丝	1470	1040	410
	1570	1110	
	1860	1320	
钢绞线	1570	1110	390
	1720	1220	
	1860	1320	
	1960	1390	

续表

种类	极限强度标准值 f_{pk}	抗拉强度设计值	抗压强度设计值
预应力螺纹钢筋	980	650	410
	1080	770	
	1230	900	

注：当预应力的强度标准值不符合表中的规定时，其强度设计值应进行相应的比例换算。

附表 8　钢筋弹性模量（10^5N/mm²）

牌号或种类	弹性模量
HPB300 钢筋	2.10
HRB335、HRB400、HRB500 钢筋 HRBF335、HRBF400、HRBF500 钢筋 RRB400 钢筋 预应力螺纹钢筋	2.00
消除应力钢丝、中强度预应力钢丝	2.05
钢绞线	1.95

注：必要时可采用实测的弹性模量。

附表 9　受弯构件受压区有效翼缘计算宽度 b_f'

	情况	T 形、I 形截面 肋形梁（板）	T 形、I 形截面 独立梁	倒 L 形截面 肋形梁（板）
1	按计算跨度 l_0 考虑	$l_0/3$	$l_0/3$	$l_0/6$
2	按梁（肋）净距 s_n 考虑	$b+s_n$	—	$b+s_n/2$
3	按翼缘高度 h_f' 考虑	$b+12h_f'$	b	$b+5h_f'$

注：① 表中 b 为梁的腹板厚度；
② 肋形梁在梁跨内设有间距小于纵肋间距的横肋时，可不考虑表中情况 3 的规定；
③ 加腋的 T 形、I 形和倒 L 形截面，当受压区加腋的高度 h_f 不小于 h_f' 且加腋的长度 b_f 不大于 $3h_f$ 时，其翼缘计算宽度可按表中情况 3 的规定分别增加 $2b_f$（T 形、I 形截面）和 b_f（倒 L 形截面）；
④ 独立梁受压区的翼缘板在荷载作用下经验算沿纵肋方向可能产生裂缝时，其计算宽度应取腹板宽度。

附表 10　钢筋混凝土梁 a_s 近似取值（mm）

环境等级	混凝土保护层最小厚度（mm）	箍筋截面直径 ⌀6 一排受拉钢筋	箍筋截面直径 ⌀6 二排受拉钢筋	箍筋截面直径 ⌀8 一排受拉钢筋	箍筋截面直径 ⌀8 二排受拉钢筋
一	20	35	60	40	65
二 a	25	40	65	45	70
二 b	35	50	75	55	80
三 a	40	55	80	60	85
三 b	50	65	90	70	95

附表 11　梁中箍筋的最大间距（mm）

梁高 h	结构箍筋	构造箍筋
$150<h\leqslant300$	150	200
$300<h\leqslant500$	200	300

续表

梁高 h	结构箍筋	构造箍筋
500＜h≤800	250	350
h＞800	300	400

附表12 混凝土受压区等效矩形应力系数及相对界限受压区高度

<table>
<tr><th colspan="8">混凝土受压区等效矩形应力图系数</th></tr>
<tr><td></td><td>≤C50</td><td>C55</td><td>C60</td><td>C65</td><td>C70</td><td>C75</td><td>C80</td></tr>
<tr><td>α_1</td><td>1.0</td><td>0.99</td><td>0.98</td><td>0.97</td><td>0.96</td><td>0.95</td><td>0.94</td></tr>
<tr><td>β_1</td><td>0.8</td><td>0.79</td><td>0.78</td><td>0.77</td><td>0.76</td><td>0.75</td><td>0.74</td></tr>
</table>

混凝土强度等级	≤C50			C60			C70			C80		
	Ⅰ级	Ⅱ级	Ⅲ级	Ⅰ级	Ⅱ级	Ⅲ级	Ⅰ级	Ⅱ级	Ⅲ级	Ⅰ级	Ⅱ级	Ⅲ级
钢筋缀别	HPB235	HRB335	HRB400	HPB235	HRB335	HRB400	HPB235	HRB335	HRB400	HPB235	HRB335	HRB400
ξ_b	0.614	0.550	0.518	0.594	0.531	0.499	0.575	0.512	0.481	0.555	0.493	0.463

相对界限受压区高度 ξ_b 取值

附表13 钢筋混凝土构件的稳定系数

l_0/b	l_0/d	l_0/i	ϕ	l_0/b	l_0/d	l_0/i	ϕ
≤8	≤7	≤28	1.00	30	26	104	0.52
10	8.5	35	0.98	32	28	111	0.48
12	10.5	42	0.95	34	29.5	118	0.44
14	12	48	0.92	36	31	125	0.40
16	14	55	0.87	38	33	132	0.36
18	15.5	62	0.81	40	34.5	139	0.32
20	17	69	0.75	42	36.5	146	0.29
22	19	76	0.70	44	38	153	0.26
24	21	83	0.65	46	40	160	0.23
26	22.5	90	0.60	48	41.5	167	0.21
28	24	97	0.56	50	43	174	0.19

注：表中 l_0 为构件计算长度；b 为矩形截面的短边尺寸；d 为圆形截面的直径；i 为截面最小回转半径。

附表14 钢筋的计算截面面积及公称质量表（梁用）

直径(mm)	不同根数直径的计算截面面积（mm²）									公称质量(kg/m)
	1	2	3	4	5	6	7	8	9	
5	19.6	39	59	79	98	118	137	157	177	0.154
6	28.3	57	85	113	142	170	198	226	254	0.222
6.5	33.2	66	100	133	166	199	232	265	299	0.26
8	50.3	101	151	201	252	302	352	402	453	0.395
8.2	52.8	106	158	211	264	317	370	422	475	0.415
10	78.5	157	236	314	393	471	550	628	707	0.617
12	113.1	226	339	452	566	679	792	905	1018	0.888

续表

直径 (mm)	不同根数直径的计算截面面积（mm²）									公称质量 (kg/m)
	1	2	3	4	5	6	7	8	9	
14	153.9	308	462	616	770	923	1077	1231	1385	1.208
16	201.1	402	603	804	1006	1207	1408	1609	1810	1.578
18	254.5	509	764	1018	1273	1527	1782	2036	2291	1.998
20	314.2	628	943	1257	1571	1885	2199	2514	2828	2.466
22	380.1	760	1140	1520	1901	2281	2661	3041	3421	2.984
25	490.9	982	1473	1964	2455	2945	3436	3927	4418	3.853
28	615.8	1232	1847	2463	3079	3695	4311	4926	5542	4.834
32	804.2	1608	2413	3217	4021	4825	5629	6434	7238	6.313
36	1018	2036	3054	4072	5090	6108	7126	8144	9162	7.990
40	1257	2514	3771	5028	6285	7542	8799	10056	11313	9.865

参 考 文 献

[1] 中华人民共和国国家标准．GB50010-2015（2019版）混凝土结构设计规范[S]．北京，中国建筑工业由成社，2010．
[2] 中华人民共和国国家标准．GB50009-2012《建筑结构荷载规范》[S]．北京，中国建筑工业出线社，2012．
[3] 中华人民共和国国家标准．GB50068-2018建筑结构可靠度设计统一标准[S]．北京中国建筑工业出成社，2018．
[4] 中华人民共和国行业标准．JTGD62-2018《公路钢筋混凝土及预应力混凝土桥涵设计规范》[S]．北京：人民交通出版杜．
[5] 中华人民共和国行业标准．JTGD60-2018)《公路桥涵设计通用规范》[S]．北京：人民交通出版杜．
[6] 中华人民共和国国家标准、GB50017-2017钢结构设计规范[S]．北京：中国计划出版社，2017．
[7] 中华人民共和国国家标准、GB50936-2014钢管混凝土结构技术规范[S]．北京中国计划出版社，2014．
[8] 中华人民共和国行业标准，JTG/TF502011公路桥涵施工技术规范[S]．北京：人民交通出成社，2011．
[9] 中华人民共和国行业标准，GB50204-2015混凝土结构工程施工质量验收规范中华人民共和国行业标准．2015．
[10] 张季超、混凝土结构设计原理[M]．北京：高等教育出版社，2016．
[11] 梁兴文，史庆轩、混凝土结构设计原理[M]．北京；科学出版杜，2019．
[12] 柴文革，李文利，混凝土结构设计[M]．北京：中国建筑工业出版社，2018．
[13] 胡娟，钢筋混凝土结构计算[M]．北京：人民交通出版社，2015

反侵权盗版声明

电子工业出版社依法对本作品享有专有出版权。任何未经权利人书面许可，复制、销售或通过信息网络传播本作品的行为；歪曲、篡改、剽窃本作品的行为，均违反《中华人民共和国著作权法》，其行为人应承担相应的民事责任和行政责任，构成犯罪的，将被依法追究刑事责任。

为了维护市场秩序，保护权利人的合法权益，我社将依法查处和打击侵权盗版的单位和个人。欢迎社会各界人士积极举报侵权盗版行为，本社将奖励举报有功人员，并保证举报人的信息不被泄露。

举报电话：（010）88254396；（010）88258888
传　　真：（010）88254397
E-mail：　dbqq@phei.com.cn
通信地址：北京市万寿路 173 信箱
　　　　　电子工业出版社总编办公室
邮　　编：100036